教育部高等学校电子信息类专业教学指导委员会规划教材

高等学校电子信息类专业系列教材·新形态教材

微课视频版

ARM Cortex-M0+ 嵌入式系统原理及应用

STM32G071架构、软件和硬件集成 微课视频版

何宾 李天凌 编著

U0378171

清华大学出版社

北京

内 容 简 介

本书以意法半导体公司的基于 ARM Cortex-M0＋的 STM32G071 MCU 为硬件平台,以意法半导体公司的 STM32CubeMX 和 ARM 公司的 Keil μVision 5(ARM 版本)集成开发环境(以下简称 Keil)为软件平台,以 Cortex-M0＋处理器核结构、高级微控制总线结构、Cortex-M0＋指令集、汇编语言程序设计、C 语言程序设计、低功耗控制、外设驱动与控制,以及操作系统为主线,由浅入深、由易到难系统介绍了基于 STM32G071 MCU 的 32 位嵌入式系统的开发流程和实现方法。

本书侧重于对基于 ARM Cortex-M0＋ MCU 的 32 位嵌入式系统设计方法的讲解。在此基础上,通过典型设计实例说明将嵌入式系统设计方法应用于不同的应用场景的方法,使得所设计的嵌入式系统在满足应用场景的条件下实现成本、功耗和性能之间的最佳平衡。

本书可作为大学本科和高等职业教育嵌入式系统相关课程的教材,也可作为意法半导体公司举办的各种嵌入式系统开发和设计竞赛的参考用书,对于从事基于意法半导体开发嵌入式系统应用的工程师来说,也是很好的工程参考用书。

图书在版编目(CIP)数据

ARM Cortex-M0＋嵌入式系统原理及应用:STM32G071 架构、软件和硬件集成:微课视频版/何宾,李天凌编著.—北京:清华大学出版社,2022.9
高等学校电子信息类专业系列教材·新形态教材
ISBN 978-7-302-61205-6

Ⅰ.①A… Ⅱ.①何… ②李… Ⅲ.①微控制器－高等学校－教材 Ⅳ.①TP332.3

中国版本图书馆 CIP 数据核字(2022)第 110862 号

责任编辑:刘 星 李 晔
封面设计:刘 键
责任校对:李建庄
责任印制:刘海龙

出版发行:清华大学出版社
  网 址:http://www.tup.com.cn, http://www.wqbook.com
  地 址:北京清华大学学研大厦 A 座 邮 编:100084
  社 总 机:010-83470000 邮 购:010-62786544
  投稿与读者服务:010-62776969, c-service@tup.tsinghua.edu.cn
  质量反馈:010-62772015, zhiliang@tup.tsinghua.edu.cn
  课件下载:http://www.tup.com.cn,010-83470236
印 装 者:三河市铭诚印务有限公司
经 销:全国新华书店
开 本:185mm×260mm 印 张:27.25   字 数:668 千字
版 次:2022 年 9 月第 1 版   印 次:2022 年 9 月第 1 次印刷
印 数:1~1500
定 价:89.00 元

产品编号:091931-01

  该教材的编写背景说来也是一段趣事。在 2019 年,我联系了意法半导体公司(以下简称 ST)的丁晓磊女士,当时她也是刚在这个职位上任不久,正好我知道 ST 和中国教育部有"产学合作、协同育人"项目,在该项目的支持下,最初规划是要基于 STM32F4 平台编写一本能满足嵌入式系统课程教学的教材,后来因为疫情拖延了一段时间,后来正好又赶上 ST 新发布了基于 ARM Cortex-M0+处理器核的 STM32G0 系列 MCU。由于该 MCU 内嵌的 Cortex-M0+处理器核结构简单,外设资源又非常丰富,因此非常适合作为嵌入式系统课程的教学平台,因此和 ST 负责大学计划的丁晓磊约定,先以 STM32 G0 系列 MCU 为平台编写适合嵌入式系统课程教学的教材,待该教材编写完成后,再以 STM32F4 平台为基础编写适合高阶嵌入式系统应用课程的教材,这样就可以满足不同学校和学生的教学和学习需要。因此,在这本教材出版不久之后,读者会看到以 STM32F4 为平台的侧重于复杂嵌入式系统应用的教材出版。

  ST 大学计划对这本教材寄予厚望,除了通过教育部产学合作项目支持外,还为教材的编写赠送了 ST 官方的开发板作为本书配套的硬件教学平台,并提供了 ST 公司 STM32G0 MCU 的培训资源,目的就是能够让作者编写一本真正能用于嵌入式系统课程教学的高质量教材。

  既然要编写这本教材,就需要进行充分的前期规划,这样才能不负众望,把这本教材编写好。教材前期的规划应该说比编写教材本身更加耗费精力,这是因为 ARM Cortex-M 处理器核本身就比较封闭,而且基于 ARM Cortex-M 处理器的嵌入式系统涉及大量的知识点,因此如何组织教材的知识点成为教材前期规划的一个重要的任务。因此,在这里作者将编写教材的思路与老师和同学分享,以帮助他们更好地理解本书的知识脉络,以及教学和学习方法。

  (1) 嵌入式系统无论是基于 8051、ARM Cortex-M 还是基于其他处理器架构,系统学习的思路都是一致的,从处理器的结构、指令集、汇编语言程序设计、C 语言程序设计、外设驱动控制到最终的操作系统,这就是系统学习任何嵌入式系统的一条主线。

  对于在讲授嵌入式系统时是不是应该还给学生讲授汇编语言的问题,在这一点上无任何争论。因为到目前为止,汇编语言仍然在嵌入式系统设计中有着不可替代的作用。这是因为:

  ① 汇编语言是使学生掌握处理器架构和指令集的唯一途径,通过汇编语言和调试器工具可以掌握处理器架构和指令集的特点。这对于学生能真正学懂学通嵌入式系统课程至关重要,当学生掌握这些底层知识后,不管设计什么场景的嵌入式应用,这对一个处于年轻且精力旺盛的学生来说绝对是一件比较容易的事情。

  ② 汇编语言也是帮助学生建立 C 语言和底层机器之间的桥梁。这样,学生在学习嵌入式系统的 C 语言知识时,不是单纯的背语法,而是能够建立 C 语言和嵌入式硬件底层之间的映射关系,比如不同数据类型在不同硬件上的表示方法、函数的调用机制以及指针的本质含义等。

  ③ 由于 C 语言无法完整描述底层硬件的一些操作,因此在设计中,有时候就需要在 C 语言中嵌入汇编语言进行实现。如果读者有机会看到复杂的 Ubuntu 操作系统的启动引导代码时,就会发现这些代码都是用汇编语言而不是 C 语言编写的,因此如果不会汇编语言,你根本就看不懂这些代码。

但是，作者建议在通过 C 语言让学生能够掌握底层硬件知识后，就可以使用 C 语言实现不同应用场景的设计需求。这是因为，让学生用汇编语言编写复杂场景的应用也是不现实的。

（2）正确处理 ST 图形编程工具以及 Keil 集成开发环境在嵌入式系统课程教学中的作用。ST 公司提供的 STM32CubeMX 是帮助开发者进行快速嵌入式开发的辅助的图像化开发环境，背后会生成大量复杂的设计代码。因此，在课程教学和学生的学习时，仍然建议先在 Keil 集成开发环境下，通过系统编写代码的训练以及复杂调试代码的训练过程后，再使用 STM32CubeMX 工具进行复杂应用的开发，使得学生能够知其然，并知其所以然。这样，学生就能通过嵌入式课程的学习，掌握嵌入式系统开发和调试的通用方法和规则。

（3）在作者和很多学校老师的交流中，越来越多的学校开始尝试将 C 语言和嵌入式系统课程进行融合，并取得了很好的效果，并且减轻了学生的学习负担，提高了课程的学习质量。这是因为借助于嵌入式系统硬件平台和软件开发环境，学生能真正地理解 C 语言在嵌入式开发中的重要作用，并能在这个学习过程中，将 C 语言和嵌入式硬件进行系统化深度融合。

（4）考虑教材的成本和教师的授课课时等因素，教材仅对必要的基本外设的原理和使用方法进行了详细的说明，对于更复杂的外设，如 DMA、SPI、I^2C、ADC 和 DAC 等内容作者将后续再编写图书呈现这些高级应用，这样既照顾了教学要求也能兼顾社会上从事基于 STM32 嵌入式系统开发的专业人士的需求。

（5）本书将提供嵌入式操作系统（Rt-Thread）在 STM32G0 MCU 的使用方法和设计案例，这部分应该作为本书的第 14 章内容，同样考虑教材的成本问题，将第 14 章内容作为电子版赠送给购买该教材的读者。另外，在教学课件（PPT）中也补充了大量的资料供读者学习。

配 套 资 源

- 工程文件、教学课件（PPT）、教学大纲等，扫描下方二维码或者到清华大学出版社官方网站本书页面下载。
- 开发板原理图、嵌入式操作系统（Rt-Thread）在 STM32G0 MCU 的使用方法和设计案例以及一些其他补充资料，也可在配套资源二维码中获取。

配套资源

- 微课视频（600 分钟，70 集），扫描正文中各章节相应位置的二维码观看。

在本书的编写过程中，得到了 ST 公司大学计划经理丁晓磊女士的大力支持和帮助，在这里向她表示衷心的感谢。在编写本书的过程中，李天凌设计并验证了书中大型的复杂应用案例，这些应用案例设计和实现得非常巧妙，对读者学习 STM32G0 MCU 有非常好的借鉴作用。此外，郑阳扬参与编写了第 10 章的内容，罗显志参与编写了第 11 章的内容，在此向他们的辛勤工作也表示衷心的感谢。

编 者
2022 年 3 月于北京

Contents

目 录

第1章

嵌入式系统设计导论

本章主要介绍嵌入式系统的一些基本知识，主要内容包括微控制器的基本概念以及 STM32 Cortex-M 系列 MCU 分类和性能等内容。

视频讲解

1.1 微控制器和嵌入式系统基本概念

本节将介绍微控制器的基本概念。主要内容包括微控制器的定义、微控制器架构和 STM32 MCU 的类型。

1.1.1 微控制器的定义

英文单词 microcontroller 称为微控制器（也称为 μC 或 MCU）是一种嵌入式计算机芯片，可以控制人们日常使用的大多数电子产品和家用电器。它是一种紧凑的集成电路，旨在管理嵌入式系统中的特定操作。通常，将微控制器称为单片机，这是因为微控制器在单个芯片内集成了包括处理器核、存储器和外设元件，也就是在单芯片内构成了一个简单的计算机系统。

1.1.2 微控制器架构

微控制器在单个芯片上集成了处理器核、存储器和基本的输入/输出（I/O）外设。可扩展的外设包括数字 I/O、模拟 I/O、定时器、通信接口、看门狗定时器等。

处理器核是器件中最核心的功能单元，保证微控制器内部各个功能单元的有序运行。基于处理器核，芯片制造商提供了差异化的集成外设和硬件功能。微控制器内部的基本布局如图 1.1 所示。

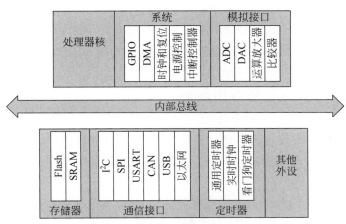

图 1.1 微控制器内部的基本架构

1.1.3　微控制器和微处理器的差异

随着半导体工艺的不断发展和芯片集成度的提高,微控制器(Microcontroller)看起来越来越像微处理器(MicroProcessor Unit,MPU),但它们仍然有所区别。

微控制器(称为 MCU)是包含小型计算机系统主要元素(在单个芯片内的处理器核、存储器和外设)的单芯片计算机,它们比微处理器便宜而且体积小,如图 1.2 所示。与微控制器相比,微处理器是具有不同作用的芯片。

(a) MCU的体积和封装　　　　(b) MPU的体积和封装

图 1.2　MCU 和 MPU 的体积和封装比较

从本质上来说,一方面,MCU 内的处理器核性能要远低于 MPU 内的处理器核性能,这是因为 MCU 通常面向嵌入式应用,而 MPU 通常面向桌面应用;另一方面,MPU 内部没有集成类似 MCU 内的低容量 Flash 存储器和 SRAM 存储器,这些存储器都以外部大容量存储器的形式与 MPU 通过外部总线进行连接。此外,MCU 内集成的外设通常面向嵌入式应用,MPU 内集成的外设数量很少,大多数的外设存在于 MPU 的外部,它们主要面向桌面应用,如图 1.3 所示。

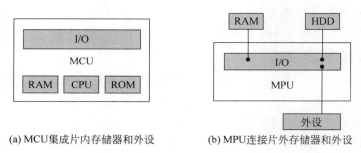

(a) MCU集成片内存储器和外设　　　　(b) MPU连接片外存储器和外设

图 1.3　MCU 和 MPU 的区别

MCU 也允许用户运行小型操作系统,该操作系统允许不同的进程同时运行。即使操作系统的功能并不强大,但是操作系统中提供的这些功能使得它们对于众多小型嵌入式设备非常具有吸引力。

1.1.4　微控制器的主要应用场景

嵌入式设备(系统)是以下各项的组合。

(1) 硬件。以 MCU 为核心的各种电子元器件(包括传感器)组合构成。

(2) 软件。具有应用程序控制的作用,可以执行特定的任务。例如,用于测量的模拟采集和用于控制的信号处理。

由于微控制器在单个芯片上集成了很多元件,因此非常适合小型设备。同时,也简化了设计,并降低了总成本。市场上有许多需要小型处理解决方案的嵌入式应用。

使用 MCU 的原因包括以下几方面:

（1）生活便利性（洗衣机、电视、闹钟、遥控器、物联网、触摸屏控制器）。

（2）健康监测（血糖仪、功率计、速度计……）。

（3）安全性方面（温度控制、监视、摄像机、报警……）。

此外，在嵌入式应用中选择 MCU 主要基于以下几个因素：

（1）功耗。

开发此类设备时的一个关键点就是电源效率。目标是在尽可能长的时间内（有时长达数年）保持设备的正常运转。这意味着低功耗。在正常工作时，MCU 可能仅消耗几微瓦。在某些停止或者休眠模式下，该功耗可能降至几纳瓦。这使得它们在低能耗应用中具有非常好的吸引力。现在，MCU 的功能不断增长是一个长期趋势，它具有更高的处理性能、复杂的外设、图形功能、无线射频（Radio Frequency，RF）连接甚至是人工智能（Artificial Intelligence，AI）。这样就可以构建功能更强大的设备，使其成为应用程序对性能和存储器容量要求不高的设备的 MPU 的竞争对手。

（2）成本。

由于其小巧的设计，微控制器的生产和维护成本更低。每单位的制造成本可以低于 0.1 美元，而 32 位微控制器的平均价格不到 1 美元。

另外，MCU 是高效的，如果它不能正确工作，则可以根据所设计的应用程序或者使用的应用程序需要进行一些更改，轻松地对其进行重新编程。

（3）可重用。

如前面所述，微控制器的另一个优势是它是可编程的，因此只需要对 MCU 进行重新编程并进行调试，即可在不同的情况、选项和应用中重用同一个 MCU。因此，要更改参数或某些数据，无须购买其他 MCU，仅需对同一 MCU 进行重新编程即可。

1.1.5 嵌入式系统基本概念

本节前面介绍了微控制器的基本概念，它和嵌入式系统之间存在着千丝万缕的关系。前面所介绍的微控制器是"芯片"级的概念。而嵌入式系统是"系统"级的概念，它包含"硬件"和"软件"两方面的内容。

（1）在本书中使用 STM32G0 系列 MCU 作为嵌入式系统的硬件核心，通过在 MCU 外连接传感器和控制器等电子元器件构成嵌入式系统的"硬件"平台。

（2）在嵌入式系统中，完整的"软件"应包含底层硬件驱动、操作系统和应用程序。在本书中，将使用 ST 和 ARM 公司提供的软件集成开发环境完成嵌入式系统的"软件"开发。第 2 章将详细介绍这些软件集成开发工具的下载、安装和使用方法。

一个嵌入式系统应解决一个具体的应用问题，比如手机就是一个典型的嵌入式系统，它首要解决的就是人们之间通过短信、语音和视频进行通信的问题。此外，手机具有便携的特点，即体积小、重量轻。通常，手机上的处理器芯片使用 ARM 公司的 Cortex-A 系列处理器 IP 核构建，并同时搭载了图像处理单元（Graphic Processing Unit，GPU）。此外，通过搭载谷歌公司的 Android（安卓）或苹果公司的 iOS 操作系统，手机就具有了除通信外的更多的功能（比如移动支付、在线娱乐等），也就是常说的"智能手机"。在这个嵌入式系统中，硬件的配置较高，采用的是 MPU 而不是 MCU。

嵌入式系统的另一个具体应用是测温仪，在测温仪的硬件中以 8 位或 32 位 MCU 为核心，外围搭载了红外测温元件、调理电路和显示电路等。在这样简单的嵌入式应用中，甚至不需要搭载操作系统（即使需要也是功能比较简单的操作系统）。同样，测温仪也具有便携的特点，体积小、重量轻，便于携带。

手机和测温仪是嵌入式系统的两个典型应用。两者相比，手机的成本要高于测温仪，手机的功耗也要高于测温仪。很明显，手机实现的功能远多于测温仪所实现的功能。此外，手机上搭载的操作系统的功能也比较复杂。虽然是嵌入式系统的两个不同应用，但是这两个嵌入式系统的共同特点就是它们都由"硬件"和"软件"两部分构成。

1.2　STM32 Cortex-M 系列 MCU 分类和性能

视频讲解

意法半导体公司正在制造基于 ARM Cortex-M 处理器的 STM32 MCU。它们是 32 位精简指令集计算机（Reduced Instruction Set Computer，RISC）ARM 处理器核，针对低成本和功耗敏感的 MCU 进行了优化。

1.2.1　Cortex-M 系列处理器 IP 核

ARM 公司以 IP 核形式提供 Cortex-M 系列产品，这些产品采用了不同的处理器核和处理器架构。这些处理器核包括 Cortex-M0 处理器、Cortex-M0＋处理器、Cortex-M3 处理器、Cortex-M4 处理器、Cortex-M7 处理器、Cortex-M23 处理器、Cortex-M33 处理器、Cortex-M35P 处理器和 Cortex-M55 处理器。

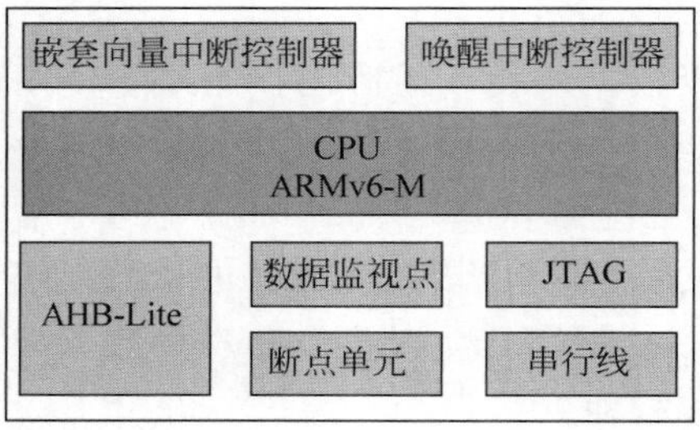

1. Cortex-M0 处理器

Cortex-M0 的硅片面积特别小，功耗低且代码占用量最小，从而使开发人员能够以购买 8 位单片机的价格获得 32 位的性能，而无须再使用 16 位器件。处理器的超低门数使得它可以部署在模拟和混合信号器件中。Cortex-M0 内部架构如图 1.4 所示，该处理器的特点如表 1.1 所示。

图 1.4　Cortex-M0 内部架构

表 1.1　Cortex-M0 处理器的特点

功　能	描　述
架构	ARMv6-M
总线接口	AMBA 3 AHB-Lite，冯·诺依曼总线架构，带有可选的单周期 I/O 接口
ISA 支持[1]	Thumb/Thumb-2 子集
ISA 选项	单周期或面积优化的 32×32 乘法器
流水线	3 级
中断	集成的嵌套向量中断控制器（Nested Vectored Interrupt Controller，NVIC），支持 1～32 个物理中断和不可屏蔽中断（Non-Maskable Interrupt，NMI）；每个中断有 4 个优先级
唤醒中断控制器	可选的唤醒中断控制器（Wakeup Interrupt Controller，WIC），用于从状态保持电源门控或所有时钟停止时唤醒处理器
低功耗支持	架构定义的休眠和深度休眠模式；集成的 WFI 和 WFE 指令和退出时休眠功能；休眠和深度休眠信号；带有 ARM 功耗管理工具的可选保持模式
调试	（可选）JTAG[2] 或 SWD[3] 端口。最多 4 个断点和 2 个监视点

注：（1）ISA 是 Instruction Set Architecture 的缩写，称为指令集架构。

（2）JTAG 是 Joint Test Action Group 的缩写，称为联合测试行动小组，经常简称为边界扫描，是一种芯片测试方法。

（3）SWD 是 Serial Wire Debug 的缩写，称为串行线调试。

2. Cortex-M0＋处理器

ARM Cortex-M0＋处理器是可用于受限制嵌入式应用中的最节能的 ARM 处理器。Cortex-M0＋处理器以非常成功的 Cortex-M0 处理器为基础,保留了完整的指令集和工具兼容性,同时进一步降低了能耗并提高了性能。

Cortex-M0＋的极小硅片面积、低功耗和最少的代码占用空间,使得开发人员能够以购买 8 位 MCU 的价格获得 32 位的性能,而无须采用 16 位器件。Cortex-M0＋处理器带有多种选择,以提供灵活的开发。Cortex-M0＋内部架构如图 1.5 所示,该处理器的特点如表 1.2 所示。

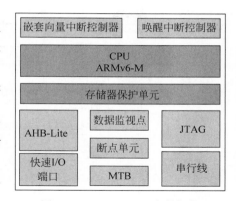

图 1.5　Cortex-M0＋内部架构

表 1.2　Cortex-M0＋处理器的特点

功　　能	描　　述
架构	ARMv6-M
总线接口	AMBA AHB-Lite,冯·诺依曼总线架构,带有可选的单周期 I/O 接口
ISA 支持	Thumb/Thumb-2 子集
ISA 选项	单周期或面积优化的 32×32 乘法器
流水线	2 级
安全性	带有子区域和背景区域的可选 8 区域 MPU[1]
SysTick 定时器	可选的 SysTick(24 位)
中断	集成的 NVIC,支持 1～32 个物理中断和 NMI;每个中断有 4 个优先级
唤醒中断控制器	可选的 WIC,用于从状态保持电源门控或所有时钟停止时唤醒处理器
低功耗支持	架构定义的休眠和深度休眠模式;集成的 WFI 和 WFE 指令和退出时休眠功能;休眠和深度休眠信号;带有 ARM 功耗管理工具的可选保持模式
调试	(可选)JTAG 或 SWD 端口。最多 4 个断点和 2 个监视点
跟踪	(可选)MTB[2]

注:(1) MPU 是 Memory Protect Unit 的缩写,称为存储器保护单元。

　　(2) MTB 是 Micro Trace Buffer 的缩写,称为微跟踪单元。

3. Cortex-M3 处理器

Cortex-M3 处理器是专门为高性能、低成本平台开发的,适用于各种设备,包括微控制器、车身系统、工业控制系统以及无线网络和传感器。Cortex-M3 内部架构如图 1.6 所示,该处理器的特点如表 1.3 所示。

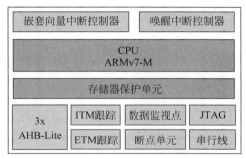

图 1.6　Cortex-M3 内部架构

表 1.3　Cortex-M3 处理器的特点

功　能	描　述
架构	ARMv7-M
总线接口	3×AMBA 3 AHB-Lite(哈佛总线架构)；私有外设总线(Private Peripheral Bus, PPB)用于调试元件，基于 AMBA 3 APB 协议
ISA 支持	Thumb/Thumb-2 子集；硬件除法器(2~12 个周期)；单周期(32×32 乘法器)；位域处理；支持饱和调整
流水线	3 级
存储保护	带有子区域和背景区域的可选 8 区域 MPU
位操作	集成位域处理指令和总线级位绑定
中断	集成的 NVIC，支持 1~240 个物理中断和 NMI；可配置优先级为 8~256
唤醒中断控制器	可选的 WIC，用于从状态保持电源门控或所有时钟停止时唤醒处理器
低功耗支持	架构定义的休眠和深度休眠模式；集成的 WFI 和 WFE 指令和退出时休眠功能；休眠和深度休眠信号；带有 ARM 功耗管理工具的可选保持模式
SysTick 定时器	24 位 SysTick 定时器
调试	(可选) JTAG 或 SWD 端口。最多 8 个断点和 4 个监视点
跟踪	(可选) 指令跟踪(ETM)[1]、数据跟踪(DWT)[2] 和测量跟踪(ITM)[3]

注：(1) ETM 是 Embedded Trace Macrocell 的缩写，称为嵌入式跟踪宏单元。

(2) DWT 是 Data Watchpoint and Trace 的缩写，称为数据监视点和跟踪。

(3) ITM 是 Instrumentation Trace Macrocell 的缩写，称为测量跟踪宏单元。

4. Cortex-M4 处理器

开发 Cortex-M4 处理器是为了满足数字信号控制市场的需求，这些市场需要控制和信号处理功能的有效组合，易于使用。高效信号处理功能与 Cortex-M 系列处理器的低功耗、低成本和易用优势结合，可以满足市场需求。相关行业包括电机控制、汽车、电源管理、嵌入式音频和工业自动化市场。Cortex-M4 内部架构如图 1.7 所示，该处理器的特点如表 1.4 所示。

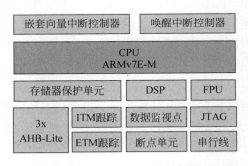

图 1.7　Cortex-M4 内部架构

表 1.4　Cortex-M4 处理器的特点

功　能	描　述
架构	ARMv7E-M
总线接口	3×AMBA AHB-Lite(哈佛总线架构)用于 CoreSight 调试元件的 AMBA ATB 接口
ISA 支持	Thumb/Thumb-2
流水线	3 级＋分支预测

续表

功 能	描 述
DSP 扩展	单周期 16/32 位 MAC[1] 单周期双 16 位 MAC 8/16 位 SIMD[2] 算术 硬件除法(2～12 周期)
浮点单元	可选的单精度浮点单元 符合 IEEE 754 标准
存储保护	带有子区域和背景区域的可选 8 区域 MPU
位操作	集成位域处理指令和总线级位绑定
中断	不可屏蔽中断(NMI)和 1～240 个物理中断
中断优先级	8～256 个优先级
唤醒中断控制器	可选
休眠模式	集成的 WFI 和 WFE 指令和退出时休眠功能 休眠和深度休眠信号 带有 ARM 功耗管理工具的可选保持模式
调试	(可选)JTAG 或 SWD 端口。最多 8 个断点和 4 个监视点
跟踪	(可选)指令跟踪(ETM)、数据跟踪(DWT)和测量跟踪(ITM)

注：(1) MAC 是 Multiply Accumulate 的缩写,称为乘和累加运算。

(2) SIMD 是 Single Instruction Multiple Data 的缩写,称为单指令多数据流。

5. Cortex-M7 处理器

ARM Cortex-M7 是高能效 Cortex-M 处理器系列中性能最高的处理器。该处理器使 ARM 合作伙伴能够构建最复杂的各种 MCU 和嵌入式片上系统(System on Chip, SoC)。它旨在提供非常高的性能,同时保持 ARMv7-M 架构的出色响应性和易用性。其业界领先的高性能和灵活的系统接口非常适合各种应用领域,包括汽车、工业自动化、医疗设备、高端音频、图像和语音处理、传感器融合和电机控制。Cortex-M7 内部架构如图 1.8 所示,该处理器的特点如表 1.5 所示。

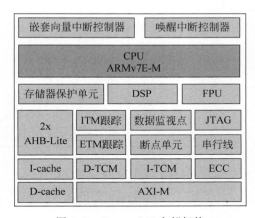

图 1.8 Cortex-M7 内部架构

在图 1.8 中:

(1) I-cache,称为指令高速缓存。

(2) D-cache,称为数据高速缓存。

(3) TCM 是 Tightly Coupled Memory 的缩写,称为紧耦合存储器。D-TCM 表示数据紧耦合存储器,I-TCM 表示指令紧耦合存储器。

(4) ECC 是 Error Correcting Code 的缩写,称为纠错码。

(5) AXI 是 Advanced Extensible Interface 的缩写,称为高级可扩展接口,是 AMBA 规范中最重要的一部分。

表 1.5　Cortex-M7 处理器的特点

功　　能	描　　述
架构	ARMv7E-M
ISA 支持	Thumb/Thumb-2；硬件除法器(2～12 个周期)；单周期乘法器,位域处理；支持饱和调整；DSP 扩展
流水线	6 级超标量和分支预测
DSP 扩展	DSP 和 SIMD 指令：单周期 16/32 位 MAC；单周期双 16 位 MAC；8/16 位 SIMD 算术
浮点单元	可选的单精度和双精度浮点单元(选择无、仅单精度以及单精度和双精度)符合 IEEE 754 标准
总线接口	64 位 AMBA4 AXI,32 位 AHB 外设端口 用于外部主设备(比如 DMA)访问 TCM 的 32 位 AMBA AHB 从端口 用于 CoreSight 调试元件的 AMBA APB 接口
指令高速缓存	0～64KB,带有可选 ECC 的 2 路关联
数据高速缓存	0～64KB,带有可选 ECC 的 4 路关联
指令 TCM	0～16MB,带有可选 ECC
数据 TCM	0～16MB,带有可选 ECC
存储保护	带有子区域和背景区域的可选 8 或 16 个区域 MPU
位操作	集成位域处理指令
中断	NVIC 支持 1～240 个物理中断和 NMI,可配置优先级为 8～256
唤醒中断控制器	可选的 WIC,用于从状态保持电源门控或所有时钟停止时唤醒处理器
休眠模式	架构定义的休眠和深度休眠模式；集成的 WFI 和 WFE 指令和退出时休眠功能；休眠和深度休眠信号；带有 ARM 功耗管理工具的可选保持模式
SysTick 定时器	24 位 SysTick 定时器
调试	(可选)JTAG 或 SWD 端口。最多 8 个断点和 4 个监视点
跟踪	(可选)带有 ETM 的指令跟踪(ETM)和完全的数据跟踪(DWT),选择性的数据跟踪(DWT)和测量跟踪(ITM)
双核锁步支持	是,双核锁步支持(Dual Core Lock-Step Support,DCLS)配置

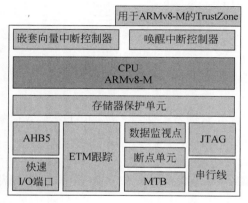

图 1.9　Cortex-M23 内部架构

6. Cortex-M23 处理器

Cortex-M23 处理器是非常紧凑的两级流水线处理器,支持 ARMv8-M 基本指令集。带有 TrustZone 的 Cortex-M23 是对安全性至关重要的最受约束的 IoT 和嵌入式应用的理想处理器。

用于 ARMv8-M 的 TrustZone 在 Cortex-M23 器件商的受信任和不受信任资源之间提供了硬件强制的隔离,同时保持了所有 Cortex-M 处理器一直具有的高效异常处理和确定性。Cortex-M23 内部架构如图 1.9 所示,该处理器的特点如表 1.6 所示。

表 1.6　Cortex-M23 处理器的特点

功　能	描　述
架构	ARMv8-M 基准
总线接口	AMBA 5 AHB(冯·诺依曼架构) (可选) 单周期 I/O 接口
ISA 支持	Thumb/Thumb-2 子集
ISA 选项	单周期或面积优化的 32×32 乘法器
流水线	2 级
软件安全性	可选的用于 ARMv8-M 的 TrustZone,带有可选的安全性 最多 8 个区域的属性单元 用于安全堆栈指针的堆栈限制检查
存储保护	用于进程隔离的可选 MPU,最多具有 16 个可编程区域和 1 个后台区域。如果实现了 TrustZone,则可以有安全和非安全 MPU
SysTick 定时器	可选的 SysTick 定时器。如果实现了 TrustZone,则可以有安全和非安全 SysTick
中断	NVIC 支持 1~32 个物理中断和 NMI。每个中断有 4 个优先级
唤醒中断控制器	(可选)用于从状态保持电源门控或当所有时钟都停止时,唤醒处理器
休眠模式	集成的 WFI 和 WFE 指令和退出时休眠功能 休眠和深度休眠信号
调试	(可选)JTAG 或 SWD 端口。最多 4 个断点和 4 个监视点
跟踪	(可选)MTB 或 ETM

7. Cortex-M33 处理器

Cortex-M33 处理器适用于需要高效安全性或数字信号控制的物联网和嵌入式应用。该处理器具有很多可选功能,包括 DSP 扩展、用于硬件强制隔离的 TrustZone 安全性、协处理器接口、存储器保护单元和浮点单元。可选的协处理器接口为定制和可扩展性打开了大门,以在存在频繁的计算密集型操作的情况下进一步降低系统的功耗。

具有 TrustZone 和存储器保护功能的 Cortex-M33 处理器通过了 Common Criteria ISO 15408 标准的 EAL6+认证,可为智能卡、SIM 卡和银行卡等需要高度保护的应用提供安全保证。

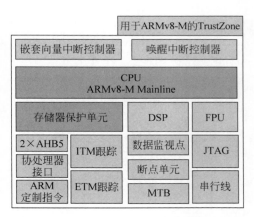

图 1.10　Cortex-M33 内部架构

Cortex-M33 内部架构如图 1.10 所示,该处理器的特点如表 1.7 所示。

表 1.7　Cortex-M33 处理器的特点

功　能	描　述
架构	带有 Mainline 扩展的 ARMv8-M
总线接口	2×AMBA 5 AHB(哈佛总线架构)
ISA 支持	Thumb/Thumb-2
流水线	3 级
软件安全性	可选的用于 ARMv8-M 的 TrustZone,带有最多 8 个区域的可选安全性属性单元 堆栈限制检查

续表

功　　能	描　　述
存储器保护	(可选)MPU 用于进程隔离,最多 16 个 MPU 区域和一个后台区域。如果实现了 TrustZone,则可以有安全和非安全 MPU
DSP 扩展	可选的 DSP/SIMD 指令：单周期 16/32 位 MAC；单周期双 16 位 MAC；8/16 位 SIMD 算术
浮点单元	可选的单精度浮点单元 符合 IEEE754
加速器支持	(可选)专用协处理器总线接口(32 和 64 位),支持最多 8 个协处理器单元用于定制计算加速器。可选的 ARM 定制指令
中断	NVIC 支持 1 个 NMI 和最多 480 个物理中断,带有 8～256 个优先级
唤醒中断控制器	(可选)用于从状态保持电源门控或当所有时钟都停止时,唤醒处理器
低功耗支持	架构定义的休眠和深度休眠模式；集成的 WFI 和 WFE 指令和退出时休眠功能；休眠和深度休眠信号
SysTick 定时器	24 位 SysTick 定时器。如果实现了 TrustZone 安全性,每个安全区域有它自己的 SysTick
调试	(可选)JTAG 或 SWD 端口。最多 8 个断点和 4 个监视点
跟踪	(可选)指令跟踪(ETM)、微跟踪缓冲区(MTB)、数据跟踪(DWT)和测量跟踪(ITM)

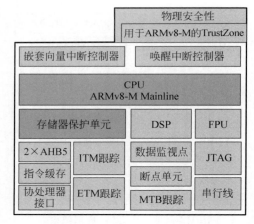

图 1.11　Cortex-M35P 内部架构

8. Cortex-M35P 处理器

具有用于 ARMv8-M 的 TrustZone 的具有物理安全功能和可选软件隔离的 Cortex-M 处理器。对于寻求阻止物理篡改并获得更高级别安全认证的嵌入式开发人员,ARM 提供了 Cortex-M35P：一款功能强大的处理器。它基于在数十亿片 SoC 中部署的经过验证的 ARM Cortex-M 技术,使所有开发人员都可以访问物理和软件安全性。

具有物理完全功能、存储器保护以及用于硬件强制隔离的 TrustZone 安全性的 Cortex-M35P 已通过最严格的安全评估方法之一的通用标准 ISO 15408 的 EAL6＋认证。该认证有助于 SoC 设计人员开发具有尽可能多的安全保证的产品。

Cortex-M35P 内部架构如图 1.11 所示,该处理器的特点如表 1.8 所示。

表 1.8　Cortex-M35P 处理器的特点

功　　能	描　　述
架构	带有 Mainline 扩展的 ARMv8-M
总线接口	2×AMBA 5 AHB(哈佛总线架构)
ISA 支持	Thumb/Thumb-2；硬件除法器(2～12 个周期)；单周期乘法器,位域处理；支持饱和调整；可选的 DSP 扩展
流水线	3 级

续表

功　　能	描　　述
软件安全性	可选的用于 ARMv8-M 的 TrustZone,带有最多 8 个区域的可选安全性属性单元堆栈限制检查
物理安全性	内建保护免受入侵和非入侵攻击
DSP 扩展	可选的 DSP/SIMD 指令:单周期 16/32 位 MAC;单周期双 16 位 MAC;8/16 位 SIMD 算术
浮点单元	可选的单精度浮点单元 符合 IEEE754
加速器支持	可选的专用协处理器总线接口(32 和 64 位),支持最多 8 个协处理器单元用于定制计算加速器
存储器保护	可选的 MPU 用于进程隔离,最多具有 16 个 MPU 区域和 1 个后台区域。如果实现了 TrustZone,则可以有安全和非安全 MPU
中断	NVIC 支持不可屏蔽中断(NMI)和最多 480 个物理中断,带有 8~256 个优先级
唤醒中断控制器	可选,用于从状态保持电源门控或当所有时钟都停止时,唤醒处理器
低功耗支持	架构定义的休眠和深度休眠模式 集成的 WFI 和 WFE 指令以及退出时休眠功能 休眠和深度休眠信号
SysTick 定时器	24 位 SysTick 定时器。如果实现了 TrustZone 安全扩展,每个安全区域都有它自己的 SysTick
调试	(可选)JTAG 或 SWD 端口。最多 8 个断点和 4 个监视点
跟踪	(可选)指令跟踪(ETM)、微跟踪缓冲区(MTB)、数据跟踪(DWT)和测量跟踪(ITM)
高速缓存	可选的指令高速缓存
双核锁步支持(DCLS)	支持,DCLS 配置

9. Cortex-M55 处理器

ARM Cortex-M55 处理器是 ARM 最具有 AI 功能的 Cortex-M 处理器,也是首款采用 ARM Helium 向量处理技术的处理器。它为 Cortex-M 系列带来节能数字信号处理(Digital Signal Processing,DSP)和机器学习(Machine Learning,ML)功能。借助 Cortex-M55 处理器,开发人员可以利用 Cortex-M 易用性、单个工具链、优化的软件库以及行业领先的嵌入式生态系统。该处理器允许集成差异化 AI 技术,同时保持在电池供电的 IoT 设备的系统成本和能源约束范围内。Cortex-M55 内部架构如图 1.12 所示,该处理器的特点如表 1.9 所示。

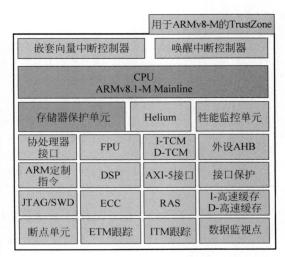

图 1.12　Cortex-M55 内部架构

表 1.9　Cortex-M55 处理器的特点

功　能	描　述
架构	带有 Mainline 扩展的 ARMv8.1-M
总线接口	AMBA 5 64 位 AXI5(兼容 AXI4 IP)
额外的总线接口	32 位 AMBA 5 AHB 外设总线。64 位 AMBA 5 AHB 允许外部控制器(如 DMA 控制器)访问 TCM
ISA 支持	Thumb/Thumb-2
流水线	4 级(用于主要的整数流水线)
安全性	ARM TrustZone 技术(可选),最多 8 个区域带有可选安全属性单元 SAU 堆栈限制检查
存储器保护	MPU 用于进程隔离,最多 16 个 MPU 区域和 1 个后台区域。如果实现了 TrustZone,则可以有安全和非安全 MPU
DSP 扩展	32 位 DSP/SIMD 扩展
向量扩展	可选的 Helium 技术(M 框架向量扩展)支持: 2×32 位 MAC/周期; 4×16 位 MAC/周期; 8×8 位 MAC/周期
浮点单元(FPU)	可选的 FPU,支持半精度(fp16)、单精度(fp32)和双精度(fp64)浮点操作
加速器支持	可选的加速器接口(32 和 64 位),支持最多 8 个协处理器单元用于定制计算加速器;可选的 ARM 定制指令
指令高速缓存	带有 ECC 最多 64KB(可选)
数据高速缓存	带有 ECC 最多 64KB(可选)
指令 TCM(ITCM)	带有 ECC 最多 16MB(可选)
数据 TCM(DTCM)	带有 ECC 最多 16MB(可选)
中断	NVIC 支持最多 480 个物理中断和 1 个 NMI,可配置的优先级为 8~256
唤醒中断控制器(WIC)	内部和/或外部(可选)WIC 用于从状态保持电源门控或当所有时钟都停止时,唤醒处理器
低功耗支持	架构定义的休眠和深度休眠模式;集成的 WFI 和 WFE 指令和退出时休眠功能;休眠和深度休眠信号;(可选)用于存储器和逻辑的保留支持的多个电源域
SysTick 定时器	24 位 SysTick 定时器。如果实现了 TrustZone 安全扩展,每个安全区域有它自己的 SysTick
调试	硬件和软件断点;监视点;性能监视单元(Performance Monitoring Unit,PMU)
跟踪	(可选)带有嵌入式跟踪宏单元的(ETM)指令跟踪、数据跟踪(DWT)(选择性数据跟踪)和测量跟踪(ITM)(软件跟踪)
健壮性	指令高速缓存、数据高速缓存、指令 TCM、数据 TCM 上的 ECC(可选) 总线接口保护(可选) PMC-100(可编程的 MBIST 控制器,可选) 可靠性、可用性和可维护性(RAS)扩展

1.2.2　STM32 Cortex-M 系列 MCU 产品

采用 ARM 公司 Cortex-M 系列不同处理器核,意法半导体公司的 STM32 Cortex-M 系列 MCU 提供了 16 个大类的系列产品,并且将它们分成了 4 组,如表 1.10 所示。

表 1.10 STM32 MCU 的内核和功能

分 组	系 列	处 理 器 核	最高频率/MHz	Flash 容量/B
高性能	STM32H7	Cortex-M7 Cortex-M4	480/240	1～2M
	STM32F7	Cortex-M7	216	256K～2M
	STM32F4	Cortex-M4	180	64K～2M
	STM32F2	Cortex-M3	120	128K～1M
主流	STM32G4	Cortex-M4	170	32～512K
	STM32F3	Cortex-M4	72	16～512K
	STM32F1	Cortex-M3	72	16K～1M
	STM32G0	Cortex-M0＋	64	16～512K
	STM32F0	Cortex-M0	48	16～256K
超低功耗	STM32L5	Cortex-M33	110	256～512K
	STM32L4＋	Cortex-M4	120	512K～2M
	STM32L4	Cortex-M4	80	64K～1M
	STM32L1	Cortex-M3	32	32～512K
	STM32L0	Cortex-M0＋	32	8～192K
无线	STM32WB	Cortex-M4 Cortex-M0＋	64/32	256～1M
	STM32WL	Cortex-M4	48	64K～256K

1.2.3 STM32G0 系列 MCU 的结构和功能

该书以意法半导体公司的 STM32G0 系列 MCU 为例,介绍嵌入式系统的硬件原理和软件开发方法。STM32G0 系列 MCU 的内部结构,如图 1.13 所示。

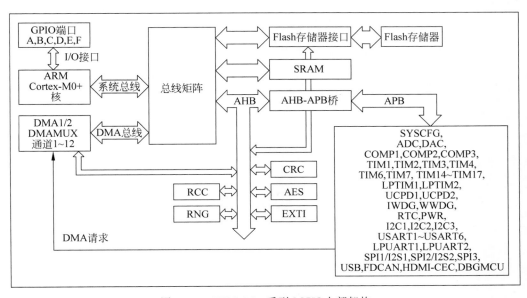

图 1.13 STM32G0 系列 MCU 内部架构

(1) 该系统有两个主设备,包括 Cortex-M0＋核和通用 DMA。一般情况下,Cortex-M0＋处理器核是 MCU 的"大脑"和"中枢",一旦由 MCU 内的片上外设发出 DMA 请求,并且在

Cortex-M0＋处理器核同意后，Cortex-M0＋处理器交出对 MCU 的控制权，此时 DMA 控制器接管了总线控制权。

在图 1.13 中，Cortex-M0＋处理器核通过系统总线连接到总线矩阵。同时，DMA1/DMA2 控制器通过 DMA 总线连接到总线矩阵。通过总线矩阵，Cortex-M0＋处理器或 DMA控制器与系统内的存储器和外设资源连接。在图 1.13 中，片内 Flash 存储器通过 Flash 存储器接口连接到总线矩阵；片内 SRAM 存储器连接到总线矩阵；此外，片内的外设，如 RCC、RNG、CRC、AES 和 EXTI 通过 AHB 总线连接到总线矩阵，而片内的其他外设通过 AHB-APB 桥连接到总线矩阵。

（2）系统总线。该总线将 Cortex-M0＋核的系统总线（外设总线）连接到总线矩阵，该总线矩阵负责在处理器核和 DMA 之间进行仲裁。

（3）DMA 总线，该总线将 DMA 的 AHB 主接口连接到总线矩阵，该矩阵管理 CPU 和DMA 对 SRAM、Flash 存储器和 AHB/APB 外设的访问。

（4）总线矩阵。总线矩阵管理处理器核系统总线和 DMA 主设备总线之间的访问仲裁。仲裁使用轮询调度算法。总线矩阵由主设备（CPU、DMA）和从设备（Flash 存储器接口、SRAM 和 AHB-APB 桥）组成。

AHB 外设通过总线矩阵连接到系统总线上，以允许 DMA 访问。

（5）AHB-APB 桥。

AHB-APB 桥在 AHB 和 APB 总线之间提供完整的同步连接。每次器件复位后，禁用所有外设时钟（SRAM 和 Flash 存储器除外）。在使用外设之前，必须先使能 RCC_AHBENR、RCC_APBENRx 或 RCC_IOPENR 寄存器中的时钟。

注：当对 APB 寄存器执行 16 位或 8 位访问时，访问将转换为 32 位访问；桥将复制 16 位/8 位数据以配合 32 位向量。

第2章

软件工具下载、安装和应用

本章将介绍 STM32G0 系列 MCU 软件开发工具的下载和安装过程，这些工具包括 STM32CubeMX 和 Keil μVision(ARM 版本)。

在此基础上，通过对一个 LED 灯的驱动和控制来说明这些软件工具的使用方法，以帮助读者了解和掌握基于这些软件工具在 STM32G0 系列 MCU 上开发不同场景应用的基本流程。

2.1　STM32CubeMX 工具的下载和安装

本节介绍 STM32CubeMX 工具的下载和安装。STM32CubeMX 是一种图形工具，利用它可以非常轻松地配置 STM32 微控制器和微处理器，并为 ARM Cortex-M 核生成相应的初始化 C 代码或为 ARM Cortex-A 核生成部分 Linux 设备树。

注：本书使用的 MCU 软件开发工具，都是安装在 Windows 10 操作系统中。

2.1.1　STM32CubeMX 工具的下载

下载 STM32CubeMX 工具的主要步骤包括：

(1) 在 IE 浏览器中，通过网址 http://www.st.com，登录意法半导体公司的官网主页。

(2) 如图 2.1 所示，在主页上方的搜索框中输入 STM32CubeMX。

图 2.1　意法半导体公司官网主页的搜索框

(3) 单击搜索框右侧的 Search 按钮。

(4) 弹出新的页面，在新的页面中给出搜索结果，如图 2.2 所示。在搜索结果中，单击图 2.2 黑框中的 STM32CubeMX。

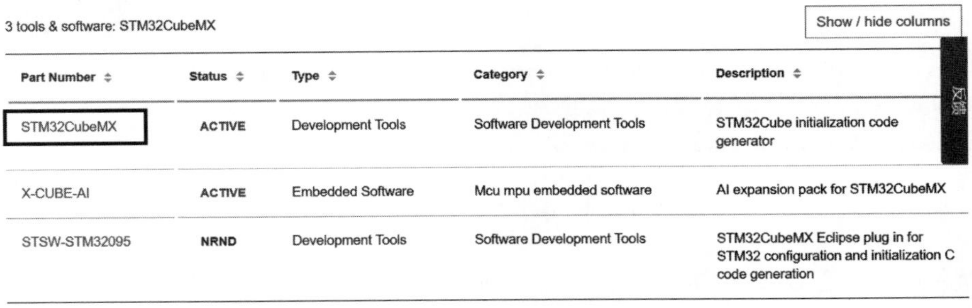

Part Number ⇕	Status ⇕	Type ⇕	Category ⇕	Description ⇕
STM32CubeMX	ACTIVE	Development Tools	Software Development Tools	STM32Cube initialization code generator
X-CUBE-AI	ACTIVE	Embedded Software	Mcu mpu embedded software	AI expansion pack for STM32CubeMX
STSW-STM32095	NRND	Development Tools	Software Development Tools	STM32CubeMX Eclipse plug in for STM32 configuration and initialization C code generation

3 tools & software: STM32CubeMX　　Show / hide columns

图 2.2　显示搜索结果页面

（5）弹出新的页面，如图 2.3 所示。在新的页面中，单击 Get Software 按钮。

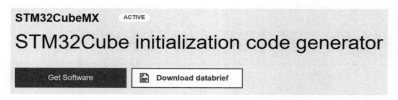

图 2.3　获取 STM32CubeMX 软件页面(1)

（6）跳转到页面的底部，如图 2.4 所示。在该界面中，单击 Get Software 按钮。

图 2.4　获取 STM32CubeMX 软件页面(2)

（7）弹出 License Agreement 页面，如图 2.5 所示。在该页面中，单击 ACCEPT 按钮。

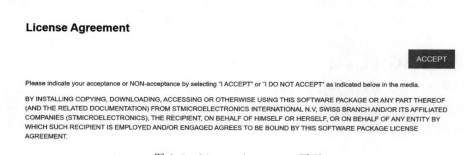

图 2.5　License Agreement 页面

（8）弹出 Get Software 页面，如图 2.6 所示。在该界面中，提供了两种方法：

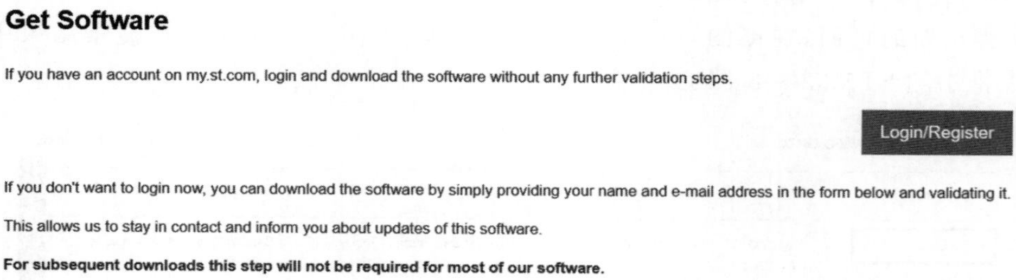

Get Software

If you have an account on my.st.com, login and download the software without any further validation steps.

Login/Register

If you don't want to login now, you can download the software by simply providing your name and e-mail address in the form below and validating it.

This allows us to stay in contact and inform you about updates of this software.

For subsequent downloads this step will not be required for most of our software.

图 2.6　Get Software 页面(1)

① 如果已经在意法半导体公司官网上注册了账号，则可以单击图 2.6 页面中的 Login/Register 按钮。

② 否则，在图 2.7 给出的页面中，填写姓名和电子邮箱等信息，通过发送的邮件进行验证

和下载软件。

If you don't want to login now, you can download the software by simply providing your name and e-mail address in the form below and validating it.

This allows us to stay in contact and inform you about updates of this software.

For subsequent downloads this step will not be required for most of our software.

First Name:

Last Name:

E-mail address:

☐ I have read and understood the Sales Terms & Conditions, Terms of Use and Privacy Policy

ST (as data controller according to the Privacy Policy) will keep a record of my navigation history and use that information as well as the personal data that I have communicated to ST for marketing purposes relevant to my interests. My personal data will be provided to ST affiliates and distributors of ST in countries located in the European Union and outside of the European Union for the same marketing purposes READ MORE ≫

图 2.7 Get Software 页面(2)

由于编者已经在意法半导体公司官网上注册过账号,因此直接单击图 2.6 页面中的 Login/Register 按钮。

(9) 弹出登录界面,如图 2.8 所示。在该页面中,填入电子邮件地址(E-mail address)和密码(Password)信息。

(10) 单击 Login 按钮。

(11) 自动下载名字为 en. stm32cubemx_v6-1-1. zip 文件(该文件大小为 256 113KB)。

(12) 下载完成后,在所选择的文件夹中找到该压缩文件,并使用解压缩软件对下载的文件进行解压缩操作。在解压缩后,默认生成一个名字为 en. stm32cubemx_v6-1-1 的文件夹。

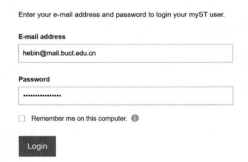

Enter your e-mail address and password to login your myST user.

E-mail address

hebin@mail.buct.edu.cn

Password

••••••••••••••••

☐ Remember me on this computer. ⓘ

Login

图 2.8 登录界面

2.1.2 STM32CubeMX 工具的安装

本节将介绍安装 STM32CubeMX 工具的方法,主要步骤包括:

(1) 进入该文件夹,找到并右击 SetupSTM32CubeMX-6. 1. 1. exe 文件,出现快捷菜单。在快捷菜单内,选择"以管理员身份运行"选项。

(2) 弹出用户账户控制对话框。在该对话框中,提示信息"你要允许此应用对你的设备进行更改吗?"。

(3) 单击"是"按钮,开始安装过程。

(4) 弹出 STM32CubeMX Installation Wizard-Welcome to the Installation of STM32CubeMX 6.1.1 对话框。

(5) 单击 Next 按钮。

(6) 弹出 STM32CubeMX Installation Wizard-STM32CubeMX License agreement 对话框。在该对话框中,选中 I accept the terms of this license agreement 复选框。

(7) 弹出 STM32CubeMX Installation Wizard-ST Privacy and Terms of Use 对话框。在

该对话框中，按照图 2.9，选中全部两个复选框。

☑ I have read and understood the ST Privacy Policy and ST Terms of Use.

☑ I consent that ST int N.V (as data controller) collects and uses features usage statistics (directly or by ST affiliates) when I use the application for the purpose of continuously improving the application.
I understand that I can stop the collection of my features usage statistics when I use the application at any time with effect for the future or update my preferences via the menu
Help > User Preferences > General Settings

图 2.9　勾选复选框

（8）单击 Next 按钮。

（9）弹出 STM32CubeMX Installation Wizard-STM32CubeMX Installation path 对话框。可以通过单击 Select the installation path 下面文本框右侧的 Browse 按钮，为安装该软件工具选择合适的路径。在此，选择默认安装路径 C：\Program Files\STMicroelectronics\STM32Cube\STM32CubeMX。

（10）单击 Next 按钮。

（11）弹出 Message 对话框。在该对话框中，提示"The target directory will be created：C:\Program Files\STMicroelectronics\STM32Cube\STM32CubeMX"信息。

（12）单击"确定"按钮。

（13）弹出 STM32CubeMX Installation Wizard-STM32CubeMX Shortcuts setup 对话框。在该对话框中按默认设置。

（14）单击 Next 按钮。

（15）弹出 STM32CubeMX Installation Wizard-STM32CubeMX Package installation 对话框，开始自动安装软件工具。

（16）等待安装过程结束后，单击 Next 按钮。

（17）弹出 STM32CubeMX Installation Wizard-STM32CubeMX Installation done 对话框。

（18）单击 Done 按钮，结束安装过程。

2.1.3　STM32G0 系列 MCU 支持包的安装

本节介绍在 STM32CubeMX 工具中安装 STM32G0 系列 MCU 支持包的方法，主要步骤包括：

（1）在 Windows 10 操作系统中，双击名字为 STM32CubeMX 的图标，启动 STM32CubeMX 工具。

（2）在 STM32CubeMX 主界面菜单中，选择 Help→Manage embedded software packages 命令。

（3）弹出 Embedded Software Packages Manager 对话框，如图 2.10 所示。在该对话框中，找到并展开 STM32G0 项。在展开项中，选中 STM32Cube MCU Package for STM32G0 Series(Size：202MB)1.4.0 复选框。

（4）单击该对话框底部的 Install Now 按钮。

（5）出现 Downloading selected software packages 对话框。在该对话框中，显示下载支持包的进度等信息，如图 2.11 所示。

（6）下载安装支持包的过程结束后，自动关闭 Downloading selected software packages 对

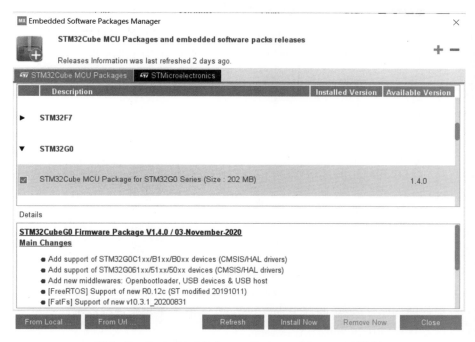

图 2.10 Embedded Software Packages Manager 对话框

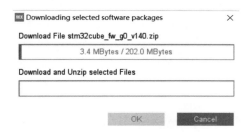

图 2.11 Downloading selected software packages 对话框

话框。

（7）单击图 2.10 右下角的 Close 按钮，退出 Embedded Software Packages Manager 对话框。

（8）关闭 STM32CubeMX 集成开发工具。

2.2 Keil μVision（ARM 版本）工具的下载、安装和授权

用于 STM32F0、STM32G0 和 STM32L0 的微控制器开发工具（Microcontroller Development Kit，MDK）为使用 STM32 器件工作的软件开发人员提供了免费的工具套件。Keil MDK 是用于基于 ARM 处理器核的微控制器芯片应用程序开发最全面的软件开发系统。

基于 MDK-Essential，用于 STM32F0、STM32G0 和 STM32L0 版本的 MDK，包括 ARM C/C++编译器、Keil RTX5 实时操作系统核和 μVision IDE/调试器。它仅适用于基于 Cortex-M0/M0＋内核的 STM32 器件，并且代码长度限制为 256KB。

可以使用 STM32CubeMX 配置 STM32 外设，并将最终的工程导入 MDK。

2.2.1　Keil μVision 内嵌编译工具链架构

如图 2.12 所示，Keil μVision 内嵌的编译工具链使程序开发者可以建立可执行的镜像、部分链接的目标文件和共享的目标文件，以及将镜像转换为不同的格式。

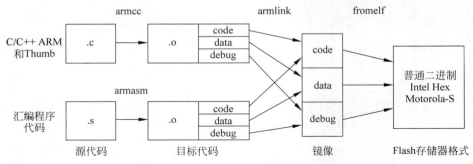

图 2.12　Keil μVision 内嵌的工具链

典型的应用程序开发可能涉及以下内容：

（1）为主应用程序编译 C/C++源代码（armcc 工具）。

（2）对接近硬件元件（如中断服务程序）的 ARM 汇编源代码进行汇编（armasm）。

（3）将所有目标链接在一起产生一个镜像（armlink）。

（4）将镜像转换为 Flash 格式，包括普通二进制、Intel Hex 和 Motorola-S 格式（fromelf）。

注：读者可以在 C:\Keil_v5\ARM\ARMCC\bin 路径下，找到编译工具链中的这些工具。具体路径取决于读者安装 Keil μVision 所选择的安装路径。

思考与练习 2-1：由图 2.12 可知，armcc 工具实现的功能是＿＿＿＿＿＿＿＿＿＿＿＿＿。

思考与练习 2-2：由图 2.12 可知，armasm 工具实现的功能是＿＿＿＿＿＿＿＿＿＿＿。

思考与练习 2-3：由图 2.12 可知，armlink 工具实现的功能是＿＿＿＿＿＿＿＿＿＿。

思考与练习 2-4：由图 2.12 分析由 armcc/armasm 工具生成的目标文件和由 armlink 工具生成的最终的可执行文件两者之间的区别。

2.2.2　Keil μVision（ARM 版本）工具的下载和安装

下载和安装用于 STM32G0 微控制器的 Keil μVision 软件的步骤主要包括：

（1）在 IE 浏览器中，通过网址 http://www.keil.com，登录 ARM Keil 官网页面。

（2）单击官网主页面右侧如图 2.13 所示的图标。

视频讲解

（3）出现新的页面，如图 2.14 所示。在该页面中，单击 Download MDK Core 按钮。

（4）出现新的页面，如图 2.15 所示。在该页面中，填写正确的用户信息。

图 2.13　用于 STM32F0/G0/L0 的
ARM Keil MDK 下载入口

（5）单击 Submit 按钮。

（6）出现新的页面，如图 2.16 所示。在该页面中，单击 MDK533.EXE，开始自动下载软件。

（7）下载结束后，找到该下载文件，右击名字为 MDK533.exe 的文件，出现快捷菜单。在快捷菜单内，选择"以管理员身份运行"选项。

（8）弹出用户账户控制对话框。在对话框中，提示"你要允许此应用对你的设备进行更改吗？"。

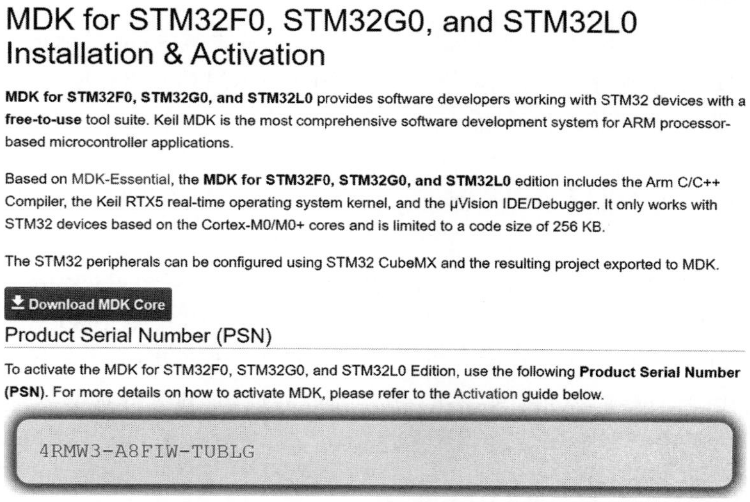
MDK for STM32F0, STM32G0, and STM32L0 Installation & Activation
MDK for STM32F0, STM32G0, and STM32L0 provides software developers working with STM32 devices with a free-to-use tool suite. Keil MDK is the most comprehensive software development system for ARM processor-based microcontroller applications.
Based on MDK-Essential, the MDK for STM32F0, STM32G0, and STM32L0 edition includes the Arm C/C++ Compiler, the Keil RTX5 real-time operating system kernel, and the µVision IDE/Debugger. It only works with STM32 devices based on the Cortex-M0/M0+ cores and is limited to a code size of 256 KB.
The STM32 peripherals can be configured using STM32 CubeMX and the resulting project exported to MDK.
Download MDK Core
Product Serial Number (PSN)
To activate the MDK for STM32F0, STM32G0, and STM32L0 Edition, use the following Product Serial Number (PSN). For more details on how to activate MDK, please refer to the Activation guide below.
4RMW3-A8FIW-TUBLG

图 2.14 下载用于 STM32F0/G0/L0 的 ARM Keil MDK 界面

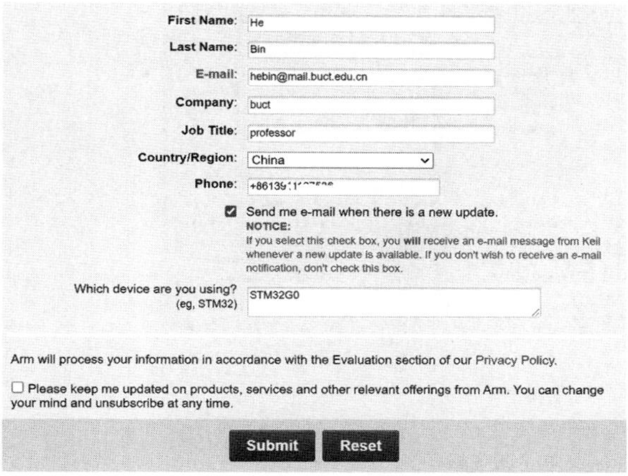
First Name: He
Last Name: Bin
E-mail: hebin@mail.buct.edu.cn
Company: buct
Job Title: professor
Country/Region: China
Phone:
Send me e-mail when there is a new update.
NOTICE:
If you select this check box, you will receive an e-mail message from Keil whenever a new update is available. If you don't wish to receive an e-mail notification, don't check this box.
Which device are you using? (eg, STM32)
STM32G0
Arm will process your information in accordance with the Evaluation section of our Privacy Policy.
Please keep me updated on products, services and other relevant offerings from Arm. You can change your mind and unsubscribe at any time.
Submit
Reset

图 2.15 填写用户信息

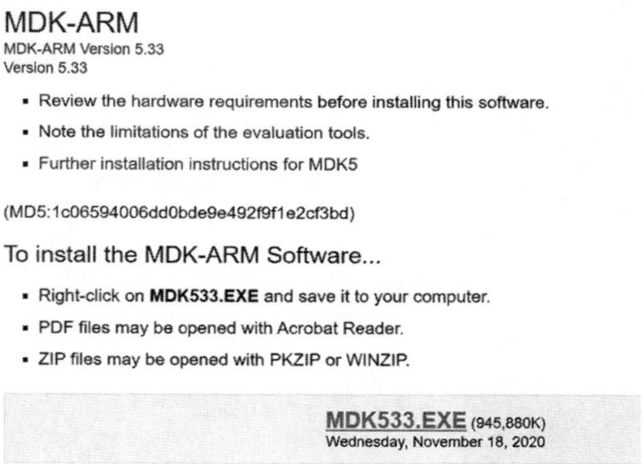
MDK-ARM
MDK-ARM Version 5.33
Version 5.33
Review the hardware requirements before installing this software.
Note the limitations of the evaluation tools.
Further installation instructions for MDK5
(MD5:1c06594006dd0bde9e492f9f1e2cf3bd)
To install the MDK-ARM Software...
Right-click on MDK533.EXE and save it to your computer.
PDF files may be opened with Acrobat Reader.
ZIP files may be opened with PKZIP or WINZIP.
MDK533.EXE (945,880K)
Wednesday, November 18, 2020

图 2.16 MDK 下载页面

(9) 单击“是”按钮，开始安装过程。

(10) 弹出 Setup MDK-ARM V5.33-Welcome to Keil MDK-ARM 对话框。在该对话框中，单击 Next 按钮。

(11) 弹出 Setup MDK-ARM V5.33-License Agreement 对话框。在该对话框中，选中 I agree to all the terms of the preceding License Agreement 复选框。

(12) 单击 Next 按钮。

(13) 弹出 Setup MDK-ARM V5.33-Folder Selection 对话框。在该对话框中，可以通过分别单击 Core：右侧的 Browse 按钮和 Pack 右侧的 Browser 按钮为安装文件选择安装路径和为包选择安装路径。在本书中，使用默认安装路径。

(14) 单击 Next 按钮。

(15) 弹出 Setup MDK-ARM V5.33-Customer Information 对话框。在该对话框中，给出了用户名和电子邮件的信息。

（16）单击 Next 按钮。

（17）弹出 Setup MDK-ARM V5.33-Setup Status 对话框，指示正在安装软件。

（18）等待安装过程结束后，弹出 Setup MDK-ARM V5.33 Keil MDK-ARM Setup completed 对话框，指示安装过程结束。

（19）单击 Finish 按钮。

（20）自动弹出 Pack Installer 界面，同时弹出 Pack Installer-Welcome to the Keil Pack Installer 对话框。

（21）单击 OK 按钮，退出 Pack Installer-Welcome to the Keil Pack Installer 对话框。

（22）如图 2.17 所示，在 Pack Installer 左侧窗口中，找到并展开 STMicroelectronics 项。在展开项中，找到并展开 STM32G071 项。在展开项中，找到并选中 STM32G071RBTx 项。在右侧窗口中，找到并展开 Device Specific 项。在展开项中，找到并展开 Keil::STM32G0xx_DFP 项。在展开项右侧，单击 Install 按钮，安装包文件（比如单击 1.2.0(2019-07-19 右侧的 Install 按钮，将安装 1.2.0 包）。

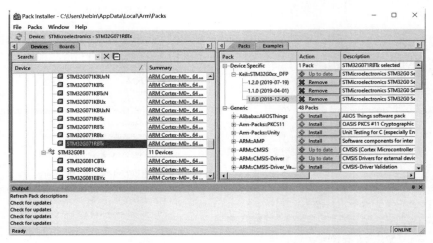

图 2.17　Pack Installer 界面

注：本书使用的是意法半导体公司官方提供的 STM32G071 Nucleo-64 开发板，该开发板上搭载了意法半导体公司的 STM32G071RBT6 MCU。

（23）等待更新包过程结束后，手工关闭 Pack Installer 界面。

注：软件包(Software packs)可由 ARM、第三方合作伙伴、客户创建，或者用户可能想要构建自己的软件包。软件包文件的扩展名为.pack(也支持.zip)。Pack Installer 工具检查文件是否为有效的包。

2.2.3　Keil μVision(ARM 版本)工具的授权

下面将通过添加序列号为该软件授权，主要步骤包括：

（1）在 Windows 10 操作系统中，找到并用右击 Keil μVision5 图标，出现快捷菜单。在快捷菜单内，选择"以管理员身份运行"选项。

（2）弹出用户账户控制对话框。在对话框中，提示"你要允许此应用对你的设备进行更改吗？"。

（3）单击"是"按钮，启动 Keil μVision5 集成开发环境（以下简称 μVision5 集成开发环境）。

（4）在 μVision5 集成开发环境主界面的菜单中，选择 File→License Management 命令。

（5）弹出 License Management 对话框，如图 2.18 所示。在该对话框中，单击 Get LIC via Internet 按钮。

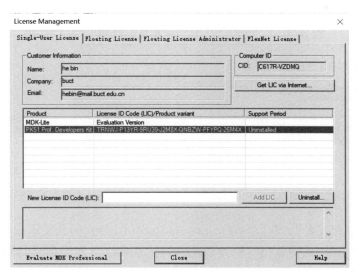

图 2.18　License Management 对话框

（6）出现 Obtaining a License ID Code(LIC)对话框。在该对话框中，单击 OK 按钮。

（7）弹出 Single-User License 对话框，如图 2.19 所示。在该对话框中，需要在 Product Serial ♯(PSN)后面的文本框中输入前面给出的 PSN 号 4RMW3-A8FIW-TUBLG。除了该重要信息外，其他用黑体字标记的条项也需要提供正确的信息。

图 2.19　Single-User License 对话框

（8）使用鼠标滚轮，滑动到该页面底部。然后单击 Submit 按钮。

（9）弹出新的页面，提示 Thanks for Licensing Your Product，如图 2.20 所示。

该页面给出的信息是，已经通过电子邮件将您的产品注册信息，包括许可证 ID 代码（License ID Code，LIC）发送到 hebin@mail.buct.edu.cn。

（10）进入邮箱，找到该邮件，如图 2.21 所示，并复制黑框中的 LIC 码。

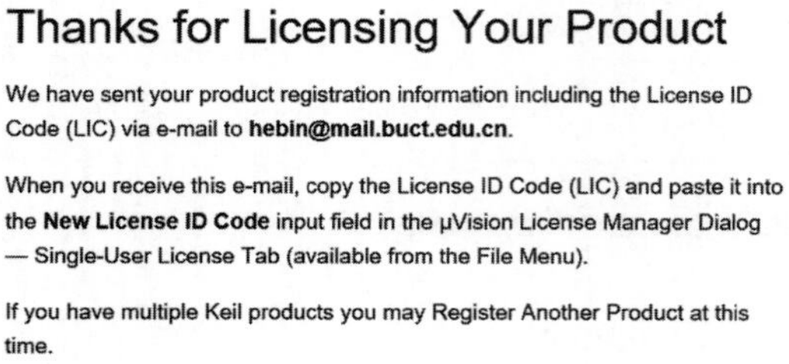

Thanks for Licensing Your Product

We have sent your product registration information including the License ID Code (LIC) via e-mail to **hebin@mail.buct.edu.cn.**

When you receive this e-mail, copy the License ID Code (LIC) and paste it into **the New License ID Code** input field in the µVision License Manager Dialog — Single-User License Tab (available from the File Menu).

If you have multiple Keil products you may Register Another Product at this time.

图 2.20 　反馈邮件

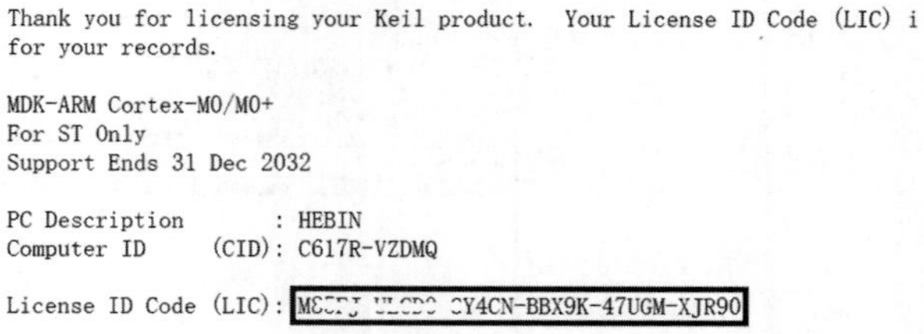

```
Thank you for licensing your Keil product.  Your License ID Code (LIC) i
for your records.

MDK-ARM Cortex-M0/M0+
For ST Only
Support Ends 31 Dec 2032

PC Description      : HEBIN
Computer ID   (CID) : C617R-VZDMQ

License ID Code (LIC): MSCFJ ULCDO CY4CN-BBX9K-47UGM-XJR90
```

图 2.21 　邮件中提供的 LIC 码

（11）将其粘贴到图 2.18 中 New License ID Code(LIC)右侧的文本框中，单击该文本框右侧的 Add LIC 按钮。添加完 LIC 后的 License Management 对话框，如图 2.22 所示。

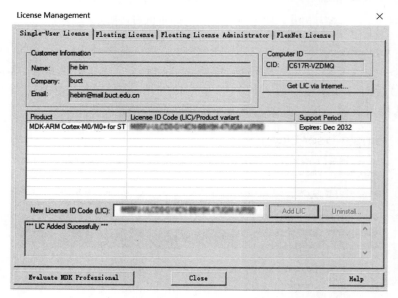

图 2.22 　添加 LIC 后的 License Management 界面

（12）单击图 2.22 底部的 Close 按钮，退出 License Management 对话框。

（13）退出 µVision5 集成开发环境。

2.3 　设计实例：LED 的驱动和控制

本节将通过一个 LED 驱动和控制实例来说明基于这些软件工具开发 STM32G0 系列 MCU 应用的基本设计流程。

2.3.1　生成简单的工程

该实验使用意法半导体公司提供的 STM32G0 Nucleo 开发板,在开发板上有一个 LED 灯连接到 STM32G0 MCU 的 PA5 引脚上。

注:具体的硬件电路设计请参考本书配套资源中的 NUCLEO-G071RB 开发板原理图。

该设计的目标是使用 STM32CubeMX 软件工具生成一个简单的工程,主要步骤包括:

(1) 在 Windows 10 操作系统桌面上,找到并双击 STM32CubeMX 图标,打开 STM32CubeMX 软件工具。

(2) 如图 2.23 所示,在 STM32CubeMX Untitled 主界面中,单击 Start My project from MCU 标题下的 ACCESS TO MCU SELECTOR 按钮。

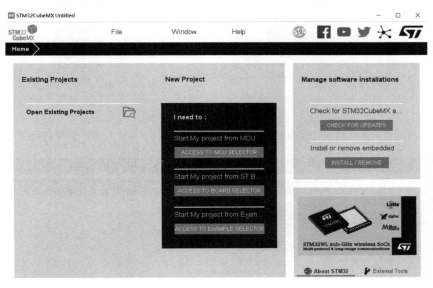

图 2.23　STM32CubeMX Untitled 主界面

(3) 弹出 New Project from a MCU/MPU 界面,如图 2.24 所示。在该界面左侧 MCU/MPU Filters 窗口中的 Part Number 标题右侧的文本框中输入 STM32G071RB。在右侧窗口底部显示两个相关的器件系列:一个是 STM32G071RBIx,另一个是 STM32G071RBTx。

图 2.24　New Project from a MCU/MPU 界面

在该设计中，选中并双击 STM32G071RBTx 项。

（4）出现 Pinout & Configuration 界面，如图 2.25 所示。在右下角黑框中的文本框中输入 PA5，图中箭头所指的芯片的引脚的位置高亮闪烁显示，表示是 PA5 引脚在该芯片上的位置。

（5）如图 2.26 所示，单击高亮闪烁显示的 PA5 引脚，出现浮动菜单。在浮动菜单中，选择 GPIO_Output 选项，该选项表示将 PA5 引脚设置为输出模式。

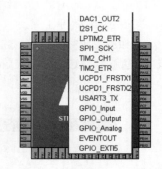

图 2.25　Pinout & Configuration 界面　　　　图 2.26　设置引脚 PA5 的驱动模式

（6）如图 2.27 所示，单击 Project Manager 标签。在选项卡中，设置参数如下。

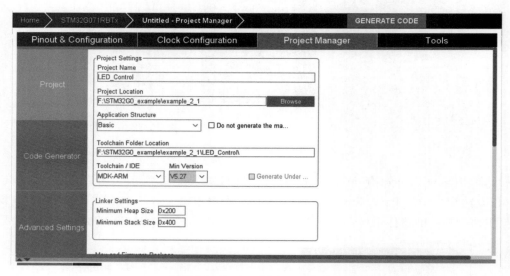

图 2.27　Project Manager 选项卡

① Project Name：LED_control（读者可以自己给工程命名）；

② Project Location：F:\STM32G0_example\example_2_1（读者可以通过单击 Browse 按钮，选择使用不同的工程路径）；

③ Application Structure：Basic；

④ Toolchain Folder Location：F:\STM32G0_example\example_2_1\LED_Control\（根据前面设置的工程路径和工程名字默认生成）；

⑤ Toolchain/IDE：MDK-ARM；

⑥ Min Version：V5.27。

（7）单击图 2.27 右上角的 GENERATE CODE 按钮。

（8）等待生成代码的过程结束后，弹出 Code Generation 对话框，如图 2.28 所示。

（9）单击图 2.28 中的 Open Project 按钮，将启动 Keil μVision 集成开发环境。

图 2.28 Code Generation 对话框

2.3.2 添加设计代码

在 Keil μVision 集成开发环境中，将添加和修改设计代码，以实现对 LED 的驱动和控制。本节将对所涉及的一些知识点进行简要的说明。

（1）如图 2.29 所示，在 Keil μVision 集成开发环境左侧的 Project 窗口中，以树形结构给出了工程（LED_Control）的软件代码组成结构。

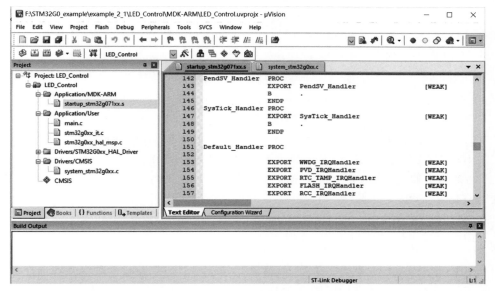

图 2.29 Keil μVision 软件工具主界面

① Application/MDK-ARM 文件夹中，包含了一个名字为 startup_stm32g071xx.s 的文件。该文件是使用纯粹的汇编语言所编写的启动引导代码。其中给出了向量表的位置和定义说明。对于该段代码将在第 6 章进行详细的说明。

注：这段代码充分说明了汇编语言的重要性，嵌入式系统的启动引导代码都需要使用汇编语言编写，为什么 C 语言不能代替汇编语言来充当这个角色呢？因为 C 语言是跨平台的语言，对于嵌入式系统底层硬件的控制能力较弱，也就是说，C 语言的很多语法无法与底层硬件的驱动和配置直接对应，因此必须通过汇编语言直接对底层进行初始化。

② Application/User 文件夹中包含：main.c 文件，该文件是整个工程的主文件；stm32g0xx_it.c，该文件提供了异常句柄的框架，在不同的异常句柄框架内，用户可以添加定制的异常事件处理代码；stm32g0xx_hal_msp.c 文件，该文件提供了对主堆栈指针的初始化操作代码。

③ Drivers/STM32G0xx_HAL_Driver 文件夹下的文件提供了对 STM32G071 MCU 内部集成外设控制器的操作的应用程序接口（Application Program Interface，API）函数。当用

户根据 MCU 的不同应用场景编写应用程序代码时，可以直接调用这些 API 函数，应用程序开发人员并不需要知道底层外设控制器的更多细节，这样可显著提高应用程序代码的编写效率。

④ Drivers/CMSIS 文件夹内包含 system_stm32g0xx.c 文件，该文件提供了系统初始化函数，用于主程序的调用。CMSIS 是 ARM 提供的 Cortex 微控制器软件接口标准（cortex microcontroller software interface standard）。在本书第 8 章将详细介绍 CMSIS。

（2）双击图 2.29 左侧 Project 窗口中的 main.c 文件，打开该文件。定位到该文件的第 94 行，如图 2.30 所示。在符号"{"和 /* USER CODE END WHILE */之间添加设计代码。

（3）添加下面的两行设计代码。

```
HAL_GPIO_TogglePin(GPIOA,GPIO_PIN_5);
HAL_Delay(500);
```

添加完设计代码后的结果如图 2.31 所示。

```
94 |  while (1)
95 |  {
96 |     /* USER CODE END WHILE */
97 |
98 |     /* USER CODE BEGIN 3 */
99 |  }
100 | /* USER CODE END 3 */
101 | }
```

```
94 |  while (1)
95 |  {
96 |     HAL_GPIO_TogglePin(GPIOA,GPIO_PIN_5);
97 |     HAL_Delay(500);
98 |     /* USER CODE END WHILE */
99 |
100 |    /* USER CODE BEGIN 3 */
101 | }
102 | /* USER CODE END 3 */
103 | }
```

图 2.30   要添加代码的位置   图 2.31   添加完设计代码后的结果

注：（1）必须将用户代码添加到/* USER CODE BEGIN WHILE */和/* USER CODE END WHILE */的区域，该区域为添加用户代码而保留。

（2）当添加代码的时候，会弹出提示框来帮助读者加快代码的添加速度，以及帮助读者查找所需要的函数。

2.3.3   编译和下载设计

本节将对设计进行编译，并下载设计到硬件上进行验证，主要步骤包括：

（1）在 Keil μVision 主界面主菜单下，选择 Project→Build Target 命令或者选择 Rebuild all target files 命令，对设计进行编译。在 Build Output 窗口中显示了对设计进行编译过程的信息，如图 2.32 所示。当对设计进行成功编译后，在 Build Output 窗口中显示下面的信息：

```
Program Size: Code = 2732 RO - data = 284 RW - data = 16 ZI - data = 1024
FromELF: creating hex file...
"LED_Control\LED_Control.axf" - 0 Error(s), 0 Warning(s).
Build Time Elaspsed: 00:00:13
```

图 2.32   对设计进行编译的过程

（2）在 Keil μVision 主界面菜单下选择 Debug→Start/Stop Debug Session 命令，或者在主界面的工具栏中单击  按钮。

图 2.33　ST-LINK Firmware Upgrade 对话框

（3）弹出 ST-LINK Firmware Upgrade 对话框，如图 2.33 所示。在该对话框中，提示"Old ST-LINK firmware detected. Do you want to upgrade it?"（检测旧的 ST-LINK 固件。你是不是想更新它？）。

（4）单击 Yes 按钮，退出 ST-LINK Firmware Upgrade 对话框。

（5）弹出 ST-Link Upgrade 对话框，如图 2.34 所示。在该对话框中，先单击左上角的 Device Connect 按钮，然后再单击右下角的"Yes >>>"按钮，开始更新 ST-LINK 固件程序。

（6）当更新完固件后，弹出 ST-Link Upgrade 对话框。在该对话框中，提示 upgrade is successful 信息。

（7）单击"确定"按钮，退出 ST-Link Upgrade 对话框。

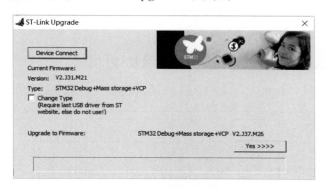
图 2.34　ST-Link Upgrade 对话框

（8）退出如图 2.34 所示的对话框。

（9）重新执行步骤（2），进入到调试器界面。

注：关于该调试器的使用方法，在本书后续将详细介绍。

（10）在调试界面的主菜单中，选择 Debug→Run 命令开始运行程序。

（11）在 Keil μVision 主界面菜单下，再次选择 Debug→Start/Stop Debug Session 命令，退出调试器界面。

（12）在 Keil μVision 主界面菜单下，选择 Flash→Download 命令，将该设计下载到 STM32G071 MCU 内的 Flash 存储器中。

（13）按一下 STM32G0 Nucleo 开发板上的 RESET 按钮。

思考与练习 2-5：当执行完步骤（10）后观察 STM32G0 Nucleo 开发板上 LED 灯的变化情况，当执行完步骤（13）后观察 STM32G0 Nucleo 开发板上 LED 灯的变化情况。

思考与练习 2-6：通过简单的分析过程，说明 ST 应用工程的程序架构，这种架构为应用程序的开发所带来的好处。

思考与练习 2-7：尝试在 main.c 中修改控制 LED 的 C 语言代码，以改变 LED 的闪烁效果。

第3章

Cortex-M0+处理器结构

本章介绍 ARM Cortex-M0＋处理器结构,内容包括 Cortex-M0＋处理器核和核心外设、Cortex-M0＋处理器的寄存器、Cortex-M0＋处理器空间结构、Cortex-M0＋的端及分配、Cortex-M0＋处理器异常及处理,以及 Cortex-M0＋存储器保护单元。

通过本章内容的学习,理解并掌握 Cortex-M0＋CPU 的结构及功能,为进一步学习该处理器的指令集打下坚实的基础。

视频讲解

3.1 Cortex-M0＋处理器核和核心外设

STM32G0 系列 MCU 内的 Cortex-M0＋处理器核和核心外设结构如图 3.1 所示。

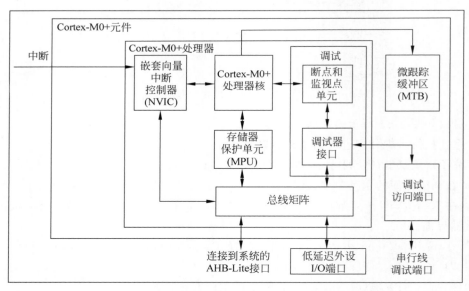

图 3.1 Cortex-M0＋处理器核和核心外设结构

该处理器是一款入门级的 32 位 ARM Cortex 处理器,专为广泛的嵌入式应用而设计。Cortex-M0＋处理器基于对面积和功耗进行充分优化的 32 位处理器内核构建,并具有两级流水线的冯·诺依曼架构。该处理器通过一个小的但是功能强大的指令集和广泛优化的设计来提供出色的能源效率,从而提供包括单周期乘法器在内的高端处理硬件。

Cortex-M0＋处理器实现了 ARMv6-M 架构,该架构基于 16 位的 Thumb 指令集并包含 Thumb-2 技术。这样,就提供了现代 32 位架构所期望的出色性能,并且具有比其他 8 位和 16

位微控制器更高的代码密度。

Cortex-M0＋处理器紧耦合集成了可配置的嵌套向量中断控制器（Nested Vectored Interrupt Controller，NVIC），以提供最好的中断性能。其特性包括：

（1）包括不可屏蔽中断（Non-Maskable Interrupt，NMI）；

（2）提供零抖动中断选项；

（3）提供 4 个中断优先级。

处理器内核和 NVIC 的紧密集成提供了快速执行中断服务程序（Interrupt Service Routine，ISR）的能力，从而显著减少了中断等待时间。这是通过寄存器的硬件堆栈以及放弃并重新启动多个加载和多个保存操作的能力来实现的。中断句柄不要求任何汇编程序封装代码，从而消除了 ISR 的代码开销。当从一个 ISR 切换到另一个 ISR 时，尾链优化还可以显著减少开销。

为了优化低功耗设计，NVIC 与休眠模式集成在一起，该模式包括深度休眠功能，这样可使整个器件快速断电。

3.1.1　Cortex-M0＋处理器核

Cortex-M0＋处理器核是 Cortex-M0＋最核心的功能部件，负责处理数据，它包含内部寄存器、算术逻辑单元（ALU）、数据通路和控制逻辑。

1. 处理器核的主要功能

Cortex-M0＋处理器提供的主要功能包括：

（1）使用 Thumb-2 技术的 Thumb 指令集；

（2）用户模式和特权模式执行；

（3）与 Cortex-M 系列处理器向上兼容的工具和二进制文件；

（4）集成超低功耗休眠模式；

（5）高效的代码执行可以降低处理器时钟或增加休眠时间；

（6）用于对安全有严格要求的存储器保护单元（Memory Protection Unit，MPU）；

（7）低延迟、高速外设 I/O 端口；

（8）向量表偏移寄存器；

（9）丰富的调试功能。

2. 处理器核中的流水线

此外，ARM Cortex-M0＋内核内提供了两级流水线（Cortex-M0、M3 和 M4 具有三级流水线）。这个两级流水线减少了内核响应时间和功耗。第一级流水线完成获取指令（简称取指）和预译码，第二级流水线完成主译码和执行，如图 3.2 所示。

注：当以前的 Cortex-M 内核（具有三级流水线）执行条件分支时，下一条指令不再有效。这就意味着每次有分支的时候都必须刷新流水线。通过转移到两级流水线，可以最大限度地减少对 Flash 的访问并降低功耗。通常，Flash 存储器的功耗占据整个 MCU 功耗的绝大部分。因此，减少访问 Flash 的次数将对降低总功耗产生直接影响。

大多数 ARMv6-M 架构指令的长度是 16 位。只有 6 条 32 位指令，其中大多数是控制指令，很少使用。但是，用于调用子程序的分支和链接指令也是 32 位，以便支持该指令与指向要执行下一条指令的标号之间的较大偏移。

理想情况下，每两个 16 位指令只有一个 32 位访问，因此每条指令的访存次数更少。图 3.2 中，在第 2 个时钟周期没有发生取指操作。当第 N 条指令为加载/保存指令时，AHB-

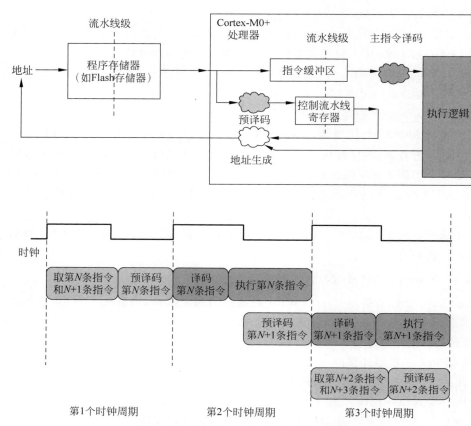

图 3.2　Cortex-M0＋处理器的两级流水线

Lite 端口可用于执行数据访问。

下面通过一个实例,说明 Cortex-M0＋处理器核采用两级流水线的优势。

代码清单 3-1　一段运行在 Cortex-M0＋上的代码

```
          第 0 条指令
          B    Label         ; 分支跳转到 Label
          第 1 条指令          ; 分支影子指令
          第 2 条指令          ; 分支影子指令
               ⋮
Label :   第 N 条指令
          第 N＋1 条指令
```

如图 3.3 所示,由于采用了两级流水线,使得浪费更少的预取指令。

图 3.3　Cortex-M0＋处理器执行指令

（1）在第 1 个时钟周期,处理器加载第 0 条指令和一条无条件分支指令；

（2）在第 2 个时钟周期,处理器执行第 0 条指令；

（3）在第 3 个时钟周期,处理器在取出第 1 条指令和第 2 条指令的同时,执行分支指令。

在第 $N+2$ 个时钟周期,处理器丢弃第 1 条指令和第 2 条指令,并取出第 N 条指令和第 $N+1$ 条指令。

前面提到,在 Cortex-M0、Cortex-M3 和 Cortex-M4 处理器中实现了三级流水线,即取指、译码和执行指令。分支影子指令的数量更多(最多达到 4 条 16 位指令)。

3. 处理器核的访问方式

如图 3.4 所示,Cortex-M0+既没有缓存,也没有内部 RAM。因此,任何取指交易都会指向 AHB-Lite 接口,并且任何数据访问都会指向 AHB-Lite 接口或单周期 I/O 端口。

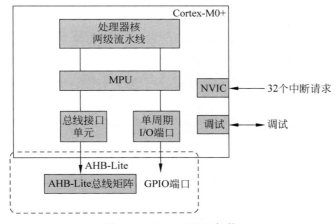

图 3.4　Cortex-M0+架构

注:STM32G0 在处理器外实现了片上系统级(System on Chip,SoC)的缓存。

AHB-Lite 主端口连接到总线矩阵,使得 CPU 可以访问存储器和外设。由于交易是在 AHB-Lite 上进行流水处理,因此最佳的吞吐量是每个时钟 32 位数据或指令,同时有最小的两个时钟延迟。

Cortex-M0+还具有单周期 I/O 端口,使 CPU 能够以一个时钟的延迟访问数据。

一个外部译码逻辑决定将数据访问指向这个端口的地址范围。在 STM32G0 系列 MCU 中,单周期 I/O 端口用于访问通用 I/O 端口(General-Purpose Input & Output,GPIO)寄存器,从而使这些端口能够以处理器频率工作。

当加载或保存指令的地址未落入单周期 I/O 端口地址范围内时,将在 AHB-Lite 端口上执行交易,从而防止 CPU 在同一时钟取指。

当加载或保存指令的地址落入单周期 I/O 端口地址范围内时,在该端口上执行交易,并可能与取指同时进行。

注:交易(transaction)是指执行某项任务的双方为了达成/实现最终的目的,而进行的一个协商或协调的过程,在有些书籍中将其翻译为"事务"。在本书中,使用"交易"这个词更能体现英文单词原本的含义。

3.1.2　系统级接口

Cortex-M0+处理器使用 AMBA 技术提供单个系统级接口,以提供高速、低延迟的存储器访问。

Cortex-M0＋处理器具有一个可选的 MPU，可以提供细粒度的存储器控制、使得应用程序可以使用多个特权级，并根据任务分割和保护代码、数据和堆栈。在许多嵌入式应用（例如汽车系统）中，此类要求变得非常重要。

3.1.3 可配置的调试

  Cortex-M0＋处理器实现了完整的硬件调试解决方案，并具有广泛的硬件断点和观察点选项。通过一个具有两个引脚的串行线调试（Serial Wire Debug，SWD）端口，该系统可提供对处理器、存储器和外设的可视性，非常适合微控制器和其他小封装器件。

3.1.4 核心外设

  核心外设是与 Cortex-M0＋处理器核紧密耦合的外部功能部件。

1. 嵌套向量中断控制器

  NVIC 是一个嵌入的中断控制器，它提供了 32 个可屏蔽的中断通道和 4 个可编程的优先级控制，支持低延迟的异常和中断处理。此外，还提供了电源管理控制功能。

2. 系统控制块

  系统控制块（System Control Block，SCB）是程序员与处理器的模型接口。它提供系统的实现信息和系统控制，包括配置、控制以及系统异常的报告。

3. 系统定时器

  系统定时器 SysTick 是一个 24 位的向下计数器。将该定时器用作一个实时操作系统（Real Time Operating System，RTOS）滴答定时器或作为一个简单的计数器。

4. 存储器保护单元

  存储器保护单元（Memory Protection Unit，MPU）通过定义不同存储器区域的存储属性来提高系统可靠性。它提供最多 8 个不同的区域以及一个可选的预定义背景区域。

5. I/O 端口

  I/O 端口提供单周期加载，并保存到紧耦合的外设。

  思考与练习 3-1：请说明 Cortex-M0＋处理器核的主要性能参数。

  思考与练习 3-2：请说明 Cortex-M0＋采用的流水线结构。

  思考与练习 3-3：Cortex-M0＋处理器由哪两部分组成？它们各自的主要功能是什么？

3.2 Cortex-M0＋处理器的寄存器

视频讲解

  本节将详细介绍 Cortex-M0＋处理器的寄存器，对于处理器的内部寄存器来说，其特点主要包括：

  （1）它们用于保存和处理处理器核内暂时使用的数据。

  （2）这些寄存器在 Cortex-M0＋处理器核内，因此处理器访问这些寄存器速度较快。

  （3）采用加载-保存结构，即：如果需要处理保存在存储器中的数据，则需要将保存在存储器中的数据加载到一个寄存器，然后在处理器内部进行处理。在处理完这些数据后，如果需要将其重新保存到存储器时，则将这些数据重新写回到存储器中。

  对于 Cortex-M0＋处理器的寄存器来说，包含寄存器组和特殊寄存器，如图 3.5 所示。下面将对这些寄存器的功能进行详细介绍。

3.2.1 通用寄存器

  寄存器组提供了 16 个寄存器，这 16 个寄存器中的 R0～R12 寄存器可作为通用寄存器，

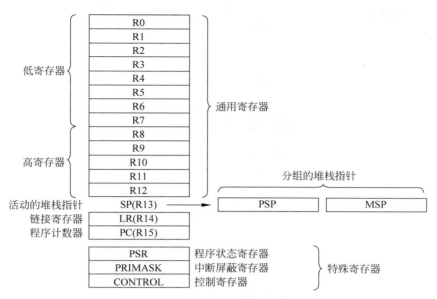

图 3.5　Cortex-M0＋处理器核内的寄存器

其中：

（1）低寄存器,包括 R0～R7,所有指令均可访问这些寄存器。

（2）高寄存器,包括 R8～R12,一些 Thumb 指令不可以访问这些寄存器。

3.2.2　堆栈指针

寄存器组中的 R13 寄存器可以用作堆栈指针(Stack Pointer,SP)。SP 的功能主要包括：

（1）记录当前堆栈的地址。

（2）当在不同的任务之间切换时,SP 可用于保存上下文(现场)。

（3）在 Cortex-M0＋处理器核中,将 SP 进一步细分为：

① 主堆栈指针(Main Stack Pointer,MSP)。在应用程序中,需要特权访问时会使用 MSP,比如访问操作系统内核、异常句柄。

② 进程堆栈指针(Process Stack Pointer,PSP)。当没有运行一个异常句柄时,该指针可用于基本层次的应用程序代码中。

注：（1）当复位时,处理器使用地址 0x00000000 中的值加载 MSP。

（2）由 CONTROL 寄存器的 bit[1]来控制 SP 是用作 MSP 还是 PSP。

3.2.3　程序计数器

寄存器组中的 R15 寄存器可用作程序计数器(Program Counter,PC),其功能主要包括：

（1）用于记录当前指令代码的地址。

（2）除了执行分支指令外,在其他情况下,对于 32 位指令代码来说,在每个操作时,PC 递增 4,即

$$(PC)+4 \rightarrow (PC)$$

（3）对于分支指令(如函数调用),在将 PC 指向所指定地址的同时,将当前 PC 的值保存到链接寄存器(Link Register,LR)R14 中。

Cortex-M0＋处理器核的一个入栈和出栈操作过程,如图 3.6 所示。

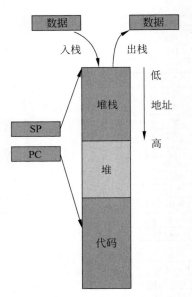

图 3.6　Cortex-M0＋堆栈操作过程

注：复位时，处理器将地址为 0x00000004 的复位向量的值加载到 PC。复位时，将该值的 bit[0]加载到 EPSR 寄存器的 T 比特位中，并且该值必须为 1。

3.2.4　链接寄存器

寄存器组中的 R14 寄存器可用作链接寄存器(Link Register，LR)，其功能主要包括：

(1) 该寄存器用于保存子程序、程序调用和异常的返回地址，如图 3.7(a)所示。

(2) 当程序调用结束后，Cortex-M0＋将 LR 中的值加载到 PC 中，如图 3.7(b)所示。

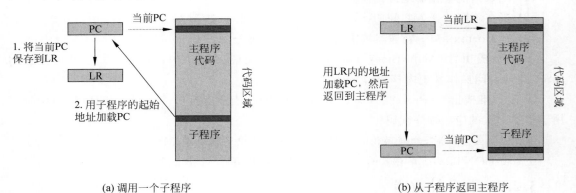

(a) 调用一个子程序　　　　　　　　　　　　　　(b) 从子程序返回主程序

图 3.7　程序调用和返回

注：在复位时，LR 的值未知。

3.2.5　程序状态寄存器

程序状态寄存器(x Program Status Register，xPSR)用于提供执行程序的信息及 ALU 的标志位。它包含 3 个寄存器，如图 3.8 所示。

在图 3.8 中，有 3 个寄存器：

(1) 应用程序状态寄存器(Application Program Status Register，APSR)。

图 3.8 程序状态寄存器的格式

（2）中断程序状态寄存器（Interrupt Program Status Register，IPSR）。

（3）执行程序状态寄存器（Execution Program Status Register，EPSR）。

注：对这 3 个寄存器来说，它们可以作为一个寄存器 xPSR 来访问。比如，当发生中断的时候，xPSR 会被自动压入堆栈，从中断返回时，会自动恢复数据。在入栈和出栈时，将 xPSR 作为一个寄存器。

使用寄存器名字作为 MSR 或 MRS 指令的参数，可以单独访问这些寄存器，也可以将任意两个或所有 3 个寄存器组合起来以访问这些寄存器，如表 3.1 所示。例如：

（1）在 MRS 指令中，使用 PSR 来读取所有寄存器。

（2）在 MSR 指令中，使用 APSR 来写入 APSR。

表 3.1 PSR 寄存器的组合

寄 存 器	类 型	组 合
PSR	RW[1][2]	APSR、EPSR 和 IPSR
IEPSR	RO	EPSR 和 IPSR
IAPSR	RW[1]	APSR 和 IPSR
EAPSR	RW[2]	APSR 和 EPSR

注：（1）处理器忽略对 IPSR 位的写操作。

（2）读取 EPSR 的位将返回 0，处理器忽略对这些位的写操作。

1. APSR

APSR 寄存器内保存着 ALU 操作后所产生的标志位，这些标志位包括：

（1）[31]：N，符号标志。

① 当 ALU 运算结果为负数时，将该位设置为 1。

② 当 ALU 运算结果为正数时，将该位设置为 0。

（2）[30]：Z，零标志。

① 当 ALU 运算结果等于 0 时，将该位设置为 1。

② 当 ALU 运算结果不等于 0 时，将该位设置为 0。

（3）[29]：C，进位或借位标志。

当操作产生进位时，将该标志设置为 1；否则，将该标志设置为 0。在下面的情况下，会产生进位标志，包括：

① 如果相加的结果大于或等于 2^{32}；

② 如果相减的结果为正或者零；

③ 作为移位或旋转指令的结果。

（4）[28]：V，溢出标志。

对于有符号加法和减法，如果发生了有符号溢出，则将该位设置为 1；否则，设置为 0。

例如：

① 如果两个负数相加得到一个正数。

② 如果两个正数相加得到一个负数。

③ 如果负数减去正数得到一个正数。

④ 如果正数减去负数得到一个负数。

注：除了丢掉结果外，比较操作 CMP 和 CMN 分别与减法和加法操作相同。

(5) [27:0]：Reserved，保留。

在 Cortex-M0＋中，大部分数据处理指令都会更新 APSR 中的条件标志。有些指令更新所有的标志，一些指令只更新其中一些标志。如果没有更新标志，则保留最初的值。

程序开发者可以根据另一条指令中设置的条件标志来执行条件转移指令：

(1) 在更新完标志的指令之后，立即执行。

(2) 在没有更新标志的任意数量的中间指令之后。

2. IPSR

该寄存器保存当前中断服务程序(Interrupt Service Routine，ISR)的异常号。在 Cortex-M0＋中每个异常中断都有一个特定的中断编号，用于表示中断类型。在调试时，它对于识别当前中断非常有用，并且在多个中断共享一个中断处理的情况下，可以识别出其中一个中断。IPSR 的位分配，如表 3.2 所示。

表 3.2　IPSR 的位分配

位	名　字	功　能
[31:6]	-	保留
[5:0]	Exception Number（异常编号）	当前异常的编号。 0＝线程模式 1＝保留 2＝NMI 3＝硬件故障 4~10＝保留 11＝SVCall 12~13＝保留 14＝PendSV 15＝SysTick|保留 16＝IRQ0 … 47＝IRQ31 48~63＝保留

3. EPSR

该寄存器只包含一个比特位 T，用于表示 Cortex-M0＋处理器核是否处于 Thumb 状态。当应用软件尝试使用 MRS 指令直接读取 EPSR 时，总是返回 0。当尝试使用 MSR 指令写入 EPSR 时，将忽略该操作。故障句柄用于检查堆栈 PSR 中的 EPSR 值，以确定故障原因。以下方法可以将 T 比特位清零，包括：

(1) 指令 BLX、BX 和 POP{PC}。

(2) 在从异常返回时，从堆栈的 xPSR 值恢复。

（3）一个异常入口上向量值的 bit[0]。

当 T 比特位为 0 时，尝试执行指令将导致硬件故障或锁定。

3.2.6 可中断重启指令

可中断重启指令是 LDM 和 STM、PUSH、POP 和 MULS。当执行这些指令中的其中一条指令发生中断时，处理器将放弃执行该指令。当处理完中断后，处理器从头开始重新执行指令。

3.2.7 异常屏蔽寄存器

异常屏蔽寄存器禁止处理器对异常进行处理。禁止可能会影响时序关键任务或要求原子的代码序列的异常。

要禁止或重新使能异常，需要使用 MSR 和 MRS 指令或 CPS 指令来修改 PRIMASK 的值。

3.2.8 优先级屏蔽寄存器

优先级屏蔽寄存器（Priority Mask Register，PRIMASK）的位分配如图 3.9 所示。

图 3.9 PRIMASK 寄存器的位分配

图中：

（1）[31:1]：Reserved（保留）。

（2）[0]：PM。可优先级排序的中断屏蔽。当：

① 0＝没有影响。

② 1＝阻止激活具有可配置优先级的所有异常。

3.2.9 控制寄存器

当处理器处于线程模式时，控制寄存器（CONTROL）控制使用的堆栈以及软件执行的特权级，如图 3.10 所示。

图 3.10 CONTROL 寄存器的位含义

在图 3.10 中：

（1）SPSEL 位定义当前的堆栈。当该位为 0 时，MSP 是当前的堆栈指针；当该位为 1 时，PSP 是当前的堆栈指针。

注：在句柄模式下，读取该位将返回零，忽略对该位的写操作。

（2）nPRIV 位定义线程模式特权级。当该位为 0 时，为特权级；当该位为 1 时，为非特权级。

句柄模式始终使用 MSP。因此，在句柄模式时，处理器将忽略对 CONTROL 寄存器活动堆栈指针位的显式写入操作。异常进入和返回机制会自动更新 CONTROL 寄存器。

在一个操作系统(Operating System,OS)环境中，建议以线程模式运行的线程使用线程堆栈，OS 内核和异常句柄使用主堆栈。

线程模式默认使用 MSP。要将线程模式下使用的堆栈指针切换到 PSP，使用 MSR 指令将活动的指针位设置为 1。

注：当改变堆栈指针时，软件必须在 MSR 指令后立即使用 ISB 指令。这样可以确保 ISB 之后的指令使用新的堆栈指针执行。

思考与练习3-4：在 Cortex-M0＋处理器核中，通用寄存器的范围_____。

思考与练习3-5：在 Cortex-M0＋处理器核中，实现堆栈指针功能的寄存器是_____。

思考与练习3-6：在 Cortex-M0＋处理器核中，所提供的堆栈指针的类型包括_____和_____，它们各自实现的功能是_____和_____。

思考与练习 3-7：在 Cortex-M0＋处理器核中，用于实现程序计数器的寄存器是_____，程序计数器所实现的功能是_____。

思考与练习 3-8：在 Cortex-M0＋处理器核中，用于实现链接寄存器的寄存器是_____，链接寄存器的作用是_____。

思考与练习3-9：在 Cortex-M0＋处理器核中，组合程序状态寄存器中所包含的寄存器是_____、_____和_____，它们各自的作用分别是_____、_____和_____。

思考与练习3-10：在 Cortex-M0＋处理器核中，中断屏蔽寄存器所实现的功能是_____。

思考与练习3-11：在 Cortex-M0＋处理器核中，控制寄存器所实现的功能是_____。

3.3 Cortex-M0＋存储器空间结构

视频讲解

本节介绍 Cortex-M0＋存储空间结构，内容包括存储空间映射架构、代码区域地址映射、SRAM 区域地址映射、外设区域地址映射、PPB 地址空间映射、SCS 地址空间映射以及系统控制和 ID 寄存器。

3.3.1 存储空间映射架构

Cortex-M0＋处理器采用了 ARMv6-M 架构，该架构支持预定义的 32 位地址空间，并细分为代码、数据和外设，以及片上和片外资源的区域，如图 3.11 所示。其中，片上是指紧耦合到处理器的资源。地址空间支持 8 个基本分区，每个分区是 0.5GB，包括：代码；SRAM；外设；两个 RAM 区域；两个设备区域；系统。

该架构分配用于系统控制、配置以及用作事件入口点或向量的物理地址。该架构定义相对表基地址的向量，该基地址在 ARMv6-M 中固定为地址 0x00000000。

地址空间 0xE0000000 到 0xFFFFFFFF 保留供系统级使用。

注：尽管默认规定了这些区域的使用方法，但是程序设计人员可以根据具体要求灵活地定义存储器映射空间，比如，访问内部私有外设总线。

ARMv6-M 地址映射关系，如表 3.3 所示。

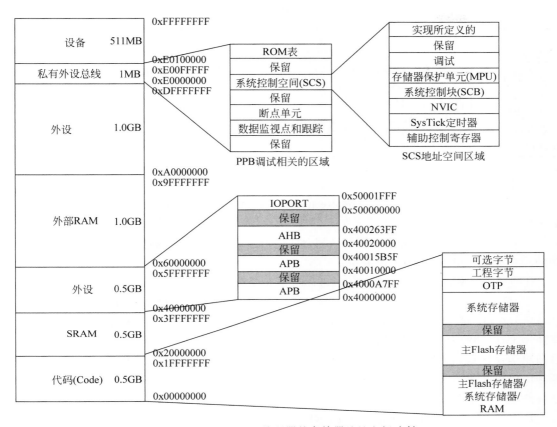

图 3.11 Cortex-M0＋处理器的存储器地址空间映射

表 3.3 ARMv6-M 地址映射关系

地 址	名 字	设备类型	XN?	缓 存	描 述
0x00000000～ 0x1FFFFFFF	代码 (Code)	标准	—	WT	通常为 ROM 或 Flash 存储器。来自地址 0x0 的存储器用于支持复位时系统启动引导的向量表。 程序代码的执行区域。此区域也可以放数据
0x20000000～ 0x3FFFFFFF	SRAM	标准	—	WBWA	SRAM 区域通常用于片上 RAM。 用于数据(比如堆或堆栈)的可执行区域。此区域也可以放代码
0x40000000～ 0x5FFFFFFF	外设	设备	XN	—	片上外设地址空间。 外部的设备存储器。包括 APB 和 AHB 外设
0x60000000～ 0x7FFFFFFF	RAM	标准	—	WBWA	具有回写功能的存储器,用于 L2/L3 缓存支持的写分配缓存属性。 用于数据的可执行区域
0x80000000～ 0x9FFFFFFF	RAM	标准	—	WT	具有直接写缓存属性的存储器。 用于数据的可执行区域

续表

地　址	名　字	设备类型	XN?	缓　存	描　述
0xA0000000～ 0xBFFFFFFF	设备	设备,可共享	XN	—	共享设备空间
0xC0000000～ 0xDFFFFFFF	设备	设备,不可共享	XN	—	非共享设备空间
0xE0000000～ 0xFFFFFFFF	系统	详见表3.8和 表3.9	XN	—	用于私有外设总线和供应商系统外设的 系统段

其中：

（1）XN 表示从不执行区域（execute never region）。从 XN 区域执行代码的任何尝试都会出错,从而生成硬件故障异常。

（2）缓存列指示用于标准存储器区域、内部和外部缓存的缓存策略,以支持系统缓存。声明的缓存类型可以降级,但不能升级。

① 直接写（Write-Through,WT）,可以看作非缓存。

② 回写和写分配（Write-Back,Write Allocate,WBWA）,可以看作直接写或非缓存。

（3）在设备类型一列中,可共享（shareable）表示该区域支持同一存储器域中多个代理共享使用。这些代理可以是处理器和 DMA 代理的任意组合；强顺序（Strongly-Ordered,SO）表示强顺序存储器。强顺序存储器总是可共享的；标准（normal）表示处理器可以对交易进行重新排序以提高效率或者执行预测读取；设备（device）表示处理器将保持相对于到设备或强顺序存储器的其他交易的顺序。

注：（1）ARMv6-M 不支持诸如 LDREX 或 STREX 之类的互斥访问指令,也不支持任何形式的原子交换指令。在使用共享存储器的多处理环境中,软件必须考虑到这一点。

（2）代码、SRAM 和外部 RAM 区域都可以保存程序。

（3）MPU 可以覆盖该部分介绍的默认存储器访问行为。

3.3.2　代码区域地址映射

代码（Code）区域地址映射关系,如表 3.4 所示。

表 3.4　Code 区域地址映射关系（STM32G071xx 和 STM32G081xx）

类　型	边　界　地　址	大小/B	存储器功能
Code(代码)	0x1FFF 7880～0x1FFF FFFF	～34K	保留
	0x1FFF 7800～0x1FFF 787F	128	选项字节(由用户根据应用需求配置)
	0x1FFF 7500～0x1FFF 77FF	768	工程字节
	0x1FFF 7400～0x1FFF 74FF	256	保留
	0x1FFF 7000～0x1FFF 73FF	1K	OTP
	0x1FFF 0000～0x1FFF 6FFF	28K	系统存储器
	0x0802 0000～0x1FFF D7FF	～384M	保留
	0x0800 0000～0x0801 FFFF	128K	主 Flash 存储器
	0x0002 0000～0x07FF FFFF	～8M	保留
	0x0000 0000～0x0001 FFFF	128K	主 Flash 存储器,系统存储器或 SRAM,取决于启动引导配置[1]

注：（1）在 STM32G0x1 中,可以通过 BOOT0 引脚,FLASH_SECR 寄存器中的 BOOT_LOCK 位以及用户选项自己中的引导配置位 nBOOT1、BOOT_SEL 和 nBOOT0 选择 3 种不同的引导模式,如表 3.5 所示。

表 3.5　启动模式配置

启动模式配置					选择的启动引导区域
BOOT_LOCK	nBOOT1	BOOT0	nBOOT_SEL	nBOOT0	
0	×	0	0	×	主 Flash 存储器
0	1	1	0	×	系统存储器
0	0	1	0	×	嵌入的 SRAM
0	×	×	1	1	主 Flash 存储器
0	1	×	1	0	系统存储器
0	0	×	1	0	嵌入的 SRAM
1	×	×	×	×	强制的主 Flash 存储器

Flash 存储器的构成形式为 72 位宽的存储单元(64 位加 8 个 ECC 位),可用于保存代码和数据常量。Flash 存储器的组织方式如下:

(1) 一个主存储器块,包含 64 个(具体数量和器件型号有关)2KB 的页面,每页有 8 行,每行 256 字节。

(2) 信息块。包含:

① 在系统存储器模式中,CPU 从系统存储器启动引导。该区域是保留区域,包含用于通过以下接口之一对 Flash 存储器进行重新编程的启动引导程序,这些接口包括 USART1、USART2、I2C1 和 I2C2(适用于所有器件),USART3、SPI1 和 SPI2(适用于 STM32G071xx 和 STM32G081xx、STM32G0B1xx 和 STM32G0C1xx),以及通过 USB(DFU)和 FDCAN2(适用于 STM32G0B1xx 和 STM32G0C1xx)。在生产线上,对芯片进行编程并提供保护,以防止伪造的写/擦除操作。

② 1KB(128 个双字)一次性可编程(One-Time Programmable,OTP)用于用户数据。OTP 数据无法删除,只能写入一次。如果只有 1 位为 0,则即使值 0x0000 0000 0000 0000,也无法再写入整个双字(64 位)。

当读出保护机制(ReadOut Protection,RDP)级别为 1,并且引导源不是主 Flash 存储器区域时,无法读取 OTP 区域。

③ 用于用户配置的选项字节。

复位后,在 SYSCLK 的第四个上升沿锁存引导模式配置。用户可以设置与所需引导模式相关的引导模式配置。

当从待机模式退出时,也会重新采样引导模式配置。因此,在待机模式下必须保持所要求的启动引导模式。当从待机模式退出时,CPU 从地址 0x00000000 获取堆栈顶部的值,然后从地址 0x00000004 的位置所在的启动存储器来启动代码。

根据所选择的启动引导模式,可以按如下方式访问主 Flash 存储器、系统存储器或 SRAM:

(1) 从主 Flash 存储器启动:主 Flash 存储器在启动存储器空间(0x0000 0000)具有别名,但是仍可以从其原始存储空间(0x08000000)访问。换句话说,可以从地址 0x00000000 或 0x08000000 开始访问 Flash 存储器内容。

(2) 从系统存储器启动:系统存储器在启动引导存储器空间(0x00000000)中是别名,但仍可以从其原始的存储器空间 0x1FFF0000 访问。

(3) 从嵌入 SRAM 启动:SRAM 在引导存储器空间(0x00000000)中具有别名,但仍可以从其原始存储空间(0x2000 0000)对其进行访问。

3.3.3　SRAM 区域地址映射

SRAM 区域地址映射关系,如表 3.6 所示。

表 3.6　SRAM 区域地址映射关系

类　型	边 界 地 址	大小/B	存储器功能
SRAM	0x2000 9000～0x3FFF FFFF	～512M	保留
	0x2000 0000～0x2000 8FFF	36K	SRAM

STM32G071x8/xB 器件提供了 32KB 的具有奇偶校验的嵌入式 SRAM。硬件奇偶校验可以检测到存储器的数据错误,这将有助于提高应用程序的功能安全性。

当由于应用程序的安全性要求不高而不需要奇偶校验保护时,可以将奇偶效验存储位用作附加的 SRAM,以将其总大小增加到 36KB。

片内嵌入 SRAM 的优势是可以以零等待状态和 CPU 的时钟速度读写存储器。

3.3.4　外设区域地址映射

外设区域地址映射关系(不包括 Cortex-M0＋内部外设),如表 3.7 所示。

表 3.7　外设区域地址映射关系

总　线	边 界 地 址	大小/B	外　设
IOPORT	0x50001800～0x5FFFFFFF	～256M	保留
	0x50001400～0x500017FF	1K	GPIOF
	0x50001000～0x500013FF	1K	GPIOE
	0x50000C00～0x50000FFF	1K	GPIOD
	0x50000800～0x50000BFF	1K	GPIOC
	0x50000400～0x500007FF	1K	GPIOB
	0x50000000～0x500003FF	1K	GPIOA
AHB	0x40026400～0x4FFFFFFF	～256M	保留
	0x40026000～0x400263FF	1K	AES
	0x40025400～0x40025FFF	3K	保留
	0x40025000～0x400253FF	1K	RNG
	0x40023400～0x40024FFF	3K	保留
	0x40023000～0x400233FF	1K	CRC
	0x40022400～0x40022FFF	3K	保留
	0x40022000～0x400223FF	1K	FLASH
	0x40021C00～0x40021FFF	3K	保留
	0x40021800～0x40021BFF	1K	EXTI
	0x40021400～0x400217FF	1K	保留
	0x40021000～0x400213FF	1K	RCC
	0x40020C00～0x40020FFF	1K	保留
	0x40020800～0x40020BFF	2K	DMAMUX
	0x40020400～0x400207FF	1K	DMA2
	0x40020000～0x400203FF	1K	DMA1

续表

总　　　线	边　界　地　址	大小/B	外　　　设
APB	0x40015C00～0x4001FFFF	32K	保留
	0x40015800～0x40015BFF	1K	DBG
	0x40014C00～0x400157FF	3K	保留
	0x40014800～0x40014BFF	1K	TIM17
	0x40014400～0x400147FF	1K	TIM16
	0x40014000～0x400143FF	1K	TIM15
	0x40013C00～0x40013FFF	1K	USART6
	0x40013800～0x40013BFF	1K	USART1
	0x40013400～0x400137FF	1K	保留
	0x40013000～0x400133FF	1K	SPI1/I2S1
	0x40012C00～0x40012FFF	1K	TIMI
	0x40012800～0x40012BFF	1K	保留
	0x40012400～0x400127FF	1K	ADC
	0x40010400～0x400123FF	8K	保留
	0x40010200～0x400103FF	1K	COMP
	0x40010080～0x400101FF		SYSCFG(ITLINE)[1]
	0x40010030～0x4001007F		VREFBUF
	0x40010000～0x4001002F		SYSCFG
	0x4000BC00～0x4000FFFF	17K	保留
	0x4000B400～0x4000BBFF	2K	FDCAN 消息 RAM
	0x4000B000～0x4000B3FF	1K	TAMP(＋BKP 寄存器)
	0x4000A800～0x4000AFFF	2K	保留
	0x4000A400～0x4000A7FF	1K	UCPD2
	0x4000A000～0x4000A3FF	1K	UCPD1
	0x40009C00～0x40009FFF	1K	USB RAM2
	0x40009800～0x40009BFF	1K	USB RAM1
	0x40009400～0x400097FF	1K	LPTIM2
	0x40008C00～0x400093FF	2K	保留
	0x40008800～0x40008BFF	1K	I2C3
	0x40008400～0x400087FF	1K	LPUART2
	0x40008000～0x400083FF	1K	LPUART1
	0x40007C00～0x40007FFF	1K	LPTIM1
	0x40007800～0x40007BFF	1K	CEC
	0x40007400～0x400077FF	1K	DAC
	0x40007000～0x400073FF	1K	PWR
	0x40006C00～0x40006FFF	1K	CRS
	0x40006800～0x40006BFF	1K	FDCAN2
	0x40006400～0x400067FF	1K	FDCAN1
	0x40006000～0x400063FF	1K	保留
	0x40005C00～0x40005FFF	1K	USB
	0x40005800～0x40005BFF	1K	I2C2
	0x40005400～0x400057FF	1K	I2C1
	0x40005000～0x400053FF	1K	USART5
	0x40004C00～0x40004FFF	1K	USART4

续表

总　　线	边　界　地　址	大小/B	外　　设
APB	0x40004800～0x40004BFF	1K	USART3
	0x40004400～0x400047FF	1K	USART2
	0x40004000～0x400043FF	1K	保留
	0x40003C00～0x40003FFF	1K	SPI3
	0x40003800～0x40003BFF	1K	SPI2/I2S2
	0x40003400～0x400037FF	1K	保留
	0x40003000～0x400033FF	1K	IWDG
	0x40002C00～0x40002FFF	1K	WWDG
	0x40002800～0x40002BFF	1K	RTC
	0x40002400～0x400027FF	1K	保留
	0x40002000～0x400023FF	1K	TIM14
	0x40001800～0x40001FFF	2K	保留
	0x40001400～0x400017FF	1K	TIM7
	0x40001000～0x400013FF	1K	TIM6
	0x40000C00～0x40000FFF	1K	保留
	0x40000800～0x40000BFF	1K	TIM4
	0x40000400～0x400007FF	1K	TIM3
	0x40000000～0x400003FF	1K	TIM2

注：(1) SYSCFG(ITLINE)寄存器使用 0x40010000 作为参考外设基地址。

3.3.5　PPB 地址空间映射

从 0xE0000000 开始的存储器映射的系统区域细分，如表 3.8 所示。

表 3.8　0xE0000000～0xFFFFFFFF 区域的存储空间映射

地　　址	名　　字	设备类型	XN?	描　　　　述
0xE0000000～0xE00FFFFF	PPB[1]	强顺序	XN	1MB区域保留用于 PPB。该区域支持关键资源，包括系统控制空间和调试功能
0xE0100000～0xFFFFFFFF	Vendor_SYS	设备	XN	供应商系统区域

注：(1) 在所有实现中，只能通过特权方式访问。

由图 3.11 可知，地址空间为 0xE0000000～0xE00FFFFF 的区域为 PPB 区域，该区域的地址空间映射如表 3.9 所示。

表 3.9　PPB 地址空间映射

资　　　源	地　址　范　围
数据监视点和跟踪	0xE0001000～0xE0001FFF
断点单元	0xE0002000～0xE0002FFF
系统控制空间(System Control Space,SCS)	0xE000E000～0xE000EEFF
系统控制块(System Control Block,SCB)	0xE000ED00～0xE000ED8F
调试控制块(Debug Control Block,DCB)	0xE000EDF0～0xE000EEFF
ARMv6-M ROM 表	0xE00FF000～0xE00FFFFF

注：表中地址不连续的区域为保留区域。

除了 SCB、DCB 和 SCS 中的其他调试控制外,其他与调试相关的资源在 ARMv6-M 系统地址映射的 PPB 区域内分配了固定的 4KB 区域。这些资源是:

(1)断点单元(BreakPoint Unit,BPU)。这提供了断点支持。BPU 是 ARMv7-M 中可用的 Flash 补丁和断点块(Flash Patch and Breakpoint,FPB)的子集。

(2)ROM 表。表的入口为调试器提供了一种机制,以标识实现所支持的调试基础结构。

通过 DAP 接口,可以访问这些资源以及 SCS 中的调试寄存器。

在 ARMv6-M 架构中,PPB 区域中的通用规则包括:

(1)将该区域定义为强顺序存储器。

(2)始终以小端方式访问寄存器,与处理器当前的端状态无关。

(3)PPB 地址空间仅支持对齐的字访问。字节和半字访问是不可预测的。

注:这与 ARMv7-M 不同,后者在某些情况下支持字节和半字访问。对于 ARMv6-M,软件必须执行读—修改—写访问序列,在该序列中,软件必须修改 PPB 存储器区域中某个字内的字节字段。

(4)术语"设置",表示写入 1;术语"清除",表示写入 0。该术语适用于多个位,所有位均为写入值。

(5)通过将 0 写入相应的寄存器位来禁用功能,并通过将 1 写入该位来使能。

(6)在将某一位定义为在读取时清零的情况下,当该位的读取与将该位设置为 1 的事件一致时,该架构保证以下原子行为:

① 如果该位读取为 1,则通过读操作将该位清除为 0;

② 如果该位读取为 0,则将该位设置为 1,并通过后续的读取操作将其清零。

(7)保留的寄存器或位字段必须看作为 UNK/SBZP。

(8)对 PPB 的非特权访问会产生硬件故障错误,而不会引起 PPB 访问。

3.3.6 SCS 地址空间映射

SCS 是存储器映射的 4KB 地址空间,它提供了 32 位寄存器用于配置、状态报告和控制。SCS 寄存器分成以下几组:

(1)系统控制和识别。

(2)CPUID 处理器标识空间。

(3)系统配置和状态。

(4)可选的系统定时器 SysTick。

(5)嵌套向量中断控制器(Nested Vectored Interrupt Controller,NVIC)。

(6)系统调试。

SCS 地址空间寄存器组的地址映射,如表 3.10 所示。

表 3.10 SCS 地址空间域的映射

组	地 址 范 围	功 能
系统控制和 ID 寄存器	0xE000E000~0xE000E00F	包括辅助控制寄存器
	0xE000ED00~0xE000ED8F	系统控制块(SCB)
	0xE000EF90~0xE000EFCF	由实现所定义的
SysTick	0xE000E010~0xE000E0FF	可选的系统定时器
NVIC	0xE000E100~0xE000ECFF	外部中断控制器

组	地址范围	功 能
调试	0xE000EDF0～0xE000EEFF	调试控制和配置,只用于调试扩展
MPU	0xE000ED90～0xE000EDEF	可选的 MPU

注：保留未分配的地址空间。

在 ARMv6-M 中,SCS 中的系统控制块(SCB)提供了处理器的关键状态信息和控制功能。SCB 支持：

（1）不同级别的软件复位控制。

（2）通过控制表的指针来管理异常模型的基地址。

（3）系统异常管理,包括：

① 异常使能。

② 将异常的状态设置为挂起,或则从异常中删除挂起的状态。

③ 将每个异常的状态显示为非活动的、挂起或者活动。

④ 设置可配置系统异常的优先级。

⑤ 提供其他控制功能和状态信息。

这不包括外部中断处理。NVIC 管理所有的外部中断。

（4）当前正在执行代码和挂起的最高优先级异常的异常号。

（5）其他控制和状态功能。

（6）调试状态信息。这是通过调试专用寄存器区域中的控制和状态来实现的。

思考与练习 3-12 Cortex-M0＋处理器的存储器地址空间为_____。

思考与练习 3-13：Cortex-M0＋处理器的中断向量表的开始地址是_____。

思考与练习 3-14：Cortex-M0＋处理器的 PPB 所实现的功能是_____。

思考与练习 3-15：说明 Cortex-M0＋处理器 SCS 实现的功能。

思考与练习 3-16：说明 Cortex-M0＋处理器 SCB 实现的功能。

3.3.7 系统控制和 ID 寄存器

如表 3.11 所示,从存储器基地址开始按地址顺序显示系统控制和 ID 寄存器。

表 3.11 系统控制和 ID 寄存器

地 址	名 字	类 型	复 位	描 述
0xE000E008	ACTLR	读/写	实现定义	辅助控制寄存器
0xE000ED00	CPUID	只读	实现定义	CPUID 基寄存器
0xE000ED04	ICSR	读/写	0x00000000	中断控制状态寄存器
0xE000ED08	VTOR	读/写	0x00000000[(1)]	向量表偏移寄存器
0xE000ED0C	AIRCR	读/写	[10:8]=0b000	应用中断和复位控制寄存器
0xE000ED10	SCR	读/写	[4,2,1]=0b000	系统控制寄存器
0xE000ED14	CCR	只读	[9:3]=0b1111111	配置和控制寄存器
0xE000ED1C	SHPR2	读/写	SBZ[(2)]	系统句柄优先级寄存器 2
0xE000ED20	SHPR3	读/写	SBZ[(3)]	系统句柄优先级寄存器 3
0xE000ED24	SHCSR	读/写	0x00000000	系统句柄控制和状态寄存器
0xE000ED30	DFSR	读/写	0x00000000	调试故障状态寄存器

注：（1）查看寄存器描述,以获取更多信息。

（2）SVCall 优先级位[31:30]是零。

（3）SysTick 位[31:30]和 PendSV 位[23:22]是零。

1. CPUID 基寄存器

CPUID 寄存器包含处理器部件号、版本和实现信息,该寄存器的位分配如图 3.12 所示。

31	30	29	28	27	26	25	24	23	22	21	20	19	18	17	16
IMPLEMENTER								VARIANT				ARCHITECTURE			
r	r	r	r	r	r	r	r	r	r	r	r	r	r	r	r

15	14	13	12	11	10	9	8	7	6	5	4	3	2	1	0
PART No												REVISION			
r	r	r	r	r	r	r	r	r	r	r	r	r	r	r	r

图 3.12　CPUID 寄存器的位分配

图中:

(1) [31:24](IMPLEMENTER):表示实施者代码,取值为 0x41,标识为 ARM。

(2) [23:20](VARIANT):表示 rnpm 修订状态中的主要修订号,取值为 0x0,表示修订版 0。

(3) [19:16](ARCHITECTURE):表示定义处理器架构的常数,取值为 0xC,表示 ARMv6-M 架构。

(4) [15:4](PART No):表示处理器的器件号,取值为 0xC60,表示 Cortex-M0+。

(5) [3:0](REVISION):表示 rnpm 修订状态中的小修订号 m,取值为 0x1,表示补丁 1。

2. 中断控制和状态寄存器

中断控制和状态寄存器(Interrupt Control and State Register,ICSR)提供:

(1) 不可屏蔽中断(Non-Maskable Interrupt,NMI)异常的设置挂起位。

(2) 为 PendSV 和 SysTick 异常设置挂起和清除挂起位。

此外,还给出正在挂起的最高优先级异常的异常号,该寄存器的位分配如图 3.13 所示。

31	30	29	28	27	26	25	24	23	22	21	20	19	18	17	16
NMIPENDSET	Reserved		PENDSVSET	PENDSVCLR	PENDSTSET	PENDSTCLR	Reserved		ISRPENDING	Reserved			VECTPENDING[6:4]		
rw			rw	w	rw	w			r				r	r	r

15	14	13	12	11	10	9	8	7	6	5	4	3	2	1	0
VECTPENDING[3:0]				RETOBASE	Reserved		VECTACTIVE[8:0]								
r	r	r	r	r			rw	rw	rw	rw	rw	rw	rw	rw	rw

图 3.13　ICSR 的位分配

在图 3.13 中:

(1) [31](NMIPENDSET):表示 NMI 设置挂起位。当给该位写 1 时,将 NMI 异常状态修改为挂起;当读取该位时,0 表示没有挂起的 NMI 异常,1 表示正在挂起 NMI 异常。

由于 NMI 是优先级最高的异常,因此通常处理器一旦检测到对该位写入 1,就立即进入 NMI 异常句柄。当进入句柄时,将该位清零。

这意味着只有在处理器执行该句柄时重新使 NMI 信号有效时,NMI 异常句柄对该位的读取才返回 1。

(2) [30:29]:保留。

(3) [28](PENDSVSET):设置 PENDSVSET 挂起位。当该位设置 1 时,将 PendSV 异常状态修改为挂起。读取该位时,0 表示没有挂起 PendSV 异常,1 表示正在挂起 PendSV 异常。对该位写 1 是使得 PendSV 异常挂起的唯一方法。

（4）[27]（PENDSVCLR）：清除 PendSV 挂起位。当该位设置为 1 时，从 PendSV 异常中删除挂起状态。

（5）[26]（PENDSTSET）：设置 SysTick 异常挂起位。当该位设置 1 时，将 SysTick 异常状态修改为挂起。读取该位时，0 表示没有挂起 SysTick 异常，1 表示正在挂起 SysTick 异常。

（6）[25]（PENDSTCLR）：清除 SysTick 异常挂起位。当该位设置为 1 时，从 SysTick 异常中删除挂起状态。该位是只写位。在寄存器上读取它的值得到的结果是未知。

（7）[24:18]：保留。

（8）[17:12]（VECTPENDING）：表示异常号。读取该位，返回 0 表示没有挂起的异常；非零表示优先级最高的挂起的使能的异常号。

从该值减去 16，即可获得 CMSIS IRQ 的编号，该编号表示了中断清除使能、设置使能、清除挂起、设置挂起和优先级寄存器中相应的位。

（9）[11:0]：保留。

当写 ICSR 时，如果执行下面的操作，则结果是不可预知的：

（1）给 PENDSVSET 写 1，并且给 PENDSVCLR 位写 1。

（2）给 PENDSTSET 写 1，并且给 PENDSTCLR 位写 1。

3. 向量表偏移寄存器

向量表偏移寄存器（Vector Table Offset Register，VTOS）表示向量表基地址与存储器地址 0x00000000 的偏移量，该寄存器的位分配如图 3.14 所示。

31	30	29	28	27	26	25	24	23	22	21	20	19	18	17	16
TBLOFF[31:16]															
rw		rw	rw	rw	rw	rw	rw	rw	rw	rw	rw	rw	rw	rw	rw

15	14	13	12	11	10	9	8	7	6	5	4	3	2	1	0
TBLOFF[15:7]									Reserved						
rw	rw	rw	rw	rw	rw	rw	rw	rw							

图 3.14　VTOS 的位分配

在图 3.14 中：

（1）[31:7]（TBLOFF）：表示向量表的基本偏移字段。它包含表的基地址与存储器映射底部偏移量的位[31:7]。

（2）[6:0]：保留。

4. 应用中断和复位控制寄存器

应用中断和复位控制寄存器（Application Interrupt and Reset Control Register，AIRCR）为数据访问和系统的复位控制提供端状态。要写入该寄存器，必须将 0x05FA 写到 VECTKEY 字段，否则处理器将忽略该写入操作。该寄存器的位分配如图 3.15 所示。

在图 3.14 中：

（1）[31:16]（VECTKEYSTAT）：VECTKEY 注册键，为注册密钥。当读取时，未知；当写入时，将 0x05FA 写到 VECTKEY，否则忽略写操作。

（2）[15]（ENDIANESS）：数据端比特。当读取该位时，返回值为 0，表示小端模式。

（3）[14:3]：保留。

（4）[2]（SYSRESETREQ）：系统复位请求。当给该位设置为 1 时，请求一个系统级复位。当读取该位时，返回值为 0。

31	30	29	28	27	26	25	24	23	22	21	20	19	18	17	16
VECTKEYSTAT															
rw	rw	rw	rw	rw	rw	rw	rw	rw	rw	rw	rw	rw	rw	rw	rw
15	14	13	12	11	10	9	8	7	6	5	4	3	2	1	0
ENDIANNESS	Reserved												SYS RESET REQ	VECT CLR ACTIVE	Res.
r													w	w	

图 3.15 AIRCR 的位分配

(5)[1](VECTCLRACTIVE)：保留用于调试。当读取该位时,返回值为 0。当写入该位时,必须向该位写 0,否则行为不可预测。

(6)[0]：保留。

5. 系统控制寄存器

系统控制寄存器(System Control Register,SCR)控制进入和退出低功耗的功能。SCR 的位分配,如图 3.16 所示。

31	30	29	28	27	26	25	24	23	22	21	20	19	18	17	16
Reserved															
15	14	13	12	11	10	9	8	7	6	5	4	3	2	1	0
Reserved											SEVON PEND	Res.	SLEEP DEEP	SLEEP ON EXIT	Res.
											rw		rw	rw	

图 3.16 SCR 的位分配

在图 3.16 中：

(1)[31:5](Reserved)：保留。

(2)[4](SEVONPEND)：表示在挂起位上发送事件。当该位为 0 时,只有允许的中断或事件才能唤醒处理器,禁止的中断将被排除在外;当该位为 1 时,使能的事件和所有中断(包括禁止的中断)都可以唤醒处理器。

当挂起一个事件或中断时,事件信号将处理器从 WFE 唤醒。如果处理器不等待一个事件,则寄存该事件并影响下一个 WFE。

在执行 SEV 指令或一个外部事件时,也会唤醒处理器。

(3)[3](Res.)：该位必须保持清零状态。

(4)[2](SLEEPDEEP)：控制处理器在低功耗模式时使用休眠或深度休眠。当该位为 0 时,使用休眠;当该位为 1 时,使用深度休眠。

(5)[1](SLEEPONEXIT)：当从句柄模式返回到线程模式时,表示退出时休眠。将该位设置为 1 可使中断驱动的应用程序避免返回到空的主应用程序。当该位为 0 时,返回线程时不休眠;当该位为 1 时,当从中断服务程序(Interrupt Service Routine,ISR)返回线程模式时,进入休眠或深度休眠。

(6)[0](Res.)：保留,必须保持清零状态。

6. 配置和控制寄存器

配置和控制寄存器(Configuration and Control Register,CCR)是只读存储器,它指示 Cortex-M0+处理器行为的某些方面。CCR 的位分配,如图 3.17 所示。

31	30	29	28	27	26	25	24	23	22	21	20	19	18	17	16
Reserved															
15	14	13	12	11	10	9	8	7	6	5	4	3	2	1	0
Reserved						STK ALIGN	Reserved					UN ALIGN TRP	Reserved		
						rw						rw			

图 3.17　CCR 的位分配

在图 3.17 中：

(1) [31:10](Reserved)：保留,必须保持清零状态。

(2) [9](STKALIGN)：始终读为 1,表示在异常入口上 8 字节堆栈对齐。在异常入口处,处理器使用入栈 PSR 的第 9 位指示堆栈对齐。从异常返回时,它使用这个堆栈位恢复正确的堆栈对齐方式。

(3) [8:4](Reserved)：必须保持为清零状态。

(4) [3](UNALIGN_TRP)：总是读取为 1,指示所有未对齐的访问将产生一个硬件故障。

(5) [2:0](Res.)：必须保持为清零状态。

7. 系统句柄优先级寄存器

系统句柄优先级寄存器(System Handler Priority Register,SHPR)2 和 3,将具有可配置优先级的系统异常句柄的优先级设置为 0～192。SHPR2～SHPR3 是字访问的。SHPR2 的位分配如图 3.18 所示,SHPR3 的位分配如图 3.19 所示。

31	30	29	28	27	26	25	24	23	22	21	20	19	18	17	16
PRI_11[7:4]				PRI_11[3:0]				Reserved							
rw	rw	rw	rw	r	r	r	r								
15	14	13	12	11	10	9	8	7	6	5	4	3	2	1	0
Reserved															

图 3.18　SHPR2 的位分配

图 3.18 中,[31:24](PRI_11)：系统句柄 11(SVCall)的优先级；[23:0]：保留,必须保持清零状态。

31	30	29	28	27	26	25	24	23	22	21	20	19	18	17	16
PRI_15								PRI_14							
rw	rw	rw	rw	r	r	r	r	rw	rw	rw	rw	r	r	r	r
15	14	13	12	11	10	9	8	7	6	5	4	3	2	1	0
Reserved															

图 3.19　SHPR3 的位分配

图 3.19 中,[31:24](PRI_15)：系统句柄 15(SysTick 异常)的优先级；[23:16](PRI_14)：系统句柄 14(PendSV)的优先级。

注：当没有实现 SysTick 定时器时,该字段为保留字段。

当使用 CMSIS 访问系统异常优先级时,使用下面的 CMSIS 函数：

(1) uint32_t NVIC_GetPriority(IRQn_Type IRQn)。

（2）void NVIC_SetPriority(IRQn_Type IRQn，uint32_t priority)。输入参数 IRQn 是 IRQ 的编号。

注：每个 PRI_N 字段为 8 位宽度，但是处理器仅实现每个字段的 bit[7:6]，而 bit[5:0] 读取为 0，并忽略写入操作。

3.4 Cortex-M0＋的端及分配

端（Endian）是指保存在存储器中的字节顺序。根据字节在存储器中的保存顺序，将其划分为大端（Big Endian）和小端（Little Endian）。

1. 小端

对于一个 32 位字长的数据来说，最低字节保存该数据的第 0～7 位，如图 3.20(a)所示，也就是常说的"低址低字节，高址高字节"。

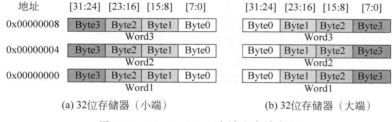

图 3.20 Cortex-M0＋小端和大端定义

2. 大端

对于一个 32 位字长的数据来说，最低字节保存该数据的第 24～31 位，如图 3.20(b)所示，也就是常说的"低址高字节，高址低字节"。

对于 Cortex-M0＋处理器来说，默认支持小端。然而，端概念只存在硬件这一层。

思考与练习 3-17：请说明在 Cortex-M0＋中端的含义。

思考与练习 3-18：请说明大端和小端的区别。

3.5 Cortex-M0＋处理器异常及处理

视频讲解

异常（Exception）是事件，它将使程序流退出当前的程序线程，然后执行和该事件相关的代码片段（子程序）。通过软件代码，可以使能或者禁止处理器核对异常事件的响应。事件可以是内部的也可以是外部的，如果事件来自外部，则称之为中断请求（Interrupt ReQuest，IRQ）。

3.5.1 异常所处的状态

每个异常均处于以下状态之一：

（1）非活动（Inactive）。当异常处于该状态时，它既不活动也不挂起。

（2）挂起（Pending）。当异常处于该状态时，表示它在等待处理器为它提供服务。一个来自外设或软件的中断请求可以将相应中断的状态改为挂起。

（3）活动（Active）。处理器正在处理异常但尚未完成。异常句柄可以打断另一个异常的执行。在这种情况下，两个异常均处于活动状态。

注：异常句柄是指在异常模式中所执行的一段代码，也称为异常服务程序。如果异常由

IRQ 引起,则将其称为中断句柄(Interrupt Handler)/中断服务程序(Interrupt Service Route, ISR)。

(4) 活动和挂起。处理器正在处理异常,并且同一来源还有一个挂起的异常。

3.5.2　异常类型

在 Cortex-M0+中,提供了不同的异常类型,以满足不同应用的需求,包括复位、不可屏蔽中断、硬件故障、请求管理调用、可挂起的系统调用、系统滴答和外部中断。

1. 复位

ARMv6-M 框架支持两级复位。复位包括:

(1) 上电复位用于复位处理器、SCS 和调试逻辑。

(2) 本地复位用于复位处理器和 SCS,不包括与调试相关的资源。

2. 不可屏蔽中断

不可屏蔽中断(Non-Maskable Interrupt,NMI)特点如下:

(1) 用户不可屏蔽 NMI。

(2) 它用于对安全性苛刻的系统中,比如工业控制或者汽车。

(3) 可以用于电源失败或者看门狗。

对于 STM32G0 来说,NMI 是由 SRAM 奇偶校验错误、Flash 存储器双 ECC 错误或时钟故障引起。

3. 硬件故障

硬件故障(HardFault)常用于处理程序执行时产生的错误,这些错误可以是尝试执行未知的操作码、总线接口或存储器系统的错误,也可以是尝试切换到 ARM 状态之类的非法操作。

4. 请求管理调用

请求管理调用(SuperVisor Call,SVC)是由 SVC 指令触发的异常。在操作系统环境中,应用程序可以使用 SVC 指令来访问 OS 内核功能和设备驱动程序。

5. 可挂起的系统调用

可挂起的系统调用(PendSV)是用于包含 OS(操作系统)的应用程序的另一个异常,SVC 异常在 SVC 指令执行后会马上开始,PendSV 在这一点上有所不同,它可以延迟执行,在 OS 上使用 PendSV 可以确保高优先级任务完成后才执行系统调度。

6. 系统滴答

NVIC 中的系统滴答(SysTick)定时器为 OS 应用可以使用的另外一个特性。几乎所有操作系统的运行都需要上下文(现场)切换,而这一过程通常需要依靠定时器来完成。Cortex-M0+内集成了一个简单的定时器,这样使得操作系统的移植更加容易。

7. 外部中断

在 Cortex-M0+中的 NVIC,支持最多 32 个中断请求(IRQ)。由于 STM32G0 提供了 SYSCFG 模块,使得 STM32G0 可以响应中断事件的数量大于 32 个,这是因为 SYSCFG 单元可以将几个中断组合到一个中断线上。通过读取 SYSCFG 模块中的 ITLINEx 寄存器,就可以快速确定产生中断请求的外设源。

只有用户使能外部中断后,才能使用它。如果禁止了外部中断,或者处理器正在运行另一个相同或者更高优先级的异常处理,则中断请求会被保存在挂起状态寄存器中。当处理完高优先级的中断或返回后,才能执行挂起的中断请求。对于 NVIC 来说,可接受的中断请求信号可以是高逻辑电平,也可以是中断脉冲(最少为一个时钟周期)。

注：（1）在 MCU 外部接口中,外部中断信号可以是高电平也可以是低电平,或者可以通过编程配置。

（2）软件可以修改外部中断的优先级,但是不能修改复位、NMI 和硬件故障的优先级。

3.5.3 异常优先级

在 Cortex-M0＋中,每个异常都有相关联的优先级,其中:

（1）较低的优先级值意味着具有较高的优先级。

（2）除了复位、硬件故障和 NMI 外,软件可配置其他所有异常的优先级。

如果软件没有配置任何优先级,则所有可配置优先级异常的优先级为 0。

注：可配置优先级的值为 0～192,以 64 为步长。具有固定负优先级值的复位、硬件故障和 NMI 异常始终有比其他任何异常更高的优先级。复位的优先级值为－3,NMI 的优先级值为－2,硬件故障的优先级值为－1,除此之外的其他异常（包括外设中断和软件异常）的优先级为 0～3。

为 IRQ[0]分配较高的优先级值,为 IRQ[1]分配较低的优先级值,则意味着 IRQ[1]的优先级高于 IRQ[0]。如果 IRQ[1]和 IRQ[0]均有效,则先处理 IRQ[1],处理完后再处理 IRQ[0]。

如果多个挂起的异常具有相同的优先级,则优先处理具有最低优先级编号的异常。例如,如果 IRQ[0]和 IRQ[1]都处于挂起状态并且具有相同的优先级,则先处理 IRQ[0]。

当处理器执行一个异常句柄时,如果发生了具有更高优先级的异常,则会抢占该异常句柄。如果又发生与正在处理的异常具有相同优先级的异常,则不会抢占当前正在处理的句柄。然而,新中断的状态变为挂起。

3.5.4 向量表

向量表包含用于所有异常句柄的堆栈指针和起始地址（也称为异常向量）。向量表中异常向量的顺序,如图 3.21 所示。每个向量的最低有效位必须为 1,用来指示异常句柄是用 Thumb 代码编写的。

系统复位时,向量表固定在地址 0x00000000。具有特权级的软件可以写入向量表偏移寄存器（Vector Table Offset Register, VTOR）,以根据向量表的大小和 TBLOFF 设置的粒度,将向量表的起始地址重新定位到其他存储器位置。

异常号	IRQ号	向量	偏置
47	31	IRQ31	0xBC
⋮		⋮	⋮
18	2	IRQ2	0x48
17	1	IRQ1	0x44
16	0	IRQ0	0x40
15	−1	SysTick	0x3C
14	−2	PendSV	0x38
13		Reserved	
12			
11	−5	SVCall	0x2C
10			
9			
8			
7		Reserved	
6			
5			
4			0x10
3	−13	HardFault	0x0C
2	−14	NMI	0x08
1		Reset	0x04
		Initial SP value	0x00

图 3.21 Cortex-M0＋向量表

注：为了简化软件层的应用程序设计,Cortex 微控制器软件接口标准（Cortex Microcontroller Software Interface Standard,CMSIS)只使用 IRQ 号。它对中断以外的其他异常使用负值。IPSR 返回异常号。

3.5.5 异常的进入和返回

本节介绍异常的进入和返回。包括术语说明、进入异常和异常返回。

1. 术语说明

在描述异常的处理时，会用到下面的术语。

1) 抢占（preemption）

如图 3.22 所示，当处理器正在处理一个中断时，一个具有更高优先级的新请求到达时，新的异常可以抢占当前的中断。这称为嵌套的异常处理。

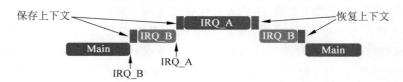

图 3.22　抢占和中断嵌套

注：图中的保存上下文（context）就是通常所说的保存现场，也就是说，在处理器进入异常句柄之前，先将进入异常句柄之前的处理器状态保存起来，处理器的状态包括寄存器以及状态标志等，这称为上文。此外，处理器还得知道在处理完中断句柄后该如何继续执行原来的程序，这称为下文。只有处理器能正确地保存上下文的信息，处理器才能在进入异常句柄后，正确地从异常句柄返回。应该说术语"上下文"比"现场"更能反映处理器处理异常的机制。

在处理完较高优先级的异常后，先前被打断的异常句柄将恢复继续执行。

Cortex-M0＋处理器内的微指令控制序列会自动地将上下文保存到当前堆栈，并在中断返回时将其恢复。

2) 返回（return）

当完成处理异常句柄时，会发生这种情况，并且：

(1) 没有正在挂起需要待处理的具有足够优先级的异常。

(2) 已完成的异常句柄未处理迟到的异常。

处理器弹出堆栈，并且将处理器的状态恢复到发生中断之前的状态。

3) 尾链（tail-chaining）

如图 3.23 所示，这种机制加快了异常处理的速度。在处理完一个异常句柄后，如果一个挂起的异常满足进入异常的要求，则跳过弹出堆栈的过程，并将控制权转移到新的异常句柄。

图 3.23　尾链机制

因此，将具有较低优先级（较高优先级值）的背靠背中断链接在一起，这样在处理异常句柄时，就能显著减少处理延迟并降低器件功耗。

4）迟到（late-arriving）

如图 3.24 所示,该机制可加快抢占速度。如果在保存当前异常的状态期间又发生了较高优先级的异常,则处理器将切换未处理较高优先级的异常,并为该异常启动向量获取。状态保存不受延迟到达的影响,因此对于两种异常状态,保存的状态都相同。从迟到异常的异常句柄返回时,将应用常规的尾链规则。

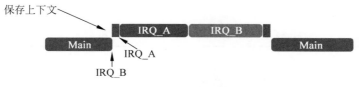

图 3.24　迟到机制

2．异常进入

当存在具有足够优先级的挂起异常时,将处理挂起的异常,并且:

（1）处理器处于线程模式。

（2）新异常的优先级要高于正被处理的异常,在这种情况下,新异常抢占正在处理的异常。

当一个异常抢占另一个异常时,将嵌套异常。当处理器采纳（处理）一个异常时,除非异常是尾链或迟到的异常,处理器将信息压入当前的堆栈。该操作称为压栈（入栈）。如图 3.25 所示,8 个数据字的结构称为堆栈帧。堆栈帧包含以下信息:

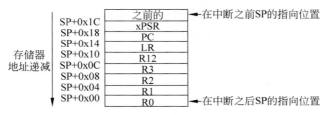

图 3.25　堆栈帧

在压栈之后,堆栈指针指向堆栈中的最低地址。堆栈帧与双字地址对齐。堆栈帧包含返回地址。这是被中断打断的当前正在执行程序的下一条地址。当从异常返回时,将该值恢复到 PC,这样可以继续执行被打断的程序。

处理器提取向量,从向量表中读取异常句柄的起始地址。当完成压栈后,处理器开始执行异常句柄。同时处理器将 EXC_RETURN 值写入 LR。这指示哪个堆栈指针对应于堆栈帧,以及在进入异常之前处理器所处的模式。

如果在进入异常期间没有发生更高优先级的异常,则处理器开始执行异常句柄,并自动将当前挂起的中断状态修改为活动。

如果在进入异常期间,发生了一个更高优先级的异常,则处理器开始对该异常执行异常句柄,并且不会更改较早异常的挂起状态。这就是迟到的情况。

3．异常返回

当处理器处理句柄模式,并且执行以下指令之一,尝试将 PC 设置为 EXC_RETURN 值时,将发生异常返回。

（1）加载 PC 的 POP 指令。

（2）使用任何寄存器的 B PBX 指令。

处理器在异常入口将 EXC_RETURN 值保存到 LR。异常机制依靠该值来检测处理器何时完成异常句柄。EXC_RETURN 值的第[31:4]位为 0xFFFFFFF。当处理器将匹配该模式的值加载到 PC 时，它将检测到该操作不是正常的分支操作，而是完成异常的最后处理。结果，它启动异常返回序列。EXC_RETURN 值的位[3:0]指示所要求返回的堆栈和处理器模式，如表 3.12 所示。

表 3.12　异常返回行为

EXC_RETURN	描　　述
0xFFFFFFF1	返回到句柄模式。 异常返回从主堆栈中得到的状态。 返回之后，使用 MSP 执行
0xFFFFFFF9	返回到线程模式。 异常返回从主堆栈中得到的状态。 返回之后，使用 MSP 执行
0xFFFFFFFD	返回到线程模式。 异常返回从进程堆栈中得到的状态。 返回之后，使用 PSP 执行
所有其他值	保留

思考与练习 3-19：请说明在 Cortex-M0＋中异常的定义以及处理异常的过程。

思考与练习 3-20：根据图 3.17，说明处理中断嵌套的过程。

思考与练习 3-21：请说明在 Cortex-M0 中向量表所实现的功能。

思考与练习 3-22：请说明在 Cortex-M0 中异常的类型。

3.5.6　NVIC 中断寄存器集

NVIC 的中断寄存器集如表 3.13 所示。本节详细介绍这些寄存器的功能。以帮助读者更好地理解处理器异常的原理和控制机制。

表 3.13　NVIC 的中断寄存器集

地　　址	名　　字	类　　型	复　位　值
0xE000E100	NVIC_ISER	读写	0x00000000
0xE000E180	NVIC_ICER	读写	0x00000000
0xE000E200	NVIC_ISPR	读写	0x00000000
0xE000E280	NVIC_ICPR	读写	0x00000000
0xE000E400～0xE000E4EF	NVIC_IPR0～NVIC_IPR7	读写	0x00000000

1. 中断设置使能寄存器

中断设置使能寄存器（NVIC Interrupt Set Enable Register，NVIC_ISER）使能中断，并显示了所使能的中断，该寄存器的位分配如图 3.26 所示。

在图 3.26 中，SETPENA[31:0]为中断设置使能位。当写入时：

① 0 表示没有影响。

② 1 表示使能中断。

31	30	29	28	27	26	25	24	23	22	21	20	19	18	17	16
SETPENA[31:16]															
rs	rs	rs	rs	rs	rs	rs	rs	rs	rs	rs	rs	rs	rs	rs	rs
15	14	13	12	11	10	9	8	7	6	5	4	3	2	1	0
SETPENA[15:0]															
rs	rs	rs	rs	rs	rs	rs	rs	rs	rs	rs	rs	rs	rs	rs	rs

图 3.26　中断设置使能寄存器的位分配

当读取时：

① 0 表示禁止中断。

② 1 表示使能中断。

如果使能了待处理的中断,则 NVIC 会根据其优先级激活该中断。如果未使能中断,则中断有效信号将中断的状态改为挂起,但 NVIC 不会激活该中断,无论其优先级如何。

2. 中断清除使能寄存器

中断清除使能寄存器(NVIC Interrupt Clear Enable Register,NVIC_ICER)禁用中断,并显示使能了哪些中断,该寄存器的位分配如图 3.27 所示。

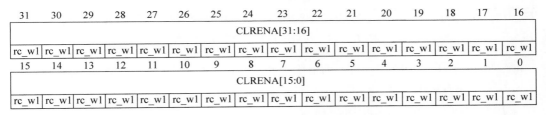

31	30	29	28	27	26	25	24	23	22	21	20	19	18	17	16
CLRENA[31:16]															
rc_w1	rc_w1	rc_w1	rc_w1	rc_w1	rc_w1	rc_w1	rc_w1	rc_w1	rc_w1	rc_w1	rc_w1	rc_w1	rc_w1	rc_w1	rc_w1
15	14	13	12	11	10	9	8	7	6	5	4	3	2	1	0
CLRENA[15:0]															
rc_w1	rc_w1	rc_w1	rc_w1	rc_w1	rc_w1	rc_w1	rc_w1	rc_w1	rc_w1	rc_w1	rc_w1	rc_w1	rc_w1	rc_w1	rc_w1

图 3.27　中断清除使能寄存器的位分配

在图 3.27 中,CLRENA[31:0]为中断清除使能位。当写入时：

① 0 表示没有影响。

② 1 表示禁止中断。

当读取时：

① 0 表示禁止中断。

② 1 表示使能中断。

3. 中断设置挂起寄存器

中断设置挂起寄存器(NVIC Interrupt Set Pending Register,NVIC_ISPR)强制中断进入挂起状态,并指示正在挂起的中断,该寄存器的位分配如图 3.28 所示。

31	30	29	28	27	26	25	24	23	22	21	20	19	18	17	16
SETPEND[31:16]															
rs	rs	rs	rs	rs	rs	rs	rs	rs	rs7	rs	rs	rs	rs	rs	rs
15	14	13	12	11	10	9	8	7	6	5	4	3	2	1	0
SETPEND[15:0]															
rs	rs	rs	rs	rs	rs	rs	rs	rs	rs	rs	rs	rs	rs	rs	rs

图 3.28　中断设置挂起寄存器位分配

在图 3.28 中，SETPEND[31:0]为中断设置挂起位。当写入时：

① 0 表示没有影响。

② 1 表示将中断状态改为挂起。

当读取时：

① 0 表示当前没有挂起中断。

② 1 表示当前有挂起中断。

注：将 1 写到 NVIC_ISPR 位的作用是，对于一个正在挂起的中断无效；禁用的中断将该中断的状态设置为挂起。

4. 中断清除挂起寄存器

中断清除挂起寄存器（NVIC Interrupt Clear Pending Register，NVIC_ICPR）从中断中删除挂起状态，并显示正在挂起的中断，该寄存器的位分配如图 3.29 所示。

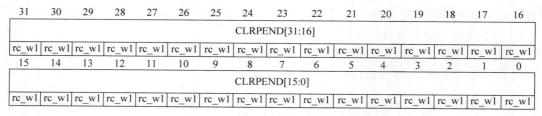

图 3.29　中断清除挂起寄存器的位分配

在图 3.29 中，CLRPEND[31:0]为清除中断挂起位。当写入时：

① 0 表示没有影响。

② 1 表示删除挂起状态并中断。

当读取时：

① 0 表示中断没有挂起；

② 1 表示中断正在挂起。

5. 中断优先级寄存器

中断优先级寄存器（NVIC Interrupt Priority Register，NVIC_IPR0～NVIC_IPR7）为每个中断提供了 8 位的优先级字段。这些寄存器只能通过字访问，每个寄存器包含 4 个优先级字段，这 8 个寄存器的位分配如图 3.30 所示，这些位分配的含义如表 3.14 所示。

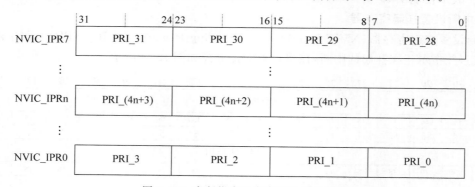

图 3.30　中断优先级寄存器的位分配

表 3.14　NVIC_IPRx 位分配

比　　特	名　　字	功　　能
[31:24]	优先级，字节偏移 3	每个优先级字段都有一个优先级值 0～192。值越小，相应的中断优
[24:16]	优先级，字节偏移 2	先级越高。处理器仅实现每个字段的[7:6]位，[5:0]位读取为零，并
[15:8]	优先级，字节偏移 1	忽略对[5:0]位的写入。这意味着将 255 写入优先级寄存器将会将值
[7:0]	优先级，字节偏移 0	192 保存到该寄存器

3.5.7　电平和脉冲中断

Cortex-M0+中断对电平和脉冲均敏感。脉冲中断也称为边沿触发中断。

电平敏感中断一直保持有效，直到外设将中断信号设置为无效为止。通常，发生这种情况是因为 ISR 访问外设，导致其清除了中断请求。脉冲中断时在处理器时钟的上升沿同步采样的中断信号。为了确保 NVIC 检测到中断，外设必须在至少一个时钟周期内使中断信号有效，在此期间 NVIC 检测到脉冲并锁存中断。

当处理器进入 ISR 时，它会自动从中断中删除挂起中断。对于电平敏感的中断，如果在处理器从 ISR 返回之前没有使该信号无效，则中断再次变为挂起，处理器必须再次执行它的 ISR。这意味着外设可以保持有效的中断信号，直到不需要继续服务为止。

Cortex-M0+处理器锁存所有中断。由于以下原因之一，挂起外设中断：

(1) NVIC 检测到中断信号有效，而相应的中断使能无效。

(2) NVIC 检测到中断信号的上升沿。

(3) 软件写相应的中断设置挂起寄存器位。

挂起中断保持挂起，直到出现下面的情况之一：

(1) 处理器进入中断的 ISR。这会将中断的状态从挂起改为活动。然后：

① 对于电平敏感中断，当处理器从 ISR 返回时，NVIC 采样中断信号。如果该信号有效，则中断状态变为挂起，这可能导致处理器立即重新进入 ISR；否则，中断状态将变为非活动状态。

② 对于脉冲中断，NVIC 持续监视中断信号，如果发出脉冲信号，则中断状态将变为挂起并激活。在这种情况下，当处理器从 ISR 返回时，中断状态将变为挂起，这可能导致处理器立即重新进入 ISR。如果在处理器处于 ISR 中时没有发出中断信号，则当处理器从 ISR 返回时，中断状态变为非活动状态。

(2) 软件写入相应的中断清除挂起寄存器位。

对于电平敏感的中断，如果中断信号仍然有效，中断的状态不会变化；否则，中断状态将变为非活动状态。

对于脉冲中断，中断状态变为：

① 非活动状态(如果状态为挂起)。

② 活动(如果状态是活动和挂起)。

确保软件使用正确对齐的寄存器访问。处理器不支持对 NVIC 寄存器的非对齐访问。即使禁止一个中断，它也可以进入挂起状态。禁用中断只会阻止处理器接收该中断。

在对 VTOR 进行编程以重定位向量表之前，请确保新的向量表入口已经设置了故障句柄、NMI 和所有类似中断的使能异常。

3.6　Cortex-M0+存储器保护单元

本节介绍 Cortex-M0+内集成的存储器保护单元(Memory Protection Unit，MPU)。MPU 将

视频讲解

存储器映射到多个区域，并定义每个区域的位置、大小、访问权限和存储器属性。它支持：

(1) 每个区域独立的属性设置。

(2) 重叠区域。

(3) 将存储器属性导出到系统。

存储器属性会影响对区域的存储器访问的行为。Cortex-M0+ MPU 定义：

(1) 8 个单独的存储区域(0~7)。

(2) 背景区域(background region)。

当存储区域重叠时，存储器的访问将受到编号最大的区域属性的影响。例如，区域 7 的属性优先于与区域 7 重叠的任何区域的属性。

背景区域具有与默认存储器映射相同的存储器属性，但只能从特权软件访问。

Cortex-M0+MPU 的存储器映射是统一的。这意味着指令访问和数据访问具有相同的区域设置。如果程序访问 MPU 禁止的存储器位置，则处理器会生成硬件故障异常。

在搭载有操作系统的环境下，内核可以根据要执行的进程动态更新 MPU 区域的设置。典型情况下，一个嵌入式的操作系统使用 MPU 进行存储器保护。

可用的 MPU 属性如表 3.15 所示。

表 3.15　可用的 MPU 属性

存储器类型	共 享 性	其 他 属 性	描　　述
强顺序 (Strong-ordered)	—	—	对强顺序存储器的所有访问都按程序的顺序进行。假定所有强顺序区域都是共享的
设备 (Device)	共享的	—	多个处理器共享的存储器映射的外设
	非共享的	—	仅单个处理器使用的存储器映射的外设
普通 (Normal)	共享的	不可缓存(non-cacheable) 直接写(write-through) 可缓存的写回(cacheable write-back) 可缓存的(cacheable)	在多个处理器之间共享的普通存储器
	非共享的	不可缓存(non-cacheable) 直接写(write-through) 可缓存的写回 (cacheable write-back) 可缓存的(cacheable)	仅单个处理器使用的普通存储器

3.6.1　MPU 寄存器

在 MPU 单元中，提供了 MPU 寄存器，用于定义 MPU 的区域及其属性，如表 3.16 所示。

表 3.16　MPU 寄存器总结

地　　址	名　　字	类　　型	复　位　值
0xE0000ED90	MPU_TYPE	只读	0x00000000/0x000008000
0xE0000ED94	MPU_CTRL	读写	0x00000000
0xE0000ED98	MPU_RNR	读写	未知
0xE0000ED9C	MPU_RBAR	读写	未知
0xE0000EDA0	MPU_RASR	读写	未知

1. MPU_TYPE 寄存器

MPU 类型寄存器(MPU Type Register,MPU_TYPE)指示是否存在 MPU,如果存在,则指示它支持多个区域。该寄存器的位分配如图 3.31 所示。

31	30	29	28	27	26	25	24	23	22	21	20	19	18	17	16
Reserved								IREGION[7:0]							
								r	r	r	r	r	r	r	r

15	14	13	12	11	10	9	8	7	6	5	4	3	2	1	0
DREGION[7:0]								Reserved							SEPA RATE
r	r	r	r	r	r	r	r								r

图 3.31　MPU_TYPE 寄存器的位分配

在图 3.31 中:

(1) [31:24]:保留(Reserved)。

(2) [23:16]:IREGION[7:0]。表示支持的 MPU 指令区域的数量。该字段的值总是 0x00。MPU 存储器映射是统一的,由 DREGION 字段描述。

(3) [15:8]:DREGION[7:0]。表示支持的 MPU 数据区域的数量。取值为:

① 0x00=0 个区域(如果使用的器件中不包含 MPU)。

② 0x08=8 个区域(如果使用的器件中包含 MPU)。该器件使用该取值。

(4) [7:1]:保留(Reserved)。

(5) [0]:SEPARATE。表示支持统一的或独立的指令和数据存储器映射。

① 0 表示统一的指令和数据存储器映射。该器件使用该取值。

② 1 表示独立的指令和数据存储器映射。

2. MPU_CTRL 寄存器

如图 3.32 所示,MPU 控制寄存器(MPU Control Register,MPU_CTRL)的功能包括:

(1) 使能 MPU。

(2) 使能默认的存储器映射背景区域。

(3) 当在硬件故障或不可屏蔽中断句柄中时,使能 MPU。

31	30	29	28	27	26	25	24	23	22	21	20	19	18	17	16
Reserved															

15	14	13	12	11	10	9	8	7	6	5	4	3	2	1	0
Reserved													PRIVD EFENA	HFNMI ENA	EN ABLE
													rw	rw	rw

图 3.32　MPU_CTRL 寄存器的位分配

在图 3.32 中:

(1) [31:3]:保留(Reserved)。

(2) [2]:PRIVDEFENA。使能特权软件访问默认的存储器映射。

① 0 表示如果使能 MPU,则禁止使用默认的存储器映射。对任何使能区域未覆盖的位置的任何存储器访问都会导致故障。

② 1 表示如果使能 MPU,则使能使用默认的存储器映射作为特权软件访问的背景区域。

注:当使能时,背景区域的作用就好像是区域编号−1。任何定义和使能区域都优先于该

默认设置。如果禁止 MPU,则处理器将忽略该位。

(3)[1]：HFNMIENA。在硬件故障和 NMI 句柄期间,使能 MPU。当使能 MPU 时,

① 0 表示在硬件故障和 NMI 句柄期间,禁止 MPU,无论 ENABLE 位的值如何设置。

② 1 表示在硬件故障和 NMI 句柄期间,使能 MPU。

当禁止 MPU 时,如果将该位设置为 1,则行为不可预测。

(4)[0]：ENABLE。使能 MPU。该位为：

① 0 表示禁止 MPU。

② 1 表示使能 MPU。

当 ENABLE 和 PRIVDEFENA 位都设置为 1 时：

(1)特权访问的默认存储器映射如前面 3.3.1 节所述。特权软件对非使能存储区域地址的访问,其行为由默认存储器映射定义。

(2)非特权软件对非使能存储区域地址的访问,将引起存储器管理(MemManage)故障。

XN 和强顺序规则始终应用于系统控制空间,与 ENABLE 位的值无关。

当 ENABLE 位设置为 1 时,除非 PRIVDEFENA 位设置为 1,否则至少必须使能存储器映射的一个区域用于系统运行。如果 PRIVDEFENA 位设置位 1,但是没有使能任何区域,则仅特权软件可以运行。

当 ENABLE 位设置为 0 时,系统使用默认的存储器设置,这就好像没有实现 MPU 一样。默认的存储器映射适合于特权和非特权的软件访问。

当使能 MPU 后,始终允许访问系统控制空间和向量表。是否可以访问其他区域,要根据区域和 PRIVDEFENA 是否设置为 1 判断。

除非 HFNMIENA 设置为 1,否则当处理器执行优先级为 −1 或 −2 的异常句柄时,不会使能 MPU。这些优先级仅在处理硬件故障或 NMI 异常时才可能。设置 HFNMIENA 位为 1 将使能 MPU。

3. MPU_RNR 寄存器

MPU 区域编号寄存器(MPU Region Number Register,MPU_RNR)选择 MPU_RBAR 和 MPU_RASR 寄存器引用的存储器区域,该寄存器的位分配如图 3.33 所示。

31	30	29	28	27	26	25	24	23	22	21	20	19	18	17	16
							Reserved								
15	14	13	12	11	10	9	8	7	6	5	4	3	2	1	0
			Reserved							REGION					

图 3.33 MPU_RNR 寄存器的位分配

在图 3.33 中:

(1)[31:8]：保留(Reserved),必须保持清零状态。

(2)[7:0]：REGION。该字段指示 MPU_RBAR 和 MPU_RASR 寄存器引用的 MPU 区域。MPU 支持 8 个存储器区域,因此该字段允许的值为 0~7。

通常,在访问 MPU_RBAR 或 MPU_RASR 之前,需要将所要求的区域号写到该寄存器中。但是,可以通过将 MPU_RBAR 寄存器的 VALID 位置为 1 来更改区域号。

4. MPU_RBAR 寄存器

MPU 区域基地址寄存器(MPU Region Base Address Register,MPU_RBAR)定义由

MPU_RNR 选择的 MPU 区域的基地址,并且写入该寄存器可以更新 MPU_RNR 的值。将该寄存器的 VALID 位设置为 1 来写入 MPU_RBAR,以更改当前区域编号并更新 MPU_RNR。该寄存器的位分配如图 3.34 所示。

31	30	29	28	27	26	25	24	23	22	21	20	19	18	17	16
ADDR[31:N]...															
rw	rw	rw	rw	rw	rw	rw	rw	rw	rw	rw	rw	rw	rw	rw	rw
15	14	13	12	11	10	9	8	7	6	5	4	3	2	1	0
ADDR[N−1:5]											VALID	REGION[3:0]			
rw	rw	rw	rw	rw	rw	rw	rw	rw	rw	rw	rw	rw	rw	rw	rw

图 3.34 MPU_RBAR 寄存器的位分配

在图 3.34 中:

(1) [31:N]:ADDR[31:N]为区域基地址字段,N 的具体取值取决于区域的大小。

(2) [N−1:5]:保留字段,硬件将其强制设置为 0。

(3) [4]:VALID。MPU 区域号有效。当写入时,

① 0:MPU_RNR 寄存器没有变化。处理器更新 MPU_RNR 中指定的区域的基地址,且忽略 REGION 字段的值。

② 1:处理器将 MPU_RNR 的值更新为 REGION 字段的值,且更新 REGION 字段中指定的区域的基地址。

当读取该字段时,总是返回 0。

(4) [3:0]:REGION[3:0]。MPU 区域字段。对于写行为,参见 VALID 字段的描述。当读取该字段的时候,返回当前区域的编号,它由 MPU_RNR 寄存器指定。

如果区域大小为 32B,ADDR 字段是[31:5],因此没有保留字段。ADDR 字段是 MPU_RBAR 的[31:N]位。区域大小,由 MPU_RASR 指定,N 值由下式定义:

$$N = \log_2(\text{以字节为单位的区域大小})$$

如果在 MPU_RASR 中将区域大小配置为 4GB,则没有有效的 ADDR 字段。在这种情况下,区域完全占据了整个存储器映射空间,基地址为 0x00000000。

基地址与区域大小必须对齐。比如一个 64KB 区域必须对齐 64KB 的整数倍边界。比如,在 0x00010000 或 0x00020000 的边界上。

5. MPU_RASR 寄存器

MPU 区域属性和大小寄存器(MPU Region Attribute and Size Register,MPU_RASR)定义由 MPU_RNR 指定的 MPU 区域的区域大小和存储器属性,并使能该区域和任何子区域,该寄存器的位分配如图 3.35 所示。

31	30	29	28	27	26	25	24	23	22	21	20	19	18	17	16
Reserved			XN	Reserved	AP[2:0]			Reserved					S	C	B
			rw		rw	rw	rw			rw	rw	rw	rw	rw	rw
15	14	13	12	11	10	9	8	7	6	5	4	3	2	1	0
SRD[7:0]								Reserved		SIZE					ENABLE
rw	rw	rw	rw	rw	rw	rw	rw			rw	rw	rw	rw	rw	rw

图 3.35 MPU_RASR 寄存器的位分配

在图 3.35 中：

(1) [31:29]：保留(Reserved)。

(2) [28]：XN，指令访问禁止位。

① 0 表示使能取指令。

② 1 表示禁止取指令。

(3) [27]：Reserved，保留，硬件强制设置为 0。

(4) [26:24]：AP[2:0]，访问允许字段。详见后面的说明。

(5) [23:19]：Reserved，保留，硬件强制设置为 0。

(6) [18]：S，可共享的位，详见后面的说明。

(7) [17]：C，可缓存的位，详见后面的说明。

(8) [16]：B，可缓冲的位，详见后面的说明。

(9) [15:8]：SRD，子区域禁止位(Subregion Disable Bits，SRD)。对于该字段中的每一位：

① 0 表示使能对应的子区域。

② 1 表示禁止对应的子区域。

(10) [7:6]：保留(Reserved)，硬件强制设置为 0。

(11) [5:1]：Size，MPU 保护区域的大小。指定 MPU 区域的大小。允许的最小值为 7 (b00111)。以字节为单位的区域的大小与 SIZE 字段值之间的关系为：

$$(以字节为单位的区域)=2^{(SIZE+1)}$$

最小允许的区域大小为 256B，对应的 SIZE 的值为 7，表 3.17 给出了 SIZE 字段值与对应的区域大小，以及 MPU_RBAR 中的 N 值。

表 3.17 SIZE 字段值的对应关系

SIZE 的值	区 域 大 小	N 的 值	注 释
b00111(7)	256B	8	允许的最小值
b01001(9)	1KB	10	—
b10011(19)	1MB	20	—
b11101(29)	1GB	30	—
b11111(31)	4GB	32	可能的最大值

(12) [0]：ENABLE，区域使能位。当复位时，所有区域的区域使能位都将复位为 0。这使得可以对要使能的区域进行编程。

3.6.2 MPU 访问权限属性

本节介绍 MPU 的访问权限属性。MPU_RASR 的访问许可位 C、B、S、AP 和 XN 控制对相对应存储区域的访问。如果访问一个没有授权的存储器区域，则 MPU 会产生许可故障。C、B、S 编码和存储器属性之间的关系，如表 3.18 所示。AP 编码和软件特权级的关系，如表 3.19 所示。

表 3.18 C、B、S 编码

C	B	S	存储器类型	共 享 性	其 他 属 性
0	0	—	强顺序	可共享	—
	1	—	设备	可共享	—

续表

C	B	S	存储器类型	共享性	其他属性
1	0	0	普通	不可共享	内部和外部直接写。没有写分配
		1		可共享	
	1	0	普通	不可共享	内部和外部写回。没有写分配
		1		可共享	

表 3.19　AP 编码

AP[2:0]	特权权限	非特权权限	功　能
000	无法访问	无法访问	所有的访问产生权限故障
001	读写	无法访问	只能由特权权限的软件访问
010	读写	只读	由非特权权限的软件写将产生权限故障
011	读写	读写	完全访问
100	不可预知	不可预知	保留
101	只读	无法访问	只能由特权权限的软件读取
110	只读	只读	只读。由特权或非特权权限软件
111	只读	只读	只读。由特权或非特权权限软件

3.6.3　更新 MPU 区域

要更新一个 MPU 区域的属性,需要更新 MPU_RNR、MPU_RBAR 和 MPU_RASR 寄存器。

注:建议参考第 5 章的内容来学习本节内容。

假设寄存器 R1 保存着区域的编号,寄存器 R2 保存大小/使能,寄存器 R3 保存属性,寄存器 R4 保存地址。则更新 MPU 区域的指令如下:

```
LDR R0, = MPU_RNR                      ; 0xE000ED98, MPU 区域编号寄存器
STR R1, [R0, #0x0]                     ;区域编号
STR R4, [R0, #0x4]                     ;区域基地址
STRH R2, [R0, #0x8]                    ;区域大小和使能
STRH R3, [R0, #0xA]                    ;区域属性
```

软件必须使用存储器屏障指令:

(1) 在设置 MPU 之前,如果可能存在未完成的存储器传输时(例如具有缓冲性质的写操作),可能会受到 MPU 设置更改的影响。

(2) 在设置 MPU 之后,如果其中包含存储器传输,则必须使用新的 MPU 设置。

但是,如果 MPU 设置过程起始于进入异常句柄,或者后面跟着异常返回时,则不需要指令同步屏障指令,因为异常进入和异常返回机制会引起存储器屏障行为。

例如,如果希望所有存储器访问行为在编程序列后立即生效,则使用 DSB 指令和 ISB 指令。在改变 MPU 设置后,比如在上下文切换结束时,就需要 DSB 指令。如果代码编程 MPU 区域或者使用分支或调用进入了 MPU 区域,则要求使用 ISB。如果使用从异常返回或通过采纳一个异常来进入程序序列,则不需要 ISB。

3.6.4　子区域及用法

区域被分为 8 个大小相等的子区域。在 MPU_RASR 的 SRD 字段中设置相应的位以禁

用子区域。SRD 的最低有效位控制第一个子区域,最高有效位控制最后一个子区域。禁用子区域意味着与禁用范围匹配的另一个区域将匹配。如果没有其他启用的区域与禁用的子区域重叠,则 MPU 发生故障。下面给出一个使用例子,如图 3.36 所示。在该例子中,两个带有相同地址的区域重叠。区域 1 是 128KB,区域 2 是 512KB。为了确保区域 1 的属性能应用于区域 2 的第 128KB 区域,将区域 2 的 SRD 字段设置为 b00000011,以禁止前两个子区域。

图 3.36 子区域及用法

3.6.5 MPU 设计技巧和提示

为了避免出现不期望的行为,在更新中断句柄可能访问的区域属性之前禁止中断。当设置 MPU 时,如果先前已经对 MPU 进行过编程,禁用未使用的区域,以阻止任何先前的区域设置影响新的 MPU 设置。

通常,微控制器只有一个处理器并且没有高速缓存。在这样的系统中对 MPU 编程,如表 3.20 所示。

表 3.20 微控制器的存储器区域属性

存储器区域	C	B	S	存储器类型和属性
Flash 存储器	1	0	0	普通存储器,非共享,直接写
内部 SRAM	1	0	1	普通存储器,可共享,直接写
外部 SRAM	1	1	1	普通存储器,可共享,写回,写分配
外设	0	1	1	设备存储器,可共享

在大多数微控制器实现中,可共享性和缓存策略不会影响系统行为。但是,将这些设置用于 MPU 区域可以使应用程序代码更具有可移植性。表 3.20 给出的值用于典型情况。在特殊系统中,例如多处理器设计或具有单独 DMA 引擎的设计中,可共享性属性非常重要。在这种情况下,请参考存储设备制造商的建议。

第4章

高级微控制器总线结构

ARM 公司提供的高级微控制器总线结构（Advanced Microcontroller Bus Architecture，AMBA）规范是实现 ARM 处理器与存储器和外设互连的基础。在基于 ARM Cortex-M0＋的 STM32G071 MCU 中，通过 AMBA APB 和 AMBA AHB 规范，实现以 ARM Cortex-M0＋处理器和 DMA 控制器为代表的多个主设备对多个从设备的高效率访问。

本章将详细介绍 AMBA APB 规范和 AMBA AHB 规范所涉及的结构、信号和时序等内容。通过本章内容的讲解，帮助读者理解 APB 和 AHB 总线的结构、接口信号和时序关系，以方便读者学习本书后续内容。

视频讲解

4.1 ARM AMBA 系统总线

在 SoC 设计中，高级微控制器总线结构用于片上总线。自从 AMBA 出现后，其应用领域早已超出了微控制器设备，现在被广泛地应用于各种范围的 ASIC 和 SoC 器件，包括用于便携设备的应用处理器。

AMBA 协议是一个开放标准的片上互联规范（除 AMBA-5 以外），用于 SoC 内功能模块的连接和管理。它便于第一时间开发带有大量控制器和外设的多处理器设计。其发展过程如下。

（1）1996 年，ARM 公司推出了 AMBA 的第一个版本，包括：

① 高级系统总线（Advanced System Bus，ASB）。

② 高级外设总线（Advanced Peripheral Bus，APB）。

（2）第 2 个版本——AMBA2，ARM 增加了 AMBA 高性能总线（AMBA High-performance Bus，AHB），它是一个单个时钟沿的协议。AMBA2 用于 ARM 公司的 ARM7 和 ARM9 处理器。

（3）2003 年，ARM 推出了第三个版本——AMBA3，增加下面规范：

① 高级可扩展接口（Advanced Extensible Interface，AXI）v1.0/AXI3 用于实现更高性能的互连。

② 高级跟踪总线（Advanced Trace Bus，ATB）v1.0 用于 CoreSight 片上调试和跟踪解决方案。

此外，AMBA3 还包含下面的协议：

① 高级高性能总线简化（Advanced High-performance Bus Lite，AHB-Lite v1.0）。

② 高级外设总线（Advanced Peripheral Bus，APB v1.0）。

其中：

① AHB-Lite 和 APB 规范用于 ARM 的 Cortex-M0、Cortex-M3 和 Cortex-M4。

② AXI 规范用于 ARM 的 Cortex-A9、Cortex-A8、Cortex-R4 和 Cortex-R5 的处理器。

（4）2009 年，Xilinx 同 ARM 密切合作，共同为基于现场可编程门阵列（Field Programmable Gate Array，FPGA）的高性能系统和设计定义了高级可扩展接口（Advanced eXtensible Interface，AXI）规范 AXI4。并且在其新一代可编程门阵列芯片上采用了高级可扩展接口 AXI4 协议。主要包括：

① AXI 一致性扩展（AXI Coherency Extensions，ACE）。

② AXI 一致性扩展简化（AXI Coherency Extensions Lite，ACE-Lite）。

③ 高级可扩展接口 4（Advanced eXtensible Interface 4，AXI4）。

④ 简化的高级可扩展接口 4（Advanced eXtensible Interface 4 Lite，AXI4-Lite）。

⑤ 高级可扩展接口 4 流（Advanced eXtensible Interface 4 Stream，AXI4-Stream v1.0）。

⑥ 高级跟踪总线（Advanced Trace Bus，ATB v1.1）。

⑦ 高级外设总线（Advanced Peripheral Bus，APB v2.0）。

其中的 ACE 规范用于 ARM 的 Cortex-A7 和 Cortex-A15 处理器。

（5）2013 年，ARM 推出了 AMBA 5。该协议增加了一致集线器接口（Coherent Hub Interface，CHI）规范，用于 ARM Cortex-A50 系列处理器，以高性能、一致性处理"集线器"方式协同工作，这样就能在企业级市场中实现高速可靠数据传输。

思考与练习 4-1：请说明 ARM AMBA 的含义，以及所实现的目的。

思考与练习 4-2：请说明在 STM32G071 MCU 中，所采用的总线规范。

思考与练习 4-3：在 ARM AMBA 中，对 APB、AHB 和 AXI 来说，性能最高的是_____，性能最低的是_____。

4.2　AMBA APB 规范

视频讲解

APB 属于 AMBA3 协议系列，它提供了一个低功耗的接口，并降低了接口的复杂性。APB 接口用在低带宽和不需要高性能总线的外围设备上。APB 是非流水线结构，所有的信号仅与时钟上升沿相关，这样就可以简化 APB 外围设备的设计流程，每个传输至少消耗两个周期。

APB 可以与 AMBA 高级高性能总线和 AMBA 高级可扩展接口连接。

4.2.1　AMBA APB 写传输

APB 写传输包括两种类型：无等待状态写传输和有等待状态写传输。

1. 无等待状态写传输

一个无等待状态的写传输过程如图 4.1 所示。在时钟上升沿后，改变地址、数据、写信号和选择信号。

（1）T1 周期（写传输建立周期）。写传输起始于地址（PADDR）、写数据（PWDATA）、写信号（PWRITE）和选择信号（PSEL）。这些信号在 PSCLK 的上升沿寄存。

（2）T2 周期。在 PSCLK 的上升沿寄存使能信号 PENABLE 和准备信号 PREADY。

① 当有效时，PENABLE 表示传输访问周期的开始。

② 当有效时，PREADY 表示在 PCLK 的下一个上升沿从设备可以完成传输。

（3）地址 PADDR，写数据 PWDATA 和控制信号一直保持有效，直到在 T3 周期完成传输后，结束访问周期。

（4）在传输结束后，使能信号 PENABLE 变成无效。选择信号 PSEL 也变成无效。如果

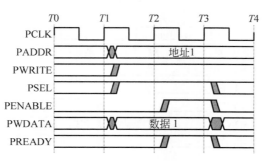

图 4.1　无等待状态的写传输

相同的外设立即开始下一个传输,则这些信号重新有效。

2. 有等待状态写传输

从设备使用 PREADY 信号扩展传输的过程,如图 4.2 所示。在访问周期,当 PENABLE 为高时,可以通过拉低 PREADY 来扩展传输。

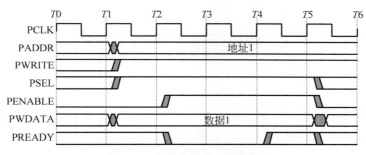

图 4.2　有等待状态的写传输

在等待状态写传输时,下面信号保持不变,包括地址(PADDR)、写信号(PWRITE)、选择信号(PSEL)、使能信号(PENABLE)、写数据(PWDATA)、写选通(PSTRB)和保护类型(PPROT)。

当 PENABLE 为低的时候,PREADY 可以为任何值。应确保外围器件有固定的两个周期来使 PREADY 为高。

注:推荐在传输结束后不要立即更改地址和写信号,保持当前状态直到下一个传输开始,这样可以降低芯片功耗。

4.2.2　AMBA APB 读传输

APB 读传输包括以下两种类型:无等待状态读传输和有等待状态读传输。

1. 无等待状态读传输

无等待状态读传输时序如图 4.3 所示。其中给出了地址、写、选择和使能信号。在读传输结束以前,从设备必须主动提供数据。

2. 有等待状态传输

在读传输中,使用 PREADY 信号来添加两个周期,如图 4.4 所示。在传输过程中也可以添加多个周期。如果在访问周期内拉低 PREADY 信号,则扩展读传输。

协议保证在额外的扩展周期时,地址(PADDR)、写信号(PWRITE)、选择信号(PSEL)、使能信号(PENABLE)和保护类型(PPROT)保持不变。

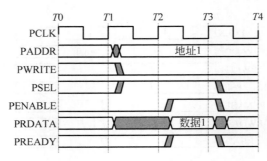

图 4.3　无等待状态的读传输

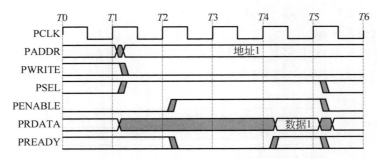

图 4.4　有等待状态的读传输

4.2.3　AMBA APB 错误响应

可以使用 PSLVERR 来指示 APB 传输错误条件。在读和写交易中,可以发生错误条件。在一个 APB 传输中的最后一个周期内,当 PSEL、PENABLE 和 PREADY 信号都为高时,PSLVERR 才是有效的。

当外设接收到一个错误的交易时,外设的状态可能会发生改变(由外设决定)。当一个写交易接收到一个错误时,并不意味着外设内的寄存器没有更新。读交易接收到一个错误时,能返回无效的数据。对于一个读错误,并不要求外设将数据总线驱动为 0。

1. 写传输和读传输错误响应

写传输错误的响应过程如图 4.5 所示,读传输错误的响应过程如图 4.6 所示。

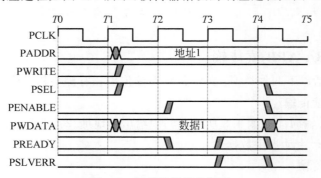

图 4.5　写传输错误的例子

2. PSLVERR 映射

当桥接时,对于从 AXI 到 APB 的情况,将 APB 错误映射回 RRRSP/BRESP=SLVERR,

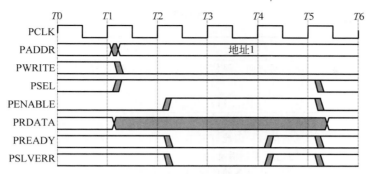

图 4.6　读传输错误的例子

这可以通过将 PSLVERR 映射到 RRESP[1]信号(用于读)和 BRESP[1](用于写)信号来实现;对于从 AHB 到 APB 的情况,对于读和写,PSLVERR 被映射回 HRESP=SLVERR,这可以通过将 PSLVERR 映射到 AHB 信号 HRESP[0]信号来实现。

4.2.4　AMBA APB 操作状态

APB 的操作流程如图 4.7 所示。包括:

(1) 空闲(IDLE)。这是默认的 APB 状态。

(2) 建立(SETUP)。当请求传输时,总线进入 SETUP 状态,设置选择信号 PSELx。总线仅在 SETUP 状态停留一个时钟周期,并在下一个时钟周期进入 ACCESS 状态。

(3) 访问(ACCESS)。在 ACCESS 状态中置位使能信号 PENABLE。在传输从 SETUP 状态到 ACCESS 状态转变的过程中地址、写、选择和写数据信号必须保持不变。从 ACCESS 状态退出,由从器件的 PREADY 信号控制,如果 PREADY 为低,保持 ACCESS 状态;如果 PREADY 为高,则退出 ACCESS 状态,如果此时没有其他传输请求,则总线返回 IDLE 状态,否则进入 SETUP 状态。

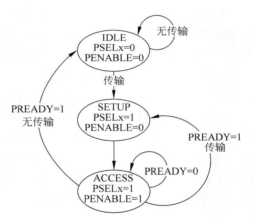

图 4.7　APB 总线操作状态图

4.2.5　AMBA3 APB 信号

AMBA3 APB 信号及功能描述如表 4.1 所示。

表 4.1　AMBA3 APB 信号及功能描述

信　号	来　源	功　能　描　述
PCLK	时钟源	时钟
PRESETn	系统总线	复位。APB 复位信号低有效。该信号一般直接与系统总线复位信号相连
PADDR	APB 桥	地址总线。最大可达 32 位,由外设总线桥单元驱动
PPROT	APB 桥	保护类型。这个信号表示交易的正常、特权或安全保护级别,以及这个交易是数据访问或者指令访问
PSELx	APB 桥	选择信号。APB 桥单元产生到每个外设从设备的信号。该信号表示选中从设备,要求一个数据传输。每个从设备都有一个 PSELx 信号
PENABLE	APB 桥	使能信号。这个信号表示 APB 传输的第二个和随后的周期

续表

信　号	来　源	功　能　描　述
PWRITE	APB 桥	控制访问方向。该信号为高时,表示 APB 写访问;当该信号为低时,表示 APB 读访问
PWDATA	APB 桥	写数据。当 PWRITE 为高时,在写周期内,外设总线桥单元驱动写数据总线
PSTRB	APB 桥	写选通。这个信号表示在写传输时,所更新的字节通道。每 8 个比特位有一个写选通信号。因此,PSTRB[n]对应于 PWDATA[(8n+7):(8n)]。在读传输时,写选通不是活动的
PREADY	从接口	准备好。从设备使用该信号来扩展 APB 传输过程
PRDATA	从接口	读取的数据。当 PWRITE 为低时,在读周期,所选择的从设备驱动该总线。该总线最多为 32 位宽度
PSLVERR	从接口	这个信号表示传输失败。APB 外设不要求 PSLVERR 引脚。对已经存在的设计和新 APB 外设设计,当外设不包含这个引脚时,将到 APB 桥的数据适当的拉低

视频讲解

4.3　AMBA AHB 规范

　　AHB 是新一代的 AMBA 总线,目的用于解决高性能可同步的设计要求。AHB 是一个新级别的总线,性能高于 APB,用于实现高性能和高时钟频率的要求,这些要求包括猝发传输、分割交易、单周期总线主设备交接、单时钟沿操作、无三态实现及更宽的数据总线配置(64b/128b)。

4.3.1　AMBA AHB 结构

　　本节介绍 AMBA AHB 结构,包括典型结构和总线互连。

1. AMBA AHB 典型结构

　　包含 AHB 和 APB 总线结构的 AMBA 系统如图 4.8 所示。基于 AMBA 规范的微控制器,包括高性能系统背板总线,该总线能够支持外部存储器的带宽。在这个总线上存在 CPU 和 DMA 设备,以及 AHB 转 APB 的桥接器。在 APB 总线上连接了较低带宽的外设。表 4.2 给出了 AHB 和 APB 总线的特性比较。

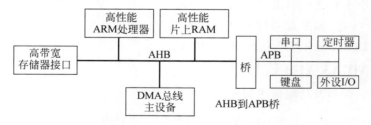

图 4.8　一个典型的 AHB 系统

表 4.2　AHB 和 APB 总线的特性比较

AHB 特性	APB 特性
(1) 高性能 (2) 流水线操作 (3) 猝发传输 (4) 多个总线主设备 (5) 分割交易	(1) 低功耗 (2) 锁存的地址和控制 (3) 简单的接口 (4) 适合很多外设

2. AMBA AHB 总线互连

基于一个中心多路复用器互连机制,设计 AMBA AHB 总线规范。使用这个机制,总线上所有主设备都可以驱动地址和控制信号,用于表示它们所希望执行的传输。仲裁器用于决定将哪个主设备的地址和控制信号连接到所有的从设备。一个中心译码器要求控制读数据和响应信号的切换,用于从从设备中选择合适的传输信号。一个 AMBA AHB 总线互连结构中有 3 个主设备和 4 个从设备,如图 4.9 所示。

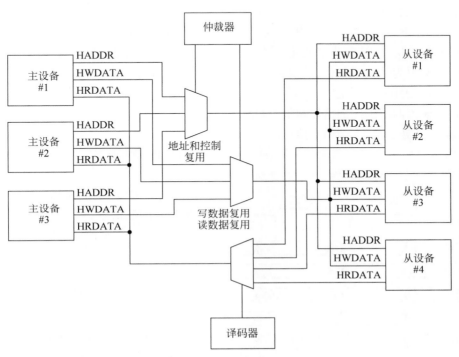

图 4.9　多路复用器互连

4.3.2　AMBA AHB 操作

本节介绍 AMBA AHB 操作,内容包括 AMBA AHB 操作概述以及 AMBA AHB 基本传输。

1. AMBA AHB 操作概述

在一个 AMBA AHB 传输开始前,必须授权总线主设备访问总线。通过主设备对连接到仲裁器请求信号的确认,启动该过程。然后,指示授权主设备将要使用总线。

通过驱动地址和控制信号,授权的总线主设备启动 AHB 传输。该信号提供了地址、方向和传输宽度的信息,并指示了传输是否是猝发的一部分。AHB 允许两种不同的猝发传输,包括:

(1) 增量猝发,在地址边界不回卷。

(2) 回卷猝发,在一个特殊的地址边界回卷。

写数据总线用于将数据从主设备移动到从设备,而读数据总线用于将数据从从设备移动到主设备。每个传输包括一个地址和控制周期,以及一个或多个数据周期。

在此期间不能扩展地址,所有的从设备必须采样地址。然而,通过使用 HREADY 信号,允许对数据进行扩展。当 HREADY 信号为低时,允许在传输中插入等待状态。因此,允许额外的时间用于从设备提供或者采样数据。

在一个传输期间内，从设备使用响应信号 HRESP[1：0]显示状态：

（1）OKAY。用于指示正在正常处理传输过程。当 HREADY 信号变高时，表示成功结束传输过程。

（2）ERROR。用于指示传输过程发生错误，传输过程不成功。

（3）RETRY 和 SPLIT。这两个传输响应信号指示不能立即完成传输过程，但是总线主设备应该继续尝试传输。

在正常操作下，在仲裁器授权其他主设备访问总线前，允许一个主设备以一个特定的猝发，完成所有的传输。然而，为了避免太长的仲裁延迟，仲裁器可能分解一个猝发。在这种情况下，主设备必须为总线重新仲裁，以便完成猝发中剩余的操作。

2. AMBA AHB 基本传输

AHB 传输由两个不同的阶段组成，包括：

（1）地址周期。持续一个单周期。

（2）数据周期。可能要求几个周期，通过使用 HREADY 信号实现。

没有等待状态的传输过程如图 4.10 所示。

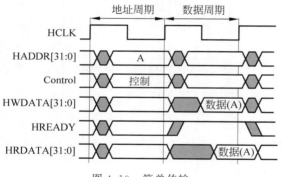

图 4.10　简单传输

（1）在 HCLK 的上升沿，主设备驱动总线上地址和控制信号。

（2）在下一个时钟上升沿，从设备采样地址和控制信息。

（3）当从设备采样地址和控制后，驱动正确的响应。在第三个时钟上升沿，总线主设备采样这个响应。

这个简单的例子说明了在不同的时钟周期产生地址周期和数据周期的方法。实际上，任何传输的地址周期可以发生在前一个传输的数据周期。这个重叠的地址和数据是总线流水线的基本属性，这将允许更高性能的操作，同时为一个从设备提供了充足的时间，用于对一个传输进行响应。

在任何传输中，从设备可能插入等待状态，如图 4.11 所示。

（1）对于写传输，在扩展周期内，总线主设备应该保持总线稳定。

（2）对于读传输，从设备不必提供有效数据，直到将要完成传输。

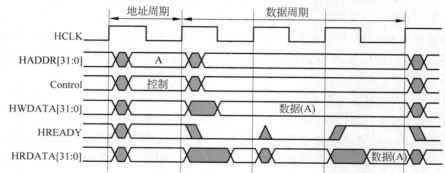

图 4.11　包含等待状态的传输

当以这种方式扩展传输时,对随后传输的地址周期有副作用。传输 3 个无关地址 A、B、C 的过程,如图 4.12 所示。

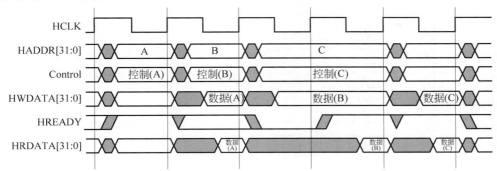

图 4.12　多个传输

在图 4.12 中:

(1) 传输地址 A 和 C,都是零等待状态。

(2) 传输地址 B 是一个等待周期。

(3) 传输的数据周期扩展到地址 B,传输的扩展地址周期影响到地址 C。

4.3.3　AMBA AHB 传输类型

每个传输都可以归为 4 个不同类型中的一个。由 HTRANS[1:0] 信号表示,如表 4.3 所示。

表 4.3　传输类型编码

HTRANS[1:0]	类　　型	描　　述
00	IDLE	表示没有数据传输的要求。总线主设备在空闲传输类型被授权总线,但并不希望执行一个数据传输时使用空闲传输。从设备必须总是提供一个零等待状态 OKAY 来响应空闲传输,并且从设备应该忽略该传输
01	BUSY	忙传输类型。允许总线主设备在猝发传输中插入空闲周期。这种传输类型表示总线主设备正在连续执行一个猝发传输,但是不能立即产生下一次传输。当一个主设备使用忙传输类型时,地址和控制信号必须反映猝发中的下一次传输。 从设备应该忽略这种传输。与从设备响应空闲传输一样,从设备总是提供一个零等待状态 OKAY 响应
10	NONSEQ	表示一次猝发的第一次传输或者一个单个传输。地址与控制信号与前一次传输无关。 总线上的单个传输被看作一个猝发。因此,传输类型是不连续的
11	SEQ	在一次猝发中剩下的传输是连续传输并且地址是和前一次传输有关的。控制信息和前一次传输是一样。地址等于前一次传输的地址加上传输大小(字节)。在回卷猝发的情况下,传输地址在地址边界处回卷,回卷值等于传输大小乘以传输的次数(4、8 或者 16 之一)

不同的传输类型如图 4.13 所示,其中:

(1) 第一个传输是一次猝发的开始,所以传输类型为非连续传输。

(2) 主设备不能立刻执行猝发的第二次传输,所以主设备使用了忙传输来延时下一次传输的开始。在这个例子中,主设备在它准备开始下一次猝发传输之前,仅要求一个忙周期,下

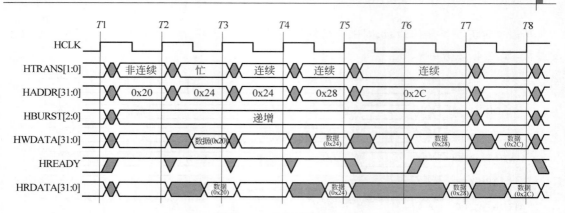

图 4.13 传输类型例子

一次传输完成不带有等待状态。

（3）主设备立刻执行猝发的第三次传输，但此时从设备不能完成传输，并用 HREADY 来插入一个等待状态。

（4）猝发的最后一次传输以无等待状态完成。

4.3.4 AMBA AHB 猝发操作

本节介绍 AMBA AHB 猝发操作，包括 AMBA 猝发操作概述和猝发早期停止。

1. AMBA 猝发操作概述

AMBA AHB 协议定义了 4、8 和 16 拍猝发，也有未定长度的猝发和信号传输。协议支持递增和回卷：

（1）递增猝发。访问连续地址，并且猝发中每次传输地址仅是前一次地址的一个递增。

（2）回卷猝发。如果传输的起始地址并未与猝发（x 拍）中的字节总数对齐，那么猝发传输地址将在达到边界处回卷。例如，一个 4 拍回卷猝发的字（4 字节）访问将在 16 字节边界回卷。因此，如果传输的起始地址是 0x34，那么将包含 4 个地址 0x34、0x38、0x3C 和 0x30。

通过 HBURST[2:0]提供猝发信息，如表 4.4 所示。

表 4.4 8 种猝发类型编码

HBURST[2:0]	类　　型	描　　述
000	SINGLE	单一传输
001	INCR	未指定长度的递增猝发
010	WRAP4	4 拍回卷猝发
011	INCR4	4 拍递增猝发
100	WRAP8	8 拍回卷猝发
101	INCR8	8 拍递增猝发
110	WRAP16	16 拍回卷猝发
111	INCR16	16 拍递增猝发

猝发不能超过 1KB 的地址边界。因此重要的是主设备不要尝试发起一次将要超过这个边界的定长递增猝发。可以接受只有一个猝发长度和未指定长度的递增猝发来执行单个传输。一个递增猝发可以是任何长度，但是其地址上限不能超过 1KB 边界。

注：猝发大小表示猝发的节拍个数，并不是一次猝发传输的实际字节个数。一次猝发传输的数据总数可以用节拍数乘以每拍数据的字节数来计算，每拍字节数由 HSIZE[2:0]指示。

所有猝发传输必须将地址边界和传输大小对齐。例如,字传输必须对齐到字地址边界(也就是 A[1:0]=00),半字传输必须对齐到半字地址边界(也就是 A[0]=0)。

2. 猝发早期停止

对从设备来说,在不允许完成一次猝发的特定情况下,如果提前停止猝发,那么利用猝发信息能够采取正确的行为就显得非常重要。通过监控 HTRANS 信号,从设备能够决定一次猝发提前终止的时间,并且确保在猝发开始之后每次传输有连续或者忙标记。如果产生一个非连续或者空闲传输,那么这表明已经开始一次新的猝发。因此,一定已经终止了前一次猝发传输。

如果总线主设备因为失去对总线的占有而不能完成一次猝发,那么它必须在下一次获取访问总线时正确地重建猝发。例如,如果一个主设备仅完成了一个 4 拍猝发中的一拍,那么,它必须用一个未定长度猝发来执行剩下的 3 拍猝发。

4 拍回卷猝发传输如图 4.14 所示,4 拍递增猝发过程如图 4.15 所示,8 拍回卷猝发工程如图 4.16 所示。作为一次 4 拍字猝发传输,地址将会在 16 字节边界回卷。因此,传输到地址 0x3C 之后接下来传输的地址是 0x30。

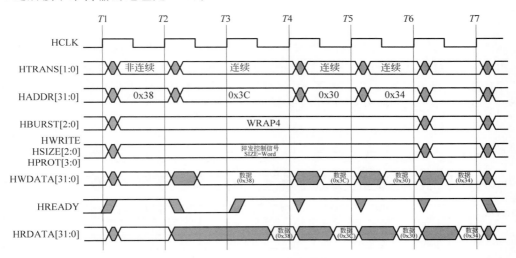

图 4.14 4 拍回卷猝发传输

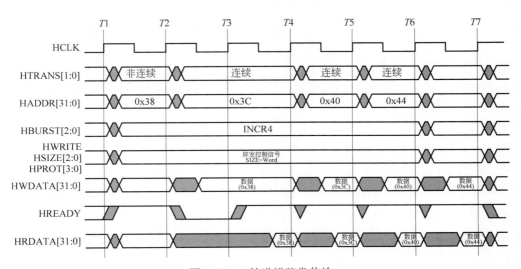

图 4.15 4 拍递增猝发传输

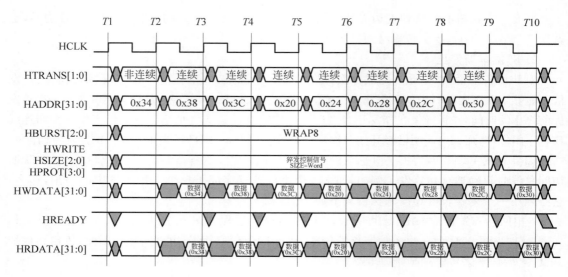

图 4.16　8 拍回卷猝发

从图 4.14 和图 4.15 可知，回卷猝发和递增量猝发的唯一不同是地址连续通过 16 字节边界。由图 4.16 可知，地址将在 32 字节边界处回卷。因此，地址 0x3C 之后的地址是 0x20。

8 拍递增的猝发过程如图 4.17 所示，该猝发使用半字传输，所以地址每次增加 2 字节，并且猝发在递增。因此，地址连续增加，通过了 16 字节边界。

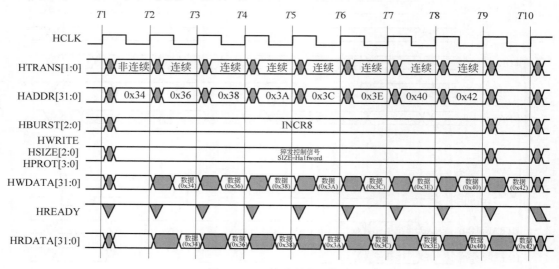

图 4.17　8 拍递增猝发传输

未定义长度的增量突发如图 4.18 所示，图中表示了两次猝发。

（1）在地址 0x20 处，开始传输两个半字（半字传输地址增加 2）。

（2）在地址 0x5C 处，开始 3 个字传输（字传输地址增加 4）。

4.3.5　AMBA AHB 传输控制信号

传输类型和猝发类型一样，每次传输都会有一组控制信号，用于提供传输的附加信息。这些控制信号和地址总线有严格一致的时序。然而，在一次猝发传输过程中它们必须保持不变。

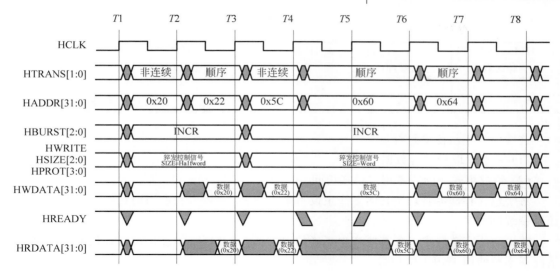

图 4.18 未定义长度的猝发传输

（1）传输方向。当 HWRITE 为高时表示写传输，并且主设备将数据广播到写数据总线 HWDATA[31:0]上；当该信号为低时将会执行读传输，并且从设备必须产生数据到读数据总线 HRDATA[31:0]。

（2）传输大小/位宽。HSIZE[2:0]用于表示传输的大小/位宽，如表 4.5 所示。将传输大小和 HBURST[2:0]信号组合在一起，以决定回卷突发的地址边界。

表 4.5　传输大小编码

HSIZE[2]	HSIZE[1]	HSIZE[0]	大　　小	描　　述
0	0	0	8 位	字节
0	0	1	16 位	半字
0	1	0	32 位	字
0	1	1	64 位	—
1	0	0	128 位	4 字
1	0	1	256 位	8 字
1	1	0	512 位	—
1	1	1	1024 位	—

（3）保护控制。保护控制信号 HPROT[3:0]，提供总线访问的附加信息，并且最初是给那些希望执行某种保护级别的模块使用的，表 4.6 给出了控制保护级别。

表 4.6　保护信号编码

HPROT[3] 高速缓存	HPROT[2] 带缓冲的	HPROT[1] 特权模式	HPROT[0] 数据/预取指	描　　述
—	—	—	0	预取指
—	—	—	1	数据访问
—	—	0	—	用户模式访问
—	—	1	—	特权模式访问
—	0	—	—	无缓冲
—	1	—	—	带缓冲

续表

HPROT[3] 高速缓存	HPROT[2] 带缓冲的	HPROT[1] 特权模式	HPROT[0] 数据/预取指	描　　述
0	—	—	—	无高速缓存
1	—	—	—	带高速缓存

这些信号表示传输是否是：

（1）一次预取指或者数据访问。

（2）特权模式访问或者用户模式访问。

对于包含存储器管理单元的总线主设备来说，这些信号也表示当前访问是带高速缓存的还是带缓冲的。

并不是所有总线主设备都能产生正确的保护信息。因此，建议从设备在没有严格必要的情况下不要使用 HPROT 信号。

4.3.6　AMBA AHB 地址译码

对于每个总线上的从设备来说，使用一个中央地址译码器提供选择信号 HSELx。选择信号是高位地址信号的组合译码，并且建议使用简单的译码方案以避免复杂译码逻辑和确保高速操作。

从设备只能在 HREADY 信号为高时，对地址、控制信号和 HSELx 信号进行采样。当 HSELx 为高时，表示当前传输已经完成。在特定的情况下，有可能在 HREADY 为低时采样 HSELx 信号。但是，会在当前传输完成后，更改选中的从设备。

能够分配给单个从设备的最小地址空间是 1KB。所设计的总线主设备，不能执行超过 1KB 地址边界的递增传输。因此，保证一个猝发不会超过地址译码的边界。

在设计系统时，如果有包含一个存储器映射，但其并未完全填满存储空间的情况，那么应该设置一个额外的默认从设备，以便在访问任何不存在的地址空间时提供响应。如果一个非连续传输或者连续传输尝试访问一个不存在的地址空间，那么这个默认从设备应该提供一个 ERROR 响应。空闲或者忙传输访问不存在的空间（默认从设备）时，应该给出一个零等待状态的 OKAY 响应。典型情况下，默认从设备的功能将以作为中央地址译码器的一部分来实现。

包含地址译码和从设备选择信号的系统如图 4.19 所示。

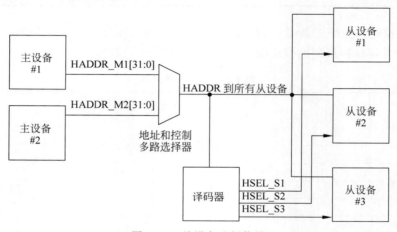

图 4.19　从设备选择信号

4.3.7　AMBA AHB 从设备传输响应

在主设备发起传输后,由从设备决定传输的方式。AMBA AHB 规范中没有规定总线主设备在传输已经开始后取消传输的方法。

只要访问从设备,那么它必须提供一个表示传输状态的响应。使用 HREADY 信号,用于扩展传输并且和响应信号 HRESP[1:0]相结合,以提供传输状态。

从设备能够用许多种方式来完成传输。包括:

(1) 立刻完成传输。

(2) 插入一个或者多个等待状态,以允许有时间来完成传输。

(3) 发出一个错误信号,来表示传输失败。

(4) 延时传输的完成,但是允许主设备和从设备放弃总线,把总线留给其他传输使用。

1. 传输完成

HREADY 信号用于扩展 AHB 传输的数据周期。当 HREADY 信号为低时,表示将要扩展传输;当 HREADY 信号为高时,表示传输完成。

注:在从设备放弃总线之前,每个从设备必须有一个预先确定的,所插入最大等待状态的个数,以便能够计算访问总线的延时。建议但不强制规定,从设备不要插入多于 16 个等待状态,以阻止任何单个访问将总线锁定较长的时钟周期。

2. 传输响应

通常,从设备将会用 HREADY 信号。在传输中插入适当数量的等待状态,当 HREADY 信号为高,并且给出 OKAY 响应时,表示成功完成传输过程。

从设备用 ERROR 响应来表示某种形式的错误条件和相关的传输。通常用于保护错误。例如,尝试写一个只读的存储空间。

SPLIT 和 RETRY 响应组合允许从设备延长传输完成的时间。但是,释放总线给其他主设备使用。这些响应组合通常仅由有高访问延时的从设备请求。并且,从设备能够利用这些响应编码来保证在长时间内并不阻止其他主设备访问总线。

HRESP[1:0]的编码、传输响应信号和每个响应的描述如表 4.7 所示。

表 4.7　响应编码

HRESP[1]	HRESP[0]	响　　应	描　　述
0	0	OKAY	当 HREADY 为高时,表示传输已经成功完成。OKAY 响应也被用来插入任意一个附加周期,当 HREADY 为低时,优先给出其他 3 种响应之一
0	1	ERROR	该响应表示发生了一个错误。错误条件应该发信号给总线主设备,以便让主设备知道传输失败。一个错误条件需要双周期的 ERROR 响应
1	0	RETRY	重试信号表示传输并未完成。因此,总线主设备应该尝试重新传输。主设备应该继续重试传输直到完成为止。要求双周期的 RETRY 响应
1	1	SPLIT	传输并未成功完成。总线主设备必须在下一次被授权访问总线时,尝试重新传输。当传输能够完成时,从设备将请求代替主设备访问总线。要求双周期的 SPLIT 响应

当决定将要给出的响应类型之前,从设备需要插入一定数量的等待状态。从设备必须驱

动响应为 OKAY。

3. 双周期响应

在单个周期内，仅可以给出 OKAY 响应。需要至少两个周期响应 ERROR、SPLIT 和 RETRY。为了完成这些响应中的任意一个，在最后一个传输的前一个周期，从设备驱动 HRESP[1:0]，以表示 ERROR、RETRY 或者 SPLIT。同时，驱动 HREADY 为低，给传输扩展一个额外的周期。在最后一个周期，驱动 HREADY 信号为高电平以结束传输。同时，保持驱动 HRESP[1:0]，以表示 ERROR、RETRY 或者 SPLIT 响应。

如果从设备需要两个以上的周期，以提供 ERROR、SPLIT 或者 RETRY 响应那么可能会在传输开始时插入额外等待状态。在这段时间内，将 HREADY 信号驱动为低电平。同时，必须将响应设为 OKAY。

因为总线通道的本质特征，所以需要双周期响应。在从设备开始发出 ERROR、SPLIT 或者 RETRY 中任何一个响应时，接下来传输的地址已经广播到总线上了。双周期响应允许主设备有足够的时间来取消该地址。并且，在开始下一次传输之前驱动 HTRANS[1:0]为空闲传输。

由于当前传输完成之前禁止发生下一次传输，所以对于 SPLIT 和 RETRY 响应，必须取消随后的传输。然而，对于 ERROR 响应，由于不重复当前传输，所以可以选择完成接下来的传输。

RETRY 操作的传输过程如图 4.20 所示，其中包含以下事件。

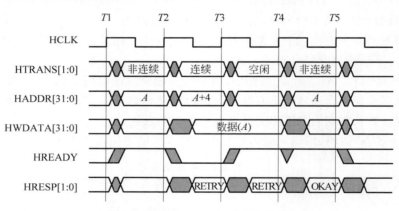

图 4.20　包含 RETRY 响应的传输

（1）主设备从地址 A 开始传输。

（2）在接收到这次传输响应之前，主设备将地址移动到 $A+4$。

（3）在地址 A 的从设备不能立刻完成传输。因此，从设备发出一个 RETRY 响应。该响应指示主设备，在地址 A 的传输无法完成。并且，取消在地址 $A+4$ 的传输，用空闲传输替代。

在一个传输中，设备请求一个周期来决定将要给出的响应（在 HRESP 为 OKAY 的时间段），如图 4.21 所示。之后，从设备用一个双周期的 ERROR 响应来结束传输。

4. 错误响应

如果从设备提供一个错误响应，那么主设备可以选择取消猝发中剩余的传输。然而，这并不是一个严格的要求。同时，也可以接受主设备继续猝发中剩下的传输。

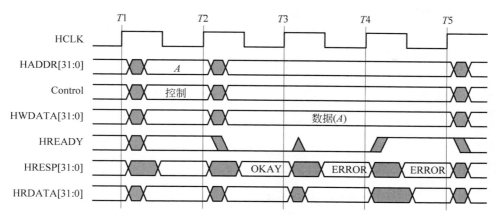

图 4.21 错误响应

5. 分割和重试

分割(SPLIT)和重试(RETRY)响应给从设备提供了在无法立刻给传输提供数据时释放总线的机制。这两种机制都允许在总线上结束传输。因此,允许更高优先级的主设备能够访问总线。

分割和重试的不同之处在于仲裁器在发生分割和重试后分配总线的方式,包括:

(1)重试。仲裁器将继续使用常规优先级方案。因此,只有拥有更高优先级的主机才能获准访问总线。

(2)分割。仲裁器将调整优先级方案,以便其他任何主设备请求总线时,能立即获得总线访问(即使是优先级较低的主设备)。为了完成一个分割传输,从设备必须通知仲裁器何时数据可用。

分割传输增加了仲裁器和从设备的复杂性,但是却有可以完全释放总线给其他主设备使用的优点。但是,在重试响应的情况下,只允许较高优先级的主设备使用总线。

总线主设备应该以同样的方式来对待分割和重试响应。主设备应该继续请求总线并尝试传输直到传输成功完成或者遇到错误响应时终止。

4.3.8 AMBA AHB 数据总线

为了不使用三态驱动,同时又允许运行 AHB 系统,所以要求读和写数据总线分开。最小的数据宽度规定为 32 位。但是,总线宽度可以增加。

1. HWDATA[31:0]

在写传输期间,由总线主设备驱动写数据总线。如果是扩展传输,则总线主设备必须保持数据有效,直到 HREADY 为高表示传输完成为止。

所有传输必须对齐到与传输大小相等的地址边界。例如,字传输必须对齐到字地址边界(也就是 $A[1:0] = 00$);半字传输必须对齐到半字地址边界(也就是 $A[0] = 0$)。

对于宽度小于总线宽度的传输,例如,一个在 32 位总线上的 16 位传输,总线主设备仅需要驱动相应的字节通道。从设备负责从正确的字节通道选择写数据。表 4.8 和表 4.9 分别表示小端系统和大端系统中哪个字节通道有效。如果有要求,那么这些信息可以在更宽的总线应用中扩展。传输大小小于数据总线宽度的突发传输将在每拍突发中有不同有效的字节通道。

表 4.8　32 位小端数据总线的有效字节通道

传 输 大 小	地 址 偏 移	DATA[31:24]	DATA[23:16]	DATA[15:8]	DATA[7:0]
字	0	√	√	√	√
半字	0	—	—	√	√
半字	2	√	√	—	—
字节	0	—	—	—	√
字节	1	—	—	√	—
字节	2	—	√	—	—
字节	3	√	—	—	—

表 4.9　32 位大端数据总线的有效字节通道

传 输 大 小	地 址 偏 移	DATA[31:24]	DATA[23:16]	DATA[15:8]	DATA[7:0]
字	0	√	√	√	√
半字	0	√	√	—	—
半字	2	—	—	√	√
字节	0	√	—	—	—
字节	1	—	√	—	—
字节	2	—	—	√	—
字节	3	—	—	—	√

有效字节通道取决于系统的端结构。但是，AHB 并不指定要求的端结构。因此，要求总线上所有主设备和从设备的端结构相同。

2. HRDATA[31:0]

在读传输期间，由合适的从设备驱动读数据总线。如果从设备通过拉低 HREADY 扩展读传输，那么从设备只需要在传输的最后一个周期提供有效数据，由 HREADY 为高表示。

对于宽度小于总线宽度的传输，从设备仅需要在有效的字节通道提供有效数据。如表 4.8 和表 4.9 所示。总线主设备负责从正确的字节通道中选择数据。

当传输以 OKAY 响应完成时，从设备仅需提供有效数据。SPLIT、RETRY 和 ERROR 响应不需要提供有效的读数据。

3. 端结构

为了正确地运行系统，事实上所有模块都有相同的端结构。并且，任何数据通路或者桥接器也具有相同的端结构。在大多数嵌入式系统中，动态端结构将导致显著的硅晶片开销。所以，不支持动态端结构。

对于模块设计者来说，建议只有应用场合非常广泛的模块才设计为双端结构。通过一个配置引脚或者内部控制位来选择端结构。对于更多特定用途的模块，将端结构固定为大端或小端，将产生体积更小、功耗更低、性能更高的接口。

4.3.9　AMBA AHB 传输仲裁

使用仲裁机制来保证任意时刻只有一个主设备能够访问总线。仲裁器用于检测多个不同的使用总线的请求，以及确定当前请求总线的主设备中具有最高优先级的主设备。仲裁器也接收来自从设备需要完成分割传输的请求。

对于不执行分割传输的从设备，则不需要知道仲裁的过程。除非它们遇到由于总线所有权改变而导致猝发传输不能完成的情况。

1. 信号描述

以下给出对每个仲裁信号的简短描述：

（1）HBUSREQx（总线请求信号）。总线主设备使用这个信号请求访问总线。每个总线主设备各自都有连接到仲裁器的 HBUSREQx 信号。并且，任何一个系统中最多可以有 16 个独立的总线主设备。

（2）HLOCKx。在主设备请求总线的同时，锁定信号有效。该信号提示仲裁器，主设备正在执行一系列不可分割的传输。并且，一旦锁定传输的第一个传输已经开始，仲裁器不能授权任何其他主设备访问总线。在寻址到所涉及的地址之前，HLOCKx 必须至少在一个有效周期内，以防止仲裁器改变授权信号。

（3）HGRANTx（授权信号）。由仲裁器产生，并且表示相关主设备是当前请求总线的主设备中优先级最高的主设备，优先考虑锁定传输和分割传输。

主设备在 HGRANTx 为高时，获取地址总线的所有权。并且，在 HCLK 的上升沿时，HREADY 为高电平。

（4）HMASTER[3:0]。仲裁器使用 HMASTER[3:0]信号，表示当前授权哪一个主设备使用总线。并且，该信号可被用来控制中央地址和控制多路选择器。有分割传输能力的从设备也可以请求主设备号，以便它们能够提示仲裁器哪个主设备能够完成一个分割传输。

（5）HMASTLOCK。仲裁器通过使 HMASTLOCK 信号有效来指示当前传输是一个锁定序列的一部分，该信号和地址以及控制信号有相同的时序。

（6）HSPLIT[15:0]。这是 16 位有完整分割能力的总线。有分割能力的从设备用来指示哪个总线主设备能够完成一个分割传输。仲裁器需要这些信息，以便于授权主设备访问总线完成传输。

2. 请求总线访问

总线主设备使用 HBUSREQx 信号来请求访问总线，并且可以在任何周期请求总线。仲裁器将在时钟的上升沿采样主设备请求。然后，使用内部优先级算法来决定哪个主设备将会是获得总线访问权的下一个设备。如果主设备请求锁定访问总线，那么主设备也必须使 HLOCKx 信号有效，以提示仲裁器不给其他主设备授权总线。

当给主设备授权总线并且正在执行固定长度的猝发时，没有必要继续请求总线以便完成传输。仲裁器监视猝发的进程，并且使用 HBURST[2:0]信号来决定主设备请求了多少个传输。如果主设备希望在当前正在进行的传输之后执行另一个猝发，则主设备需要在猝发中重新使请求信号有效。

如果主设备在一次猝发中失去对总线的访问权，那么它必须重新使 HBUSREQx 请求线有效以重新获取访问总线权。

对未定长度的猝发，主设备应该继续使请求有效，直到已经开始最后一次传输。在未定长度的猝发结束时，仲裁器不能预知何时改变仲裁。

对于主设备而言，有可能在它未申请总线时却被授予总线。这可能在没有主设备请求总线并且仲裁器将访问总线授权的一个默认主设备时发生。因此，如果一个主设备没请求访问总线，那么它驱动传输类型 HTRANS 来表示空闲传输。

3. 授权总线访问

通过使合适的 HGRANTx 信号有效，仲裁器可以表示当前请求总线的优先级最高的主设备。由 HREADY 为高时表示当前传输完成,那么将授权主设备使用总线,并且仲裁器将通过改变 HMASTER[3:0]信号来表示总线主设备序号。

所有传输都为零等待状态并且 HREADY 信号为高时的处理过程如图 4.22 所示。

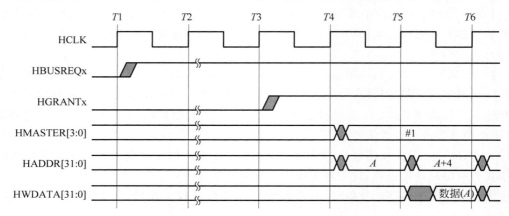

图 4.22　没有等待周期的授权访问

在总线移交时等待状态的影响的传输过程如图 4.23 所示。数据总线的所有权延时在地址总线的所有权之后。无论何时完成(由 HREADY 为高时表示)一次传输,然后占有地址总线的主设备才能使用数据总线。并且,将继续占用数据总线直到完成传输。

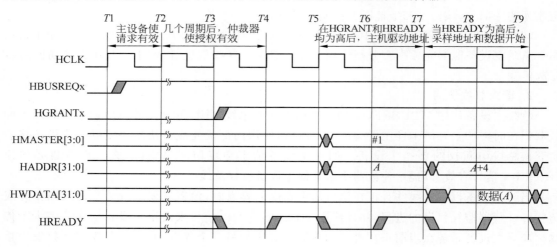

图 4.23　有等待周期的授权访问

当在两个总线主设备之间移交总线时,转移数据总线所有权的过程如图 4.24 所示。

图 4.25 给出了一个仲裁器在一次突发传输结束时移交总线的例子。

在采样最后一个前面的地址时,仲裁器改变 HGRANTx 信号。然后在采样猝发最后一个地址的同一点采样新的 HGRANTx 信息。

在系统中使用 HGRANTx 和 HMASTER 信号的方法如图 4.26 所示。

注:因为使用了中央多路选择器,所以每个主设备可以立刻输出它希望执行的地址,而不需要等到授权总线。主设备使用 HGRANTx 信号来决定它何时拥有总线。因此,需要考虑什么时候让合适的从设备采样地址。

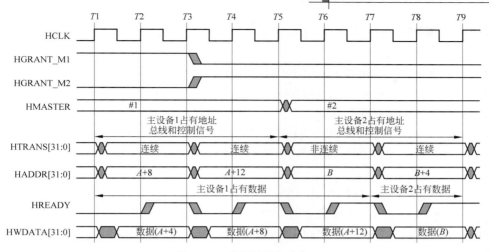

图 4.24 数据总线拥有权

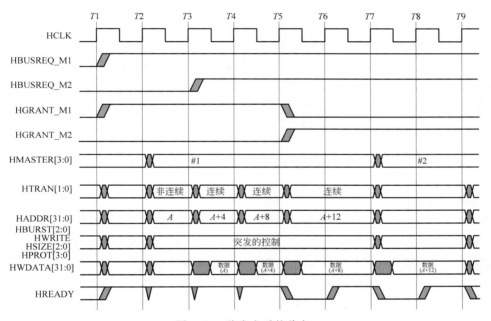

图 4.25 猝发之后的移交

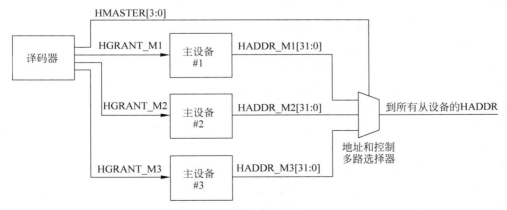

图 4.26 总线主设备授权信号

HMASTER 总线的延时版本，用于控制写数据多路选择器。

4. 早期的猝发停止

通常仲裁器在突发传输结束之前不会将总线移交给一个新的主设备。但是，如果仲裁器决定必须提前终止猝发以防止过长的总线访问时间，那么它可能会在一个猝发完成之前将总线授权转移给另外一个总线主设备。

如果主设备在猝发传输期间失去了对总线的所有权，那么它必须重新断言总线请求，以完成猝发。主设备必须确保更新 HBURST 和 HTRANS 信号，以反映主设备不再执行一个完整的 4、8 或者 16 拍的突发。

例如，如果一个主设备仅能完成一个 8 拍突发的 3 个传输，那么当它重新获得总线时必须使用一个合法的突发编码来完成剩下的 5 个传输。主设备可以使用任何有效的组合，因此无论是 5 拍未定长度的猝发还是 4 拍固定长度的猝发，跟上一个单拍未定长度的猝发都是可以接受的。

5. 锁定传输

仲裁器必须监视来自各个主设备的 HLOCKx 信号，以确定主设备何时希望执行一个锁定连续传输。之后，仲裁器负责确保没有授权总线给其他总线主设备，直到完成锁定传输。

在一个连续锁定传输之后，仲裁器将总是为一个额外传输保持总线主设备被授权总线，以确保成功完成锁定序列的最后一个传输。并且，没有接收到 SPLIT 或者 RETRY 响应。因此，建议但不规定，主设备在任何锁定连续传输之后插入一个空闲传输，以提供给仲裁器在准备另外一个猝发传输之前改变总线授权的机会。

仲裁器也负责使 HMASTLOCK 信号有效，HMASTLOCK 信号和地址以及控制信号具有相同的时序。该信号指示每个从设备的当前传输是锁定的，因此，必须在其他主设备被授权总线之前被处理掉。

6. 默认总线主设备

每个系统必须包含一个默认总线主设备。如果所有其他主设备不能使用总线，那么授权该主设备使用总线。当主设备授权使用总线时，默认主设备只能执行空闲（IDLE）传输。

如果没有请求总线，那么仲裁器可以授权默认主设备访问总线或者访问总线延时较低的主设备。

授权默认主设备访问总线，也为确保在总线上没有新的传输开始提供了一个有效的机制。并且，也是预先进入低功耗操作模式的有用步骤。

如果其他所有主设备都在等待分割传输完成时，必须给默认主设备授权总线。

4.3.10　AMBA AHB 分割传输

分割传输根据从设备的响应操作来分离（或者分割）主设备操作，以给从设备提供地址和合适的数据，从而提高了总线的整体利用率。

当发生传输时，如果从设备认为传输将需要大量的时钟周期，那么从设备能够决定发出一个分割响应，该信号提示仲裁器不给尝试这次传输的主设备授权访问总线，直到从设备表示它准备好了完成传输。因此仲裁器负责监视响应信号，并且在内部屏蔽已经是分割传输主设备的任何请求。

在传输的地址阶段，仲裁器在 HMASTER[3:0]产生一个标记或者总线主设备号，以表示正在执行传输的主设备。任何一个发出分割响应的从设备必须表示它有能力完成这个传输，并且通过记录 HMASTER[3:0]信号上的主设备号来实现这一点。

之后,当从设备能够完成传输时,它就根据主设备序号在从设备到主设备的 HSPLITx[15:0]信号上使合适的位有效。然后,仲裁器使用该信息来解除对来自主设备请求信号的屏蔽,并且及时授权主设备访问总线以尝试重新传输。仲裁器在每个时钟周期采样 HSPLITx 总线。因此从设备只需要一个周期使合适的位有效,以便仲裁器能够识别它。

如果系统中有多个具有分割能力的从设备,则可以将每个从设备的 HSPLITx 总线通过逻辑"或"组合在一起,以提供给仲裁器单个 HSPLIT 总线。

在大多数系统中,并不会用到 16 个总线主设备的最大容量,因此仲裁器仅要求一个位数和总线主设备数量一样的 HSPLIT 总线。但是,建议将所有具有分割功能的从设备设计为最多支持 16 个主设备。

1. 分割传输顺序

分割传输/交易的基本阶段如下:

(1) 主设备以和其他传输一样的方式,发起传输并发出地址和控制信息。

(2) 如果从设备能够立刻提供数据,则它可以这样做。如果从设备确认获取数据可能会花费多个周期,它将给出一个分割传输响应。

每次传输期间,仲裁器广播一个号码或者标记,显示正在使用总线的主设备。从设备必须记录该数字,以便稍后使用它来重新启动传输。

(3) 仲裁器授权其他主设备使用总线,并且分割响应的动作允许发生主设备移交总线。如果所有其他主设备也接收到了分割响应,则将授权默认主设备使用总线。

(4) 当从设备准备完成传输时,它会使 HSPLITx 总线中合适的位有效,这样指示仲裁器应该重新授权访问总线的主设备。

(5) 仲裁器每个时钟周期监视 HSPLITx 信号,并且当使 HSPLITx 中的任何一位有效时,仲裁器将恢复对应主设备的优先级。

(6) 最后仲裁器将授权主设备,这样它可以尝试重新传输。如果一个高优先级的主设备正在使用总线时,这可能不会立刻发生。

(7) 当最终开始传输后,从设备以一个 OKAY 传输响应来结束传输。

2. 多个分割传输

总线协议只允许每个总线主设备有一个未完成的处理。如果任何主设备模块能够处理多于一个未完成的处理,那么它需要为每个未完成处理设置一个额外的请求和授权信号。在协议级上一个信号模块可以表现为许多不同的总线主设备,每个主设备只能有一个未完成的处理。

然而,具有分割能力的从设备会接收比它能同时处理传输还要多的传输请求。如果发生这种情况,那么从设备可以不用记录对应传输的地址和控制信息,而仅需要记录主设备号就发出分割响应。之后从设备可以通过使 HSPLITx 总线中适当的位有效,提供之前被给出分割响应的所有主设备表示它能处理另外一个传输。但是,从设备没有记录地址和控制信息。

然后仲裁器能够重新授权这些主设备访问总线,并且它们将尝试重新传输,提供从设备所要求的地址和控制信息。这意味着主设备可以在最终完成所要求的传输之前,多次授权使用总线。

3. 预防死锁

在使用分割和重试传输响应时,必须注意预防总线死锁。单个传输绝不会锁定 AHB,因为将每个从设备都设计成能在预先确定的周期数内完成传输。但是,如果多个不同的主设备尝试访问同一个从设备，从设备发出分割或者重试响应以表示从设备不能处理，那么就有可能发生死锁。

1) 分割传输

从设备可以发出分割传输响应，通过确保从设备能够承受系统中每个主设备（最多 16 个）的单个请求来预防死锁。从设备并不需要存储每个主设备的地址和控制信息，它只需要简单地记录传输请求已经被处理和分割响应已经发出的事实即可。最后，所有主设备将处在低优先级。然后，从设备可以有次序地来处理这些请求，指示仲裁器正在服务于哪个请求，因而确保最终服务所有请求。

当从设备有许多未完成的请求时，它可能以任何顺序随机地来选择处理这些请求。尽管从设备需要注意锁定传输必须在任何其他传输继续之前完成。

从设备使用分割响应而不用锁存地址和控制信息显得非常合适。从设备仅需要记录特定主设备做出的传输尝试并且在稍后的时间段，从设备通过指示自己已经准备好完成传输，就能获取地址和控制信息。将授权主设备使用总线并将重新广播传输，以允许从设备锁存地址和控制信息。并且，立刻应答数据或者发出另外一个分割响应（如果还需要额外的一些周期）。

理想情况下，从设备不应该有多于它能支持的未完成的传输，但是要求支持这种机制以防止总线死锁。

2) 重试传输

发出分割响应的从设备一次只能被一个主设备访问。在总线协议中并没有强制，但是在系统体系结构中应该确保这一点。大多数情况下，发出重试响应的从设备必须是一次只能被一个主设备访问的外设。因此，这会在一些更高级的协议中得到确保。

硬件保护和多主机访问重试响应的从设备相违背并不是协议中的要求，但是可能会在下面描述的设计中得到执行。仅有的总线级要求是：从设备必须在预先确定的时钟周期内驱动 HREADY 为高。

如果要求硬件保护，那么这可以在重试响应的从设备本身内实现。当一个从设备发出一个重试信号后，它能够采样主设备序号。在这之后和传输最终完成之前，重试的从设备可以检查做出的每次传输尝试以确保主设备号是相同的。如果从设备发现主设备号不一致，那么它可以选择下列行为方式，包括一个错误响应、一个信号给仲裁器、一个系统级中断及一个完全的系统复位。

4. 分割传输的总线移交

协议要求主设备在接收到一个分割或者尝试重新响应后立刻执行一个空闲传输，以允许总线转移给另外一个主设备。发生一个分割传输的顺序事件如图 4.27 所示。

需要注意以下的要点：

(1) 传输的地址在时间 $T1$ 之后出现在总线上。在 $T2$ 和 $T3$ 的时钟沿后从设备返回两个周期的 SPLIT 响应。

(2) 在第一个响应周期的末尾，也就是 $T3$，主设备能够检测到将要分割传输。因此，主设备改变接下来的传输控制信号，以表示一个空闲传输。

(3) 同样也在时间 $T3$ 处，仲裁器对响应信号进行采样并确定已经分割传输。之后，仲裁器可以调整仲裁优先权。并且，在接下来的周期改变授权信号。这样，能够在时间 $T4$ 后授权新的主设备访问地址总线。

(4) 因为空闲传输总是在一个周期内完成，所以新的主设备可以保证立即访问总线。

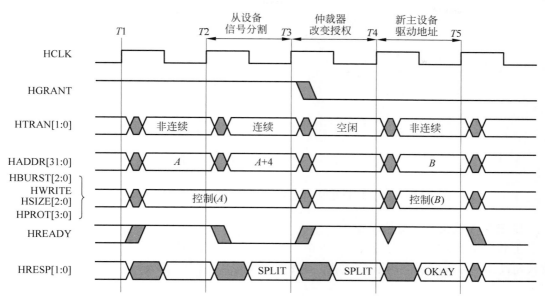

图 4.27 分割传输后的移交

4.3.11 AMBA AHB 复位

复位信号 HRESETn 是 AMBA AHB 规范中唯一的低有效信号,并且是所有总线设备的主要复位源。复位可以是异步有效的,但是在 HCLK 的上升沿后同步无效。

在复位期间,所有主设备必须确保地址和控制信号处于有效电平,并且使用信号 HTRANS[1:0]表示空闲。

4.3.12 AMBA AHB 总线数据宽度

在不增加工作频率的情况下提高总线带宽的一种方法是使片上总线的数据路径更宽。增加金属层和使用大容量片上存储模块(例如嵌入式 DRAM)都是使用更宽片上总线的推动因素。

指定固定的总线宽度意味着在大多数情况下总线的宽度不是应用的最佳选择。因此,采用了一种允许可变总线宽度的方法,但仍确保模块在设计之间具有高度的可移植性。

该协议允许 AHB 数据总线可以是 8、16、32、64、128、256、512 或 1024 位宽。但是,建议使用 32 位的最小总线宽度,并且预计最多 256 位将适合于几乎所有的应用。

对读和写传输来说,接收模块必须从总线上正确的字节通道选择数据,不需要将数据复制到所有字节通道上。

1. 在宽总线上实现窄从设备

在 32 位数据总线上运行 64 位从设备模块的结构,如图 4.28 所示,在该结构中,仅需要增加外部逻辑,而不需要修改任何内部的设计,因此该技术也适用于硬宏单元。

对于输出,将窄总线转换成宽总线时,要执行以下操作之一:

(1) 将数据复制到宽总线上的上下两半,如图 4.28 所示。

(2) 使用额外的逻辑以确保只更改总线上适当的那一半。这会导致功耗的降低。

从设备只接收与其接口相同宽度的传输。如果一个主设备尝试一个比从设备能支持宽度更宽的传输,则从设备可以使用 ERROR 来响应错误传输。

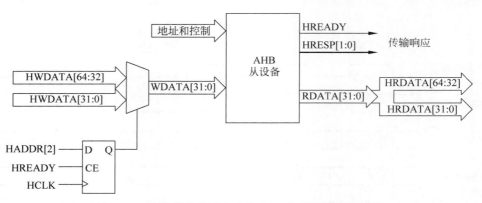

图 4.28　64 位宽的从设备连接在 32 位总线的系统结构

2. 在窄总线上实现宽从设备

在窄总线上实现宽从设备的例子如图 4.29 所示。同样，只需要外部逻辑，就可以轻松修改预先设计或导入的块以使用不同宽度的数据总线。

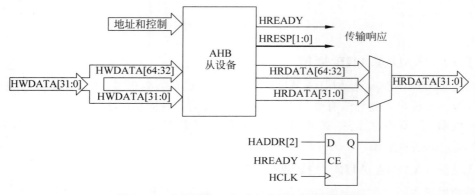

图 4.29　在窄总线上实现宽从设备的系统结构

与最初打算通过用相同的方式修改从设备以工作在宽总线上相比，可以经过简单修改便能使总线主设备工作在宽总线上，这些修改包括多路选择输入总线和复制输出总线。

然而，总线主设备不能工作在比原先设计更窄的总线上，除非有一些限制，这些限制包括：总线主设备包含某种机制来限制总线主设备尝试的传输宽度，禁止主设备尝试宽度（由 HSIZE 表示）大于所连接的数据总线的传输。

4.3.13　AMBA AHB 接口设备

AMBA AHB 接口设备包括 AMBA AHB 总线从设备、AMBA AHB 总线主设备、AMBA AHB 总线仲裁器及 AMBA AHB 总线译码器。

1. AMBA AHB 总线从设备

AMBA AHB 总线从设备符号如图 4.30 所示。AHB 总线从设备响应系统内总线主设备发起的传输。从设备使用来自译码器的 HSELx 选择信号来确定它何时应该响应总线传输。总线主设备生成传输所需要的所有其他信号（例如地址和控制信息）。

2. AMBA AHB 总线主设备

AMBA AHB 总线主设备符号如图 4.31 所示。在 AMBA 系统中，AHB 总线主设备具有最复杂的总线接口。通常，AMBA 系统设计者会使用预先设计的总线主设备，因此不需要关

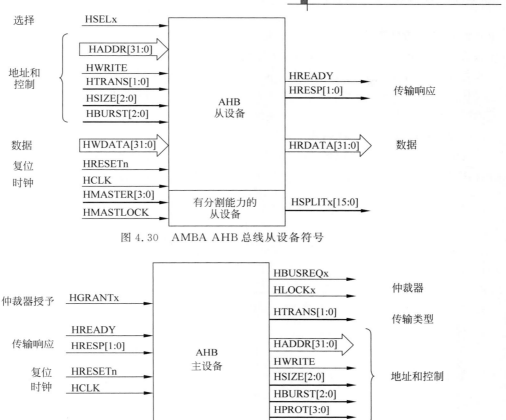

图 4.30　AMBA AHB 总线从设备符号

图 4.31　AMBA AHB 总线主设备符号

心总线主设备接口的细节。

3. AMBA AHB 总线仲裁器

AMBA AHB 总线仲裁器符号如图 4.32 所示。在 AMBA 系统中,仲裁器的作用是控制哪

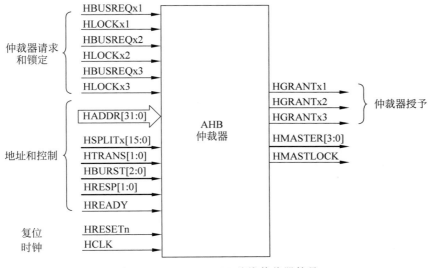

图 4.32　AMBA AHB 总线仲裁器符号

个主设备可以访问总线。每个总线主设备都有一个到仲裁器的请求/授权接口,仲裁器使用优先级方案来决定哪个总线主设备是当前请求总线的最高级主设备。

每个主设备还会生成一个 HLOCKx 信号,用于指示主设备需要对总线进行独占访问。

优先级方案的细节没有指定,而是为每个应用定义。仲裁器可以使用其他信号(AMBA 或不是 AMBA)来影响正在使用的优先级方案。

4. AMBA AHB 总线译码器

AMBA AHB 总线译码器符号如图 4.33 所示。AMBA 系统中的译码器用于集中执行地址译码功能,通过使用独立于系统存储器映射的外设来提高外设的可移植性。

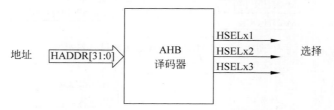

图 4.33　AMBA AHB 总线译码器符号

第5章

Cortex-M0+处理器指令集

ARM 架构是一种加载-保存架构,具有 32 位寻址范围。ARM 处理器是 RISC 处理器的典型代表,因为只有加载和保存指令才能访问存储器。数据处理指令仅对寄存器内容起作用。

本章介绍 ARM Cortex-M0+处理器指令集,内容包括 Thumb 指令集、Keil MDK 汇编语言指令格式要点、寄存器传输指令、存储器加载和保存指令、多数据加载和访问访问指令、堆栈访问指令、算术运算指令、逻辑操作指令、移位操作指令、反序操作指令、扩展操作指令、程序流控制指令、存储器屏障指令、异常相关指令、休眠相关指令和其他指令。

通过学习 Cortex-M0+处理器指令集,使读者进一步了解和掌握 Cortex-M0+处理器核的工作原理,从而更深刻地理解 C 语言、汇编语言和底层 Cortex-M0+处理器核之间的联系。

视频讲解

5.1　Thumb 指令集

在早期的 ARM 处理器中,使用了 32 位指令集,称为 ARM 指令。这个指令集具有较高的运行性能,与 8 位和 16 位的处理器相比,有更大的程序存储空间。但是,这也带来了较大的功耗。

1995 年,16 位的 Thumb-1 指令集首先应用于 ARM7TDMI 处理器,它是 ARM 指令集的子集。与 32 位的 RISC 结构相比,它提供更好的代码密度,将代码长度减少了 30%,但是性能也降低了 20%。通过使用多路复用器,它能与 ARM 指令集一起使用,如图 5.1 所示。

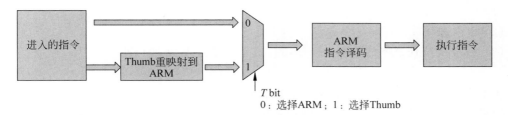

图 5.1　Thumb 指令选择

Thumb 指令流是一系列采用半字对齐的半字。每条 Thumb 指令要么是该流中的单个 16 位半字,要么是包含该流中两个连续半字的 32 位指令。

如果要解码的半字的位域[15:11]取下面任何值,则该半字是 32 位指令的第一个半字:

(1) 0b11101

(2) 0b11110

(3) 0b11111

否则,半字为 16 位指令。

Thumb-2 指令集由 32 位的 Thumb 指令和最初的 16 位 Thumb 指令组成,与 32 位的 ARM 指令集相比,代码长度减少了 26%,但保持了相似的运行性能。

Cortex-M0+采用了 ARMv6-M 的结构,将电路规模降低到最小,它采用了 16 位 Thumb-1 的超集,以及 32 位 Thumb-2 的最小子集。

Cortex-M0+支持的 16 位 Thumb 指令,如图 5.2 所示。

ADCS	ADDS	ADR	ANDS	ASRS	B	BIC	BLX	BKPT	BX
CMN	CMP	CPS	EORS	LDM	LDR	LDRH	LDRSH	LDRB	LDRSB
LSLS	LSRS	MOV	MVN	MULS	NOP	ORRS	POP	PUSH	REV
REV16	REVSH	ROR	RSB	SBCS	SEV	STM	STR	STRH	STRB
SUBS	SVC	SXTB	SXTH	TST	UXTB	UXTH	WFE	WFI	YIELD

图 5.2　Cortex-M0+支持的 16 位 Thumb 指令

Cortex-M0+支持的 32 位 Thumb 指令,如图 5.3 所示。

BL	DSB	DMB	ISB	MRS	MSR

图 5.3　Cortex-M0+支持的 32 位 Thumb 指令

思考与练习 5-1：请说明 Thumb 指令集的主要特点。

思考与练习 5-2：请说明 Thumb-1 指令集和 Thumb-2 指令集的区别。

5.2　Keil MDK 汇编语言指令格式要点

视频讲解

本节介绍在 Keil μVision 中编写汇编语言程序的一些最基本知识,帮助读者学习汇编语言助记符指令的书写规则。

5.2.1　汇编语言源代码中的文字

汇编语言源代码可以包含数字、字符串、布尔值和单个字符文字。文字可以表示为：

(1) 十进制数,例如 123。

(2) 十六进制数,例如 0x7B。

(3) 2~9 的任何进制的数字。比如,5_204 表示五进制数 204,即

$$2 \times 5^2 + 0 \times 5^1 + 4 \times 5^0 = 54$$

等效于十进制数的 54。很明显,在采用五进制的数值表示中,有效的数字范围为 0~4,这个规则适用于采用其他进制的数值表示,即在采用 n 进制的数值表示中,有效的数字范围为 0~$n-1$。

(4) 浮点数,例如 123.4。

(5) 布尔值{TRUE}或{FALSE}。

(6) 单引号引起来的单个字符值,例如'W'。

(7) 双引号引起来的字符串,例如"This is a string"。

注：在大多数情况下,将包含单个字符的字符串看作单个字符值。例如,接受"ADD r0, r1, # "a"",但是不接受"ADD r0,r1, # "ab""。

此外还可以使用变量和名字来表示文字。

5.2.2 汇编语言源代码行的语法

汇编器解析并对汇编语言进行汇编以生成目标代码。如图 5.4 所示,Keil MDK 汇编语言源文件中的每一行代码都遵循下面的通用格式:

{symbol} {instruction|directive|pseudo-instruction} {;comment}

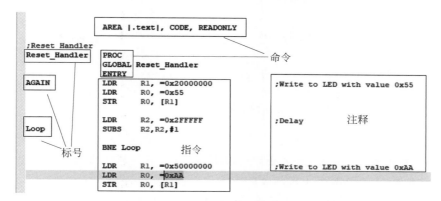

图 5.4　Keil MDK 汇编语言源代码行的格式

其中:

(1){}表示可选部分,也就是说,每行代码的 3 个用符号{}括起来的部分都是可选的。

(2)symbol。通常是一个标号。在指令和伪指令中,它总是一个标号。在一些命令中,它是变量或常量的符号。

符号必须从第一列开始。除非用竖线(|)括起来,否则它不能包含空格或制表符之类的任何空格字符。

标号是地址的符号表示。可以使用标号来标记要从代码其他部分引用的特定地址。数字局部标签是标签的子类,标签的子类以 0~99 的数字开头。与其他标号不同,数字局部标号可以多次定义。这使得它们在使用宏生成标号时非常有用。

(3)instruction(指令)、directive(命令)、pseudo-instrunction(伪指令)。

① 命令用于指导汇编器和链接器对汇编语言程序的理解和处理;这些信息会影响汇编的过程或影响最终输出的镜像。命令并不能转换为机器指令(机器码)。

② 指令是指机器指令(机器码),在汇编语言程序设计中使用汇编语言助记符指令来描述机器指令。本质上,汇编语言程序代码主要是由汇编语言助记符指令构成的。通过使用汇编器和链接器对汇编语言助记符指令进行汇编和链接,转换为可以在 Cortex-M0＋处理器上执行的机器指令,以实现和完成特定的任务。如图 5.5 所示,使用汇编器对图 5.4 给出的汇编源代码进行汇编后,生成的机器指令序列。

注:本章只详细介绍汇编语言助记符指令,而在第 6 章将详细介绍汇编语言助记符命令。

由图 5.4 和图 5.5 可知,一条汇编语言助记符指令由操作码和操作数构成。操作码说明指令要执行的操作类型,而操作数说明执行指令时,所需要操作对象的来源。操作数(操作对象)的来源可能是立即数、寄存器或存储器,这与每条指令的寻址方式有关。

(4)comment。注释是源代码行的最后一部分。每行上的第一个分号标记注释的开头,除非分号出现在字符串文字内。该行的结尾是注释的结尾。在代码行中,允许仅存在注释。在对汇编源代码进行汇编时,汇编器将忽略所有注释。可以加入空行使代码更具可读性。

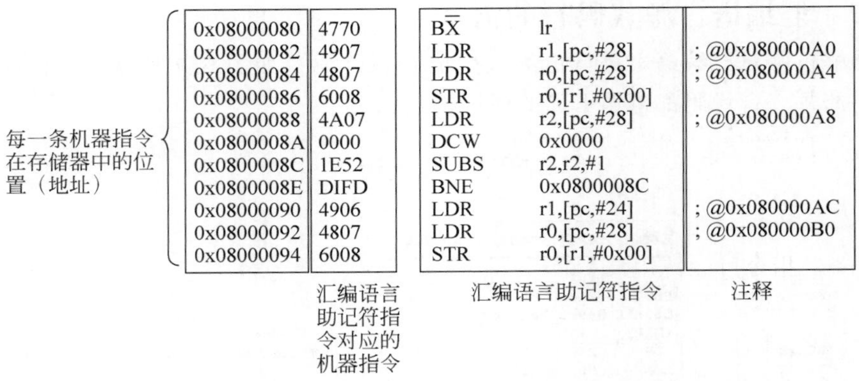

图 5.5   对图 5.4 给出的汇编语言源代码进行汇编后的结果

注：(1) 在 Keil μVision 软件开发工具中，输入指令助记符、伪指令、命令和符号寄存器名字时，要么全部都使用大写字母，要么全部使用小写字母，不允许使用大小写混合的形式。标号和注释可以大写、小写或者大小写混合。

(2) 为了更容易阅读汇编源文件代码，可以通过在每行的默认放置反斜杠字符(\)，将一行中很长的源代码分成几行。反斜杠后不能跟任何其他字符，包括空格和制表符。汇编器将反斜杠和后面跟随的行结束序列看作空白。此外，还可以加入空行使代码更具可读性。

5.2.3   汇编语言指令后缀的含义

对于 Cortex-M0+的一些汇编助记符指令来说，需要在其后面添加后缀，如表 5.1 所示。

表 5.1   后缀及含义

后 缀	标 志	含 义
S	—	更新 APSR（标志）
EQ	Z=1	等于
NE	Z=0	不等于
CS/HS	C=1	高或者相同，无符号
CC/LO	C=0	低，无符号
MI	N=1	负数
PL	N=0	正数或零
VS	V=1	溢出
VC	V=0	无溢出
HI	C=1 和 Z=0	高，无符号
LS	C=0 或 Z=1	低或者相同，无符号
GE	N=V	大于或等于，有符号
LT	N!=V	小于，有符号
GT	Z=0 和 N=V	大于，有符号
LE	Z=1 和 N!=V	小于或等于，有符号

5.3   寄存器说明符的限制规则

本节介绍使用 0b1111 作为寄存器说明符和使用 0b1101 作为寄存器说明符的一些规则。

5.3.1 使用 0b1111 作为寄存器说明符的规则

Thumb 指令通常不允许将 0b1111 用作寄存器说明符。当允许寄存器的值为 0b1111 时，可能有多个含义。对于寄存器读，其含义为：

(1) 读取 PC 的值，当前指令的地址加上 4。某些指令不使用寄存器说明符而隐含读取 PC 值，例如条件分支指令 B<c>。

(2) 读取字对齐的 PC 值，即当前指令的地址+4，将[1:0]位强制设置为 0。这使得 ADR 和 LDR(literal)指令可以使用 PC 相对数据寻址。这些指令的 ARMv6-M 编码中隐含了寄存器说明符。

对于寄存器写，其含义为：

(1) 可以将 PC 指定为指令的目标寄存器。Thumb 交互工作定义了是忽略地址的位[0]还是确定执行指令的状态。如果它在分支之后选择执行状态，则位[0]的值必须为 1。

指令可以隐含写入 PC，比如 B<cond>，也可以使用寄存器掩码而不是寄存器说明符 (POP)来编写。要跳转的地址可以是加载的值(例如 POP)、寄存器的值(比如 BX)或计算结果(例如 ADD)。

(2) 丢弃计算结果。在某些情况下，当一条指令是另一条更通用指令的特殊情况，但丢弃结果时，可以执行该操作。在这些情况下，在单独的页面上列出指令，在伪代码中有特殊情况，用于更通用的指令交叉引用另一页面。该方法不适用于 ARMv6-M 编码。

5.3.2 使用 0b1101 作为寄存器说明符的规则

在 Thumb 指令集中定义了 R13，它主要用作堆栈指针，使 R13 与 ARM 架构过程调用标准(ARM Architecture Procedure Call Standard，AAPCS)(PUSH 和 POP 指令支持的架构使用模型)保持一致。

1. R13<1:0>的定义

R13 的位[1:0]看作应为零或者保留(Should Be Zero or Preserved，SBZP)，向位[1:0]写入非零的值会导致无法预料的行为。读取位[1:0]将返回零。

2. R13 指令支持

ARMv6-M 中的 R13 指令支持仅限于以下各项：

(1) R12 作为 MOV(寄存器)指令的源或目标寄存器，比如

```
MOV SP, Rm
MOV Rd, SP
```

(2) 通过对齐的倍数向上或向下调整 R13，比如

```
SUB(SP 减去立即数)
ADD(SP 加上立即数)
ADD(SP 加上寄存器)                     //Rm 是 4 的倍数
```

(3) R13 作为 ADD(SP+寄存器)的第一个操作数<Rm>，其中 Rd 不是 SP。

(4) R13 作为 CMP(寄存器)指令中的第一个操作数<Rn>。CMP 对于检查堆栈非常有用。

(5) R13 作为 POP 或 PUSH 指令中的地址。

限制影响：

(1) 不推荐使用 ADD(寄存器)和 CMP(寄存器)的高寄存器形式，不建议使用 R13 作

视频讲解

为 Rd。

（2）ADD(SP＋寄存器)，其中 Rd 等于 13，且 Rm 没有字对齐。

5.4 寄存器传输指令

本节介绍写寄存器指令，下面对这些指令进行详细说明。

1. MOVS ＜Rd＞，#imm8

该指令将立即数 imm8(范围 0～255)写到寄存器 Rd 中，该汇编助记符指令的机器码格式如图 5.6 所示。从该指令格式的机器码可知，Rd 寄存器的使用范围为 R0～R7。

15	14	13	12	11	10	9	8	7	6	5	4	3	2	1	0
0	0	1	0	0	Rd			imm8							

图 5.6 MOVS ＜Rd＞，#imm8 指令的机器码格式

指令 MOVS R1，#0x14 的机器码表示为 $(2114)_{16}$。该指令将立即数 0x14 的内容写到寄存器 R1 中。并且更新 APSR 寄存器中的标志 N、Z 和 C，但不修改标志 V。

注：(2114) 的下标 16 表示 2114 为十六进制数。

2. MOV ＜Rd＞，＜Rm＞

该指令将寄存器 Rm 的内容写到寄存器 Rd 中，该汇编助记符指令的机器码格式如图 5.7 所示。从该指令的机器码格式可知，Rm 可用的寄存器范围为 R0～R15，Rd 可用的寄存器范围为 R0～R7。当 Rd 和 D 一起使用时，即{D,Rd}，可用寄存器范围扩展到 R0～R15。

15	14	13	12	11	10	9	8	7	6	5	4	3	2	1	0
0	1	0	0	0	1	1	0	D	Rm				Rd		

图 5.7 MOV ＜Rd＞，＜Rm＞指令的机器码格式

指令"MOV R0，SP"的机器码为 $(4668)_{16}$，将 SP 的内容写到寄存器 R0 中，不更新 APSR 寄存器中的标志。

3. MOVS ＜Rd＞，＜Rm＞

该指令将寄存器 Rm 的内容复制到寄存器中 Rd，并且更新 APSR 寄存器中的 Z 和 N 标志，该汇编助记符指令的机器码格式如图 5.8 所示。从该指令的机器码可知，Rm 可用的寄存器范围为 R0～R7，Rd 可用的寄存器范围为 R0～R7。

15	14	13	12	11	10	9	8	7	6	5	4	3	2	1	0
0	0	0	0	0	0	0	0	0	0	Rm			Rd		

图 5.8 MOVS ＜Rd＞，＜Rm＞指令的机器码格式

指令"MOVS R0，R1"的机器码为 $(0008)_{16}$。该指令将寄存器 R1 的内容复制到寄存器 R0 中，并且更新 APSR 寄存器中的标志 N 和 Z。

4. MRS ＜Rd＞，＜SpecialReg＞

该指令是 32 位的 Thumb 指令，将由 SpecialReg 标识的特殊寄存器(如表 5.2 所示)内容写到寄存器 Rd 中。该指令不影响 APSR 寄存器中的任何标志位，该汇编助记符指令的机器码格式如图 5.9 所示。从该指令的机器码格式可知，可用的 Rd 寄存器的范围为 R0～R15。

15	14	13	12	11	10	9	8	7	6	5	4	3	2	1	0	15	14	13	12	11	10	9	8	7	6	5	4	3	2	1	0
1	1	1	1	0	0	1	1	1	1	1	(0)	(1)	(1)	(1)	(1)	1	0	(0)	0	Rd				SYSm							

图 5.9　MRS <Rd>，<SpecialReg> 指令的机器码格式

SYSm 的定义如表 5.2 所示。

表 5.2　SYSm 的定义

SYSm 的编码	7	6	5	4	3	2	1	0
IPSR	0	0	0	0	0	1	0	1
EPSR	0	0	0	0	0	1	1	0
APSR	0	0	0	0	0	0	0	0
PSR	0	0	0	0	0	0	1	1
IEPSR	0	0	0	0	0	1	1	1
IAPSR	0	0	0	0	0	0	0	1
EAPSR	0	0	0	0	0	0	1	0
MSP	0	0	0	0	1	0	0	0
PSP	0	0	0	0	1	0	0	1
PRIMASK	0	0	0	1	0	0	0	0
CONTROL	0	0	0	1	0	1	0	0

指令“MRS R1，CONTROL”的机器码为 $(F3EF8514)_{16}$。该指令将 CONTROL 寄存器的内容写到寄存器 R1 中。

5. MSR <SpecialReg>，<Rn>

该指令将寄存器 Rn 中的内容写到 SpecialReg 标识的特殊寄存器中，该指令影响 APSR 寄存器中的 N、Z、C 和 V 标志。该汇编助记符指令的机器码格式如图 5.10 所示。从该指令的机器码格式可知，可用的 Rn 寄存器的范围为 R0～R15。SYSm 的编码格式如表 5.2 所示。

15	14	13	12	11	10	9	8	7	6	5	4	3	2	1	0	15	14	13	12	11	10	9	8	7	6	5	4	3	2	1	0
1	1	1	1	0	0	1	1	1	0	0	(0)	Rn				1	0	(0)	0	(1)	(0)	(0)	(0)	SYSm							

图 5.10　MSR <SpecialReg>，<Rn> 指令的机器码格式

指令“MSR APSR，R0”的机器码为 $(F3808800)_{16}$，将寄存器 R0 的内容写到 APSR 寄存器中。

思考与练习 5-3：说明下面指令所实现的功能。

(1) MOVS R0，#0x000B _____

(2) MOVS R1，#0x0 _____

(3) MOV R10，R12 _____

(4) MOVS R3，#23 _____

(5) MOV R8，SP _____

5.5　存储器加载和保存指令

本节介绍存储器加载和保存指令。

视频讲解

5.5.1 存储器加载指令

下面对存储器加载指令进行详细说明。这些指令不会影响 APSR 寄存器中的任何标志位。

1. LDR ＜Rt＞,［＜Rn＞,＜Rm＞]

该指令从［＜Rn＞+＜Rm＞]寄存器所指向存储器的地址中,取出一个字(32 位),并将其写到寄存器 Rt 中,该汇编助记符指令的机器码格式如图 5.11 所示。可以看出,Rm、Rn 和 Rt 所使用寄存器的范围为 R0～R7。

15	14	13	12	11	10	9	8	7	6	5	4	3	2	1	0
0	1	0	1	1	0	0		Rm			Rn			Rt	

图 5.11 LDR ＜Rt＞,［＜Rn＞,＜Rm＞]指令的机器码格式

指令 LDR R0,［R1,R2]的机器码为$(5888)_{16}$。该指令从［R1+R2]所指向存储器的地址中,取出一个字(32 位),并将其写到寄存器 R0 中。

2. LDRH ＜Rt＞,［＜Rn＞,＜Rm＞]

该指令从［＜Rn＞+＜Rm＞]寄存器所指向存储器的地址中,取出半个字(16 位),将其写到寄存器 Rt 的［15:0]位中,并将寄存器 Rt 的［31:16]位清零,该汇编助记符指令的机器码格式如图 5.12 所示。可以看出,Rm、Rn 和 Rt 所使用寄存器的范围为 R0～R7。

15	14	13	12	11	10	9	8	7	6	5	4	3	2	1	0
0	1	0	1	1	0	1		Rm			Rn			Rt	

图 5.12 LDRH ＜Rt＞,［＜Rn＞,＜Rm＞]指令的机器码格式

指令 LDRH R0,［R1,R2]的机器码为$(5A88)_{16}$。该指令从［R1+R2]所指向存储器的地址中,取出半个字(16 位),将其写到寄存器 R0 的［15:0]位中。

3. LDRB ＜Rt＞,［＜Rn＞,＜Rm＞]

该指令从［＜Rn＞+＜Rm＞]寄存器所指向存储器的地址中,取出单字节(8 位),将其写到寄存器 Rt 的［7:0]位中,并将寄存器 Rt 的［31:8]位清零,该汇编助记符指令的机器码格式如图 5.13 所示。可以看出,Rm、Rn 和 Rt 所使用寄存器的范围为 R0～R7。

15	14	13	12	11	10	9	8	7	6	5	4	3	2	1	0
0	1	0	1	1	1	0		Rm			Rn			Rt	

图 5.13 LDRB ＜Rt＞,［＜Rn＞,＜Rm＞]指令的机器码格式

指令 LDRB R0,［R1,R2]的机器码为$(5C88)_{16}$。该指令从［R1+R2]寄存器所指向存储器中,取出 1 字节(8 位),并将其写到寄存器 R0 的［7:0]位中。

4. LDR ＜Rt＞,［＜Rn＞,♯imm]

该指令从［＜Rn＞+imm]指向存储器的地址中,取出一个字(32 位),并将其写到寄存器 Rt 中,该汇编助记符指令的机器码格式如图 5.14 所示。可以看出,Rn 和 Rt 所使用寄存器的范围为 R0～R7。

注:(1)该汇编语言助记符指令中允许的立即数 imm 的范围为 0～124(7 位二进制数),并且该立即数是 4 的整数倍。只是在对该立即数 imm 进行机器指令编码时,将汇编语言助记

15	14	13	12	11	10	9	8	7	6	5	4	3	2	1	0
0	1	1	0	1			imm5					Rn			Rt

图 5.14　LDR < Rt >，[< Rn >，♯imm]指令的机器码格式

符指令中给出的立即数 imm 右移两位，然后得到该汇编指令中立即数在机器码中的编码格式为 imm5，即为 5 位立即数。

（2）将汇编语言助记符指令中的立即数 imm 零扩展到 32 位（imm5 << 2）。

指令 LDR R0，[R1，♯0x7C]的机器码为$(6FC8)_{16}$，该指令从[R1＋0x7C]所指向存储器的地址中，取出一个字（32 位），并将其写到寄存器 R0 中。

注：对于汇编指令中给出的立即数 0x7C，在将其转换为机器码格式时，右移两位，变成 0x1F，因此机器指令的格式为$(6FC8)_{16}$。

指令 LDR R0，[R1，♯0x80]中的立即数 0x80 超过范围，因此该指令是错误的。指令 LDR R0，[R1，♯0x7E]中的立即数 0x7E 没有字对齐（不是 4 的整数倍），因此该指令也是错误的。

5. LDRH < Rt >，[< Rn >，♯imm]

该指令从[< Rn > ＋imm]指向存储器的地址中，取出半个字（16 位），并将其写到寄存器 Rt 的[15:0]位中，用零填充[31:16]位。该汇编助记符指令的机器码格式如图 5.15 所示。可以看出，Rn 和 Rt 所使用寄存器的范围为 R0～R7。

15	14	13	12	11	10	9	8	7	6	5	4	3	2	1	0
1	0	0	0	1			imm5					Rn			Rt

图 5.15　LDRH < Rt >，[< Rn >，♯imm]指令的机器码格式

注：（1）该汇编语言助记符指令中允许的立即数 imm 的范围为 0～62（6 位二进制数），并且该立即数是 2 的整数倍。只是在对该立即数 imm 进行机器指令编码时，将汇编语言助记符指令中给出的立即数 imm 右移 1 位，然后得到该汇编指令中立即数在机器码中的编码格式为 imm5，即为 5 位立即数。

（2）将该汇编语言助记符指令中的立即数 imm 零扩展到 32 位（imm5 << 1）。

指令 LDRH R0，[R1，♯0x3E]的机器码为$(8FC8)_{16}$，该指令从[(R1)＋(0x3E)]指向存储器的地址中，取出半个字（16 位），并将其写到寄存器 R0 的[15:0]中，[31:16]用零填充。

注：对于汇编指令中给出的立即数 0x3E，在将其转换为机器码格式时，右移一位，变成 0x1F，因此机器指令的格式为$(8FC8)_{16}$。

指令 LDRH R0，[R1，♯0x40]中的立即数 0x40 超过范围，因此该指令是错误的。指令 LDRH R0，[R1，♯0x3F]中的立即数 0x3F 没有半字对齐，因此该指令也是错误的。

6. LDRB < Rt >，[< Rn >，♯imm]

该指令从[< Rn > ＋imm]指向存储器的地址中，取出单字节（8 位），并将其写到寄存器 Rt 的[7:0]位中，用零填充[31:8]位。该汇编助记符指令的机器码格式如图 5.16 所示。可以看出，Rn 和 Rt 所使用寄存器的范围为 R0～R7。

注：（1）该汇编语言助记符指令中允许的立即数 imm5 的范围为 0～31（5 位二进制数）。

（2）该汇编语言助记符指令中的立即数 imm＝零扩展的立即数 imm5。

15	14	13	12	11	10	9	8	7	6	5	4	3	2	1	0
0	1	1	1	1		imm5					Rn			Rt	

图 5.16　LDRB < Rt >，[< Rn >，♯imm]指令的机器码格式

指令 LDRB R0，[R1，♯0x1F]的机器码为$(7FC8)_{16}$，该指令从[(R1)＋0x1F]指向存储器的地址中，取出单字节，并将其写到寄存器 Rt 的[7：0]中。

7. LDR < Rt >，＝立即数

该指令将立即数加载到寄存器 Rt 中。实际上，在 Keil μVision 编译器对该指令进行编译处理时，会转换为 LDR < Rt >，[pc，♯imm]的形式。因此，没有该指令的机器码编码格式，该指令为伪指令。该指令的存在只是方便编程人员直接对存储器空间的绝对地址进行操作而已。

注：该伪指令生成最有效的单个指令以加载任何 32 位数字。可以使用该伪指令生成超出 MOV 和 MVN 指令范围的常量。

指令 LDR R0，＝0x12345678 将立即数 0x12345678 的值加载到寄存器 R0 中。

8. LDR < Rt >，[PC，♯imm]

该指令从[PC＋imm]指向存储器的地址中，取出一个字，并将其写到寄存器 Rt 中，该汇编助记符指令的机器码格式如图 5.17 所示。可以看出，Rt 所使用寄存器的范围为 R0～R7。

15	14	13	12	11	10	9	8	7	6	5	4	3	2	1	0
0	1	0	0	1		Rt					imm8				

图 5.17　LDR < Rt >，[PC，♯imm]指令的机器码格式

注：(1) 该汇编语言助记符指令中允许的立即数 imm 的范围为 0～1020(10 位二进制数)，并且该立即数是 4 的整数倍。只是在对该立即数 imm 进行机器指令编码时，将汇编语言助记符指令中给出的立即数 imm 右移 2 位，然后得到该汇编指令中立即数在机器码中的编码格式为 imm8，即为 8 位立即数。

(2) 该汇编语言助记符指令中的立即数 imm＝零扩展到 32 位(imm8 << 2)。

指令 LDR R7，[PC，♯0x44]的机器码为$(4F11)_{16}$，该指令从[(PC)＋0x44]指向存储器的地址中，取出一个字，并将其写到寄存器 R7 中。

注：对于汇编指令中给出的立即数 0x44，在将其转换为机器码格式时，右移两位，变成 0x11，因此机器指令的格式为$(4F11)_{16}$。

9. LDR < Rt >，[SP，♯imm]

该指令从[SP＋imm]指向存储器的地址中，取出一个字，并将其写到寄存器 Rt 中，该汇编助记符指令的机器码格式如图 5.18 所示。可以看出，Rt 所使用寄存器的范围为 R0～R7。

15	14	13	12	11	10	9	8	7	6	5	4	3	2	1	0
1	0	0	1	1		Rt					imm8				

图 5.18　LDR < Rt >，[SP，♯imm]指令的机器码格式

注：(1) 该汇编语言助记符指令中允许的立即数 imm 的范围为 0～1020(10 位二进制数)，并且该立即数是 4 的整数倍。只是在对该立即数 imm 进行机器指令编码时，将汇编语言

助记符指令中给出的立即数 imm 右移 2 位,然后得到该汇编指令中立即数在机器码中的编码格式为 imm8,即为 8 位立即数。

(2) 该汇编语言助记符指令中的立即数 imm=零扩展到 32 位(imm8 << 2)。

指令 LDR R0,[SP,♯0x68]的机器码为(981A)$_{16}$,该指令从[(SP)+0x68]指向存储器的地址中,取出一个字,并将其写到寄存器 R0 中。

注:对于汇编指令中给出的立即数 0x68,在将其转换为机器码格式时,右移两位,变成 0x1A,因此机器指令的格式为(981A)$_{16}$。

10. LDRSH < Rt >,[< Rn >,< Rm >]

该指令从[Rn+Rm]所指向的存储器中取出半个字(16 位),并将其写到 Rt 寄存器的[15:0]位中。对于[31:16]来说,取决于第[15]位,采用符号扩展。当该位为 1 时,[31:16]各位均用 1 填充;当该位为 0 时,[31:16]各位均用 0 填充,该汇编助记符指令的机器码格式如图 5.19 所示。可以看出,Rm、Rn 和 Rt 所使用寄存器的范围为 R0~R7。

15	14	13	12	11	10	9	8	7	6	5	4	3	2	1	0
0	1	0	1	1	1	1		Rm			Rn			Rt	

图 5.19 LDRSH < Rt >,[< Rn >,< Rm >]指令的机器码格式

指令 LDRSH R0,[R1,R2]的机器码格式为(5E88)$_{16}$。该指令从[R1+R2]所指向的存储器地址中取出半个字(16 位),并将其写到 R0 寄存器的[15:0]位中,同时进行符号扩展。

11. LDRSB < Rt >,[< Rn >,< Rm >]

从[Rn+Rm]所指向存储器的地址中取出单字节(8 位),并将其写到 Rt 寄存器[7:0]中。对于[31:8]来说,取决于第[7]位,采用符号扩展。当该位为 1 时,[31:8]各位均用 1 填充;当该位为 0 时,[31:8]各位均用 0 填充,该汇编助记符指令的机器码格式如图 5.20 所示。可以看出,Rm、Rn 和 Rt 所使用寄存器的范围为 R0~R7。

15	14	13	12	11	10	9	8	7	6	5	4	3	2	1	0
0	1	0	1	0	1	1		Rm			Rn			Rt	

图 5.20 LDRSB < Rt >,[< Rn >,< Rm >]指令的机器码格式

指令 LDRSB R0,[R1,R2]的机器码格式为(5688)$_{16}$。该指令从[R1+R2]所指向的存储器中取出单字节(8 位),并将其写到 R0 寄存器的[7:0]位中,同时进行符号扩展。

思考与练习 5-4:说明下面指令所实现的功能。

(1) LDR R1,=0x54000000 _____

(2) LDRSH R1,[R2,R3] _____

(3) LDR R0,LookUpTable _____

(4) LDR R3,[PC,♯100] _____

5.5.2 存储器保存指令

本节介绍存储器保存指令,下面对这些指令进行详细说明。这些指令不影响 APSR 寄存器中的任何标志位。

1. STR < Rt >,[< Rn >,< Rm >]

该指令将 Rt 寄存器中的字数据写到[< Rn >+< Rm >]所指向存储器的地址单元中,该汇编助

记符指令的机器码格式如图5.21所示。可以看出，Rm、Rn和Rt所使用寄存器的范围为R0～R7。

15	14	13	12	11	10	9	8	7	6	5	4	3	2	1	0
0	1	0	1	0	0	0		Rm			Rn			Rt	

图5.21　STR<Rt>，[<Rn>,<Rm>]指令的机器码格式

指令STR R0，[R1，R2]的机器码格式为$(5088)_{16}$。该指令将R0寄存器中的字数据写到[R1+R2]所指向存储器地址单元中。

2. STRH <Rt>，[<Rn>,<Rm>]

该指令将Rt寄存器的半字，即[15:0]位写到[<Rn>+<Rm>]所指向存储器的地址单元中，该汇编助记符指令的机器码格式如图5.22所示。可以看出，Rm、Rn和Rt所使用寄存器的范围为R0～R7。

15	14	13	12	11	10	9	8	7	6	5	4	3	2	1	0
0	1	0	1	0	0	1		Rm			Rn			Rt	

图5.22　STRH<Rt>，[<Rn>,<Rm>]指令的机器码格式

指令STRH R0，[R1，R2]的机器码格式为$(5288)_{16}$。该指令将R0寄存器中的[15:0]位数据写到[R1+R2]所指向存储器的地址单元中。

3. STRB <Rt>，[<Rn>,<Rm>]

该指令将Rt寄存器的字节，即:[7:0]位写到[<Rn>+<Rm>]所指向存储器的地址单元中，该汇编助记符指令的机器码格式如图5.23所示。可以看出，Rm、Rn和Rt所使用寄存器的范围为R0～R7。

15	14	13	12	11	10	9	8	7	6	5	4	3	2	1	0
0	1	0	1	0	1	0		Rm			Rn			Rt	

图5.23　STRB<Rt>，[<Rn>,<Rm>]指令的机器码格式

指令STRB R0，[R1，R2]的机器码格式为$(5488)_{16}$。该指令将R0寄存器中的[7:0]位写到[R1+R2]所指向存储器的地址单元中。

4. STR <Rt>，[<Rn>,♯imm]

该指令将Rt寄存器的字数据写到[<Rn>+imm]所指向存储器地址的单元中，该汇编助记符指令的机器码格式如图5.24所示。可以看出，Rn和Rt所使用寄存器的范围为R0～R7。

15	14	13	12	11	10	9	8	7	6	5	4	3	2	1	0
0	1	1	0	0			imm5				Rn			Rt	

图5.24　STR<Rt>，[<Rn>,♯imm]指令的机器码格式

注：(1) 该汇编语言助记符指令中允许的立即数imm的范围为0～124(7位二进制数)，并且该立即数是4的整数倍。只是在对该立即数imm进行机器指令编码时，将汇编语言助记符指令中给出的立即数imm右移2位(零扩展)，然后得到该汇编指令中立即数在机器码中的编码格式为imm5，即为5位立即数。

(2) 该汇编语言助记符指令中的立即数imm=零扩展到32位(imm5≪2)。

指令 STR R0,[R1,♯0x44]的机器码格式为$(6448)_{16}$,该指令将 R0 寄存器的字写到 [R1+0x44]所指向存储器地址的单元中。

注:对于汇编指令中给出的立即数 0x44,在将其转换为机器码格式时,右移两位,变成 0x11,因此机器指令的格式为$(6448)_{16}$。

5. STRH <Rt>,[<Rn>,♯imm]

该指令将 Rt 寄存器的半字数据,即[15:0]位写到[<Rn>+imm]所指向存储器地址的单元中。该汇编助记符指令的机器码格式如图 5.25 所示。可以看出,Rn 和 Rt 所使用寄存器的范围为 R0~R7。

15	14	13	12	11	10	9	8	7	6	5	4	3	2	1	0
1	0	0	0	0			imm5				Rn			Rt	

图 5.25　STRH <Rt>,[<Rn>,♯imm]指令的机器码格式

注:(1) 该汇编语言助记符指令中允许的立即数 imm 的范围为 0~62(6 位二进制数),并且该立即数是 2 的整数倍。只是在对该立即数 imm 进行机器指令编码时,将汇编语言助记符指令中给出的立即数 imm 右移 1 位(零扩展),然后得到该汇编指令中立即数在机器码中的编码格式为 imm5,即为 5 位立即数。

(2) 将该汇编语言助记符指令中的立即数 imm=零扩展到 32 位(imm5 << 1)。

指令 STRH R0,[R1,♯0x2]的机器码格式为$(8048)_{16}$。该指令将 R0 寄存器的半字,即[15:0]位写到[R1+0x2]所指向存储器地址的单元中。

注:对于汇编指令中给出的立即数 0x2,在将其转换为机器码格式时,右移一位,变成 0x1,因此机器指令的格式为$(8048)_{16}$。

6. STRB <Rt>,[<Rn>,♯imm]

该指令将 Rt 寄存器的字节数据写到[<Rn>+imm]所指向存储器的单元中。该汇编助记符指令的机器码格式如图 5.26 所示。可以看出,Rn 和 Rt 所使用寄存器的范围为 R0~R7。

15	14	13	12	11	10	9	8	7	6	5	4	3	2	1	0
0	1	1	1	0			imm5				Rn			Rt	

图 5.26　STRB <Rt>,[<Rn>,♯imm]指令的机器码格式

注:(1) 该汇编语言助记符指令中允许的立即数 imm 的范围为 0~31(5 位二进制数)。

(2) 该汇编语言助记符指令中的立即数 imm=零扩展到 32 位(imm5)。

指令 STRB R0,[R1,♯0x1]的机器码格式为$(7048)_{16}$。该指令将 R0 寄存器的字节[7:0]位写到[R1+0x01]所指向存储器地址的单元中。

7. STR <Rt>,[SP,♯imm]

该指令将 Rt 寄存器中的字数据写到[SP+imm]所指向存储器地址的单元中。该汇编助记符指令的机器码格式如图 5.27 所示。可以看出,Rt 所使用寄存器的范围为 R0~R7。

15	14	13	12	11	10	9	8	7	6	5	4	3	2	1	0
1	0	0	1	0		Rt					imm8				

图 5.27　STR <Rt>,[SP,♯imm]指令的机器码格式

注：(1) 该汇编语言助记符指令中允许的立即数 imm 的范围为 0～1020(10 位二进制数)，并且该立即数是 4 的整数倍。只是在对该立即数 imm 进行机器指令编码时，将汇编语言助记符指令中给出的立即数 imm 右移 2 位(零扩展)，然后得到该汇编指令中立即数在机器码中的编码格式为 imm8，即为 8 位立即数。

(2) 该汇编语言助记符指令中的立即数 imm＝零扩展到 32 位(imm8 << 2)。

指令 STR R0，[SP，♯0x8]的机器码格式为(9002)$_{16}$。该指令将将 R0 寄存器的字数据写到[SP＋(0x8)]所指向存储器地址的单元中。

注：对于汇编指令中给出的立即数 0x8，在将其转换为机器码格式时，右移两位，变成 0x2，因此机器指令的格式为(9002)$_{16}$。

思考与练习 5-5：说明下面指令所实现的功能。

(1) STR R0，[R5，R1]＿＿＿＿＿＿＿＿＿＿＿＿＿＿＿＿＿＿＿＿＿＿＿＿

(2) STR R2，[R0，♯const-struc]＿＿＿＿＿＿＿＿＿＿＿＿＿＿＿＿＿＿＿＿

5.6　多数据加载和保存指令

视频讲解

本节介绍多数据加载和保存指令。

5.6.1　多数据加载指令

本节介绍多数据加载指令，包括 LDM、LDMIA 和 LDMFD。它们使用基址寄存器中的地址从连续的存储器位置中加载多个寄存器后，加载多个增量。连续的存储器位置从该地址开始，并且当基址寄存器 Rn 不属于< registers >列表时，这些位置的最后一个地址之上的地址将写回到基址寄存器。

下面对 LDM 指令进行详细说明，该指令有两种形式，包括：

```
LDM < Rn >!,< registers >          < registers >中不包含< Rn >
LDM < Rn >,< registers >           < registers >中包含< Rn >
```

注：(1) !的作用是：使指令将修改后的值写回到< Rn >。如果没有!，则指令不会以这种方式修改< Rn >。

(2) registers 是要加载的一个或多个寄存器的列表，用逗号分隔，并且用{}符号包围。编号最小的寄存器从最低的存储器地址加载，直到从最高存储器地址到编号最高的寄存器。

该汇编助记符指令的机器码格式如图 5.28 所示。可以看出，Rn 所使用寄存器的范围为 R0～R7。

15	14	13	12	11	10	9	8	7	6	5	4	3	2	1	0
1	1	0	0	1		Rn					register_list				

图 5.28　LDM 指令的机器码格式

注：图中 register_list 字段中的每一个比特位对应一个寄存器。register_list[7]对应寄存器 R7；register_list[6]对应寄存器 R6；register_list[5]对应寄存器 R5；register_list[4]对应寄存器 R4；register_list[3]对应寄存器 R3；register_list[2]对应寄存器 R2；register_list[1]对应寄存器 R1；register_list[0]对应寄存器 R0。当< register >存在某个寄存器时，register_list 字段中对应的位置为 1，否则为 0。

指令 LDM R0!，{R1,R2-R7}的机器码格式为(C8FE)$_{16}$。该指令实现下面的功能：

（1）将寄存器 R0 所指向存储器地址单元的内容复制到寄存器 R1 中。

（2）将寄存器 R0+4 所指向存储器地址单元的内容复制到寄存器 R2 中。

（3）将寄存器 R0+8 所指向存储器地址单元的内容复制到寄存器 R3 中。

……

（7）将寄存器 R0+24 所指向存储器地址单元的内容复制到寄存器 R7 中。

（8）用 R0+4×7 的值更新寄存器 R0 的内容。

注：LDMIA 和 LDMFD 为 LDM 指令的伪指令。LDMIA 是 LDM 指令的别名，用法同 LDM。LDMFD 是同一指令的另一个名字，在使用软件管理堆栈的传统 ARM 系统中，该指令用于从全递减堆栈中还原数据。

5.6.2　多数据保存指令

本节介绍多数据保存指令，包括 STM、STMIA 和 STMEA。使用来自基址寄存器的地址将多个寄存器的内容保存到连续的存储器位置。随后的存储器位置从该地址开始，并且这些位置的最后一个地址之上的地址将写回到基址寄存器。指令格式如下：

STM < Rn >!, < registers >

注：（1）!的作用是：使指令将修改后的值写回到< Rn >。

（2）registers 是要加载的一个或多个寄存器的列表，用逗号分隔，并且用{}符号包围。编号最小的寄存器从最低的存储器地址加载，直到从最高存储器地址到编号最高的寄存器。不推荐在寄存器列表中使用< Rn >。

该汇编助记符指令的机器码格式如图 5.29 所示。

15	14	13	12	11	10	9	8	7	6	5	4	3	2	1	0
1	1	0	0	0	Rn			register_list							

图 5.29　STM < Rn >!, < registers >指令的机器码格式

注：图中 register_list 的具体含义同图 5.28。

指令 STM R0!, {R1, R2-R7}的机器码格式为(C0FE)$_{16}$。该指令实现下面的功能：

（1）将寄存器 R1 的内容复制到寄存器 R0 所指向存储器地址的单元中。

（2）将寄存器 R2 的内容复制到寄存器 R0+4 所指向存储器地址的单元中。

（3）将寄存器 R3 的内容复制到寄存器 R0+8 所指向存储器地址的单元中。

……

（7）将寄存器 R7 的内容复制到寄存器 R0+24 所指向存储器地址的单元中。

（8）用 R0+7×4 的值更新 R0 寄存器的值。

思考与练习 5-6：说明下面指令所实现的功能。

（1）LDM R0,{R0,R3,R4}　

（2）STMIA R1!,{R2-R4,R6}　

5.7　堆栈访问指令

本节介绍堆栈访问指令，包括 PUSH 和 POP，下面对这些指令进行详细说明。

1. PUSH < registers >

该指令将一个/多个寄存器(包括 R0~R7 以及 LR)保存到堆栈(入栈)，并且更新堆栈指

视频讲解

针寄存器,该汇编助记符指令的机器码格式如图 5.30 所示。

15	14	13	12	11	10	9	8	7	6	5	4	3	2	1	0
1	0	1	1	0	1	0	M	register_list							

图 5.30　PUSH < registers >指令的机器码格式

注:(1) registers 是一个或多个寄存器的列表,用逗号分隔,并且用{}符号包围。它标识了将要保存的寄存器集,按顺序保存。编号最小的寄存器到最低的存储器地址,一直到编号最大的寄存器到最高的存储器地址。registers = '0':M:'000000':register_list。

(2) 图中 register_list 的具体含义同图 5.28。

指令 PUSH{R0,R1,R2},该指令机器码的格式为(B407)$_{16}$,该指令实现下面功能:

(1) (sp)=(sp)−4×进入堆栈的寄存器的个数。

(2) 将寄存器 R0 的内容保存到(sp)所指向的存储器的地址。

(3) 将寄存器 R1 的内容保存到(sp)+4 所指向的存储器的地址。

(4) 将寄存器 R2 的内容保存到(sp)+8 所指向的存储器的地址。

(5) 将 sp 的内容更新到步骤(1)计算得到的 sp 内容。

2. POP < registers >

该指令将存储器中的内容恢复到多个寄存器(包括 R0~R7 以及 PC)中,并且更新堆栈指针寄存器的机器码格式如图 5.31 所示。

15	14	13	12	11	10	9	8	7	6	5	4	3	2	1	0
1	0	1	1	1	1	0	P	register_list							

图 5.31　POP < registers >指令的机器码格式

注:(1) registers 是一个或多个寄存器的列表,用逗号分隔,并且用{}符号包围。它标识了将要加载的寄存器集。从最低的存储器地址加载到编号最小的寄存器,从最高的存储器地址加载到编号最大的寄存器。如果在< registers >中指定了 PC,则该指令将导致跳转到 PC 中加载的地址(数据)。

(2) 图中 register_list 的具体含义同图 5.28。registers = P:'0000000':register_list。

指令 POP{R0,R1,R2},该指令的机器码为(BC07)$_{16}$,该指令实现下面的功能:

(1) 将(sp)所指向的存储器的内容加载到寄存器 R0。

(2) 将(sp)+4 所指向的存储器的内容加载到寄存器 R1。

(3) 将(sp)+8 所指向的存储器的内容加载到寄存器 R2。

(4) 用(sp)+4×出栈寄存器的个数的值更新寄存器 sp。

思考与练习 5-7:说明下面指令所实现的功能。

(1) PUSH{R0,R4−R7}＿＿＿＿＿＿＿＿＿＿＿＿＿＿＿＿＿＿＿＿＿＿＿＿

(2) PUSH{R2,LR}＿＿＿＿＿＿＿＿＿＿＿＿＿＿＿＿＿＿＿＿＿＿＿＿＿＿

(3) POP{R0,R6,PC}＿＿＿＿＿＿＿＿＿＿＿＿＿＿＿＿＿＿＿＿＿＿＿＿

5.8　算术运算指令

本节介绍算术运算指令,包括加法指令、减法指令和乘法指令。

视频讲解

5.8.1　加法指令

1. ADDS＜Rd＞，＜Rn＞，＜Rm＞

该指令将 Rn 寄存器的内容和 Rm 寄存器的内容相加,结果保存在寄存器 Rd 中,同时更新寄存器 APSR 中的 N、Z、C 和 V 标志,该汇编助记符指令的机器码格式如图 5.32 所示。可以看出,寄存器 Rm、Rn 和 Rd 可用的范围为 R0～R7。

15	14	13	12	11	10	9	8	7	6	5	4	3	2	1	0
0	0	0	1	1	0	0		Rm			Rn			Rd	

图 5.32　ADDS＜Rd＞，＜Rn＞，＜Rm＞指令的机器码格式

指令 ADDS R0，R1，R2 的机器码为 $(1888)_{16}$。该指令将 R1 寄存器的内容和 R2 寄存器的内容相加,结果保存在寄存器 R0 中,同时更新寄存器 APSR 中的标志。

2. ADDS＜Rd＞，＜Rn＞，♯imm3

该指令将 Rn 寄存器的内容和立即数 imm3 相加,结果保存在寄存器 Rd 中,同时更新寄存器 APSR 中的 N、Z、C 和 V 标志,该汇编助记符指令的机器码格式如图 5.33 所示。可以看出,寄存器 Rn 和 Rd 可用的范围为 R0～R7。

15	14	13	12	11	10	9	8	7	6	5	4	3	2	1	0
0	0	0	1	1	1	0		imm3			Rn			Rd	

图 5.33　ADDS＜Rd＞，＜Rn＞，♯imm3 指令的机器码格式

注:图中 imm3 的范围为 0～7。

指令 ADDS R0，R1，♯0x07 的机器码为 $(1DC8)_{16}$。该指令将 R1 寄存器的内容和立即数 0x07 相加,结果保存在寄存器 R0 中,同时更新寄存器 APSR 中的标志。

3. ADDS＜Rd＞，♯imm8

该指令将 Rd 寄存器的内容和立即数 imm8 相加,结果保存在寄存器 Rd 中,同时更新寄存器 APSR 中的 N、Z、C 和 V 标志,该汇编助记符指令的机器码格式如图 5.34 所示。可以看出,寄存器 Rd 可用的范围为 R0～R7。

15	14	13	12	11	10	9	8	7	6	5	4	3	2	1	0
0	0	1	1	0		Rd				imm8					

图 5.34　ADDS＜Rd＞，♯imm8 指令的机器码格式

注:图中 imm8 的范围为 0～255。

指令 ADDS R0，♯0x01 的机器码为 $(3001)_{16}$。该指令将 R0 寄存器的内容和立即数 0x01 相加,结果保存在寄存器 R0 中,同时更新寄存器 APSR 中的标志。

4. ADD＜Rd＞，＜Rm＞

该指令将 Rd 寄存器的内容和 Rn 寄存器的内容相加,结果保存在寄存器 Rd 中,不更新寄存器 APSR 中的标志,该汇编助记符指令的机器码格式如图 5.35 所示。可以看出,寄存器 Rm 可用的范围为 R0～R15,DN 与 Rd 组合后可用的范围为 R0～R15。

指令 ADD R0，R1 的机器码为 $(4408)_{16}$,该指令将 R0 寄存器的内容和 R1 寄存器的内容相加,结果保存在寄存器 R0 中,不更新寄存器 APSR 中的标志。

15	14	13	12	11	10	9	8	7	6	5	4	3	2	1	0
0	1	0	0	0	1	0	0	DN	Rm				Rd		

图 5.35　ADD＜Rd＞，＜Rm＞指令的机器码格式

5. ADCS＜Rd＞，＜Rm＞

该指令将 Rd 寄存器的内容、Rm 寄存器的内容和进位标志相加，结果保存在寄存器 Rd 中，同时更新寄存器 APSR 中的 N、Z、C 和 V 标志，该汇编助记符指令的机器码格式如图 5.36 所示。可以看出，寄存器 Rm 和 Rd 可用的范围为 R0～R7。

15	14	13	12	11	10	9	8	7	6	5	4	3	2	1	0
0	1	0	0	0	0	0	1	0	1	Rm			Rd		

图 5.36　ADCS＜Rd＞，＜Rm＞指令的机器码格式

指令 ADCS R0，R1 的机器码为 $(4148)_{16}$。该寄存器将 R0 寄存器的内容、R1 寄存器的内容和进位标志相加，结果保存在寄存器 R0 中，同时更新寄存器 APSR 中的标志。

6. ADD＜Rd＞，PC，♯imm

该指令将 PC 寄存器的内容和立即数♯imm 相加，结果保存在寄存器 Rd 中，不更新寄存器 APSR 中的标志。该汇编助记符指令格式的机器码与指令 ADR＜Rd＞，＜label＞相同，如图 5.37 所示。

15	14	13	12	11	10	9	8	7	6	5	4	3	2	1	0
1	0	1	0	0	Rd			imm8							

图 5.37　ADR＜Rd＞，＜label＞指令的机器码格式

注：(1) 在相加的时候，必须将 PC 寄存器的内容与字对齐，即 Align(PC,4)。

(2) 该汇编语言助记符指令中允许的立即数 imm 的范围为 0～1020(10 位二进制数)，并且该立即数是 4 的整数倍。只是在对该立即数 imm 进行机器指令编码时，将汇编语言助记符指令中给出的立即数 imm 右移 2 位(零扩展)，然后得到该汇编指令中立即数在机器码中的编码格式为 imm8，即为 8 位立即数。

(3) 该汇编语言助记符指令中的立即数 imm＝零扩展到 32 位(imm8 ≪ 2)。

指令 ADD R0，PC，♯0x04 的机器码为 $(A001)_{16}$。该指令将 PC 寄存器的内容(字对齐)和立即数 0x04 相加，结果保存在寄存器 R0 中，不更新寄存器 APSR 中的标志。

7. ADR＜Rd＞，＜label＞

该指令将 PC 寄存器的内容与标号所表示的偏移量进行相加，结果保存在寄存器 Rd 中，不更新 APSR 中的标志。＜label＞为将地址加载到＜Rd＞中的指令或文字数据项的标号。汇编器计算从 ADR 指令的 Align(PC,4)值到该标签的偏移量所需要的值。偏移量的允许值是 0～1020 范围内的正数(4 的倍数)。

指令 ADR R3，JumpTable 将 JumpTable 的地址加载到寄存器 R3 中。

8. ADD(SP 加立即数指令)

该类型指令有两个指令类型。

1) ADD < Rd >，SP，♯imm

该指令实现将堆栈指针 SP 的内容和立即数 imm 相加,相加的结果写到寄存器 Rd 中。该汇编助记符指令的机器码格式如图 5.38 所示。可以看出,寄存器 Rd 可用的范围为 R0～R7。

15	14	13	12	11	10	9	8	7	6	5	4	3	2	1	0
1	0	1	0	1		Rd					imm8				

图 5.38 ADD < Rd >，SP，♯imm8 指令的机器码格式

注：(1) 图中 imm8 的含义同图 5.37。

(2) 该指令中 imm 的范围为 0～1020,且 imm 为 4 的整数倍。

指令 ADD R3,SP,♯0x04 的机器码格式为 $(AB01)_{16}$,该指令实现将堆栈指针 SP 的内容和立即数 0x04 相加,相加的结果写到寄存器 R3 中。

2) ADD SP,SP,♯imm

该指令实现将堆栈指针 SP 的内容和立即数 imm 相加,相加的结果写到堆栈指针中。该汇编助记符指令的机器码格式如图 5.39 所示。

15	14	13	12	11	10	9	8	7	6	5	4	3	2	1	0
1	0	1	1	0	0	0	0				imm7				

图 5.39 ADD SP,SP,♯< imm >指令的机器码格式

注：(1) 该汇编语言助记符指令中允许的立即数 imm 的范围为 0～508(9 位二进制数),并且该立即数是 4 的整数倍。只是在对该立即数 imm 进行机器指令编码时,将汇编语言助记符指令中给出的立即数 imm 右移 2 位(零扩展),然后得到该汇编指令中立即数在机器码中的编码格式为 imm7,即为 7 位立即数。

(2) 该汇编语言助记符指令中的立即数 imm＝零扩展到 32 位(imm7 << 2)。

指令 ADD SP,SP,♯08 的机器码格式为 $(B002)_{16}$,该指令实现将堆栈指针 SP 的内容和立即数 0x08 相加,相加的结果写到堆栈指针 SP 中。

5.8.2 减法指令

1. SUBS < Rd >，< Rn >，< Rm >

该指令将寄存器 Rn 的内容减去寄存器 Rm 的内容,结果保存在 Rd 中,同时更新寄存器 APSR 寄存器中的 N、Z、C 和 V 标志。该汇编助记符指令的机器码格式如图 5.40 所示。可以看出,寄存器 Rm、Rn 和 Rd 可用的范围为 R0～R7。

15	14	13	12	11	10	9	8	7	6	5	4	3	2	1	0
0	0	0	1	1	0	1		Rm			Rn			Rd	

图 5.40 SUBS < Rd >，< Rn >，< Rm >指令的机器码格式

指令 SUBS R0，R1，R2 的机器码格式为 $(1A88)_{16}$。该指令将寄存器 R1 的内容减去寄存器 R2 的内容,结果保存在寄存器 R0 中,同时更新寄存器 APSR 中的标志。

2. SUBS < Rd >，< Rn >，♯imm3

该指令将 Rn 寄存器的内容和立即数 imm3 相减,结果保存在寄存器 Rd 中,同时更新寄

存器 APSR 中的 N、Z、C 和 V 标志。该汇编助记符指令的机器码格式如图 5.41 所示。可以看出，寄存器 Rn 和 Rd 可用的范围为 R0～R7。

15	14	13	12	11	10	9	8	7	6	5	4	3	2	1	0
0	0	0	1	1	1	1	imm3			Rn			Rd		

图 5.41　SUBS＜Rd＞，＜Rn＞，♯imm3 指令的机器码格式

注：imm3 的范围为 0～7。

指令 SUBS R0，R1，♯0x01 的机器码为$(1E48)_{16}$。该指令将 R1 寄存器的内容和立即数 0x01 相减，结果保存在寄存器 R0 中，同时更新寄存器 APSR 中的标志。

3. SUBS＜Rd＞，♯imm8

该指令将 Rd 寄存器的内容和立即数♯imm8 相减，结果保存在寄存器 Rd 中，同时更新寄存器 APSR 中的 N、Z、C 和 V 标志。该汇编助记符指令的机器码格式如图 5.42 所示。可以看出，寄存器 Rd 可用的范围为 R0～R7。

15	14	13	12	11	10	9	8	7	6	5	4	3	2	1	0
0	0	1	1	1	Rd			imm8							

图 5.42　SUBS＜Rd＞，♯imm8 指令的机器码格式

注：imm8 的范围为 0～255。

指令 SUBS R0，♯0x01 的机器码为$(3801)_{16}$。该指令将 R0 寄存器的内容和立即数 0x01 相减，结果保存在寄存器 R0 中，同时更新寄存器 APSR 中的标志。

4. SBCS＜Rd＞，＜Rm＞

该指令将 Rd 寄存器的内容、Rm 寄存器的内容和借位标志相减，结果保存在寄存器 Rd 中，同时更新寄存器 APSR 中的 N、Z、C 和 V 标志。该汇编助记符指令的机器码格式如图 5.43 所示。可以看出，寄存器 Rd 和 Rm 可用的范围为 R0～R7。

15	14	13	12	11	10	9	8	7	6	5	4	3	2	1	0
0	1	0	0	0	0	0	1	1	0	Rm			Rd		

图 5.43　SBCS＜Rd＞，＜Rm＞指令的机器码格式

指令 SBCS R0，R0，R1 的机器码为$(4188)_{16}$。该寄存器将 R0 寄存器的内容、R1 寄存器的内容和借位标志相减，结果保存在寄存器 R0 中，同时更新寄存器 APSR 中的标志。

5. RSBS＜Rd＞，＜Rn＞，♯0

该指令用数字 0 减去寄存器 Rn 中的内容，结果保存在寄存器 Rd 中，并且更新寄存器 APSR 中的 N、Z、C 和 V 标志。该汇编助记符指令的机器码格式如图 5.44 所示。可以看出，寄存器 Rd 和 Rn 可用的范围为 R0～R7。

15	14	13	12	11	10	9	8	7	6	5	4	3	2	1	0
0	1	0	0	0	0	1	0	0	1	Rn			Rd		

图 5.44　RSBS＜Rd＞，＜Rm＞，♯0 指令的机器码格式

指令 RSBS R0，R0，♯0 的机器码为$(4240)_{16}$。该指令用数字 0 减去寄存器 R0 中的内容,结果保存在寄存器 R0 中,并且更新寄存器 APSR 中的标志。

6. SUB SP,SP,♯imm

该指令将堆栈指针 SP 的内容减去立即数 imm,结果保存在堆栈指针 SP 中。该指令不影响 APSR 中的标志。该汇编助记符指令的机器码格式如图 5.45 所示。

15	14	13	12	11	10	9	8	7	6	5	4	3	2	1	0
1	0	1	1	0	0	0	0	1				imm7			

图 5.45　SUB SP,SP,♯imm 指令的机器码格式

注：图中 imm7 的含义同图 5.39。

指令 SUB SP,SP,♯0x18 的机器码格式为$(B086)_{16}$,该指令实现将堆栈指针 SP 的内容和立即数 0x18 相减,相减的结果写到堆栈指针 SP 中。

5.8.3　乘法指令

MULS ＜Rd＞，＜Rn＞，＜Rd＞

该指令将寄存器 Rn 的内容和寄存器 Rd 的内容相乘,低 32 位结果保存在 Rd 寄存器中,同时更新寄存器 APSR 中的 N 和 Z 标志,但不影响 C 和 V 标志。该汇编助记符指令的机器码格式如图 5.46 所示。可以看出,寄存器 Rd 和 Rn 可用的范围为 R0～R7。

15	14	13	12	11	10	9	8	7	6	5	4	3	2	1	0
0	1	0	0	0	0	1	1	0	1		Rn			Rd	

图 5.46　MULS ＜Rd＞，＜Rn＞，＜Rd＞指令的机器码格式

指令 MULS R0，R1，R0 的机器码为$(4348)_{16}$。该指令将寄存器 R1 的内容和寄存器 R0 的内容相乘,低 32 位结果保存在 R0 寄存器中,同时更新寄存器 APSR 中的标志。

5.8.4　比较指令

1. CMP ＜Rn＞，＜Rm＞

该指令比较寄存器 Rn 和寄存器 Rm 的内容,得到(Rn)—(Rm)的结果,但不保存该结果,同时更新寄存器 APSR 中的 N、Z、C 和 V 标志。该汇编助记符指令的机器码格式如图 5.47 所示。可以看出,寄存器 Rn 和 Rm 可用的范围为 R0～R7。

15	14	13	12	11	10	9	8	7	6	5	4	3	2	1	0
0	1	0	0	0	0	1	0	1	0		Rm			Rn	

图 5.47　CMP ＜Rn＞，＜Rm＞指令的机器码格式

指令 CMP R0，R1 的机器码为$(4288)_{16}$。该指令比较寄存器 R0 和寄存器 R1 的内容,得到(R0)—(R1)的结果,但不保存该结果,同时更新寄存器 APSR 中的标志。

2. CMP ＜Rn＞，♯imm8

该指令将寄存器 Rn 的内容和立即数♯imm8(零扩展到 32 位)进行比较,得到(Rn)—imm8 的结果,但不保存该结果,同时更新寄存器 APSR 中的 N、Z、C 和 V 标志。该汇编助记符指令的机器码格式如图 5.48 所示。可以看出,寄存器 Rn 可用的范围为 R0～R7。

15	14	13	12	11	10	9	8	7	6	5	4	3	2	1	0
0	0	1	0	1		Rn					imm8				

图 5.48　CMP < Rn >，♯imm8 指令的机器码格式

注：图中立即数 imm8 的范围为 0～255（其零扩展到 32 位）。

指令 CMP R0，♯0x01 的机器码为$(2801)_{16}$。该指令将寄存器 R0 的内容和立即数 0x01 进行比较，得到(R0)－0x01 的结果，但不保存该结果，同时更新寄存器 APSR 中的标志。

3. CMN < Rn >，< Rm >

该指令比较寄存器 Rn 的内容和对寄存器 Rm 取反后内容，得到(Rn)＋(Rm)的结果，但不保存该结果，同时更新寄存器 APSR 中的 N、Z、C 和 V 标志。该汇编助记符指令的机器码格式如图 5.49 所示。可以看出，寄存器 Rn 和 Rm 可用的范围为 R0～R7。

15	14	13	12	11	10	9	8	7	6	5	4	3	2	1	0
0	1	0	0	0	0	1	0	1	1		Rm			Rn	

图 5.49　CMN < Rn >，< Rm >指令的机器码格式

指令 CMN R0，R1 的机器码为$(42C8)_{16}$。该指令比较寄存器 R0 和对寄存器 R1 取反后的内容，得到(R0)＋(R1)的结果，但不保存该结果，同时更新寄存器 APSR 中的标志。

思考与练习 5-8：将保存在寄存器 R0 和 R1 内的 64 位整数，与保存在寄存器 R2 和 R3 内的 64 位整数相加，结果保存在寄存器 R0 和 R1 中。使用 ADDS 和 ADCS 指令实现该 64 位整数相加功能。

思考与练习 5-9：将保存在寄存器 R1、R2 和 R3 内的 96 位整数，与保存在寄存器 R4、R5 和 R6 内的 96 位整数相减，结果保存在寄存器 R4、R5 和 R6 中。使用 SUBS 和 SBCS 指令实现该 96 位整数相减功能。

5.9　逻辑操作指令

视频讲解

本节介绍逻辑操作指令，下面对这些指令进行详细说明。

1. ANDS < Rd >，< Rm >

该指令将寄存器 Rd 和寄存器 Rm 中的内容做"逻辑与"运算，结果保存在寄存器 Rd 中，同时更新寄存器 APSR 中的标志 N、Z 和 C，但不更新标志 V。该汇编助记符指令的机器码格式如图 5.50 所示。可以看出，寄存器 Rm 和 Rd 的范围为 R0～R7。

15	14	13	12	11	10	9	8	7	6	5	4	3	2	1	0
0	1	0	0	0	0	0	0	0	0		Rm			Rd	

图 5.50　ANDS < Rd >，< Rm >指令的机器码格式

指令 ANDS R0，R1 的机器码为$(4008)_{16}$。该指令将寄存器 R0 和寄存器 R1 中的内容做"逻辑与"运算，结果保存在寄存器 R0 中，同时更新寄存器 APSR 中的标志。

2. ORRS < Rd >，< Rm >

该指令将寄存器 Rd 和寄存器 Rm 中的内容做"逻辑或"运算，结果保存在寄存器 Rd 中，同时更新寄存器 APSR 中的 N、Z 和 C 标志，但不更新标志 V。该汇编助记符指令的机器码格

式如图 5.51 所示。可以看出,寄存器 Rm 和 Rd 的范围为 R0～R7。

15	14	13	12	11	10	9	8	7	6	5	4	3	2	1	0
0	1	0	0	0	0	1	1	0	0		Rm			Rd	

图 5.51 ORRS<Rd>,<Rm>指令的机器码格式

指令 ORRS R0,R1 的机器码为$(4308)_{16}$。该指令将寄存器 R0 和寄存器 R1 中的内容做"逻辑或"运算,结果保存在寄存器 R0 中,同时更新寄存器 APSR 中的标志。

3. EORS<Rd>,<Rm>

该指令将寄存器 Rd 和寄存器 Rm 中的内容做"逻辑异或"运算,结果保存在寄存器 Rd 中,同时更新寄存器 APSR 中的标志 N、Z 和 C,但不更新标志 V。该汇编助记符指令的机器码格式如图 5.52 所示。可以看出,寄存器 Rm 和 Rd 的范围为 R0～R7。

15	14	13	12	11	10	9	8	7	6	5	4	3	2	1	0
0	1	0	0	0	0	0	0	0	1		Rm			Rd	

图 5.52 EORS<Rd>,<Rm>指令的机器码格式

指令 EORS R0,R1 的机器码为$(4048)_{16}$。该指令将寄存器 R0 和寄存器 R1 中的内容做"逻辑异或"运算,结果保存在寄存器 R0 中,同时更新寄存器 APSR 中的标志。

4. MVNS<Rd>,<Rm>

该指令将寄存器 Rm 的[31:0]位按位做"逻辑取反"运算,结果保存在寄存器 Rd 中,同时更新寄存器 APSR 中的标志 N、Z 和 C,但不更新标志 V。该汇编助记符指令的机器码格式如图 5.53 所示。可以看出,寄存器 Rm 和 Rd 的范围为 R0～R7。

15	14	13	12	11	10	9	8	7	6	5	4	3	2	1	0
0	1	0	0	0	0	1	1	1	1		Rm			Rd	

图 5.53 MVNS<Rd>,<Rm>指令的机器码格式

指令 MVNS R0,R1 的机器码为$(43C8)_{16}$。该指令将寄存器 R1 的[31:0]位按位做"逻辑取反"运算,结果保存在寄存器 R0 中,同时更新寄存器 APSR 中的标志。

5. BICS<Rd>,<Rm>

该指令将寄存器 Rm 的[31:0]位按位做"逻辑取反"运算,然后与寄存器 Rd 中的[31:0]位做"逻辑与"运算,结果保存在寄存器 Rd 中,同时更新寄存器 APSR 中的标志 N、Z 和 C,但不更新标志 V。该汇编助记符指令的机器码格式如图 5.54 所示。可以看出,寄存器 Rm 和 Rd 的范围为 R0～R7。

15	14	13	12	11	10	9	8	7	6	5	4	3	2	1	0
0	1	0	0	0	0	1	1	1	0		Rm			Rd	

图 5.54 BICS<Rd>,<Rm>指令的机器码格式

指令 BICS R0,R1 的机器码为$(4388)_{16}$。该指令将寄存器 R1 的[31:0]位按位做"逻辑取反"运算,然后与寄存器 R0 中的[31:0]位做"逻辑与"操作,结果保存在寄存器 R0 中,同时更新寄存器 APSR 中的标志。

6. TST ＜Rd＞，＜Rm＞

该指令将寄存器 Rd 和寄存器 Rm 中的内容做"逻辑与"运算,但是不保存结果,同时更新寄存器 APSR 中的标志 N、Z 和 C,但不更新标志 V。该汇编助记符指令的机器码格式如图 5.55 所示。可以看出,寄存器 Rm 和 Rd 的范围为 R0～R7。

15	14	13	12	11	10	9	8	7	6	5	4	3	2	1	0
0	1	0	0	0	0	0	1	0	0	0		Rm			Rd

图 5.55   TST ＜Rd＞，＜Rm＞指令的机器码格式

指令 TST R0，R1 的机器码为$(4208)_{16}$。该指令将寄存器 R0 和寄存器 R1 中的内容做"逻辑与"运算,但是不保存结果,并且更新寄存器 APSR 中的标志。

思考与练习 5-10：说明下面指令所实现的功能。

(1) ANDS R2，R2，R1 _____

(2) ORRS R2，R2，R5 _____

(3) ANDS R5，R5，R8 _____

(4) EORS R7，R7，R6 _____

(5) BICS R0，R0，R1 _____

视频讲解

5.10   移位操作指令

本节介绍右移和左移操作指令,下面对这些指令进行详细介绍。

5.10.1   右移指令

1. ASRS ＜Rd＞，＜Rm＞

该指令执行算术右移操作。将保存在寄存器 Rd 中的数据向右移动 Rm 所指定的次数,移位的结果保存在寄存器 Rd 中,即 Rd=Rd≫Rm。在右移过程中,最后移出去的位保存在寄存器 APSR 的 C 标志中,也更新 N 和 Z 标志。在算术右移时,最高位的规则如图 5.56(a)所示。

(a) 算术右移(ASR)

(b) 逻辑右移(LSR)

图 5.56   算术和逻辑右移操作

该汇编助记符指令的机器码格式如图 5.57 所示。可以看出,寄存器 Rm 和 Rd 的范围为 R0～R7。

15	14	13	12	11	10	9	8	7	6	5	4	3	2	1	0
0	1	0	0	0	0	0	0	1	0	0		Rm			Rd

图 5.57   ASRS ＜Rd＞，＜Rm＞指令的机器码格式

指令 ASRS R0，R1 的机器码为$(4108)_{16}$。该指令将保存在寄存器 R0 中的数据向右移动 R1 所指定的次数,移位的结果保存在寄存器 R0 中。在右移过程中,最后移出去的位保存在

寄存器 APSR 的 C 标志中,也更新 N 和 Z 标志。

2. ASRS < Rd >,< Rm >,♯imm

该指令执行算术右移操作。将保存在寄存器 Rm 中的数据向右移动立即数 imm 所指定的次数,移位的结果保存在寄存器 Rd 中。在右移过程中,最后移出去的位保存在寄存器 APSR 的 C 标志中,也更新 N 和 Z 标志。该汇编助记符指令的机器码格式如图 5.58 所示。可以看出,寄存器 Rm 和 Rd 的范围为 R0～R7。

15	14	13	12	11	10	9	8	7	6	5	4	3	2	1	0
0	0	0	1	0			imm5				Rm			Rd	

图 5.58　ASRS < Rd >,< Rm >,♯imm 指令的格式

注:(1)汇编指令中立即数 imm 的范围为 1～32。

(2)当 imm<32 时,imm5=imm;当 imm=32 时,imm5=0。

指令 ASRS R0,R1,♯0x01 的机器码为$(1048)_{16}$。该指令将保存在寄存器 R1 中的数据向右移动 1 次,移位的结果保存在寄存器 R0 中。在右移过程中,最后移出去的位保存在寄存器 APSR 的 C 标志中,也更新 N 和 Z 标志。

3. LSRS < Rd >,< Rm >

该指令执行逻辑右移操作。将保存在寄存器 Rd 中的数据向右移动 Rm 所指定的次数,移位的结果保存在寄存器 Rd 中。在右移过程中,最后移出去的位保存在寄存器 APSR 的 C 标志中,也更新 N 和 Z 标志。在逻辑右移时,最高位的规则如图 5.56(b)所示。该汇编助记符指令的机器码格式如图 5.59 所示。可以看出,寄存器 Rm 和 Rd 的范围为 R0～R7。

15	14	13	12	11	10	9	8	7	6	5	4	3	2	1	0
0	1	0	0	0	0	0	0	1	1		Rm			Rd	

图 5.59　LSRS < Rd >,< Rm >指令的机器码格式

指令 LSRS R0,R1 的机器码为$(40C8)_{16}$。该指令将保存在寄存器 R0 中的数据向右移动 R1 所指定的次数,移位的结果保存在寄存器 R0 中。在右移过程中,最后移出去的位保存在寄存器 APSR 的 C 标志中,也更新 N 和 Z 标志。

4. LSRS < Rd >,< Rm >,♯imm

该指令执行逻辑右移操作。将保存在寄存器 Rm 中的数据向右移动立即数 ♯imm 所指定的次数,移位的结果保存在寄存器 Rd 中。在右移过程中,最后移出去的位保存在寄存器 APSR 的 C 标志中,也更新 N 和 Z 标志。该汇编助记符指令的机器码格式如图 5.60 所示。可以看出,寄存器 Rm 和 Rd 的范围为 R0～R7。

15	14	13	12	11	10	9	8	7	6	5	4	3	2	1	0
0	0	0	0	1			imm5				Rm			Rd	

图 5.60　LSRS < Rd >,< Rm >,♯imm 指令的机器码格式

注:(1)汇编指令中立即数 imm 的范围为 1～32。

(2)当 imm<32 时,imm5=imm;当 imm=32 时,imm5=0。

指令 LSRS R0,R1,♯0x01 的机器码为$(0848)_{16}$。该指令将保存在寄存器 R1 中的数据

向右移动 1 次,移位的结果保存在寄存器 R0 中。在右移过程中,最后移出去的位保存在寄存器 APSR 的 C 标志中,也更新 N 和 Z 标志。

5. RORS < Rd > , < Rm >

该指令执行循环右移操作。将保存在寄存器 Rd 中的数据向右循环移动 Rm 所指定的次数,移位的结果保存在寄存器 Rd 中。在循环右移过程中,最后移出去的位保存在寄存器 APSR 的 C 标志中,也更新 N 和 Z 标志。循环右移的规则如图 5.61 所示。该汇编助记符指令的机器码格式如图 5.62 所示。可以看出,寄存器 Rm 和 Rd 的范围为 R0~R7。

图 5.61　循环右移操作

15	14	13	12	11	10	9	8	7	6	5	4	3	2	1	0
0	1	0	0	0	0	0	1	1	1		Rm			Rd	

图 5.62　RORS < Rd > , < Rm >指令的机器码格式

指令 RORS R0,R1 的机器码为 $(41C8)_{16}$。该指令将保存在寄存器 R0 中的数据向右循环移动 R1 所指定的次数,移位的结果保存在寄存器 R0 中。在循环右移过程中,最后移出去的位保存在寄存器 APSR 的 C 标志中,也更新 N 和 Z 标志。

5.10.2　左移指令

1. LSLS < Rd > , < Rm >

该指令执行逻辑左移操作。将保存在寄存器 Rd 中的数据向左移动 Rm 所指定的次数,移位的结果保存在寄存器 Rd 中。在左移过程中,最后移出去的位保存在寄存器 APSR 的 C 标志中,也更新 N 和 Z 标志。逻辑左移的规则如图 5.63 所示。该汇编助记符指令的机器码格式如图 5.64 所示。可以看出,寄存器 Rm 和 Rd 的范围为 R0~R7。

图 5.63　逻辑左移操作

15	14	13	12	11	10	9	8	7	6	5	4	3	2	1	0
0	1	0	0	0	0	0	0	1	0		Rm			Rd	

图 5.64　LSLS < Rd > , < Rm >指令的机器码格式

指令 LSLS R0,R1 的机器码为 $(4088)_{16}$。该指令将保存在寄存器 R0 中的数据向左移动 R1 所指定的次数,移位的结果保存在寄存器 R0 中。在左移过程中,最后移出去的位保存在寄存器 APSR 的 C 标志中,也更新 N 和 Z 标志。

2. LSLS < Rd > , < Rm > , ♯imm

该指令执行逻辑左移操作。将保存在寄存器 Rd 中的数据向左移动立即数 imm 所指定的次数,移位的结果保存在寄存器 Rd 中,在左移过程中,最后移出去的位保存在寄存器 APSR 的 C 标志中,也更新 N 和 Z 标志。该汇编助记符指令的机器码格式如图 5.65 所示。可以看出,寄存器 Rm 和 Rd 的范围为 R0~R7。

注:imm5 与 imm 之间的关系见 LSRS 指令。

15	14	13	12	11	10	9	8	7	6	5	4	3	2	1	0
0	0	0	0	0			imm5				Rm			Rd	

图 5.65 LSLS < Rd >，< Rm >，♯imm 指令的机器码格式

指令 LSLS R0，R1，♯0x01 的机器码为(0048)₁₆。该指令将保存在寄存器 R1 中的数据向左移动 1 次，移位的结果保存在寄存器 R0 中。在左移过程中，最后移出去的位保存在寄存器 APSR 的 C 标志中，也更新 N 和 Z 标志。

思考与练习 5-11：说明下面指令所实现的功能。

(1) ASRS R7，R5，♯9 _____

(2) LSLS R1，R2，♯3 _____

(3) LSRS R4，R5，♯6 _____

(4) RORS R4，R4，R6 _____

5.11 反序操作指令

本节介绍反序操作指令，下面对这些指令进行详细说明。

1. REV < Rd >，< Rm >

该指令将寄存器 Rm 中字节的顺序按逆序重新排列，结果保存在寄存器 Rd 中，如图 5.66 所示。该汇编助记符指令的机器码格式如图 5.67 所示。可以看出，寄存器 Rm 和 Rd 的范围为 R0~R7。

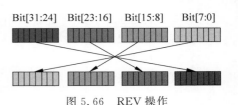

图 5.66 REV 操作

15	14	13	12	11	10	9	8	7	6	5	4	3	2	1	0
1	0	1	1	1	0	1	0	0	0		Rm			Rd	

图 5.67 REV < Rd >，< Rm >指令的机器码格式

指令 REV R0，R1 的机器码为(BA08)₁₆。该指令将寄存器中 R1 的数据逆序重新排列 {R1[7:0]，R1[15:8]，R1[23:16]，R1[31:24]}，结果保存在寄存器 R0 中。

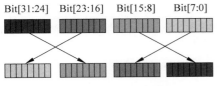

图 5.68 REV16 操作

2. REV16 < Rd >，< Rm >

该指令将寄存器 Rm 中的内容以半字为边界，半字内的两个字节逆序重新排列，结果保存在寄存器 Rd 中，如图 5.68 所示。该汇编助记符指令的机器码格式如图 5.69 所示。可以看出，寄存器 Rm 和 Rd 的范围为 R0~R7。

15	14	13	12	11	10	9	8	7	6	5	4	3	2	1	0
1	0	1	1	1	0	1	0	0	1		Rm			Rd	

图 5.69 REV16 < Rd >，< Rm >指令的机器码格式

指令 REV16 R0，R1 的机器码为(BA48)₁₆。该指令将寄存器中 R1 的数据以半字为边界，半字内的字节按逆序重新排列，即{R1[23:16]，R1[31:24]，R1[7:0]，R1[15:8]}，结果保存在寄存器 R0 中。

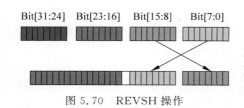

图 5.70　REVSH 操作

3. REVSH＜Rd＞，＜Rm＞

该指令将寄存器 Rm 中的低半字内的两个字节逆序重新排列，结果保存在寄存器 Rd[15:0]中，对于 Rd[31:16]中的内容由交换字节后 R[7]的内容决定，即符号扩展，如图 5.70 所示。该汇编助记符指令的机器码格式如图 5.71 所示。可以看出，寄存器 Rm 和 Rd 的范围为 R0～R7。

15	14	13	12	11	10	9	8	7	6	5	4	3	2	1	0
1	0	1	1	1	0	1	0	1	1		Rm			Rd	

图 5.71　REVSH＜Rd＞，＜Rm＞指令的机器码格式

指令 REVSH R0，R1 的机器为(BAC8)$_{16}$。该指令将寄存器中 R1 的低半字内的两字节按逆序重新排列，结果保存在寄存器 R0[15:0]中，对于 R0[31:16]中的内容由交换字节后 R0[7]的内容决定，即符号扩展，表示为：R0＝符号扩展{R1[7:0]，R1[15:8]}。

思考与练习 5-12：说明下面指令所实现的功能。

（1）REV R3，R7

（2）REV16 R0，R0

（3）REVSH R0，R5

5.12　扩展操作指令

视频讲解

本节介绍扩展操作指令，下面对这些指令进行详细说明。

1. SXTB＜Rd＞，＜Rm＞

将寄存器 Rm 中的[7:0]进行符号扩展，结果保存在寄存器 Rd 中。该汇编助记符指令的机器码格式如图 5.72 所示。可以看出，寄存器 Rm 和 Rd 的范围为 R0～R7。

15	14	13	12	11	10	9	8	7	6	5	4	3	2	1	0
1	0	1	1	0	0	1	0	0	1		Rm			Rd	

图 5.72　SXTB＜Rd＞，＜Rm＞指令的机器码格式

指令 SXTB R0，R1 的机器码为(B248)$_{16}$。该指令将寄存器 R1 中的[7:0]进行符号扩展，结果保存在寄存器 R0 中，表示为 R0＝符号扩展{R1[7:0]}。

2. SXTH＜Rd＞，＜Rm＞

将寄存器 Rm 中的[15:0]进行符号扩展，结果保存在寄存器 Rd 中。该汇编助记符指令的机器码格式如图 5.73 所示。可以看出，寄存器 Rm 和 Rd 的范围为 R0～R7。

15	14	13	12	11	10	9	8	7	6	5	4	3	2	1	0
1	0	1	1	0	0	1	0	0	0		Rm			Rd	

图 5.73　SXTH＜Rd＞，＜Rm＞指令的机器码格式

指令 SXTH R0，R1 的机器码为(B208)$_{16}$。该指令将寄存器 R1 中的[15:0]进行符号扩展，结果保存在寄存器 R0 中，表示为 R0＝符号扩展{R1[15:0]}。

3. UXTB < Rd >，< Rm >

将寄存器 Rm 中的[7:0]进行零扩展,结果保存在寄存器 Rd 中。该汇编助记符指令的机器码格式如图 5.74 所示。可以看出,寄存器 Rm 和 Rd 的范围为 R0~R7。

15	14	13	12	11	10	9	8	7	6	5	4	3	2	1	0
1	0	1	1	0	0	1	0	1	1		Rm			Rd	

图 5.74 UXTB < Rd >，< Rm >指令的机器码格式

指令 UXTB R0，R1 的机器码为$(B2C8)_{16}$。该指令将寄存器 R1 中的[7:0]进行零扩展,结果保存在寄存器 R0 中,表示为 R0＝零扩展{R1[7:0]}。

4. UXTH < Rd >，< Rm >

将寄存器 Rm 中的[15:0]进行零扩展,结果保存在寄存器 Rd 中。该汇编助记符指令的机器码格式如图 5.75 所示。可以看出,寄存器 Rm 和 Rd 的范围为 R0~R7。

15	14	13	12	11	10	9	8	7	6	5	4	3	2	1	0
1	0	1	1	0	0	1	0	1	0		Rm			Rd	

图 5.75 UXTH < Rd >，< Rm >指令的机器码格式

指令 UXTH R0，R1 的机器码为$(B288)_{16}$。该指令将寄存器 R1 中的[15:0]进行零扩展,结果保存在寄存器 R0 中,表示为 R0＝零扩展{R1[15:0]}。

思考与练习 5-13:说明下面指令所实现的功能。

(1) SXTH R4，R6 _____

(2) UXTB R3，R1 _____

5.13 程序流控制指令

本节介绍程序流控制指令,下面对这些指令进行详细说明。

1. B < label >

实现无条件跳转,该汇编助记符指令的机器码格式如图 5.76 所示。

15	14	13	12	11	10	9	8	7	6	5	4	3	2	1	0
1	1	1	0	0					imm11						

图 5.76 B < label >指令的机器码格式

注:(1) label 是要跳转到的指令的标号。imm11 为汇编器计算得到的偏移量,该偏移量允许的范围为－2048~＋2046 之间的偶数。

(2) 当前 B 指令的 PC 值加 4,作为计算与目标标号地址之间偏移量的 PC 值,目标标号的地址减去该 PC 值得到偏移量,然后将得到的偏移量的值除以 2,则是 imm11 的值。

指令 B loop 无条件跳转到 loop 标号地址以执行指令。

2. B < cond > < label >

有条件跳转指令,根据寄存器 APSR 中的 N、Z、C 和 V 标志,跳转到 label 所标识的地址。该汇编助记符指令的机器码格式如图 5.77 所示。其中,cond 为条件码,其编码格式如表 5.3 所示。

注:(1) label 是要跳转到的指令的标号。imm8 为汇编器计算得到的偏移量,该偏移量允

视频讲解

15	14	13	12	11	10	9	8	7	6	5	4	3	2	1	0
1	1	0	1	cond				imm8							

图 5.77　B<cond><label>指令的机器码格式

许的范围为 $-256 \sim +254$ 之间的偶数。

（2）当前 B 指令的 PC 值加 4，作为计算与目标标号地址之间偏移量的 PC 值，目标标号的地址减去该 PC 值得到偏移量，然后将得到的偏移量的值除以 2，则是 imm8 的值。

表 5.3　cond 的编码格式

cond	助记符扩展	含　义	条 件 标 志
0000	EQ	相等	Z=1
0001	NE	不相等	Z=0
0010	CS[1]	设置进位	C=1
0011	CC[2]	清除进位	C=0
0100	MI	减,负的	N=1
0101	PL	加,正的或零	N=0
0110	VS	溢出	V=1
0111	VC	无溢出	V=0
1000	HI	无符号的较高	C=1 且 Z=0
1001	LS	无符号的较低或相同	C=0 或 Z=1
1010	GE	有符号的大于或等于	N=V
1011	LT	有符号的小于	N!=V
1100	GT	有符号的大于	Z=0 且 N=V
1101	LE	有符号的小于或等于	Z=1 或 N!=V
1110[3]	None(AL)[4]	总是(无条件)	任何

注：(1) HS(无符号较高或相同)是 CS 的同义词。
(2) LO(无符号的较低)是 CC 的同义词。
(3) 永远不会在 ARMv6-M Thumb 指令中对该值进行编码。
(4) AL 是为总是而提供的一个可选的助记符扩展名。

指令 BEQ loop 的功能是：当寄存器 APSR 寄存器中的标志位 Z 等于 1 时，将跳转到标号为 loop 的位置执行指令。

注：B 指令具体条件的表示参考 5.2.3 节介绍的后缀含义。

3. BL<label>

该指令表示跳转和链接，跳转到一个地址，并且将返回地址保存到寄存器 LR 中。跳转地址为当前 PC±16M 字节的范围内。该指令通常用于调用一个子程序或者函数。一旦完成了函数，通过执行指令 BX LR 可以返回。

指令中的 label 是要跳转到的指令的标号。汇编器计算从 BL 指令的 PC 值（该 PC 值加 4 后才作为计算真正使用的 PC 值）到该标号的偏移量所需的值，然后选择将 imm32 设置为该偏移量的编码。允许的偏移量是 $-16777216 \sim +16777214$。

BL 指令是 Thumb 指令集中的 32 位指令。该汇编助记符指令的机器码格式如图 5.78 所示。其中：

I1=NOT(J1 EOR S)；I2=NOT(J2 EOR S)；imm32=SignExtend(S:I1:I2:imm10: imm11:'0',32)。很明显，偏移量地址包括 S、I1、I2、imm10 和 imm11。

15	14	13	12	11	10	9	8	7	6	5	4	3	2	1	0	15	14	13	12	11	10	9	8	7	6	5	4	3	2	1	0
1	1	1	1	0	S				imm10							1	1	J1	1	J2					imm11						

图 5.78 BL < label >指令的机器码格式

注：在引入 Thumb-2 技术之前,J1 和 J2 均为 1,导致分支的范围较小。这些指令可作为两个单独的 16 位指令执行,第一条指令 instr1 将 LR 设置为 PC+有符号扩展(instr1 < 10:0 >: '000000000000',32),第二条指令完成该操作。在 ARMv6T2、ARMv6-M 和 ARMv7 中,不再可能将 BL 指令拆分为两个 16 位指令。

指令 BL functionA,该指令将 PC 值修改为 functionA 标号所表示的地址值,寄存器 LR 的值等于 PC+4。

4. BX < Rm >

该指令表示跳转和交换,跳转到寄存器所指定的地址,根据寄存器的第 0 位的值(1 表示 Thumb,0 表示 ARM),在 ARM 和 Thumb 模式之间切换处理器的状态。ARMv6-M 仅支持 Thumb 执行。尝试更改指令执行状态会导致目标地址上指令的异常。该汇编助记符指令的机器码格式如图 5.79 所示。可以看出,寄存器 Rm 可用的范围为 R0~R15。

15	14	13	12	11	10	9	8	7	6	5	4	3	2	1	0
0	1	0	0	0	1	1	1	0		Rm			(0)	(0)	(0)

图 5.79 BX < Rm >指令的机器码格式

指令 BX R0 的机器码为(4700)₁₆。该指令将 PC 值修改为 R0 寄存器内的内容即 PC=R0。

5. BLX < Rm >

跳转和带有交换的链接。跳转到寄存器所指定的地址,将返回地址保存到寄存器 LR 中,并且根据寄存器的第 0 位的值(1 表示 Thumb,0 表示 ARM),在 ARM 和 Thumb 模式之间切换处理器的状态。ARMv6-M 仅支持 Thumb 执行。尝试更改指令执行状态会导致目标地址上指令的异常。

注：返回地址=当前指令的 PC 值+4-2=当前指令的 PC 值+2,第 0 位需要设置为 1。

该汇编助记符指令的机器码格式如图 5.80 所示。可以看出,寄存器 Rm 可用的范围为 R0~R15。

15	14	13	12	11	10	9	8	7	6	5	4	3	2	1	0
0	1	0	0	0	1	1	1	1		Rm			(0)	(0)	(0)

图 5.80 BLX < Rm >指令的机器码格式

指令 BLX R0 的机器码为(4780)₂。该指令将 PC 值修改为 R0 寄存器内的内容,即 PC=R0,并且寄存器 LR 的值等于当前 PC+2(LR 的第 0 位应该为 1,以保持 Thumb 状态)。

思考与练习 5-14：说明下面指令所实现的功能。

(1) B loopA _____

(2) BL funC _____

(3) BX LR _____

(4) BLX R0 _____

(5) BEQ labelD _____

5.14　存储器屏障指令

本节介绍存储器屏障指令，下面对这些指令进行详细说明。

1. DMB

数据存储器屏蔽指令（Data Memory Barrier，DMB）。在提交新的存储器访问之前，确保已经完成所有的存储器访问。DMB指令是Thumb指令集上的32位指令。该汇编助记符指令的机器码格式如图5.81所示。

15	14	13	12	11	10	9	8	7	6	5	4	3	2	1	0	15	14	13	12	11	10	9	8	7	6	5	4	3	2	1	0
1	1	1	1	0	0	1	1	1	0	1	1	(1)	(1)	(1)	(1)	1	0	(0)	0	(1)	(1)	(1)	(1)	0	1	0	1	option			

图 5.81　DMB 指令的机器码格式

注：option 指定 DMB 操作的可选限制。SY DMB 操作可以确保所有访问的顺序，option 编码为1111。可以省略。保留option的所有其他编码。相应指令执行系统（SY）DMB操作，但是软件不依赖该行为。

2. DSB

数据同步屏蔽指令（Data Synchronization Barrier，DSB）。在执行下一条指令前，确保已经完成所有的存储器访问。DSB指令是Thumb指令集上的32位指令。该汇编助记符指令的机器码格式如图5.82所示。

15	14	13	12	11	10	9	8	7	6	5	4	3	2	1	0	15	14	13	12	11	10	9	8	7	6	5	4	3	2	1	0
1	1	1	1	0	0	1	1	1	0	1	1	(1)	(1)	(1)	(1)	1	0	(0)	0	(1)	(1)	(1)	(1)	0	1	0	0	option			

图 5.82　DSB 指令的机器码格式

注：option 指定 DSB 操作的可选限制。SY DMB 操作可以确保完成所有的访问，option 编码为1111。可以省略。保留option的所有其他编码。相应指令执行系统（SY）DSB操作，但是软件不依赖该行为。

3. ISB

指令同步屏蔽指令（Instruction Synchronization Barrier，ISB）。在执行新的指令前，刷新流水线，确保已经完成先前所有的指令。ISB指令是Thumb指令集上的32位指令。该汇编助记符指令的机器码格式如图5.83所示。

15	14	13	12	11	10	9	8	7	6	5	4	3	2	1	0	15	14	13	12	11	10	9	8	7	6	5	4	3	2	1	0
1	1	1	1	0	0	1	1	1	0	1	1	(1)	(1)	(1)	(1)	1	0	(0)	0	(1)	(1)	(1)	(1)	0	1	1	0	option			

图 5.83　ISB 指令的机器码格式

注：option 指定 ISB 操作的可选限制。完整的系统 ISB 操作，option 编码为1111。可以省略。保留option的所有其他编码。相应指令执行完整的系统 ISB 操作，但是软件不依赖该行为。

5.15　异常相关指令

本节介绍异常相关指令，下面对这些指令进行详细说明。

1. SVC ♯< imm8 >

管理员调用指令,触发 SVC 异常。该汇编助记符指令的机器码格式如图 5.84 所示。

15	14	13	12	11	10	9	8	7	6	5	4	3	2	1	0
1	1	0	1	1	1	1	1	imm8							

图 5.84 SVC ♯< imm8 >指令的机器码格式

指令 SVC ♯3 的机器码为$(DF03)_{16}$。该指令表示触发 SVC 异常,其参数为 3。

2. CPS < effect > i

该指令修改处理器的状态,使能/禁止中断,该指令不会阻塞 NMI 和硬件故障句柄。该指令中的< effect >指定对 PRIMASK 所要求的效果。< effect >为下面其中之一:

(1) IE。中断使能,将 PRIMASK.PM 设置为 0。

(2) ID。中断禁止,将 PRIMASK.PM 设置为 1。

指令中的 i 表示 PRIMASK 受到的影响。当设置为 1 时,将当前优先级提高为 0。PRIMASK 是 1 位寄存器,只能从特权级执行中访问它。该汇编助记符指令的机器码格式如图 5.85 所示。

15	14	13	12	11	10	9	8	7	6	5	4	3	2	1	0
1	0	1	1	0	1	1	0	0	1	1	im	(0)	(0)	(1)	(0)

图 5.85 CPS < effect > i 指令的机器码格式

指令 CPSIE i 的机器码为$(B662)_{16}$,该指令使能中断,清除 PRIMASK;指令 CPSID i 的机器码为$(B672)_{16}$,该指令禁止中断,设置 PRIMASK。

5.16 休眠相关指令

本节介绍与休眠状态相关的指令,下面对这些指令进行详细说明。

1. WFI

该指令等待中断,停止执行程序,直到中断到来或者处理器进入调试状态。该汇编助记符指令的机器码格式如图 5.86 所示。

15	14	13	12	11	10	9	8	7	6	5	4	3	2	1	0
1	0	1	1	1	1	1	1	0	0	1	1	0	0	0	0

图 5.86 WFI 指令的机器码格式

2. WFE

该指令等待事件,停止执行程序,直到事件到来(由内部事件寄存器设置)或者处理器进入调试状态。该汇编助记符指令的机器码格式如图 5.87 所示。

15	14	13	12	11	10	9	8	7	6	5	4	3	2	1	0
1	0	1	1	1	1	1	1	0	0	1	0	0	0	0	0

图 5.87 WFE 指令的机器码格式

视频讲解

3. SEV

在多处理环境(包括自身)中,向所有处理器发送事件。该汇编助记符指令的机器码格式如图 5.88 所示。

15	14	13	12	11	10	9	8	7	6	5	4	3	2	1	0
1	0	1	1	1	1	1	1	0	1	0	0	0	0	0	0

图 5.88　SEV 指令的机器码格式

5.17　其他指令

本节介绍其他指令,下面进行详细说明。

1. NOP

该指令为空操作指令,该指令用于产生指令对齐,或者引入延迟。该汇编助记符指令的机器码格式如图 5.89 所示。

15	14	13	12	11	10	9	8	7	6	5	4	3	2	1	0
1	0	1	1	1	1	1	1	0	0	0	0	0	0	0	0

图 5.89　NOP 指令的机器码格式

2. BKPT ♯< imm8 >

该指令为断点指令,将处理器置位停止阶段。指令中的 imm8 标识保存在指令中的一个 8 位数。ARM 硬件忽略这个值,但是调试器可以用它来保存关于断点的额外信息。

在该阶段,通过调试器,用户执行调试任务。由调试器插入 BKPT 指令,用于代替原来的指令。该汇编助记符指令的机器码格式如图 5.90 所示。

15	14	13	12	11	10	9	8	7	6	5	4	3	2	1	0
1	0	1	1	1	1	1	0	imm8							

图 5.90　BKPT ♯< imm8 >指令的机器码格式

指令 BKPT ♯5 的机器码格式为 $(BE05)_{16}$,该指令表示标号为 5 的断点。

3. YIELD

YIELD 是一个提示指令。它使具有多线程功能的软件能够向硬件指示其正在执行任务(例如自旋锁),可以将其交换以提高系统的整体性能。

如果硬件支持该功能,则可以使用它提示挂起和恢复多个代码线程。该汇编助记符指令的机器码格式如图 5.91 所示。

15	14	13	12	11	10	9	8	7	6	5	4	3	2	1	0
1	0	1	1	1	1	1	1	0	0	0	1	0	0	0	0

图 5.91　YIELD 指令的机器码格式

第6章

Cortex-M0+汇编语言编程基础

在嵌入式系统应用开发中,汇编语言仍然有其不可替代的重要作用。本章首先介绍汇编语言编程的规则,然后通过几个设计实例介绍使用汇编语言实现不同应用的方法。

学习基于汇编语言的应用程序开发方法,一方面有助于帮助初学者更深入地掌握STM32G0系列MCU底层的硬件结构,尤其是Cortex-M0+处理器核的工作原理;另一方面,是帮助读者理解C语言和底层硬件之间硬件关系的重要桥梁,帮助软件开发人员提高代码的设计效率。

视频讲解

6.1 汇编语言程序规范、架构和约束

本节将介绍编写汇编语言程序所遵循的规范、ARM汇编语言模块框架和标识符命名规则。

6.1.1 统一汇编语言规范

统一汇编语言(Unified Assembler Language,UAL)是ARM和Thumb指令的通用语法,UAL取代ARM和Thumb汇编语言的早期版本。

可以将使用UAL编写的用于ARM或Thumb的汇编代码用于任何ARM处理器。当汇编语言代码中使用了无效的指令时,汇编器工具会出现故障。

RealView编译工具(RealView Compilation Tools,RVCT)v2.1和更早期的版本只能汇编UAL以前的语法。更高版本的RVCT和ARM编译器工具链可以汇编使用UAL和UAL以前语法编写的代码。

程序开发者可以使用命令或命令行选项来指示汇编器是使用UAL还是UAL以前的语法。在默认情况下,汇编器期望源代码用UAL编写。如果使用CODE32、ARM、Thumb或THUMBX命令中的任何一个,或者使用--32、--arm、--thumb或--thumbx命令行选项中的任何一个进行汇编,则汇编器将接受UAL语法。当使用CODE32或ARM命令时,汇编器也接受使用UAL以前语法编写的源代码。

当使用--16命令行选项进行汇编,或者在源代码中使用CODE16命令时,汇编器都接受使用UAL以前语法编写的源代码。

注:UAL Thumb之前的汇编语言不支持32位Thumb指令。

6.1.2 ARM汇编语言模块架构

ARM汇编语言模块由下面几个部分构成,包括:

(1) ELF段(由AREA命令定义)。

（2）应用程序入口（由 ENTRY 命令定义）。

（3）应用程序的开始。

（4）应用程序的结束。

（5）程序代码的结束（由 END 命令定义）。

下面的例子定义了一个名字为 ARMex 的单个段，其中包含代码，并标记为 READONLY。

```
        AREA ARMex, CODE, READONLY          ;命令代码块的名字 ARMex
        ENTRY                               ;标记要执行的第一条指令
start
        MOV r0, #10                         ;设置参数
        MOV r1, #3
        ADD r0, r0, r1                      ;执 r0 = r0 + r1 的操作
stop
        MOV r0, #0x18                       ;angel_SWIreason_ReportException
        LDR r1, = 0x20026                   ;ADP_Stopped_ApplicationExit
        SVC #0x123456                       ;ARM 半主机（以前是 SWI）
        END                                 ;标记文件的结束
```

下面对该 ARM 汇编语言模块架构的各个组成部分进行简要说明：

（1）应用程序入口。

ENTRY 命令声明程序的一个入口点。它标记了要执行的第一条指令。在使用 C 语言库的应用程序中，入口点也包含在 C 语言库初始化代码中。初始化代码和异常句柄也包含入口点。

（2）应用程序执行。

应用程序从标号的开头开始执行，将十进制值 10 和 3 加载到寄存器 R0 和寄存器 R1 中。这些寄存器相加，结果保存到寄存器 R0 中。

（3）应用程序终止。

当执行完主代码后，通过将控制权返回给调试器来终止应用程序。可以使用带有以下参数的 ARM 半主机 SVC（默认 0x123456）：

① R0 等于 angel_SWIreason_ReportException(0x18)。

② R1 等于 ADP_Stopped_ApplicationExit(0x20026)。

注：半主机（semihosting）主要是指应用程序的代码运行在目标系统上，当需要类似于计算机平台的控制台输入输出时，会调用半主机去利用计算机的控制台输入输出设备，如打开、关闭文件，计算机显示器输出，键盘输入等。

（4）程序结束。

END 命令指示汇编器停止处理该源文件。每个汇编语言源模块必须以单独的一行 END 命令结束。汇编器将忽略掉跟随在 END 命令后的任何代码。

6.1.3　标识符的命名规则

本节介绍标识符的命名规则。命名标识符的规则包括：

（1）标识符在其范围内必须是唯一的。

（2）可以在标识符名字中使用大写字母、小写字母、数字字符或下画线字符。符号名字区分大小写，并且符号名字中的所有字符均有效。

（3）除了在数字局部标识符中，其他地方不要使用数字字符作为标识符的第一个字符。

（4）标识符的名字不能与内置变量名字或预定义符号名字相同。

（5）如果使用了与指令助记符或命令相同的名字，则要使用双竖杠符号"‖"来分隔标识符的名字，比如‖ASSERT‖。

（6）不得使用符号｜$a｜、｜$t｜、｜$t.x｜或｜$d｜作为程序标号。这些是映射符号，用于标记ARM、Thumb、ThumbEE和目标文件中数据的开始。

如果必须在符号中使用更宽的字符范围（例如在使用编译器时），应使用单竖杠"｜"来分割符号名字。例如｜.text｜，竖杠不是符号的一部分。不能在竖杠内使用竖杠、分号或换行符。

6.1.4 调用子程序的寄存器使用规则

在使用汇编语言编写的代码中，可以使用分支指令来调用子程序并从中返回。ARM架构的程序调用标准定义了在子程序调用中使用寄存器的方法。

子程序是一段代码，它根据一些参数执行任务，并有选择地返回结果。按照惯例，可以使用R0～R3将参数传递给子程序，使用R0将结果返回给调用者。对于需要4个以上输入的子程序来说，将使用堆栈作为附加输入。

要调用子程序，需要使用分支和链接指令，语法为：

```
BL destination
```

其中，destination通常是子程序第一条指令行上的标号。此外，destination也可以是PC相对表达式。

调用BL指令后，处理器自动执行下面的操作：

（1）将返回地址放在链接寄存器中。

（2）将PC设置为子程序的地址。

当执行完子程序的代码后，可以使用BX LR指令返回。

注：单独汇编或编译的模块之间的调用必须符合ARM架构程序调用标准所定义的限制和约定。

下面的例子给出了一个子程序doadd，该子程序将两个参数的值相加，并在R0中保存返回结果。

```
        AREA subrout, CODE, READONLY      ;代码块的名字
        ENTRY                             ;标记要执行的第一条指令
start
        MOV r0, #10                       ;设置参数
        MOV r1, #3
        BL doadd                          ;调用子程序
stop
        MOV r0, #0x18                     ;angel_SWIreason_ReportException
        LDR r1, = 0x20026                 ;ADP_Stopped_ApplicationExit
        SVC #0x123456                     ;ARM半主机(以前的SWI)
doadd
        ADD r0, r0, r1                    ;子程序代码
        BX lr                             ;从子程序返回
        END                              ;标记文件的结束
```

6.2 表达式和操作符

本节介绍使用符号表示代码中的变量、地址和常数，以及将它们与运算符结合以创建数字或字符串表达式的方法。

视频讲解

6.2.1 变量

可以使用 6.3 节中介绍的命令来声明数字、逻辑或字符串变量。变量的值可以随着汇编的进行而改变。变量对汇编器而言是局部的。这就意味着，在生成的代码或数据中，变量的每个实例都有固定值。

变量的类型不能改变。变量是以下类型之一，包括数字、逻辑和字符串。数字变量值的范围与数字常数或数字表达式值的范围相同；逻辑变量值为{TRUE}或{FALSE}；字符串变量值的范围与字符串表达式值的范围相同。

使用 GBLA、GBLL、GBLS、LCLA、LCLL 和 LCLS 命令声明表示变量的符号，并使用 SETA、SETL 和 SETS 命令为它们分配值。关于这些命令的说明详见 6.3 节。

6.2.2 常量

通过使用汇编器命令 EQU 定义 32 位数字常量。数字常量是 32 位整数。可以使用 $0 \sim 2^{32}-1$ 范围内的无符号数或 $-2^{31} \sim 2^{31}-1$ 范围内的有符号数进行设置。

关系运算符（例如>=）使用无符号解释。这意味着 $0>-1$ 为{FALSE}。

使用 EQU 命令定义常量。当定义完数字常量后，就无法更改它的值。可以通过组合数字常量和二元运算符来构造表达式。

6.2.3 汇编时替换变量

可以将字符串变量分配给一行全部或部分汇编语言代码。字符串变量可以包含数字和逻辑变量。

在需要使用值替换变量的位置，可以使用带 $ 前缀的变量。字符"$"指示 armasm 在检查一行代码的语法之前将其替换为源代码行。如果替换行大于源代码行限制，则 armasm 会出错。

数字和逻辑变量也可以替换。在替换之前，变量当前的值将转换为十六进制字符串（对于逻辑变量为 T 或 F）。

如果在符号名字中允许跟随字符，则使用符号"."标记变量名字的结束。在使用它之前，必须先设置变量的内容。

如果要求一个符号"$"，而不想替换掉它，则使用"$$"。这将转换为单个"$"。

可以在一个字符串中，包含带有前缀 $ 的变量。此外，在竖线符号‖内不会发生替换，除非双引号内的竖线不影响替换。

```
            ; 直接替换
            GBLS add4ff
            ;
add4ff    SETS  "ADD r4,r4,#0xFF"          ;设置 add4ff
            $add4ff.00                        ;调用 add4ff
            ;这将产生
            ADD r4,r4,#0xFF00
            ; 详细描述替换
            GBLS s1
            GBLS s2
            GBLS fixup
            GBLA count
            ;
count     SETA  14
```

```
s1      SETS    "a$ $ b$ count"              ;s1 现在的值为 a$ b0000000E
s2      SETS    "abc"
fixup   SETS    "|xy$ s2.z|"                 ;fixup 现在的值为|xyabcz|
|C$ $ code|  MOV r4,♯16                      ;但是此处的符号为 C$ $ code
```

6.2.4 标号

标号是代表一条指令或数据存储地址的符号。地址可以是相对 PC 的、相对寄存器的或绝对的。对于源文件来说,标号是局部的,除非使用 EXPORT 命令将它们设置为全局的。

在汇编的过程中,计算由标号给出的地址。armasm 计算一个标号相对于段起始位置的地址。在相同的段中引用一个标号,可以使用 PC 加上或者减去偏移量得到。这称为 PC 相对寻址。

当链接器为每个段指定它在存储器中的位置时,将在链接时计算其他段中标号的地址。

1. PC 相对地址标号

标号可以代表 PC 值加上或减去从 PC 到标号的偏移量。使用这些标号作为分支指令的目标,或访问代码段中嵌入的小数据项。

也可以将 AREA 命令中的段名字作为 PC 相对地址的标号。在这种情况下,标号指向指定 AREA 中的第一个字节。ARM 建议不要使用 AREA 名字作为分支目标,因为以这种方式从 ARM 分支到 Thumb 状态或者从 Thumb 分支到 ARM 状态时,处理器无法正确更改状态。

2. 寄存器相对地址标号

相对地址标号可以是一个命名的寄存器加上一个数字值。可以在存储映射中定义这些标号。它们常用于访问数据段中的数据。可以基于存储映射中定义的标号,使用 EQU 命令来定义其他相对于寄存器的标号。

存储器映射定义的例子如下:

```
MAP 0, r9
MAP 0xff, r9
```

3. 绝对地址的标号

标号可以表示代码或数据的绝对地址。这些标号是 $0 \sim 2^{32}-1$ 范围内的数字常数。它们直接对存储器进行寻址。可以通过 EQU 命令使用标号来表示绝对地址。为了确保在代码中引用标号时正确使用标号,可以将绝对地址指定为:

(1) 带有 ARM 命令的 ARM 代码。

(2) 带有 Thumb 命令的 Thumb 代码。

(3) 数据。

用法如下所示:

```
abc EQU 2                          ;给符号 abc 分配值为 2
xyz EQU label + 8                  ;给符号 xyz 分配地址(label + 8)
fiq EQU 0x1C, ARM                  ;给符号 fiq 分配绝对地址 0x1C,并且标记为 ARM 代码
```

6.2.5 字符串表达式

字符串表达式由字符串文字、字符串变量、字符串操作运算符和括号组成。对于不能在字符串文字中放置的字符,可以使用一元运算符":CHR:"将其放置在字符串表达式中。允许使用 0~255 的任何 ASCII 字符。

字符串表达式的值不能超过 5120 个字符。它的长度可以为零。字符串表达式的用法如下：

```
improb SETS "literal":CC:(strvar2:LEFT:4)
```

在该例子中，将字符串变量的值设置为字符串"literal"与字符串变量 strvar2 最左边 4 个字符的并置，即将字符串变量 strvar2 最左边 4 个字符连接到到字符串"literal"的末尾。

6.2.6 一元运算符

一元运算符返回字符串、数字或逻辑值。它们具有比其他运算符更高的优先级，并且首先进行计算。

一元运算符位于其他操作数之前。从右到左评估相邻的运算符，表 6.1 给出了返回字符串的一元运算符及用法。表 6.2 给出了返回数字或逻辑值的一元运算符及用法。

表 6.1　返回字符串的一元运算符及用法

操 作 符	用 法	说　　明
:CHR:	:CHR:A	返回带有 ASCII 码 A 的字符
:LOWERCASE:	:LOWERCASE:string	返回给定的字符串 string，该字符串的所有大写字母都转换为小写字母
:REVERSE_CC:	:REVERSE_CC:cond_code	返回 cond_code 中条件码的取反，如果 cond_code 不包含有效条件码，则返回错误
:STR:	:STR:A	返回与数字表达式对应的 8 位十六进制字符串，如果在逻辑表达式上使用，则返回字符串"T"或"F"
:UPPERCASE:	:UPPERCASE:string	返回给定的字符串 string，该字符串的所有小写字母都转换为大写字母

表 6.2　返回数字或逻辑值的一元运算符及用法

操 作 符	用 法	说　　明
?	?A	由行定义符号 A 生成的代码的字节数
＋和－	＋A 和－A	一元加和一元减。＋和－可以对数字和 PC 相对表达式起作用
:BASE:	:BASE:A	如果 A 是 PC 相对或寄存器相对表达式，:BASE:返回它的寄存器元件的编号。:BASE:在宏中最有用
:CC_ENCODING:	:CC_ENCODING:cond_code	返回 cond_code 中条件码的数字值，如果 cond_code 不包含有效条件码，则返回错误
:DEF:	:DEF:A	如果定义 A 则为{TRUE}，否则为{FALSE}
:INDEX:	:INDEX:A	如果 A 是寄存器相对表达式，:INDEX:返回从该基寄存器的偏置。:INDEX:在宏中最有用
:LEN:	:LEN:A	字符串 A 的长度
:LNOT:	:LNOT:A	A 的逻辑取反
:NOT:	:NOT:A	A 的按位取反（～是别名，例如～A）
:RCONST:	:RCONST:Rn	寄存器的编号 0～15，对应 R0～R15

6.2.7 二元运算符

可以在二元运算符所操作的一对子表达式之间写二元运算符。二元运算符的优先级比一元运算符的优先级低。

注：优先级的顺序和 C 语言不一样。

1．乘法和除法运算符

乘法和除法运算符在所有二进制运算符中具有最高优先级。它们仅用于数字表达式。乘法和除法运算符及用法如表 6.3 所示。

表 6.3　乘法和除法运算符及用法

操 作 符	别 名	用 法	说 明
*	无	A * B	乘法
/	无	A/B	除法
:MOD:	%	A:MOD:B	A 模 B

可以在 PC 相对表达式上使用运算符":MOD:"，以确保代码正确对齐。这些对齐检查的格式为 PC-relative:MOD:Constant。比如：

```
        AREA x,CODE
        ASSERT ({PC}:MOD:4) == 0
        DCB 1
y       DCB 2
        ASSERT (y:MOD:4) == 1
        ASSERT ({PC}:MOD:4) == 2
        END
```

2．字符串运算符

程序设计人员可以使用字符串运算符连接两个字符串，或提取一个子字符串。字符串运算符及用法如表 6.4 所示。

表 6.4　字符串运算符及用法

操 作 符	用 法	说 明
:CC:	A:CC:B	B 连接到 A 的末尾
:LEFT:	A:LEFT:B	A 最左边开始的 B 个字符
:RIGHT:	A:RIGHT:B	A 最右边开始的 B 个字符

注：A 必须是字符串，B 必须是数字表达式。

3．移位运算符

移位运算符作用于数字表达式，将第一个数移动或旋转由第二个数指定的次数，移位运算符及用法如表 6.5 所示。

表 6.5　移位运算符及用法

操 作 符	别 名	用 法	说 明
:ROL:		A:ROL:B	A 向左旋转 B 位
:ROR:		A:ROR:B	A 向右旋转 B 位
:SHL:	<<	A:SHL:B	A 向左移 B 位
:SHR:	>>	A:SHR:B	A 向右移 B 位（逻辑移位，不能传递符号的影响）

4．加、减和逻辑运算符

加、减和逻辑运算符作用于数字表达式。逻辑操作按位执行，即独立于操作数的每一位产生结果,加、减和逻辑运算符及用法如表 6.6 所示。

表 6.6　加、减和逻辑运算符及用法

操 作 符	别 名	用 法	说 明
+		A+B	A 加上 B
−		A−B	A 减去 B
:AND:	&	A:AND:B	A 和 B 按位"与"
:EOR:	∧	A:EOR:B	A 和 B 按位"异或"
:OR:		A:OR:B	A 和 B 按位"或"

5. 关系运算符

关系运算符作用于相同类型的两个操作数以产生逻辑值。操作数可以是下面之一,包括数字、PC 相对、寄存器相对和字符串。

字符串使用 ASCII 排序。如果字符串 A 是字符串的前导子字符串,或者如果两个字符串中,在字符串 A 中最左边不同的字符小于在字符串 B 中最左边不同的字符时,则字符串 A 小于字符串 B。

算术值是无符号的,所以 0>−1 的结果是{FALSE}。

关系运算符及用法如表 6.7 所示。

表 6.7　关系运算符及用法

操 作 符	别 名	用 法	说 明
=	==	A=B	A 等于 B
>		A>B	A 大于 B
>=		A>=B	A 大于或等于 B
<		A<B	A 小于 B
<=		A<=B	A 小于或等于 B
/=	<> !=	A/=B	A 不等于 B

6. 布尔运算符

布尔运算符对其操作数执行标准逻辑运算。在所有运算符中,它们的优先级最低。

在所有这 3 种情况下,A 和 B 都必须是计算结果为 TRUE 或 FALSE 的表达式。布尔运算符及用法如表 6.8 所示。

表 6.8　布尔运算符及用法

操 作 符	别 名	用 法	说 明
:LAND:	&&	A:LAND:B	A 和 B 的逻辑"与"
:LEOR:		A:LEOR:B	A 和 B 的逻辑"异或"
:LOR:	‖	A:LOR:B	A 和 B 的逻辑"或"

6.2.8　运算符的优先级

armasm 工具包括用于表达式的大量运算符。它使用严格的优先级顺序来评估它们。许多运算符类似于高级语言(例如 C 语言)的运算符。armasm 按以下顺序评估运算符：

(1) 首先评估括号中的表达式。

（2）按优先级顺序应用运算符。

（3）从右到左评估相邻的一元运算符。

（4）具有相同优先级的二元运算符从左到右求值。

6.3　常用汇编器命令

视频讲解

本节介绍在汇编语言程序中常用的汇编器命令。这些汇编器命令指导汇编器工具对汇编语言源代码进行处理。

1. AREA

AREA 命令指示汇编器汇编新的代码或数据段。该命令的语法格式为：

```
AREA sectionname{,attr}{,attr}…
```

其中：

1）sectionname

sectionname 是该段（section）的名字。段是由链接器操作的独立命名的、不可分割的代码或数据块。

程序开发人员可以为段选择任何名字。但是，以非字母字符开头的名字必须用竖杠符号（｜｜）括起来，否则会产生缺少段名字的错误。比如｜1_DataArea｜。

某些名字是常规名字。例如，｜.text｜用于 C 编译器生成的代码段，或用于与 C 库关联的代码段。

2）attr

attr 是一个或多个以逗号分隔的段属性。有效的属性有：

（1）ALIGN＝expression。

默认情况下可执行可加载格式（Executable and Loadable Format，ELF）段在四字节边界上对齐。expression 可以是 0～31 的任何整数值。区域在 $2^{expression}$ 字节边界上对齐。比如，如果 expression 为 10，则段在 1KB 边界上对齐。这与指定 ALIGN 命令的方式不同。

注：① 不要将 ALIGN＝0 或 ALIGN＝1 用于 ARM 代码段。

② 不要对 Thumb 代码段使用 ALIGN＝0。

（2）ASSOC＝section。

section 指定一个关联的 ELF 部分。sectionname 必须包含在任何包含段的链接中。

（3）CODE。

CODE 包含机器指令。READONLY 是默认设置。

（4）CODEALIGN。

在段中的 ARM 或 Thumb 指令之后使用 ALIGN 命令后，引起 armasm 插入 NOP 指令，除非 ALIGN 命令指定不同的填充。CODEALIGN 是用于仅执行段的默认设置。

（5）COMDEF。

COMDEF 是常见的段定义。该 ELF 段能保留代码或数据。它必须与其他源文件中具有相同名字的任何其他部分相同。

链接器将具有相同名字的 ELF 段重叠放置在存储器中的相同的段中。如果有任何不同，则链接器会产生警告，并且不会重叠这些段。

（6）COMGROUP。

COMGROUP 是使 AREA 成为命名的 ELF 段组的一部分的签名。COMGROUP 属性使用 GRP_COMDAT 标志标记 ELF 段。

（7）COMMON。

COMMON 是公共数据段。不能在其中定义任何代码和数据。连接器工具将其初始化为零。连接器将所有具有相同名字的公共段重叠在存储器的同一段中。它们不必具有相同的大小。连接器为每个名字所要求的最大公共段分配尽可能多的空间。

（8）DATA。

DATA 包含数据，而不是指令。READWRITE 是默认设置。

（9）EXECONLY。

EXECONLY 指示该段是仅执行部分。仅执行段还必须具有 CODE 属性，并且不能包括属性 READONLY、READWRITE、DATA 和 ZEROALIGN。

如果仅执行段发生了下面的行为，则发生 armasm 错误：

① 明确的数据定义，比如 DCD 和 DCB。

② 隐含的数据定义，比如 LDR r0，＝0xaabbccdd。

③ 如果要发送文字数据，则使用文字池指令，例如 LTORG。

④ INCBIN 或 SPACE 命令。

⑤ ALIGN 命令，如果所需的对齐方式无法通过使用 NOP 指令进行填充来实现，那么 armasm 隐含将 CODEALIGN 属性应用于具有 EXECONLY 属性的段。

（10）FINI_ARRAY 命令。将当前区域的 ELF 类型设置为 SHT_FINI_ARRAY。

（11）GROUP＝symbol_name。是使 AREA 成为命名的 ELF 段组的一部分的签名。它必须由源文件或者由源文件所包含的文件定义。具有相同 symbol_name 签名的所有 AREAS 都属于同一组。组中的各个段一起保留或丢弃。

（12）INIT_ARRAY。

将当前区域的 ELF 类型设置为 SHT_INIT_ARRAY。

（13）LINKORDER＝section。

指定当前段在镜像中的相对位置。它确保所有具有 LINKORDER 属性的段相对于镜像中相应命名段的顺序相同。

（14）MERGE＝n。

指示链接器能将当前段和具有 MERGE＝n 属性的其他段合并。n 是该段中元素的大小。比如对于字符，n＝1。不能假定该段已经合并，这是因为该属性不会强制链接器合并这些段。

（15）NOINIT。

指示未初始化的数据段。它仅包含空间保留指令 SPACE 或 DCB、DCD、DCDU、DCQ、DCQU、DCW 或 DCWU，其初始值为零。可以在链接时确定区域是未初始化还是初始化为零。

注：ARM 编译器不支持带有未初始化存储器的 ECC 或奇偶校验保护的系统。

（16）PREINIT_ARRAY。

将当前区域的 ELF 类型设置为 SHT_PREINIT_ARRAY。

（17）READONLY。

指示不能对该段执行写入操作。这是代码区域默认设置。

（18）READWRITE。

指示可以读取和写入该段。这是数据区域的默认设置。

（19）SECFLGAS＝n。

将一个或多个用 n 表示的 ELF 标志添加到当前段。

（20）SECTYPE＝n。

将当前段的 ELF 类型设置为 n。

（21）STRINGS。

将 SHF_STRINGS 标志添加到当前段。要使用 STRINGS 属性,还必须使用 MERGE＝1 属性。该部分的内容必须是使用 DCB 指令以 nul 终止的字符串。

（22）ZEROALIGN。

在段中的 ARM 或 Thumb 指令后使用 ALIGN 命令后,导致 armasm 插入零,除非 ALIGN 命令指定了不同的填充。对于非仅执行段,默认值为 ZEROALIGN。

3）用法

使用 AREA 命令将源文件细分为 ELF 段。可以在多个 AREA 命令中使用相同的名字。具有相同名字的所有区域都放在相同的 ELF 段。仅应用特定名字的第一个 AREA 命令的属性。

ARM 通常建议为代码和数据使用单独的 ELF 段,但可以将数据放在代码段中。大型程序通常可以很方便地分成几个代码段。大型独立数据集通常也最好放在单独的段中。

由 AREA 命令定义数字标号的范围,可以选择由 ROUT 命令细分。在一个汇编程序中,必须至少要有一个 AREA 命令。

注:如果命令使用 PC 相对表达式且位于 PREINIT_ARRAY、FINI_ARRAY 或 INIT_ARRAY ELF 段中任何一个的时候,则 armasm 会为 DCD 和 DCDU 命令发出 R_ARM_TARGET1 重定位。可以在每个 DCD 或 DCDU 命令后使用 RELOC 命令覆盖重定位。如果使用该重定位,则在平台 ABI 允许的情况下,读写段在链接的时候可能会变为只读段。

AREA 命令的一个典型应用如下所示:

```
AREA Example,CODE,READONLY                ;一个代码段的例子
…                                         ;代码
```

4）AREA 和 ELF 的关系

汇编器生成的目标文件分为几个段（section）。在汇编语言源代码中,使用 AREA 命令标记段的开始。

ELF 段是独立命名的,且不可分割的代码或数据序列。单个代码段是生成应用程序所需的最低要求。

汇编器或编译的输出可以包括:

（1）一个或多个代码段。这些通常是只读段。

（2）一个或多个数据段。这些通常是读写段。它们可能初始化为零（Zero Initialized,ZI）。

链接器根据段的放置规则将每个段放置在程序镜像中。源文件中相邻的段在应用程序镜像中并不一定相邻。

使用 AREA 命令来命名该段并设置其属性。属性放在名字之后,用逗号隔开。

程序开发者可以为段选择任何名字。但是,必须将任何非字母字符开头的名字用竖杠‖括起来,否则会生成 AREA 名字丢失错误。例如,|1_DataArea|。

2. EQU

EQU 命令为数字常数、寄存器相对的值或 PC 相对的值指定一个符号名字。该命令的语

法格式为：

```
name EQU expr{, type}
```

其中：

（1）name 是要分配给该值的符号名字。

（2）expr 是一个寄存器相对的地址、PC 相对的地址、绝对地址或 32 位整数常量。

（3）type（可选）可为下列值之一：ARM、THUMB、CODE32、CODE16 或者 DATA。

仅当 expr 是一个绝对地址时，才能使用 type。如果导出了 name，则会根据 type 的值，将目标文件符号表中的 name 项标记为 ARM、THUMB、CODE32、CODE16 或 DATA。链接器可使用该信息。

可以使用 EQU 定义常量，类似于在 C 语言中使用 ♯define 来定义一个常数。 * 是 EQU 的同义词。该命令的用法如下：

```
abc EQU 2                              ;给符号 abc 分配 2
xyz EQU label + 8                      ;给符号 xyz 分配地址（label + 8）
fiq EQU 0x1C, CODE32                   ;给 diq 分配 0x1C,并且将 fiq 标记为代码
```

3. DCB

DCB 命令分配一个或多个字节的存储器，并定义存储器在初始运行时的内容。该命令的语法格式为：

```
{Label} DCB expr{,{expr} …
```

其中，expr 可以是一个数字表达式，其取值为 −128～255 的整数；或者是带引号的字符串，字符串中的字符被加载到存储器连续的字节中。

如果 DCB 后跟着一条指令，那么请使用 ALIGN 命令以确保该指令对齐。 = 是 DCB 的同义词。

与 C 语言字符串不同，ARM 汇编器字符串不是以 null 结尾的。可以使用 DCB 构造一个以空值结尾的字符串 C_string，如下所示：

```
C_string DCB "C_string",0
```

4. DCW 和 DCWU

DCW 命令分配一个或多个存储器半字，在两个字节边界上对齐，并且定义该存储器的初始运行内容。除了存储器对齐是任意的之外，DCWU 和 DCW 是相同的。该命令的语法格式为：

```
{Label} DCW{U} expr{,expr}
```

其中，expr 是数字表达式，其取值为 −32768～65535。

如果需要实现两个字节的对齐，那么 DCW 会在第一个定义的半字之前插入一个填充字节。如果不需要对齐，那么可使用 DCWU。下面的例子给出了 DCW 和 DCWU 的用法：

```
data   DCW − 225,2 * number              ;必须已经定义了 number
       DCWU number + 4
```

5. DCD 和 DCDU

DCD 命令分配一个或多个存储字，在 4 字节边界上对齐，并定义存储器初始运行时的内

容。除了存储器对齐是任意的之外，DCDU 和 DCD 是相同的。该命令的语法格式为：

```
{Label} DCD{U} expr{, expr}
```

其中，expr 可以是数字表达式，也可以是 PC 相对表达式。

DCD 在第一个定义的字之前最多插入 3 个填充字节，以实现四字节对齐。如果不需要对齐，请使用 DCDU。& 是 DCD 的同义词。下面的例子给出了 DCD 和 DCUD 的用法。

```
data1 DCD 1,5,20                    ;定义包含 3 个字，十进制数 1、5 和 20
data2 DCD mem06 + 4                 ;定义 1 个字，包含 4 + 标号 mem06 的地址
AREA MyData, DATA, READWRITE
DCB 255                             ;现在没对齐
data3 DCDU 1,5,20                   ;定义了 3 个字，包含了 1、5 和 20，没有字对齐
```

6. SPACE 和 FILL

SPACE 命令保留零填充的存储块。FILL 命令保留用给定值填充的存储器块。该命令的语法格式为：

```
{label} SPACE expr
{label} FILL expr{,value{,valuesize}}
```

其中：

（1）label(可选)是标号。

（2）expr 用于计算要填充给定值或零的字节数。

（3）value 用于填充保留的字节。value 是可选的，如果省略，则为 0。在 NOINIT 段中，value 必须为 0。

（4）valuesize 是以字节为单位的宽度。它可以是 1、2 或 4。valuesize 是可选的，如果省略，则为 1。

使用 ALIGN 命令以对齐跟在 SPACE 或 FILL 命令后的任何代码。%是 SPACE 的同义词。其用法如下：

```
AREA MyData, DATA, READWRITE
data1 SPACE 255                     ;定义用 0 填充的 255 字节的存储器区域
data2 FILL 50,0xAB,1                ;定义用 0xAB 填充的 50 字节的存储器区域
```

7. THUMB

THUMB 命令指示汇编器使用 UAL 语法将后面的指令解释为 Thumb 命令。该命令的语法格式为：

```
THUMB
```

在包含使用不同指令集代码的文件中，THUMB 必须在以 UAL 语法编写的 Thumb 代码之前。如果有必要，该命令也插入一个填充字节与下半个字的边界对齐。该命令不会汇编为任何命令。它也不会更改状态。它仅指示汇编程序汇编 Thumb 命令，必要时插入填充。

下面的例子说明如何使用 ARM 和 Thumb 命令在单个段中切换状态以及汇编 ARM 和 Thumb 命令。

```
AREA ToThumb, CODE, READONLY        ;代码块的名字
ENTRY                               ;标记第一条要执行的命令
ARM                                 ;后面的命令是 ARM
```

```
start
        ADR r0, into_thumb + 1                    ;处理器开始在 ARM 状态
        BX r0                                     ;内联切换到 Thumb 状态
        THUMB                                     ;后面的命令是 Thumb
into_thumb
        MOVS r0, #10                              ;新类型的 Thumb 指令
```

8. REQUIRE8 和 PRESERVE8

REQUIRE8 和 PRESERVE8 命令指定当前文件要求或保留 8 字节对齐的堆栈。该命令的语法格式为：

```
REQUIRE8 {bool}
PRESERVE8 {bool}
```

其中,bool 是一个可选的布尔常数：{TRUE}或{FALSE}。

REQUIRE8 和 PRESERVE8 命令的用法如下所示：

```
REQUIRE8
REQUIRE8 {TRUE}                                   ;等同于 REQUIRE8
REQUIRE8 {FALSE}                                  ;等同于缺少 REQUIRE8
PRESERVE8 {TRUE}                                  ;等同于 PRESERVE8
PRESERVE8 {FALSE}                                 ;不完全等同于缺少 PRESERVE8
```

9. IMPORT 和 EXTERN

IMPORT 和 EXTERN 命令为汇编器提供了当前汇编程序中没有定义的名字。该命令的语法格式为：

```
directive symbol{[SIZE = n]}
directive symbol{[type]}
directive symbol[attr{,type}{,SIZE = n}]
directive symbol[WEAK {,attr}{,type}{,SIZE = n}]
```

其中：

（1）directive 可以是 IMPORT 或 EXTERN。

① IMPORT：用于无条件导入符号；

② EXTERN：仅在当前汇编程序引用该符号时才导入该符号。

（2）symbol 是在单独汇编的源文件、目标文件或库中定义的符号名字。符号名字区分字母大小写。

（3）WEAK。如果没有在其他位置定义该符号,则可防止链接器生成错误消息。它还可以阻止链接器搜索尚未包含的库。

（4）attr 可以是以下之一：

① DYNAMIC——将 ELF 符号的可视性设置为 STV_DEFAULT。

② PROTECTED——将 ELF 符号的可视性设置为 STV_PROTECTED。

③ HIDDEN——将 ELF 符号的可视性设置为 STV_HIDDEN。

④ INTERNAL——将 ELF 符号的可视性设置为 STV_INTERNAL。

（5）type。类型,指定符号的类型,包括以下其中之一：

① DATA——当汇编和链接源文件时,将符号看作数据。

② CODE——当汇编和链接源文件时,将符号看作代码。

③ ELFTYPE＝n——将符号看作特殊的 ELF 符号,由 n 的值指定,其中 n 可以是 0~15 的任何数字。

如果未指定,则汇编器确定最合适的类型。

(6) n。指定大小,可以是任何 32 位值。如果未指定 SIZE 属性,则汇编器计算大小。

① 对于 PROC 和 FUNCTION 符号,其大小设置为代码的大小,直到其 ENDP 或 ENDFUNC。

② 对于其他符号,大小是同一源代码行上指令或数据的大小。如果没有指令或数据,则大小为零。

该名字在链接的时候解析为在单独的目标文件中定义的符号。该符号被看作程序地址。如果没有指定[WEAK],则在链接时没有找到对应的符号时,链接器将产生错误,即:

① 如果引用是 B 或 BL 命令的目的,则该符号的值将用作下一条命令的地址。这使得 B 或 BL 命令有效地变为 NOP。

② 否则,符号的值为零。

下面的例子测试以查看是否已经链接 C++库,并根据结果有条件地跳转。

```
AREA Example, CODE, READONLY
EXTERN __CPP_INITIALIZE[WEAK]          ;如果链接 C++库,则获取
                                       ;__CPP_INITIALIZE 函数的地址
LDR r0, = __CPP_INITIALIZE             ;如果没有链接,则地址为零
CMP r0, #0                             ;测试是否为零
BEQ nocplusplus                        ;根据结果跳转
```

下面的例子使用了 SIZE 属性:

```
EXTERN symA [SIZE = 4]
EXTERN symA [DATA, SIZE = 4]
```

10. EXPORT 或 GLOBAL

EXPORT 命令声明一个符号,链接器可以使用该符号来解析单独的目标和库文件中的符号引用。GLOBAL 是 EXPORT 的同义词。该命令的语法格式为:

```
EXPORT {[WEAK]}
EXPORT symbol {[SIZE = n]}
EXPORT symbol {[type{,set}]}
EXPORT symbol [attr{,type{,set}}{,SIZE = n}]
EXPORT symbol [WEAK {,attr}{,type{,set}}{,SIZE = n}]
```

其中:

(1) symbol。是要导出的符号名字。符号名字区分字母大小写。如果省略符号,则将导出所有符号。

(2) WEAK。如果没有其他源导出替代符号,则仅将符号导入其他源。如果仅使用[WEAK]而不使用符号,则所有导出的符号都很弱。

(3) attr。属性,可以是以下任意一项:

① DYNAMIC——将 ELF 符号可见性设置为 STV_DEFAULT。

② PROTECTED——将 ELF 符号的可见性设置为 STV_PROTECTED。

③ HIDDEN——将 ELF 符号的可见性设置为 STV_HIDDEN。

④ INTERNAL——将 ELF 符号的可见性设置为 STV_INTERNAL。

（3）type。类型,指定符号的类型,包括以下其中之一:

① DATA——当汇编和链接源文件时,将符号看作数据。

② CODE——当汇编和链接源文件时,将符号看作代码。

③ ELFTYPE=n——将符号看作特殊的 ELF 符号,由 n 的值指定,其中 n 可以是 0~15 的任何数字。

如果未指定,则汇编器确定最合适的类型。通常,汇编器会确定正确的类型,因此不需要指定它。

（4）set（集）。用于指定下面的指令集之一:

① ARM——将符号看作一个 ARM 符号。

② THUMB——将符号看作一个 Thumb 符号。

如果没有指定,汇编器确定最合适的指令集。

（5）n。指定大小,可以是任何 32 位值。如果未指定 SIZE 属性,则汇编器计算大小。

① 对于 PROC 和 FUNCTION 符号,其大小设置为代码的大小,直到遇到 ENDP 或 ENDFUNC。

② 对于其他符号,大小是同一源代码行上指令或数据的大小。如果没有指令或数据,则大小为零。

使用 EXPORT 可以使其他文件中的代码访问当前文件中的符号。使用[WEAK]属性可以通知链接器,如果可以从另一个源获得符号的不同实例,则该符号的实例的优先级要高。可以将[WEAK]属性与任何符号可见性属性一起使用。EXPORT 的用法,如下所示:

```
        AREA Example,CODE,READONLY
        EXPORT DoAdd                        ;导出函数的名字
                                            ;被外部模块使用
DoAdd   ADD r0,r0,r1
```

对于重复导出,可以覆盖符号可见性。在下面的例子中,最后的 EXPORT 具有更高的优先级和可见性。

```
EXPORT SymA[WEAK]                    ;导出为弱 - 隐藏
EXPORT SymA[DYNAMIC]                 ;SymA 变成非弱动态
```

下面的例子给出了 SIZE 属性的用法:

```
EXPORT symA [SIZE = 4]
EXPORT symA [DATA, SIZE = 4]
```

11. ENTRY

ENTRY 命令声明程序的入口点,该命令的语法格式为:

```
ENTRY
```

一个程序必须有一个入口点。可以通过以下方式指定入口点:

（1）在汇编语言源代码中使用 ENTRY 命令;

（2）在 C 或 C++源代码中提供 main()函数;

（3）使用 armlink-entry 命令行选项。

尽管源文件不能包含多个 ENTRY 命令,但是可以在一个程序中声明多个入口点。例如,一个程序可能包含多个汇编语言源文件,每个文件都有一个 ENTRY 命令。或者它可能包含带有 main()函数的 C 或 C++文件以及带有 ENTRY 命令的一个或多个程序集源文件。

如果程序包含有多个入口点,则必须选择其中一个。为此,导出要用作入口点的 ENTRY 命令的符号,然后使用 armlink-entry 选项选择导出的符号。

使用 ENTRY 的一个设计实例如下所示:

```
AREA ARMex, CODE, READONLY
ENTRY                                ;应用程序的入口点
EXPORT ep1                           ;导出符号,这样链接器能发现它
ep1                                  ;在目标文件中
 …                                   ;代码
END
```

当调用 armlink 时,如果在程序中声明了其他入口点,则必须指定-entry＝ep1,选择 ep1。

12. END

END 命令通知汇编器,它已经到达汇编源文件的末尾,该命令的语法格式为:

```
END
```

每个汇编语言源文件本身必须以 END 结束。如果通过 GET 命令已经将源文件包含在父文件中,则汇编器将返回到父文件,并在 GET 命令后的第一行继续汇编。

如果第一个 pass 过程中,顶层源文件到达 END 而没有任何错误,则开始第二个 pass 过程。如果在第二个 pass 过程中,顶层源文件达到 END,则汇编器将完成汇编并写入合适的输出。

13. IF、ELSE、ENDIF 和 ELIF

IF、ELSE、ENDIF 和 ELIF 命令允许使用有条件的汇编指令和命令序列。该命令的语法格式如下:

```
IF logical - expression
… ;code
{ELSE
… ;code}
ENDIF
```

其中,logical-expression 是取值为{TRUE}或{FALSE}的表达式。

将 IF 与 ENDIF 结合使用,以及选择结合 ELSE 使用,可用于仅在指定条件下可以汇编或者执行的指令或命令序列。

IF…ENDIF 条件可以嵌套。

IF 命令引入了条件,该条件用于控制是否汇编指令和命令序列。符号"["是 IF 的同义词。如果前面的条件失败,则 ELSE 命令会标记要汇编的指令或命令序列的开头。符号"|"是 ELSE 的同义词。ENDIF 命令标记了有条件汇编指令或命令序列的结束。符号"]"是 ENDIF 的同义词。

ELF 命令创建与 ELSE IF 等效的结构,而无须嵌套或重复条件。在不使用 ELIF 的情况下,可以构建按组嵌套的条件指令:

```
IF logical-expression
        instructions
ELSE
    IF logical-expression2
```

```
            instructions
        ELSE
            IF logical-expression3
               instructions
            ENDIF
        ENDIF
    ENDIF
```

像上面这样的嵌套结构最多可以嵌套 256 级。对于上面的结构,可以使用 ELIF 更简单地进行描述,如下:

```
IF logical - expression
    instructions
ELIF logical - expression2
    instructions
ELIF logical - expression3
    instructions
ENDIF
```

对于 IF…ENDIF 对,该结构仅将当前的嵌套深度加 1。

在下面的例子中,如果定义了 NEWVERSION,则汇编第一组指令,否则将汇编另一组指令:

```
IF :DEF:NEWVERSION
                                    ;第一组指令或命令
ELSE
                                    ;第二组指令或命令
ENDIF
```

按如下调用 armasm 工具,则定义了 NEWVERSION,因此汇编了第一组命令和指令。

```
armasm -- predefine "NEWVERSION SETL {TRUE}" test.s
```

如下调用 armasm 工具,但并未定义 NEWVERSION,因此将汇编第二组命令和指令。

```
armasm test.s
```

如果 NEWVERSION 的值为{TRUE},则下面的例子将汇编第一组指令;否则,将汇编另一组指令:

```
IF NEWVERSION = {TRUE}
                                    ;第一组指令或命令
ELSE
                                    ;第二组指令或命令
ENDIF
```

如下调用 armasm 工具将导致汇编第一组指令和命令:

```
armasm -- predefine "NEWVERSION SETL {TRUE}" test.s
```

如下调用 armasm 工具将导致汇编第二组指令和命令:

```
armasm -- predefine "NEWVERSION SETL {FALSE}" test.s
```

14. FUNTION 或 PROC

FUNCTION 命令标记函数的开始。PROC 是 FUNCTION 的同义词。该命令的语法格式为：

```
label FUNCTION [{reglist1} [, {reglist2}]]
```

其中：

（1）reglist1（可选）。是由被调用者保存的 ARM 寄存器列表。如果不存在 reglist1，则调试器检查寄存器的使用情况，它假定正在使用 ARM 架构的基础标准应用程序二进制接口（Procedure Call Standard for the ARM Architecture，AAPCS）。如果使用空括号，则通知调试器由被调用者保存所有 ARM 寄存器。

（2）reglist2。是由被调用者保存的 VFG 寄存器。如果使用空括号，则通知调试器由调用者保存所有 VFP 寄存器。

FUNCTION 用于标记函数的开始。在为 ELF 生成 DWARF 调用帧信息时，汇编器使用 FUNCTION 来识别函数的开始。FUNCTION 将规范的帧地址设置为 R13(SP)，并将帧状态堆栈设置为空。每个 FUNCTION 命令必须有匹配的 ENDFUNC 命令。不能嵌套 FUNCTION 和 ENDFUNC 对，并且它们不能包含 PROC 或 ENDP 命令。

如果使用自己的 reglist 参数，则可以使用可选的 reglist 参数来通知调试器有关替代过程调用标准的信息。并非所有的调试器都支持该功能。

如果使用{}指定空的 reglist，则表明由调用者保存该函数的所有寄存器。通常，在编写复位向量时执行该操作，其中所有寄存器中的值在执行时都是未知的。如果调试器尝试从寄存器中的值构造回溯，则可以避免调试器出现问题。

注：FUNCTION 不会自动引起与字边界的对齐（或者 Thumb 的半字边界对齐）。如果需要保证对齐，则使用 ALIGN 命令，否则调用帧可能并未指向函数的开头。

```
        ALIGN                              ;保证对齐
dadd    FUNCTION                           ;如果没有对齐命令，则不能保证字对齐
        EXPORT dadd
        PUSH {r4 - r6,lr}                  ;该行自动字对齐
        FRAME PUSH {r4 - r6,lr}
                                           ;子程序体

        POP {r4 - r6,pc}
        ENDFUNC
func6   PROC {r4 - r8,r12},{D1 - D3}       ;不符合 AAPCS 的函数
        ...
        ENDP
func7   FUNCTION {}                        ;另一个不符合 AAPCS 的函数
        ...
        ENDFUNC
```

15. ENDFUNC 或 ENDP

ENDFUNC 命令标记了符合 AAPCS 函数的结束。ENDP 是 ENDFUNC 的同义词。

16. GBLA、GBLL 和 GBLS

GBLA、GBLL 和 GBLS 命令声明和初始化全局变量。该命令的语法格式为：

```
gblx variable
```

其中：

（1）gblx 是 GBLA、GBLL 或 GBLS 其中之一。

（2）variable 是变量的名字。变量必须是源文件中唯一的名字。

GBLA、GBLL 和 GBLS 的用法如下：

（1）GBLA 指令声明一个全局算术变量，并将其值初始化为 0。

（2）GBLL 指令声明一个全局逻辑变量，并将其值初始化为{FALSE}。

（3）GBLS 指令声明一个全局字符串变量，并将其值初始化为空字符串""。

对于已经定义的变量使用这些命令之一会重新初始化该变量。变量的范围仅限于包含它的源文件。使用 SETA、SETL 或 SETS 命令来设置变量的值。

此外，也可以使用--predefine 汇编器命令行选项来设置全局变量。下面的例子声明了一个变量 objectsize，将 objectsize 的值设置为 0xFF，然后在后面的 SPACE 命令中使用它。

```
        GBLA objectsize              ;声明变量名字
objectsize SETA 0xFF                 ;设置变量的值
        ⋮
                                     ;其他代码
        SPACE objectsize             ;引用变量
```

下面的例子给出了在调用 armasm 时声明和设置变量的方法。如果要在汇编时设置变量的值，则使用该选项。--pd 是--predefine 的同义词。

```
armasm -- predefine "objectsize SETA 0xFF" sourcefile -o objectfile
```

17. LCLA、LCLL 和 LCLS

LCLA、LCLL 和 LCLS 命令声明和初始化本地变量。该命令的语法格式为：

```
lclx variable
```

其中：

（1）lclx 是 LCLA、LCLL 或 LCLS 其中之一。

（2）variable 是变量的名字。变量在包含它的宏（macro）内必须是唯一的。

LCLA、LCLL 和 LCLS 的用法如下：

（1）LCLA 指令声明一个局部算术变量，并将其值初始化为 0。

（2）LCLL 指令声明一个局部逻辑变量，并将其值初始化为{FALSE}。

（3）LCLS 指令声明一个局部字符串变量，并将其值初始化为空字符串""。

对于已经定义的变量使用这些命令之一会重新初始化该变量。变量的范围仅限于包含它的宏的特定的实例中。使用 SETA、SETL 或 SETS 命令来设置变量的值。该命令的用法如下：

```
        MACRO                        ;声明宏
$ label message $ a                  ;宏原型行
        LCLS err                     ;声明本地字符串变量 err
err    SETS "error no: "             ;设置 err 的值
$ label                              ;代码
        INFO 0, "err":CC::STR: $ a   ;使用字符串
        MEND
```

18. SETA、SETL 和 SETS

命令 SETA、SETL 和 SETS 用来设置本地和全局变量的值。该命令的语法格式为：

```
variable setx expr
```

其中：

(1) variable 是变量的名字，由 GBLA、GBLL、GBLS、LCLA、LCLL 或 LCLS 声明。

(2) setx 是 SETA、SETL 或 SETS 其中之一。

(3) expr 是下面其中之一：

① 对于 SETA，是数字；

② 对于 SETL，是逻辑；

③ 对于 SETS，是字符串。

SETA、SETL 和 SETS 命令的用法如下：

(1) SETA 命令设置局部或者全局算术变量的值；

(2) SETL 命令设置局部或者全局逻辑变量的值；

(3) SETS 命令设置局部或全局字符串变量的值。

在使用上面其中一条命令之前，必须使用全局或局部声明命令来声明变量。此外，也可以在命令行上预定义变量名。

该命令的使用方法如下：

```
        GBLA VersionNumber
VersionNumber SETA 21
        GBLL Debug
Debug    SETL {TRUE}
        GBLS VersionString
VersionString   SETS "Version 1.0"
```

19. MACRO 和 MEND

MACRO 命令标记宏定义的开始。宏扩展以 MEND 命令结束。该命令的语法格式为：

```
        MACRO
{ $ label} macroname{ $ cond} { $ parameter{, $ parameter} … }
    ; code
        MEND
```

其中：

(1) $ label 是由调用宏时提供的符号替换的参数。该符号通常是一个标号。

(2) macroname 是宏的名字。它不能以指令或命令的名字开头。

(3) $ cond 是包含条件码的特殊参数。允许使用有效条件码以外的值。

(4) $ parameter 是调用宏时被替换的一个参数。可用以下格式设置参数的默认值：

```
$ parameter = "default value"
```

注：如果默认值内或两端有空格，则必须使用双引号。

如果在宏中启动任何 WHILE…WEND 循环或 IF…ENDIF 条件，则必须在到达 MEND 命令之前关闭。可以使用 MEXIT 来从宏（例如从循环内）提前退出。

在宏的结构内，可以像其他变量一样使用参数，如 $ label、$ parameter 或 $ cond。在每次调用宏的时候，给它们赋新的值。参数必须以 $ 开头，以将其与普通符号区分开。可以使用任意数量的参数。

$ label 是可选的。如果宏定义内部标号，则很有用。它将被看作是宏的参数。它不一定代表宏扩展中的第一条指令。宏定义了任何标号的位置。

使用"|"作为使用参数默认值的参数。如果省略参数，则使用空的字符串。

如果一个宏使用了多个内部标号，那么将每个内部标号定义为带有不同后缀的基本标签非常有用。

如果在扩展中不需要空格，则在参数和后面的文本之间使用一个点，或者在后面的参数之间使用一个点。不要在前面的文本和参数之间使用点。

可以将 $cond 参数用于条件码。使用一元操作符":REVERSE_CC:"查找取反条件码，并使用":CC_ENCODING:"查找条件码的 4 位编码。

宏定义局部变量的范围，且宏可以嵌套。

下面给出了宏使用内部标号来实现循环的例子。

```
;定义宏
                MACRO                            ;开始宏定义
$ label    xmac $ p1, $ p2
                                                 ;代码
$ label.loop1                                    ;代码
                                                 ;代码
                BGE $ label.loop1
$ label.loop2                                    ;代码
                BL $ p1
                BGT $ label.loop2
                                                 ;代码
                ADR $ p2
                                                 ;代码
                MEND                             ;宏定义的结束
                                                 ;宏调用
abc        xmac subr1,de                         ;调用宏
                                                 ;代码,调用的展开
abcloop1                                         ;代码
                                                 ;代码
                BGE abcloop1                     ;
abcloop2                                         ;代码
                BL subr1
                BGT abcloop2
                                                 ;代码
                ADR de
                                                 ;代码
```

在下面的例子中，汇编时宏产生的诊断信息：

```
MACRO                                            ;宏定义
diagnose $ param1 = "default"                    ;这个宏产生
INFO 0," $ param1"                               ;汇编时的诊断
MEND                                             ;(在第二个汇编通过)
                                                 ;宏扩展
diagnose                                         ;在汇编时打印空行
diagnose "hello"                                 ;在汇编时打印"hello"
diagnose |                                       ;在汇编时打印"default"
```

当变量作为参数传递时，使用"|"可能会使某些变量无法替换。要解决该问题，在 LCLS 或 GBLS 变量中定义"|"，然后将该变量作为参数而不是"|"传递。

```
                MACRO                            ;宏定义
```

```
        m2 $ a, $ b = r1, $ c              ; $ b 默认的值为 r1
        add $ a, $ b, $ c                  ; 宏将 $ b 和 $ c 相加,并将结果保存在 $ a 中
        MEND                               ; 宏结束
        MACRO                              ; 宏定义
        m1 $ a, $ b                        ; 该宏将 $ b 和 r1 相加,并将结果保存在 $ a 中
        LCLS def                           ; 为 | 声明局部字符串变量 |
def     SETS "|"                           ; 定义 |
        m2 $ a, $ def, $ b                 ; 调用宏 m2, 参数 $ def 代替 |
                                           ; 第二个参数使用默认值
        MEND                               ; 宏的结束
```

在下面的例子中使用条件码参数:

```
        AREA codx, CODE, READONLY
                                           ; 宏定义
        MACRO
        Return $ cond
        [ {ARCHITECTURE} <> "4"
            BX $ cond lr
            |
            MOV $ cond pc, lr
        ]
        MEND
                                           ; 宏调用
fun     PROC
        CMP r0, # 0
        MOVEQ r0, # 1
        ReturnEQ
        MOV r0, # 0
        Return
        ENDP
        END
```

20. ASSERT

在汇编时,如果一个给定逻辑表达式的结果为{FALSE},则 ASSERT 命令产生一个错误信息,该命令的语法格式为:

```
ASSERT logical-expression
```

其中,logical-expression 是一个逻辑表达式,该表达式的评估结果为{TRUE}或{FALSE}。

使用 ASSERT 以确保在汇编过程中,满足任何必要条件。如果逻辑表达式评估结果为{FALSE},则汇编过程失败。ASSERT 命令的用法如下:

```
ASSERT label1 < = label2
```

这个例子用于测试 label1 表示的地址是否小于或等于 label2 所表示的地址。当评估的结果为{FALSE}时,汇编过程失败。

6.4 STM32G0 的向量表格式

所有 ARM 系统都有一个向量表。它不构成初始化序列的一部分,但是必须存在向量表才能处理异常。

用于 STM32G0 系列 MCU 的向量表格式,如代码清单 6-1 所示。

视频讲解

代码清单 6-1　STM32G0 系列 MCU 的向量表格式

```
AREA RESET, DATA, READONLY
            EXPORT __Vectors
            EXPORT __Vectors_End
            EXPORT __Vectors_Size


__Vectors      DCD __initial_sp                    ;堆栈顶部
               DCD Reset_Handler                   ;复位句柄
               DCD NMI_Handler                     ;NMI 句柄
               DCD HardFault_Handler               ;硬件故障句柄
               DCD 0                               ;保留
               DCD 0                               ;保留
               DCD 0                               ;保留
               DCD 0                               ;保留
               DCD 0                               ;保留
               DCD 0                               ;保留
               DCD 0                               ;保留
               DCD SVC_Handler                     ;SVCall 句柄
               DCD 0                               ;保留
               DCD 0                               ;保留
               DCD PendSV_Handler                  ;PendSV 句柄
               DCD SysTick_Handler                 ;SysTick 句柄

               ;外部中断
               DCD WWDG_IRQHandler                 ;窗口看门狗
               DCD PVD_IRQHandler                  ;通过 EXTI 线检测的 PVD
               DCD RTC_TAMP_IRQHandler             ;通过 EXTI 线检测的 RTC
               DCD FLASH_IRQHandler                ;FLASH
               DCD RCC_IRQHandler                  ;RCC
               DCD EXTI0_1_IRQHandler              ;EXTI 线 0 和 1
               DCD EXTI2_3_IRQHandler              ;EXTI 线 2 和 3
               DCD EXTI4_15_IRQHandler             ;EXTI 线 4～15
               DCD UCPD1_2_IRQHandler              ;UCPD1, UCPD2
               DCD DMA1_Channel1_IRQHandler        ;DMA1 通道 1
               DCD DMA1_Channel2_3_IRQHandler      ;DMA1 通道 2 和通道 3
               DCD DMA1_Ch4_7_DMAMUX1_OVR_IRQHandler
                                                   ;DMA1 通道 4 到通道 7, DMAMUX1 超限
               DCD ADC1_COMP_IRQHandler            ;ADC1, COMP1 和 COMP2
               DCD TIM1_BRK_UP_TRG_COM_IRQHandler  ;TIM1 暂停, 更新, 触发和通信
               DCD TIM1_CC_IRQHandler              ;TIM1 捕获比较
               DCD TIM2_IRQHandler                 ;TIM2
               DCD TIM3_IRQHandler                 ;TIM3
               DCD TIM6_DAC_LPTIM1_IRQHandler      ;TIM6, DAC & LPTIM1
               DCD TIM7_LPTIM2_IRQHandler          ;TIM7 & LPTIM2
               DCD TIM14_IRQHandler                ;TIM14
               DCD TIM15_IRQHandler                ;TIM15
               DCD TIM16_IRQHandler                ;TIM16
               DCD TIM17_IRQHandler                ;TIM17
               DCD I2C1_IRQHandler                 ;I2C1
               DCD I2C2_IRQHandler                 ;I2C2
               DCD SPI1_IRQHandler                 ;SPI1
               DCD SPI2_IRQHandler                 ;SPI2
               DCD USART1_IRQHandler               ;USART1
               DCD USART2_IRQHandler               ;USART2
               DCD USART3_4_LPUART1_IRQHandler     ;USART3, USART4, LPUART1
```

```
        DCD CEC_IRQHandler                      ;CEC

__Vectors_End
```

从上面的代码清单可知,以 STM32G0 系列 MCU 为代表的配置文件由相关句柄的地址组成。在向量表中使用文字池意味着以后可以根据需要轻松修改地址。其中每个异常号 n 所对应的句柄保存在(向量基地址＋4×n)的地址。

在 ARMv7-M 和 ARMv8-M 处理器中,可以在向量表偏移量寄存器(VTOR)中指定向量基地址,以重新定位向量表。复位时,默认的向量表基地址为 0x0(CODE 空间)。对于 ARMv6-M,向量表的基地址固定为 0x0。向量表基地址的位置保存着主堆栈指针的复位值。

注:(1) 必须设置向量表中的每个地址的最低有效位 bit[0],否则将生成硬件故障异常。如果表中包含 T32 符号名字,则 ARM 编译器工具链会设置这些位。

(2) 因为 STM32G0 系列 MCU 的核心寄存器集中提供了 VTOR,因此也可以通过该寄存器来改变中断向量表的基地址。

6.5　配置堆和堆栈

视频讲解

要使用 microlib,必须要为堆栈指定一个初始指针。可以在分散文件中使用__initial_sp 符号指定初始指针。

要使用堆函数,例如 malloc()、calloc()、realloc()和 free(),必须指定堆区域的位置和大小。

要配置堆栈和堆以与 microlib 一起使用,需要使用以下两种方法之一:

(1) 定义符号__initial_sp 指向堆栈的顶部。如果使用堆,还要定义符号__heap_base 和 __heap_limit。

① __initial_sp 必须与 8 字节的倍数对齐。

② __heap_limit 必须指向堆区域中最后一个字节之后的字节。

(2) 在分散文件中,可以执行以下任一操作:

① 定义 ARM_LIB_STACK 和 ARM_LIB_HEAP 区域。如果不打算使用堆,则仅定义一个 ARM_LIB_STACK 区域。

② 定义一个 ARM_LIB_STACKHEAP 区域,则将从该区域的顶部开始堆栈。堆从底部开始。

要使用 armasm 汇编语言设置初始堆栈和堆,如代码清单 6-2 所示。

代码清单 6-2　使用 armasm 汇编语言设置初始堆栈和堆

```
Stack_Size      EQU     0x400

                AREA    STACK, NOINIT, READWRITE, ALIGN = 3
Stack_Mem       SPACE   Stack_Size
__initial_sp


Heap_Size       EQU     0x200

                AREA    HEAP, NOINIT, READWRITE, ALIGN = 3
__heap_base
Heap_Mem        SPACE   Heap_Size
__heap_limit
```

```
EXPORT  __initial_sp
EXPORT  __heap_base
EXPORT  __heap_limit
```

6.6　设计实例一：汇编语言程序的分析和调试

本节将在 Keil μVision 集成开发环境中使用汇编语言编写冒泡排序程序，并通过对该程序的调试，说明 Keil μVision 调试工具在 ARM 32 位嵌入式系统开发中的作用。

6.6.1　冒泡排序的基本思想

冒泡排序的基本思想为：

（1）给定一个包含多个数据元素的任意数据序列，确定排序目标，即从大到小排序还是从小到大排序。

（2）从任意给定的一个数据序列的头部开始，进行两两比较，根据数据值的大小交换数据序列中数据元素所在位置，直到最后将最大/最小的数据元素交换到了无序队列的队尾，从而成为有序序列的一部分。这样就完成了对无序数据序列的一次完整的排序过程。

（3）下一次从该数据序列的头部重新开始继续这个过程，重复步骤（2），直到所有数据元素都排好序（注意：不能对已经排列到队尾的有序数据进行排序操作），也就是不需要再交换数据的顺序为止。

冒泡排序算法的核心在于每次通过对相邻两个数据元素的两两比较来交换位置，选出剩余无序序列里最大/最小的数据元素放到数据序列的队尾。

在具体实现冒泡排序算法时，遵循下面的规则。

（1）比较相邻的元素。如果前面一个数据比后面一个数据的值大/小（根据排序目标确定大小比较规则），就交换它们的位置。

（2）对每一对相邻元素做同样的工作，从开始第一对到结尾的最后一对。完成该步骤后，最后的元素会是最大/最小的数据元素。

（3）针对所有的元素重复以上的步骤，除了最后已经选出的元素（有序）。

（4）持续每次对越来越少的元素（无序元素）重复上面的步骤，直到没有任何一对数字需要比较，则序列最终有序。

6.6.2　冒泡排序算法的设计实现

本节介绍冒泡排序算法的设计与实现，主要步骤包括：

（1）启动 Keil μVision（以下简称 Keil）集成开发环境。

（2）在 Keil 集成开发环境主界面主菜单中，选择 Project→New μVision Project。

（3）弹出 Create New Project 对话框。在该对话框中，将路径指向 e:\STM32G0_example\example_6_1（读者可以根据自己的要求指定不同的工程路径）。在该对话框底部的文件名右侧的文本框中输入工程的名字。在该例子中，将文件命名为 top。

（4）单击"保存"按钮，退出该对话框。

（5）弹出 Select Device for Target 'Target 1'对话框。在该对话框左下角的器件选择窗口中，找到并展开 STMicroelectronics 项，在下面找到并展开 STM32G071 项（见图 6.1），最后选中 STM32G071RBTx。

（6）单击 OK 按钮，退出 Select Device for Target 'Target 1'对话框。

（7）自动弹出 Manage Run-Time Environment 对话框，单击该界面右上角的×按钮，退出该对话框。

（8）如图6.2所示，在 Keil 主界面左侧的 Project 窗口中找到并展开 Project：top 项。在下面找到并展开 Target 1 项。最后找到并选中 Source Group 1 项，右击，在出现的快捷菜单中选择 Add New Item to Group 'Source Group 1'命令。

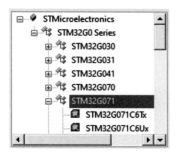

图 6.1　选择器件窗口

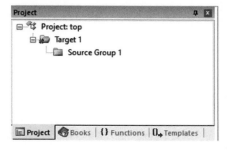

图 6.2　Project 窗口界面

（9）弹出 Add New Item to Group 'Source Group 1'对话框，如图6.3所示。在该对话框的左侧窗口中，选中 Asm File(.s)项。在对话框下方的 Name：文本框中输入 startup，即该汇编源文件的名字为 startup.s。

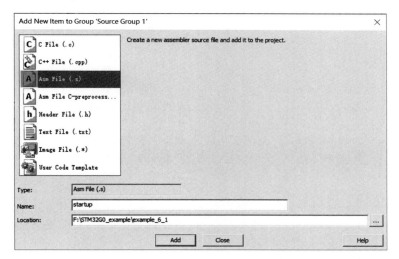

图 6.3　Add New Item to Group 'Source Group 1'对话框

（10）单击 Add 按钮，退出该对话框。

（11）自动打开 startup.s 文件。在该文件中，添加设计代码，如代码清单6-3所示。

代码清单 6-3　汇编语言编写的冒泡排序代码片段

```
MOVS R0, #0x20
MOVS R1, #24
LSLS R0, R1                    ;R0 指向存储器基地址 0x2000 0000
;需要冒泡排序的 7 个数 0x85、0x6F、0xC2、0x1E、0x34、0x14 和 0x8E
;分别保存到寄存器 R1、R2、R3、R4、R5、R6 和 R7 中
MOVS R1, #0x85
```

```
                    MOVS R2, ♯0x6F
                    MOVS R3, ♯0xC2
                    MOVS R4, ♯0x1E
                    MOVS R5, ♯0x34
                    MOVS R6, ♯0x14
                    MOVS R7, ♯0x8E

                    STM R0!, {R1,R2 - R7}          ;将需要排序的数据导入 R0 指向的存储器中

                    MOVS R0, ♯0x20                 ;
                    MOVS R1, ♯24                   ;
                    LSLS R0, R1                    ;将 R0 指针指向的位置重新指向 0x2000 0000

                    MOVS R3, ♯0x00                 ;初始化 R3 指向第一个需要排序数据的偏移地址
                    MOVS R4, ♯0x04                 ;初始化 R4 指向第二个需要排序数据的偏移地址
    LEBEL                                          ;循环开始标志
                    LDR R1, [R0,R3]                ;将第一个需要排序的数据从存储器加载到 R1 中
                    LDR R2, [R0,R4]                ;将第二个需要排序的数据从存储器加载到 R2 中

                    CMP R1, R2                     ;比较 R1 和 R2 的值
                    BLS LEBEL1                     ;若 R1 <= R2,则不需要交换跳转到 LEBEL1

                    STR R1, [R0,R4]                ;否则 R1 和 R2 需要交换
                    STR R2, [R0,R3]                ;将 R1/R2 交叉保存在存储器中,完成交换

    LEBEL1
                    CMP R4, ♯0x18                  ;比较判断第二个被比较数是否遍历到最后一个
                    BEQ LEBEL2                     ;如果是,则跳转到 LEBEL2

                    ADDS R4, ♯0x04                 ;如果不是,则指向下一个被比较数据的偏移地址
                    B LEBEL                        ;开始新的比较循环

    LEBEL2
                    CMP R3, ♯0x14                  ;比较判断第一个被比较数是否为倒数第二个数
                    BEQ LEBEL3                     ;如果是,则全部遍历完成,跳转到 LEBEL3 结束排序

                    ADDS R3, ♯0x04                 ;如果不是,让 R3 指向下一个被比较的数
                    MOVS R4, R3
                    ADDS R4, ♯0x04                 ;让 R4 指向 R3 后面的一个数
                    B LEBEL                        ;开始新的比较循环

    LEBEL3
                    LDM R0!, {R1, R2 - R7}         ;将存储器中排序完的数据,依次导出到 R1 到 R7
```

（12）保存该设计代码。

注：（1）上面的代码没有包含启动引导部分。

（2）读者可以进入本书配套资源的目录\STM32G0_example\example_6_1 中,打开该工程,以查看完整的设计代码。

思考与练习 6-1：分析 startup.s 文件中的启动引导代码,说明其结构和实现的功能。

思考与练习 6-2：根据代码清单,绘制出实现该算法的数据流图。

6.6.3 冒泡排序算法的调试

本节将使用 Keil 集成的调试器工具对该设计代码进行调试,主要步骤包括:

(1) 在如图 6.2 所示的窗口中,找到并选中 Target 1 项,在其浮动菜单内,选择 Options for Target 'Target 1'项。

(2) 弹出 Options for Target 'Target 1'对话框。在该对话框中单击 Target 标签。在该标签界面右侧的 Code Generation 栏中,通过 ARM Compiler:右侧的下拉列表框,将 ARM Compiler 设置为 Use default compiler version5。

(3) 在该对话框中,单击 Debug 标签。在该标签界面的右侧窗口中,选中 Use 单选按钮,并且通过其右侧的下拉列表框,将其设置为 ST-Link Debugger,如图 6.4 所示。

图 6.4 选择调试器工具界面

(4) 单击 OK 按钮,退出 Options for Target 'Target 1'对话框。

(5) 在 Keil 主界面菜单中选择 Project→Build Target 命令,对汇编源文件执行编译和链接的过程。

注:在编译和链接过程中,如果在 Build Output 窗口中出现错误信息,则需要仔细检查设计源文件中的代码。

(6) 通过 USB 电缆,将意法半导体公司提供的 NUCLEO-G071RB 开发板连接到当前 PC/笔记本计算机的 USB 接口。

(7) 在 Keil 主界面菜单中选择 Debug→Start/Stop Debug Session 命令。

(8) 进入调试器界面,如图 6.5 所示。在该界面的 Disassembly 窗口中,自动跳到复位向量后的第一条指令 MOVS R0,♯0x20。

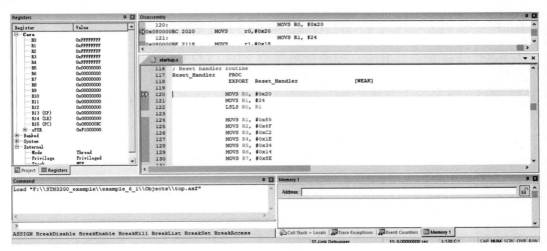

图 6.5 调试器界面

注:如果没有出现 Disassembly 窗口,则可以在调试界面菜单中选择 View→Disassembly Window 命令,打开该窗口。

(9) 在调试界面工具栏中,连续单击工具栏中的单步运行按钮 ,一直运行程序,直到运行完指令 MOVS R7，♯0x8E。

思考与练习 6-3：在单步运行程序时，注意观察图 6.5 中左上角 Registers 窗口中寄存器内容的变化。

注：如果没有出现 Registers 窗口，可以在调试界面主菜单中，选择 View→Registers Window，打开该窗口。

（10）在如图 6.5 所示的调试界面右下角的 Memory 1 窗口中，在"Address："文本框中输入 0x20000000。

（11）再单步运行完下面一条指令：

```
STM   R0!，{R1,R2 - R7}
```

思考与练习 6-4：查看 Memory 1 窗口中从 0x20000000 开始的地址的内容，以确认将 7 个没有排序的数据保存到了指定的存储器位置，如图 6.6 所示。

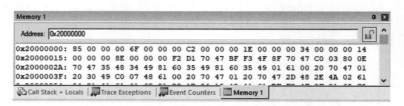

图 6.6　Memory 1 窗口的内容

（12）在指令 LDM R0!，{R1,R2－R7}所在的一行设置一个断点，然后在调试器主界面的菜单中选择 Debug→Run 命令。程序运行到该条指令。

（13）再单步执行一次，以运行完该指令。

思考与练习 6-5：观察 Registers 窗口中寄存器 R1～R7 中的内容，以确认冒泡排序算法的正确性。

视频讲解

6.7　设计实例二：GPIO 的驱动和控制

本节将使用汇编语言编写应用程序来驱动 NUCLEO-G071RB 开发板上的 LED。如图 6.7 所示，在 NUCLEO-G071RB 开发板上标记为 LD4 的 LED 灯，通过名字为 BSN20 的 N 沟道 MOSFET 驱动，该晶体管的栅极连接到 STM32G071RBTx 的 PA5 引脚上。

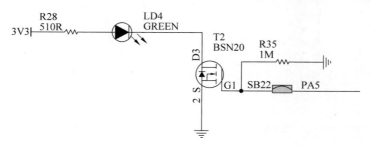

图 6.7　NUCLEO-G071RB 开发板上 LED 的驱动电路

根据 N 沟道 MOSFET 的驱动原理，当 PA5 为高电平时，MOSFET 导通，有电流流经 LED 灯，因此 LED 灯处于"亮"状态；当 PA5 为低电平时，MOSFET 截止，没有电流流经 LED 灯，因此 LED 灯处于"灭"状态。

6.7.1 STM32G071 的 GPIO 原理

STM32 微控制器的通用 I/O(General-Purpose I/O,GPIO)引脚提供了与外部环境的接口。GPIO 的基本结构如图 6.8 所示。MCU 和所有其他嵌入式外设都使用该可配置接口来与数字和模拟信号进行接口。STM32 上 GPIO 的优势体现在广泛支持的 I/O 电源电压,以及从低功耗模式唤醒 MCU 的能力。

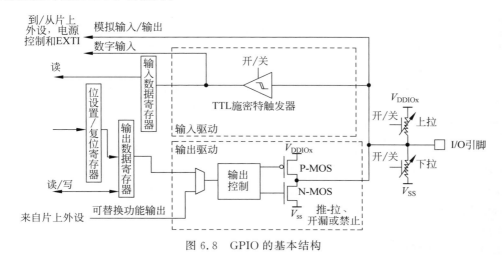

图 6.8　GPIO 的基本结构

当 STM32G0 微控制器处于复位状态时,大多数的 I/O 端口配置为模拟模式,以最大限度地降低功耗。

由图 3.1 可知,Cortex-M0＋核可通过单周期 I/O 总线直接访问 GPIO 寄存器。这提供了一个低延迟的直接路径来改变输出状态或读取输入状态。

对于 STM32G0 上的 GPIO 来说,它们中的每一个都可以独立配置上拉或下拉电阻。这样,在进入低功耗时,可以保持活动状态。可以在 PWR 模块中进行配置。

GPIO 提供双向操作-输入和输出-每个 I/O 引脚具有独立的配置。它们在 5 个名为 GPIOA、GPIOB、GPIOC、GPIOD 和 GPIOF 的端口之间共享。它们每个都承载最多 16 个 I/O 引脚。通过 BSRR 和 BRR 寄存器,I/O 端口支持原子位置位和复位操作。

I/O 端口直接连接到单周期 I/O 端口总线。这允许实现快速的 I/O 引脚操作。例如,每两个时钟周期切换一次引脚。因为该 Cortex-M0＋端口是 CPU 专用的,所以与 DMA 不会发生冲突。当由高于 1.6V 的 V_{DDIOx} 供电时,大多数 I/O 引脚可承受 5V 电压。

通用 I/O 引脚可以配置为几种工作模式。可以将 I/O 引脚配置为具有浮动输入的输入模式、带有内部上拉或下拉电阻的输入模式或模拟输入。

I/O 引脚也可以配置为具有内部上拉或下拉电阻的推挽输出或漏极开路输出的输出模式。

对于每个 I/O 引脚,可以从 4 个范围内选择压摆率速度,以确保最大速度和 I/O 开关发射之间的最佳平衡,并调整应用的 EMI 性能。其他集成的外设也可以使用 I/O 引脚与外部环境进行接口。在这种情况下,可替换功能寄存器用于选择外设的配置。

可以锁定 I/O 端口的配置,以提高应用程序的抗干扰能力。将正确的写入顺序应用于锁定寄存器来锁定配置后,在下一次复位之前,无法修改 I/O 引脚的配置。

1. 可替换的功能

几个集成的外设（例如 USART、定时器、SPI 和其他集成外设）共享相同的 I/O 引脚，以便与外部环境连接。外设通过可替换功能多路选择器配置，可确保一次仅将一个外设连接到 I/O 引脚，如图 6.9 所示。当然，可以在运行应用程序时通过 GPIOx_AFRL 和 AFRH 寄存器来修改此选择。

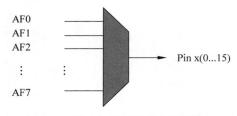

图 6.9　通过多路选择器选择外设与
I/O 引脚的连接关系

注：对于本书所使用 MCU 的每个 I/O 引脚可以映射的不同可替换功能，读者可查看意法半导体公司给出的 DS12232 文档《STM32G071x8/xB》中的表 12。

思考与练习 6-6：通过查看 DS12232 文档中的表 12，说明 STM32G071 系列 MCU 的 GPIO 的分组方式。（提示：分为 PA、PB、PC、PD 和 PF）

思考与练习 6-7：根据 DS12232 文档中的表 13（Port A alternate function mapping）、表 14（Port B alternate function mapping）、表 15（Port C alternate function mapping）、表 16（Port D alternate function mapping）和表 17（Port F alternate function mapping）以及 ST 给出的文档 RM0444 Reference Manual—STM32G0x1 advanced ARM-based 32-bit MCUs，说明该 MCU 的 GPIO 可替换功能的映射方法。

2. I/O 引脚的配置

I/O 引脚的配置可通过 3 个寄存器实现，包括 GPIOx_MODER、GPIOx_OTYPER 和 GPIOx_PUPDR，如表 6.9 所示。

表 6.9　I/O 引脚配置

GPIOx_MODER[MODEi]	GPIOx_OTYPER[OTi]	GPIOx_PUPDR[PUPDi]	I/O 配置
0b00（输入）	—	0b00（无上拉/下拉）	输入，浮空
		0b01（上拉）	输入、上拉
		0b10（下拉）	输入、下拉
0b01（输出）	0（推-拉）	0b00（无上拉/下拉）	GP 输出、推-拉，浮空
		0b01（上拉）	GP 输出、推-拉、上拉
		0b10（下拉）	GP 输出、推-拉、下拉
	0（开漏）	0b00（无上拉/下拉）	GP 输出、开漏，浮空
		0b01（上拉）	GP 输出、开漏、上拉
		0b10（下拉）	GP 输出、开漏、下拉
0b10（可替换的功能）	0（推-拉）	0b00（无上拉/下拉）	AF 输出、推-拉、浮空
		0b01（上拉）	AF 输出、推-拉、上拉
		0b10（下拉）	AF 输出、推-拉、下拉
	0（开漏）	0b00（无上拉/下拉）	AF 输出、开漏、浮空
		0b01（上拉）	AF 输出、开漏、上拉
		0b10（下拉）	AF 输出、开漏、下拉
0b11（模拟）	x	0bxx	模拟输入

（1）寄存器 GPIOx_MODER 选择 I/O 引脚的功能：数字输入、数字输出、数字可替换功能或模拟。

（2）当引脚为输出时，寄存器 GPIO_OTYPER 是相关的：它选择开漏还是推挽操作。

（3）当引脚未配置为模拟模式时，寄存器 GPIOx_PUPDR 是相关的。它使能/禁止上拉或下拉电阻。

3. 引脚重映射

两个引脚 PA9 和 PA10 可以分别重新映射两个 GPIO PA11 和 PA12，以便在封装本身不可用时可以访问它们的功能。

通过这种重新映射，可以使用与引脚 PA9 和 PA10 相关的替代功能。

注：当封装支持引脚 PA9 和 PA10 作为独立引脚时，也使用该重新映射。

4. 其他考虑

在复位期间和复位之后，可替换功能均无效，只能在可替换模式下使用调试引脚。PA14 引脚与 BOOT0 功能共享。由于调试设备可以操控 BOOT0 引脚值来选择启动模式，因此需要谨慎。

6.7.2　所用寄存器的地址和功能

本节简要介绍该设计中所使用的寄存器的地址和功能。表 6.10 给出了寄存器的地址和所对应的寄存器名字。

表 6.10　寄存器的地址

寄存器的名字	基地址	偏移地址	实际地址
GPIOA_MODER	0x50000000	0x00	0x50000000
RCC_IOPENR	0x40021000	0x34	0x40021034
GPIOA_ODR	0x50000000	0x14	0x50000014

注：关于模块基地址和偏移地址以及存储器映射关系，读者可以参考 ST 官方文档资料 RM0444 Reference Manual—STM32G0x1 advanced ARM-based 32-bit MCUs 中 2.1 节 System architecture（系统架构）的内容。

1. RCC_IOPENR 寄存器

I/O 端口时钟使能寄存器（I/O Port clock Enable Register，RCC_IOPENR）的内容如表 6.11 所示，该寄存器的复位值为 0x00000000。

表 6.11　RCC_IOPENR 寄存器的内容

位	31	30	29	28	27	26	25	24	23	22	21	20	19	18	17	16
值	—	—	—	—	—	—	—	—	—	—	—	—	—	—	—	—

位	15	14	13	12	11	10	9	8	7	6	5	4	3	2	1	0
值	—	—	—	—	—	—	—	—	—	—	GPIOFEN	GPIOEEN	GPIODEN	GPIOCEN	GPIOBEN	GPIOAEN

在表 6.11 中：

（1）[31:6]。保留，必须保持其复位值。

（2）GPIOFEN。I/O F 端口时钟使能。该位由软件设置和清除。当该位为 0 时，禁止 F 端口时钟；当该位为 1 时，使能 F 端口时钟。

（3）GPIOEEN。I/O E 端口时钟使能。该位由软件设置和清除。当该位为 0 时，禁止 E 端口时钟；当该位为 1 时，使能 E 端口时钟。

（4）GPIODEN。I/O D 端口时钟使能。该位由软件设置和清除。当该位为 0 时，禁止 D

端口时钟；当该位为 1 时，使能 D 端口时钟。

（5）GPIOCEN。I/O C 端口时钟使能。该位由软件设置和清除。当该位为 0 时，禁止 C 端口时钟；当该位为 1 时，使能 C 端口时钟。

（6）GPIOBEN。I/O B 端口时钟使能。该位由软件设置和清除。当该位为 0 时，禁止 B 端口时钟；当该位为 1 时，使能 B 端口时钟。

（7）GPIOAEN。I/O A 端口时钟使能。该位由软件设置和清除。当该位为 0 时，禁止 A 端口时钟；当该位为 1 时，使能 A 端口时钟。

在该设计中，需要将该寄存器设置为 0x00000001。

2. GPIOA_MODER 寄存器

GPIOA 端口模式寄存器（GPIOA port mode register，GPIOA_MODER）的内容如表 6.12 所示。该寄存器的复位值为 0xEBFFFFFF。

表 6.12　GPIOA_MODER 寄存器的内容

位	31	30	29	28	27	26	25	24
值	MODE15[1:0]		MODE14[1:0]		MODE13[1:0]		MODE12[1:0]	
位	23	22	21	20	19	18	17	16
值	MODE11[1:0]		MODE10[1:0]		MODE9[1:0]		MODE8[1:0]	
位	15	14	13	12	11	10	9	8
值	MODE7[1:0]		MODE6[1:0]		MODE5[1:0]		MODE4[1:0]	
位	7	6	5	4	3	2	1	0
值	MODE3[1:0]		MODE2[1:0]		MODE1[1:0]		MODE0[1:0]	

其中，[31:0] MODE[15:0][1:0]：端口 A 配置 I/O 引脚 y（y=15~0）。这些位由软件写入以配置 I/O 模式。规定：

（1）00——输入模式。

（2）01——通用输出模式。

（3）10——可替换功能模式。

（4）11——模拟模式（复位状态）。

在该设计中，该寄存器的值设置为 0xEBFFF7FF。

3. GPIOA_ODR 寄存器

GPIO 端口输出数据寄存器（GPIO port output data register，GPIOA_ODR）的内容，如表 6.13 所示，该寄存器的复位值为 0x00000000。

表 6.13　GPIOA_ODR 寄存器的内容

位	31	30	29	28	27	26	25	24	23	22	21	20	19	18	17	16
值	—	—	—	—	—	—	—	—	—	—	—	—	—	—	—	—
位	15	14	13	12	11	10	9	8	7	6	5	4	3	2	1	0
值	OD15	OD14	OD13	OD12	DO11	OD10	OD9	OD8	OD7	OD6	OD5	OD4	OD3	OD2	OD1	OD0

其中：

（1）[31:16]——保留，必须保持复位值。

（2）[15:0]——OD[15:0]，端口 A 输出数据 I/O 引脚 y（y=15~0）。软件可以读写这些位。

注：对于原子位的置位/复位,可以通过写入 GPIOA_BSRR 寄存器来分别置位和/或复位 OD 位。

6.7.3　GPIO 驱动和控制的实现

本节将使用汇编语言编写应用程序驱动开发板上的 LED 灯。特别需要注意,在初始化 GPIO 寄存器之前,首先必须要初始化 RCC 中必要的寄存器,这是因为如果不初始化 RCC 中的寄存器,STM32G071 内的时钟树就无法正常工作。而对 GPIO 模块中的寄存器的初始化操作会使用到 APB 总线所提供的时钟资源。

实现 GPIO 驱动和控制的主要步骤包括:

(1) 按照 6.6.2 节给出的步骤,在本书所提供资料的\STM32G0_example\example_6_2目录下,建立一个名字为 top. uvprojx 的工程。

(2) 按照 6.6.2 节给出的步骤,创建一个名字为 startup. s 的汇编源文件。

(3) 在该汇编源文件中,添加启动引导代码和 GPIO 相关的驱动代码,如代码清单 6-4所示。

代码清单 6-4　GPIO 的驱动和控制代码片段

```
        MOVS R0, #1              ;给寄存器 R0 赋值为 1
        LDR R1, = 0x40021034    ;将寄存器 RCC_IOPENR 的地址送给 R1
        STR R0, [R1]            ;给寄存器 RCC_IOPENR 设置值 1

        LDR R0, = 0xEBFFF7FF    ;给寄存器 R0 赋值为 0xEBFFF7FF
        LDR R1, = 0x50000000    ;将寄存器 GPIOA_MODER 的地址送给 R1
        STR R0, [R1]            ;给寄存器 GPIOA_MODER 设置值 0xEBFFF7FF

LEBEL                           ;最外层循环标号
        LDR R4, = 0x000FFFFF    ;第一个内循环的延迟初值为 0x000FFFFF
LEBEL1                          ;第一个内循环的标号
        LDR R0, = 0x20          ;给寄存器 R0 赋值 0x20
        LDR R1, = 0x50000014    ;将寄存器 GPIOA_ODR 的地址送给寄存器 R1
        STR R0, [R1]            ;给寄存器 GPIOA_ODR 设置值 0x20

        SUBS R4, #1             ;递减第一个内循环延迟值
        CMP R4, #1              ;将递减后的延迟值与 1 进行比较,产生标志
        BGE LEBEL1              ;当未到达延迟值的下界时,继续第一个内循环

        LDR R5, = 0x000FFFFF    ;第二个内循环的延迟初值为 0x000FFFFF
LEBEL2                          ;第二个内循环的标号
        LDR R0, = 0x0           ;给寄存器 R0 赋值为 0x0
        LDR R1, = 0x50000014    ;将寄存器 GPIOA_ODR 的地址送给寄存器 R1
        STR R0, [R1]            ;给寄存器 GPIOA_ODR 寄存器设置值 0x00

        SUBS R5, #1             ;递减第二个内循环延迟值
        CMP R5, #1              ;将递减后的延迟值与 1 进行比较,产生标志
        BGE LEBEL2              ;当未到达延迟值的下界时,继续第二个内循环

        B LEBEL                 ;无条件跳转到外循环
```

注：① 上面的代码没有包含启动引导部分。

② 读者可以进入本书配套资源的目录\STM32G0_example\example_6_2 中，打开该工程，以查看完整的设计代码。

思考与练习 6-6：根据代码清单给出的代码，绘制出控制开发板上 LED 灯的流程图。

（4）保存该设计文件。

（5）在 Keil 主界面菜单中选择 Project→Build Target 命令，对设计代码进行编译和链接。

（6）通过 USB 电缆，将意法半导体公司提供的开发板 NUCLEO-G071RB 连接到 PC/笔记本计算机的 USB 接口上。

（7）在 Keil 主界面菜单中选择 Flash→Download 命令，将生成的烧写文件自动下载到开发板上型号为 STM32G071 MCU 的片内 Flash 存储器中。

（8）按一下开发板 NUCLEO-G071RB 上标记为 RESET 的按键，开始运行程序。

思考与练习 6-7：观察开发板上 LED 的闪烁现象是否和设计目标一致，并修改该设计中的 GPIO 驱动代码实现对 LED 灯控制模式的修改。

视频讲解

6.8　设计实例三：中断的控制和实现

本节将使用 ST 开发板 NUCLEO-G071RB 上标记为 USER 的按键来控制开发板上标记为 LD4 的 LED 灯。每当按下按键时，切换 LED 灯的状态。USER 按键的电路原理如图 6.10 所示。当按下按键时，将 PC13 引脚拉低到 GND；当未按下按键时，PC13 引脚拉高到 VDD。

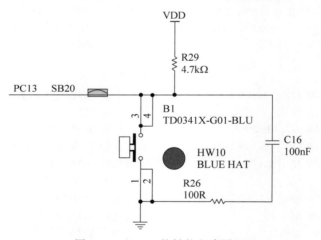

图 6.10　USER 按键的电路原理

6.8.1　扩展中断和事件控制器原理

扩展中断和事件控制器（EXTended Interrupt and event controller，EXTI）通过可配置和直接事件输入（线）管理 CPU 和唤醒系统。它向电源控制提供唤醒请求，并向 CPU NVIC 生成中断请求向 CPU 事件输入生成事件。对于 CPU，需要一个额外的事件产生块（EVent Generation block，EVG）来生成 CPU 事件信号。EXTI 唤醒请求允许从停止模式唤醒系统。此外，可以在运行模式下使用中断请求和事件请求生成。

EXTI 也包含 EXTI I/O 端口多路复用器。

1. EXTI 结构

EXTI 的内部结构如图 6.11 所示。可以看到，EXTI 包含通过 AHB 接口访问的寄存器块、事件输入触发块、屏蔽块和 EXTI 多路复用器。其中：

(1) 寄存器块包含所有 EXTI 寄存器。

(2) 事件输入触发块提供一个事件输入边沿触发逻辑。

(3) 屏蔽块将事件输入分配提供给不同的唤醒、中断和事件输出，以及对它们的屏蔽。

(4) EXTI 多路复用器在 EXTI 事件信号上提供 I/O 端口选择。

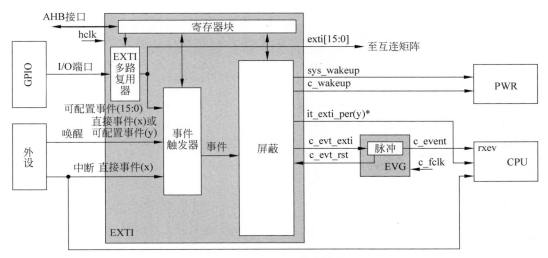

图 6.11 EXTI 的内部结构

注：图 6.11 中 it_exti_per(y)仅适用于可配置事件(y)。

该模块内的信号，如表 6.14 所示。

表 6.14 EXTI 内部信号及功能

信 号 名 字	I/O	功 能
AHB 接口	I/O	EXTI 寄存器总线接口。当把一个事件配置为允许安全性时，AHB 接口支持安全访问
hclk	I	AHB 总线时钟和 EXTI 系统时钟
可配置的事件(y)	I	来自外设的异步唤醒事件，这些事件在外设中没有相关的中断和标志
直接事件(x)	I	来自外设的同步和异步唤醒事件，在外设中有相关的中断和标志
IOPort(n)	I	GPIO 端口[15:0]
exti[15:0]	O	EXTI 输出端口去触发其他 IP
it_exti_per(y)	O	与可配置事件(y)相关的 CPU 中断
c_evt_exti	O	高级敏感事件输出，用于同步到 hclk
c_evt_rst	I	用于清除 c_evt_exti 的异步复位输入
sys_wakeup	O	用于 ck_sys 和 HCLK 的连接到 PWR 的异步系统唤醒请求
c_wakeup	O	用于 CPU 的连接到 PWR 的唤醒请求，同步到 HCLK

EVG 引脚及功能如表 6.15 所示。

表 6.15　EVG 引脚及功能

信 号 名 字	I/O	功　　能
c_fclk	I	CPU 自由运行的时钟
c_evt_in	I	来自 EXTI 的高级敏感事件输入,与 CPU 时钟异步
c_event	O	事件脉冲,与 CPU 时钟同步
c_evt_rst	O	事件复位信号,与 CPU 时钟同步

2. EXTI 多路复用器

EXTI 多路选择器允许选择 GPIO 作为中断和唤醒,如图 6.12 所示。前面提到,STM32G0 有 5 个 I/O 端口：端口 A～D 为 16 个引脚宽度,端口 F 是 4 个引脚宽度。

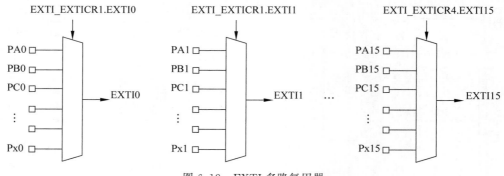

图 6.12　EXTI 多路复用器

GPIO 通过 16 个 EXTI 多路复用器线连接到前 16 个 EXTI 事件,作为可配置事件。通过 EXTI 外部中断选择寄存器(EXTI_EXTICRx)寄存器控制 GPIO 端口作为 EXTI 多路复用器输出的选择。

EXTI 多路选择器的输出可用作来自 EXTI 的输入信号,以触发其他功能块。可以使用 EXTI 多路选择器的输出,而与通过 EXTI_IMR 和 EXTI_EMR 寄存器中的屏蔽设置相互独立。

所连接的 EXTI 线(事件输入)如表 6.16 所示。

表 6.16　所连接的 EXTI 线

EXTI 线	线　的　源	线　的　类　型
0～15	GPIO	可配置的
16	PVD 输出	可配置的
17	COMP1 输出	可配置的
18	COMP2 输出	可配置的
19	RTC	直接
20	COMP3 输出	可配置的
21	TAMP	直接
22	I2C2 唤醒	直接
23	I2C1 唤醒	直接
24	USART3 唤醒	直接
25	USART1 唤醒	直接
26	USART2 唤醒	直接
27	CEC 唤醒	直接

续表

EXTI 线	线 的 源	线 的 类 型
28	LPUART1 唤醒	直接
29	LPTIM1	直接
30	LPTIM2	直接
31	LSE_CSS	直接
32	UCPD1 唤醒	直接
33	UCPD2 唤醒	直接
34	V_{DDIO2} 监视可配置的	直接
35	LPUART2 唤醒	直接

3. 外设和 CPU 之间的 EXTI 连接

当系统处于停止模式时,将能够产生唤醒或中断事件的外设连接到 EXTI。

(1)产生脉冲或外设中没有状态位的外设唤醒信号连接到一个 EXTI 可配置线。对于这些事件,EXTI 提供了一个状态挂起位,需要将其清除。与状态位相关的 EXTI 中断会中断 CPU。

(2)在外设中有状态位且需要在外设中清除的外设中断和唤醒信号连接到 EXTI 直连线。EXTI 中没有状态挂起位。外设中的中断或唤醒由 CPU 清除。外设中断直接中断 CPU。

(3)在所有输入到 EXTI 多路复用器的 GPIO 端口中,允许选择一个端口通过可配置的事件来唤醒系统。

EXTI 可配置事件中断连接到 CPU 的 NVIC(a)。专用的 EXTI/EVG CPU 事件连接到 CPU 的 rxev 输入。EXTI CPU 唤醒信号连接到 PWR 块,用于唤醒系统和 CPU 子系统的总线时钟。

4. Cortex-M0＋事件和中断

如图 6.13 所示,Cortex-M0＋支持两种进入低功耗状态的方法:

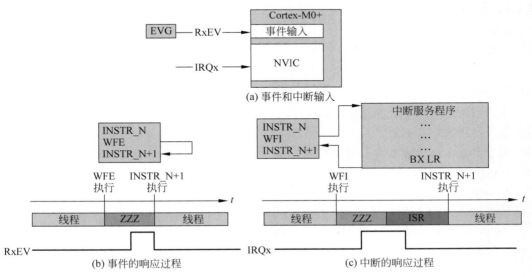

图 6.13　事件和中断的响应

(1)执行等待事件(Wait For Event,WFE)指令;

(2)执行等待中断(Wait For Interrupt,WFI)指令。

对于 WFE，唤醒事件后执行的第一条指令是下一个顺序指令 INSTR_N+1。通过实现 WFI，当接收到使能的中断请求时，处理器将跳到中断服务程序（Interrupt Service Routine，ISR）。

注：中断请求是 WFE 的退出条件，但是在 RxEV 上接收到的事件不是 WFI 的退出条件。

5. 中断的产生

中断的产生原理如图 6.14 所示。该图旨在说明使可配置事件活动边沿转换为中断请求的各个阶段。第一级是由两个寄存器 EXTI_RTSR1 和 EXTI_FTSR1 配置的异步边沿检测电路。可以选择任何沿，也可能是两个沿。

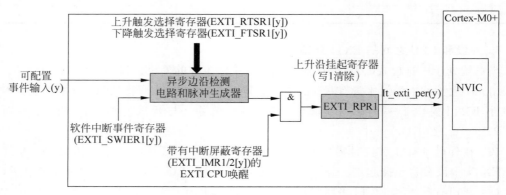

图 6.14　中断的产生原理

通过在 EXTI_SWIER 寄存器中设置相应的位来模拟可配置的事件。该位由硬件自动清除。

在图 6.14 中，"与"逻辑门用于屏蔽或使能 NVIC 中断的产生。

最后，当对 NVIC 产生中断时，在 EXTI_RPR1 寄存器中设置一个标志。该标志使得软件能够确定中断原因。该标志由中断服务程序清除。

6. CPU 事件产生

CPU 事件生成的原理如图 6.15 所示。

该图旨在说明使可配置事件活动边沿转化为处理器事件的各个阶段。可配置事件和直接事件都可配置为向 CPU 发出事件，并直接转到其 rxev 输入。

不像中断请求，CPU 具有唯一的事件输入，因此所有事件请求在进入事件脉冲发生器之前都要进行逻辑"或"运算。

用于屏蔽事件生成的寄存器与用于屏蔽中断生成的寄存器不同，是 EXTI_EMR 而不是 EXTI_IMR。

7. 唤醒事件生成

CPU 事件生成的原理如图 6.16 所示。

EXTI 模块生成的 CPU 唤醒信号连接到 PWR 模块，用于唤醒系统和 CPU 子系统的总线时钟。可配置事件和直接事件都能请求一个唤醒。

当异步边沿检测电路检测到活动边沿或 EXTI_RPR1 寄存器中的标志设置为 1 时，将发生唤醒。因此当唤醒源是可配置事件时，期望软件清除 EXTI_RPR1 寄存器中的标志以禁用唤醒请求。对于直接事件，标志位于外设单元中。这些标志使软件能够找到唤醒原因。

当使能产生中断或事件时，唤醒指示是有效的。使用逻辑"或"门将 EXTI_IMR 和 EXTI_

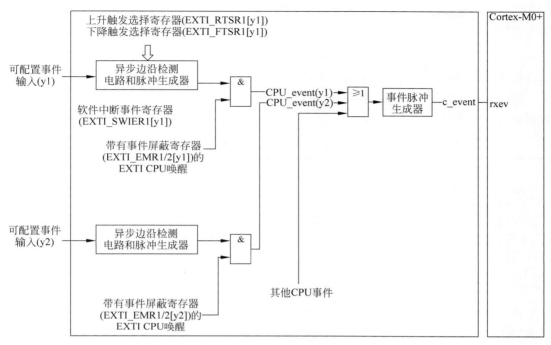

图 6.15　CPU 事件的产生原理

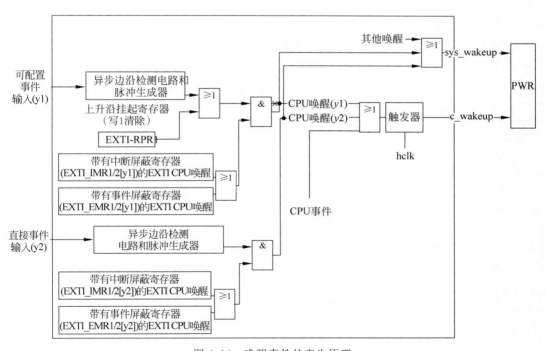

图 6.16　唤醒事件的产生原理

EMR 寄存器组合在一起。

　　所有 CPU 唤醒信号都进行逻辑"或"运算,然后与事件请求进行"或"运算。sys_wakeup 信号是异步的,它会唤醒时钟。一旦 hclk 运行,就会产生同步 c_wakeup。

直接事件能够通过 EXTI 控制器生成 CPU 事件并触发系统唤醒。直接事件的活动边沿是上升沿。

直接事件不依赖 EXTI 控制器去使中断请求有效，这是因为它们有到 NVIC 的专用线。

6.8.2　所用寄存器的地址和功能

除了 6.7.2 节介绍的寄存器外，本节将介绍该设计用到的其他寄存器。表 6.17 给出了寄存器的地址和名字。

表 6.17　寄存器的地址

寄存器的名字	基　地　址	偏　移　地　址	实　际　地　址
GPIOC_MODER	0x50000800	0x00	0x50000800
EXTI_EXTICR4	0x40021800	0x60＋0x4×3＝0x6C	0x4002186C
EXTI_IMR1	0x40021800	0x80	0x40021880
EXTI_EMR1	0x40021800	0x84	0x40021884
EXTI_FTSR1	0x40021800	0x04	0x40021804
EXTI_FPR1	0x40021800	0x10	0x40021810

注：(1) 关于模块基地址和偏移地址以及存储器映射关系，读者可以参考 ST 官方文档资料 RM0444 Reference Manual—STM32G0x1 advanced ARM-based 32-bit MCUs 中 2.1 节 System architecture(系统架构)部分的内容。

(2) 对于 NVIC_ISER 寄存器的详细信息，请参考 3.5.6 节的内容。

1. GPIOC_MODER 寄存器

GPIOC 端口模式寄存器(GPIOC port mode register，GPIOC_MODER)的内容如表 6.18 所示。该寄存器的复位值为 0xFFFFFFFF。

表 6.18　GPIOC_MODER 寄存器的内容

位	31	30	29	28	27	26	25	24
值	MODE15[1:0]		MODE14[1:0]		MODE13[1:0]		MODE12[1:0]	
位	23	22	21	20	19	18	17	16
值	MODE11[1:0]		MODE10[1:0]		MODE9[1:0]		MODE8[1:0]	
位	15	14	13	12	11	10	9	8
值	MODE7[1:0]		MODE6[1:0]		MODE5[1:0]		MODE4[1:0]	
位	7	6	5	4	3	2	1	0
值	MODE3[1:0]		MODE2[1:0]		MODE1[1:0]		MODE0[1:0]	

其中，[31:0]位表示 MODE[15:0][1:0]。端口 C 配置 I/O 引脚 y(y＝15 到 0)，由 MODE[15:0]确定。而[1:0]字段由软件写入，用于配置 I/O 模式。规定：

(1) 00——输入模式。

(2) 01——通用输出模式。

(3) 10——可替换功能模式。

(4) 11——模拟模式(复位状态)。

在该设计中，该寄存器的值设置为 0xF3FFFFFF。

2. EXTI_EXTICR4 寄存器

EXTI 外部中断选择寄存器(EXTI external interrupt selection register，EXTI_

EXTICRx)的内容如表6.19所示。该寄存器的偏移地址的计算公式为：

$$偏移地址＝0x060＋0x4×(x－1)，(x＝1,2,3 或 4)$$

该寄存器的复位值为 0x00000000。

表 6.19 **EXTI_EXTICRx 寄存器的内容**

位	31	30	29	28	27	26	25	24	23	22	21	20	19	18	17	16
值	EXTIm+3[7:0]								EXTIm+2[7:0]							
位	15	14	13	12	11	10	9	8	7	6	5	4	3	2	1	0
值	EXTIm+1[7:0]								EXTIm[7:0]							

在表6.19中，EXTIm字段仅包含与 nb_ioport 配置一致的位数。其中，

(1) [31:24]：EXTIm+3[7:0]：EXTIm+3 GPIO 端口选择(m＝4×(x－1))。这些位由软件写入，以选择 EXTIm+3 外部中断的源输入。

① 0x00：PA[m+3]引脚

② 0x01：PB[m+3]引脚

③ 0x02：PC[m+3]引脚

④ 0x03：PD[m+3]引脚

⑤ 0x04：保留

⑥ 0x05：PF[m+3]引脚

⑦ 其他保留

(2) [23:16]：EXTIm+2[7:0]：EXTIm+2 GPIO 端口选择(m＝4×(x－1))。这些位由软件写入，以选择 EXTIm+2 外部中断的源输入。

① 0x00：PA[m+2]引脚

② 0x01：PB[m+2]引脚

③ 0x02：PC[m+2]引脚

④ 0x03：PD[m+2]引脚

⑤ 0x04：保留

⑥ 0x05：PF[m+2]引脚

⑦ 其他保留

(3) [15:8]：EXTIm+1[7:0]：EXTIm+1 GPIO 端口选择(m＝4×(x－1))。这些位由软件写入，以选择 EXTIm+1 外部中断的源输入。

① 0x00：PA[m+1]引脚

② 0x01：PB[m+1]引脚

③ 0x02：PC[m+1]引脚

④ 0x03：PD[m+1]引脚

⑤ 0x04：保留

⑥ 0x05：PF[m+1]引脚

⑦ 其他保留

(4) [7:0]：EXTIm[7:0]：EXTIm GPIO 端口选择(m＝4×(x－1))。这些位由软件写入，以选择 EXTIm 外部中断的源输入。

① 0x00：PA[m]引脚

② 0x01：PB[m]引脚

③ 0x02：PC[m]引脚

④ 0x03：PD[m]引脚

⑤ 0x04：保留

⑥ 0x05：PF[m]引脚

⑦ 其他保留

3. EXTI_IMR1 寄存器

带有中断屏蔽寄存器的 EXTI CPU 唤醒（EXTI CPU wakeup with interrupt mask register,EXTI_IMR1）寄存器的内容如表 6.20 所示,该寄存器的复位值为 0xFFF80000。该寄存器包含用于可配置事件和直接事件的寄存器位。

表 6.20   EXTI_IMR1 寄存器的内容

位	31	30	29	28	27	26	25	24	23	22	21	20	19	18	17	16
值	IM31	IM30	IM29	IM28	IM27	IM26	IM25	IM24	IM23	IM22	IM21	IM20	IM19	IM18	IM17	IM16
位	15	14	13	12	11	10	9	8	7	6	5	4	3	2	1	0
值	IM15	IM14	IM13	IM12	IM11	IM10	IM9	IM8	IM7	IM6	IM5	IM4	IM3	IM2	IM1	IM0

默认情况下设置复位值,就好像是使能来自直接线的中断,并禁止来自可配置线上的中断。

在表 6.20 中,IMx：在第 x(x=31,30,…,0)条线上带有屏蔽中断的 CPU 唤醒。设置/清除每一位将通过对应线上的事件不屏蔽/屏蔽具有中断的 CPU 唤醒。当对应的位设置为 0 时,屏蔽使用中断唤醒；当对应的位设置为 1 时,不屏蔽使用中断唤醒。

4. EXTI_EMR1 寄存器

带有事件屏蔽寄存器的 EXTI CPU 唤醒（EXTI CPU wakeup with event mask register EXTI_EMR1)寄存器的内容如表 6.21 所示,该寄存器的复位值为 0x00000000。

表 6.21   EXTI_EMR1 寄存器的内容

位	31	30	29	28	27	26	25	24	23	22	21	20	19	18	17	16
值	EM31	EM30	EM29	EM28	EM27	EM26	EM25	EM24	EM23	EM22	EM21	EM20	EM19	EM18	EM17	EM16
位	15	14	13	12	11	10	9	8	7	6	5	4	3	2	1	0
值	EM15	EM14	EM13	EM12	EM11	EM10	EM9	EM8	EM7	EM6	EM5	EM4	EM3	EM2	EM1	EM0

在表 6.21 中,EMx：在第 x(x=31,30,…,0)条线上带有屏蔽事件的 CPU 唤醒。设置/清除每一位将通过对应线上的生成事件不屏蔽/屏蔽 CPU 唤醒。当对应的位设置为 0 时,屏蔽使用事件唤醒；当对应的位设置为 1 时,不屏蔽使用事件唤醒。

5. EXTI_FTSR1 寄存器

EXTI 下降触发选择寄存器（EXTI Falling Trigger Selection Register 1,EXTI_FTSR1）的内容如表 6.22 所示,该寄存器的复位值为 0x00000000。

表 6.22   EXTI_FTSR1 寄存器的内容

位	31	30	29	28	27	26	25	24	23	22	21	20	19	18	17	16
值	—	—	—	—	—	—	—	—	—	—	—	FT20	—	FT18	FT17	FT16

位	15	14	13	12	11	10	9	8	7	6	5	4	3	2	1	0
值	FT15	FT14	FT13	FT12	FT11	FT10	FT9	FT8	FT7	FT6	FT5	FT4	FT3	FT2	FT1	FT0

在表 6.22 中，

(1)［31:21］：保留，必须保持其复位值。

(2)［20］：RT20。可配置线 20(边沿触发)的下降触发事件配置位。该位使能或禁止事件的下降沿触发和相应线上的中断。当该位为 0 时，禁止；当该位为 1 时，使能。

RT20 位仅在 STM32G0B1xx 和 STM32G0C1xx 中可用。在其他所有器件中该位为保留位。

(3)［19］：保留，必须保持复位值。

(4)［18:0］：RTx。可配置线 x(x＝18,17,…,0)的下降沿触发事件配置位。每一位使能/禁止事件的下降沿触发和相应线上的中断。当该位为 0 时，禁止；当该位为 1 时，使能。

RT18 和 RT17 位仅可用于 STM32G071xx 和 STM32G081xx，以及 STM32G0B1xx 和 STM32G0C1xx。

6. EXTI_FPR1 寄存器

EXTI 下降沿挂起寄存器 1(EXTI Falling edge Pending Register 1，EXTI_FPR1)的内容如表 6.23 所示，该寄存器的复位值为 0x0000 0000，该寄存器仅包含可配置事件的寄存器位。

表 6.23　EXTI_FPR1 寄存器的内容

位	31	30	29	28	27	26	25	24	23	22	21	20	19	18	17	16
值	—	—	—	—	—	—	—	—	—	—	—	FPIF20	—	FPIF18	FPIF17	FPIF16
位	15	14	13	12	11	10	9	8	7	6	5	4	3	2	1	0
值	FPIF15	FPIF14	FPIF13	FPIF12	FPIF11	FPIF10	FPIF9	FPIF8	FPIF7	FPIF6	FPIF5	FPIF4	FPIF3	FPIF2	FPIF1	FPIF0

在表 6.23 中，

(1)［31:21］：保留，必须保持为默认值。

(2)［20］：FPIF20。可配置线 20 的下降沿事件挂起。

在相应的线上由硬件或软件(通过 EXTI_SWIER1 寄存器)生成下降沿事件时，将该位设置为 1。通过向该位写 1 清除该位。当该位为 0 时，未发生下降沿触发请求；当该位为 1 时，发生下降沿触发请求。

FPIF20 位仅用于 STM32G0B1xx 和 STM32G0C1xx。在所有其他器件中保留该位。

(3)［19］：保留，必须保持在复位值。

(4)［18:0］：FP1Fx。可配置线 x(x＝18,17,…,0)的下降沿事件挂起。

在相应的线上由硬件或软件(通过 EXTI_SWIER1 寄存器)生成的下降沿事件时，将该位设置为 1。通过给对应的位写 1 来清除该位。当对应的位为 0 时，未发生下降沿触发请求；当对应的位为 1 时，发生下降沿触发请求。

FPIF18 和 FPIF17 位仅在 STM32G071xx 和 STM32G081xx 中。在 STM32G031xx 和 STM32G041xx，以及 STM32G051xx 和 STM32G061xx 中，保留该位。

6.8.3　向量表信息

表 6.24 是向量表。与外设有关的信息仅适用于包含该外设的设备。

表 6.24 向量表

位置	优先级	优先级类型	首字母缩写	描　述	地　址
—	—	—	—	保留	0x0000_0000
—	−3	固定	Reset	复位	0x0000_0004
—	−2	固定	NMI_Handler	不可屏蔽中断。SRAM 奇偶错误、Flash ECC 双错误、HSE CSS 和 LSE CSS 链接到 NMI 向量	0x0000_0008
—	−1	固定	HardFault_Handler	所有类别的故障	0x0000_000C
—	—	—	—	保留	0x0000_0010 0x0000_0014 0x0000_0018 0x0000_001C 0x0000_0020 0x0000_0024 0x0000_0028
—	3	可设置	SVC_Handler	通过 SWI 指令的系统服务调用	0x0000_002C
—	—	—	—	保留	0x0000_0030 0x0000_0034
—	5	可设置	PendSV_Handler	可挂起的系统服务请求	0x0000_0038
—	6	可设置	SysTick_Handler	系统滴答定时器	0x0000_003C
0	7	可设置	WWDG	窗口看门狗中断	0x0000_0040
1	8	可设置	PVD	电源电压检测器中断（EXTI 线 16）	0x0000_0044
2	9	可设置	RTC/TAMP	RTC 和 TAMP 中断（组合 EXTI 线 19 和 21）	0x0000_0048
3	10	可设置	FLASH	Flash 全局中断	0x0000_004C
4	11	可设置	RCC/CRS	RCC 全局中断	0x0000_0050
5	12	可设置	EXTI0_1	EXTI 线 0 和 1 中断	0x0000_0054
6	13	可设置	EXTI2_3	EXTI 线 2 和 3 中断	0x0000_0058
7	14	可设置	EXTI4_15	EXTI 线 4 和 15 中断	0x0000_005C
8	15	可设置	UCPD1/UCPD2/USB	UCPD 和 USB 全局中断（组合 EXTI 线 32 和 33）	0x0000_0060
9	16	可设置	DMA1_Channel1	DMA1 通道 1 中断	0x0000_0064
10	17	可设置	DMA1_Channel2_3	DMA1 通道 2 和 3 中断	0x0000_0068
11	18	可设置	DMA1_Channel4_5_6_7/DMAMUX/DMA2_Channel1_2_3_4_5	DMA1 通道 4、5、6、7、DMAMUX DMA2 通道 1、2、3、4、5 中断	0x0000_006C
12	19	可设置	ADC_COMP	ADC 和 COMP 中断（ADC 组合 EXTI17 和 18）	0x0000_0070
13	20	可设置	TIM1 _ BRK _ UP _ TRG_COM	TIM1 打断、更新、触发和换向中断	0x0000_0074

续表

位置	优先级	优先级类型	首字母缩写	描　述	地　址
14	21	可设置	TIM1_CC	TIM1 捕获比较中断	0x0000_0078
15	22	可设置	TIM2	TIM2 全局中断	0x0000_007C
16	23	可设置	TIM3_TIM4	TIM3 全局中断	0x0000_0080
17	24	可设置	TIM6_DAC/LPTIM1	TIM6、LPTIM1 和 DAC 全局中断	0x0000_0084
18	25	可设置	TIM7/LPTIM2	TIM7 和 LPTIM2 全局中断	0x0000_0088
19	26	可设置	TIM14	TIM14 全局中断	0x0000_008C
20	27	可设置	TIM15	TIM15 全局中断	0x0000_0090
21	28	可设置	TIM16/FDCAN_IT0	TIM16 和 FDCAN_IT0 全局中断	0x0000_0094
22	29	可设置	TIM17/FDCAN_IT1	TIM17 和 FDCAN_IT1 全局中断	0x0000_0098
23	30	可设置	I2C1	I^2C1 全局中断（与 EXTI23 组合）	0x0000_009C
24	31	可设置	I2C2/I2C3	I^2C2 和 I^2C3 全局中断	0x0000_00A0
25	32	可设置	SPI1	SPI1 全局中断	0x0000_00A4
26	33	可设置	SPI2/SPI3	SPI2 全局中断	0x0000_00A8
27	34	可设置	USART1	USART1 全局中断（与 EXTI25 组合）	0x0000_00AC
28	35	可设置	USART2/LPUART2	USART2 和 LPUART2 全局中断（与 EXTI26 组合）	0x0000_00B0
29	36	可设置	USART3/USART4/USART5/USART6/LPUART1	USART3/4/5/6 和 LPUART1 全局中断（与 EXTI28 组合）	0x0000_00B4
30	37	可设置	CEC	CEC 全局中断（与 EXTI27 组合）	0x0000_00B8
31	38	可设置	AES/RNG	AES 和 RNG 全局中断	0x0000_00BC

6.8.4　应用程序的设计

本节将使用汇编语言编写应用程序驱动开发板上的 LED 灯。在应用程序中，包括主程序和中断服务程序。在主程序中，对所使用的寄存器进行初始化。每当按下开发板上的按键时，触发外部中断并进入中断服务程序。在中断服务程序中，实现对 LED 灯状态的切换。

使用按键实现 GPIO 驱动和控制的主要步骤包括：

（1）按照 6.6.2 节给出的步骤，在本书所提供资料的 \STM32G0_example\example_6_3 目录下，创建一个名字为 top.uvprojx 的工程。

（2）按照 6.6.2 节给出的步骤，创建一个名字为 startup.s 的汇编源文件。

（3）在该汇编源文件中，添加启动引导代码、初始化代码和中断服务程序相关的代码，如代码清单 6-5 和代码清单 6-6 所示。

代码清单 6-5　复位向量中的初始化代码

```
Reset_Handler      PROC                         ;复位后,跳到复位向量程序中
                   EXPORT Reset_Handler         [WEAK]
```

```
                    ;RCC.IOPENR 初始化
                    LDR R1, = 0x40021000            ;RCC_IOPENR 寄存器的基地址赋值给 R1
                    MOVS R2, #0x34                  ;RCC_IOPENR 寄存器的偏移地址赋值给 R2
                    MOVS R0, #0x05                  ;把 RCC_IOPENR 寄存器的值赋值给 R0
                    STR R0, [R1,R2]                 ;设置 RCC_IOPENR 寄存器

                    ;GPIOC.MODER 初始化
                    LDR R1, = 0x50000800            ;GPIOC_MODER 寄存器的基地址赋值给 R1
                    MOVS R2, #0x00                  ;GPIOC_MODER 寄存器的偏移地址赋值给 R2
                    LDR R0, = 0xF3FFFFFF            ;把 GPIOC_MODER 寄存器的值赋值给 R0
                    STR R0, [R1,R2]                 ;设置 GPIOC_MODER 寄存器

                    ;EXTI.EXTICR4 初始化
                    LDR R1, = 0x40021800            ;EXTI_EXTICR4 寄存器的基地址赋值给 R1
                    MOVS R2, #0x6C                  ;EXTI_EXTICR4 寄存器的偏移地址赋值给 R2
                    LDR R0, = 0x00000200            ;把 EXTI_EXTICR4 寄存器的值赋值给 R0
                    STR R0, [R1,R2]                 ;设置 EXTI_EXTICR4 寄存器

                    ;EXTI.IMR1 初始化
                    ;不需要修改 EXTI_IMR1 寄存器的基地址 0x40021800
                    MOVS R2, #0x80                  ;EXTI_IMR1 寄存器的偏移地址赋值给 R2
                    LDR R0, = 0xFFF82000            ;把 EXTI_IMR1 寄存器的值赋值给 R0
                    STR R0, [R1,R2]                 ;设置 EXTI_IMR1 寄存器

                    ;EXTI.EMR1 初始化(可省略)
                    ;不需要修改 EXTI_EMR1 寄存器的基地址 0x40021800
                    MOVS R2, #0x84                  ;EXTI_EMR1 寄存器的偏移地址赋值给 R2
                    ;不需要修改 R0 寄存器的值,即 R0 寄存器中的值仍为 0xFFF82000
                    STR R0, [R1,R2]                 ;设置 EXTI_EMR1 寄存器

                    ;EXTI.FTSR1 初始化
                    ;不需要修改 EXTI_FTSR1 寄存器的基地址 0x40021800
                    MOVS R2, #0x04                  ;EXTI_FTSR1 寄存器的偏移地址赋值给 R2
                    LDR R0, = 0x00002000            ;把 EXTI_FTSR1 寄存器的值赋值给 R0
                    STR R0, [R1,R2]                 ;设置 EXTI_FTSR1 寄存器

                    ;GPIOA.MODER 初始化
                    LDR R1, = 0x50000000            ;GPIOA_MODER 寄存器的基地址赋值给 R1
                    MOVS R2, #0x00                  ;GPIOA_MODER 寄存器的偏移地址赋值给 R2
                    LDR R0, = 0xEBFFF7FF            ;把 GPIOA_MODER 寄存器的值赋值给 R0
                    STR R0, [R1,R2]                 ;设置 GPIOA_MODER 寄存器

                    ;NVIC.ISER 初始化
                    LDR R1, = 0xE000E100            ;NVIC_ISER 寄存器的基地址赋值给 R1
                    MOVS R2, #0x00                  ;NVIC_ISER 寄存器的偏移地址赋值给 R2
                    MOVS R0, #0x80                  ;把 NVIC_ISER 寄存器的值赋值给 R0
                    STR R0, [R1,R2]                 ;设置 NVIC_ISER 寄存器

                    ;GPIOA.ODR 初始化
                    LDR R1, = 0x50000000            ;GPIOA_ODR 寄存器的基地址赋值给 R1
                    MOVS R2, #0x14                  ;GPIOA_ODR 寄存器的偏移地址赋值给 R2
                    MOVS R0, #0x20                  ;把 GPIOA_ODR 寄存器的值赋值给 R0
                    STR R0,[R1,R2]                  ;设置 GPIOA_ODR 寄存器

LEBEL5

                    B   LEBEL5                      ;无条件的永远在 LEBEL5 循环,等待外部中断
                    ENDP                            ;结束主程序
```

代码清单6-6 中断服务程序代码

```
EXTI4_15_IRQHandler PROC                    ;用于 EXTI4_15 的中断服务
                    EXPORT EXTI4_15_IRQHandler [WEAK]
                    NOP                     ;空操作,为了调试时设置断点的方便
                    ;清除 EXTI.FPR1 寄存器中断标志位
                    LDR R1, = 0x40021800    ;EXTI_FPR1 寄存器的基地址赋值给 R1
                    MOVS R2, #0x010         ;EXTI_FPR1 寄存器的偏移地址赋值给 R2
                    LDR R0, = 0x00002000    ;把 EXTI_FPR1 寄存器的值赋值给 R0
                    STR R0, [R1,R2]         ;设置 EXTI_FPR1 寄存器,写 1 清除挂起标志

                    ;设置 GPIOA_ODR 寄存器,以切换 LED 状态
                    LDR R1, = 0x50000000    ;GPIOA_ODR 寄存器的基地址赋值给 R1
                    MOVS R2, #0x14          ;GPIOA_ODR 寄存器的偏移地址赋值给 R2
                    LDR R0, [R1,R2];        ;设置 GPIOA_ODR 寄存器
                    CMP R0, #0x20           ;比较 R0 寄存器和 0x20
                    BEQ LEBEL1              ;如果相等则跳转到 LEBEL1

                    MOVS R0, #0x20          ;否则,给寄存器 R0 赋值为 0x20(切换状态)
                    STR R0, [R1,R2]         ;设置 GPIOA_ODR 寄存器
                    B LEBEL                 ;跳到标号 LEBEL 处

LEBEL1                                      ;跳转标号
                    MOVS R0, #0x00          ;将 0x00 赋值给寄存器 R0
                    STR R0, [R1,R2]         ;设置 GPIOA_ODR 寄存器
                    B LEBEL                 ;跳到标号 LEBEL

LEBEL
                    NOP                     ;空操作,为了调试时设置断点的方便
                    ENDP                    ;结束中断服务程序

                    ALIGN                   ;ALIGN 四字节对齐
```

注：① 上面的代码没有包含启动引导部分。

② 读者可以进入本书配套资源的目录\STM32G0_example\example_6_3 中,打开该工程,以查看完整的设计代码。

思考与练习6-8：根据设计给出的代码,说明中断向量表和中断向量之间的对应关系。

思考与练习6-9：根据给出的中断服务程序代码,说明入栈和出栈操作的作用。

思考与练习6-10：根据 6.8.1 节介绍的 EXTI 原理,说明 EXTI 与 NVIC 之间的关系。

（4）保存设计代码。

（5）在 Keil 主界面菜单中选择 Project→Build Target 命令,对该程序进行编译和链接。

（6）通过 USB 电缆,将意法半导体公司提供的开发板 NUCLEO-G071RB 连接到 PC/笔记本计算机的 USB 接口上。

（7）在 Keil 主界面菜单中选择 Flash→Download 命令,将生成的烧写文件自动下载到开发板上型号为 STM32G071 MCU 的片内 Flash 存储器中。

（8）按一下开发板 NUCLEO-G071RB 上标记为 RESET 的按键,开始运行程序。

思考与练习6-11：连续按下开发板上标记为 User 的按键,观察 LED 灯的状态切换。根据中断服务程序给出的代码,说明控制 LED 灯切换状态的实现方法。

6.8.5 程序代码的调试

本节将使用 Keil 中的调试器对设计代码进行调试,目的是更进一步地掌握中断的原理和

实现方法,主要步骤包括:

(1) 按 6.6.3 节的方法设置 ST-Link Debugger。

(2) 在复位向量代码中,找到并在下面一行代码的前面设置断点。

B   LEBEL5

(3) 在中断服务程序代码中,找到并分别在两个 NOP 代码行前面设置断点。

(4) 在 Keil 主界面菜单中选择 Debug→Start/Stop Debug Session 命令,进入调试器界面。

(5) 在调试器界面菜单中选择 Debug→Run 命令,程序运行到第一个设置断点的代码行。

思考与练习 6-12:观察 Registers 窗口中各个寄存器的内容,并填空。

① R0=＿＿＿＿＿＿；

② R1=＿＿＿＿＿＿；

③ R2=＿＿＿＿＿＿；

④ R3=＿＿＿＿＿＿；

⑤ R12=＿＿＿＿＿＿；

⑥ R14(LR)=＿＿＿＿＿＿；

⑦ R15(PC)=＿＿＿＿＿＿；

⑧ xPSR=＿＿＿＿＿＿；

⑨ MSP=＿＿＿＿＿＿；

⑩ Mode=＿＿＿＿＿＿；

(6) 去掉该行代码前面的断点。在 Keil 调试器界面的主菜单中选择 Debug→Run 命令。

(7) 按一下开发板上标记为 User 的按键,此时看到程序进入到中断服务程序中设置断点的一行代码 NOP 的位置停下来。

思考与练习 6-13:观察 Registers 窗口各个寄存器的内容,并填空。

① R13(SP)=＿＿＿＿＿＿。

② R15(PC)=＿＿＿＿＿＿。

③ MSP=＿＿＿＿＿＿。

④ xPSR=＿＿＿＿＿＿。

⑤ 与进入中断之前的 SP 值相比,在入栈操作过程中,SP 是按＿＿＿＿＿＿(递增/递减)方向变化。

思考与练习 6-14:在调试界面的 Memory 1 窗口的 Address:右侧文本框中输入 0x200005E0,该地址为当前 SP 的内容,观察从 0x20000E50 到 0x20000600 之间存储器的内容。

(提示:查看 3.5.5 节异常进入和返回的内容,了解入栈过程所保存的内容,实际上,从 0x20000E50 开始的存储器的内容就是按照堆栈规约所保存的寄存器的内容,与思考与练习 6-12 中所填写的相关寄存器的内容进行比较,便可以验证堆栈规约)。

(8) 在 Keil 调试器界面主菜单中选择 Debug→Run 命令,程序运行到第二个 NOP 指令设置断点的代码行。

(9) 在 Keil 调试器界面的工具栏中,找到并单击 Step 按钮 ,单步执行程序,程序执行完将返回到主程序中。

思考与练习 6-15:在 Registers 窗口中,查看 SP 值的值＿＿＿＿＿＿,说明在出栈操作过程中,SP 是按＿＿＿＿＿＿(递增/递减)方向变化(提示:仔细阅读 3.5 节的内容,彻底理解和掌握 Cortex-M0+的异常处理原理和实现方法)。

第7章

Cortex-M0+ C语言编程基础

本章介绍在 Cortex-M0＋平台上编写 C 语言的基础知识,内容包括 ARM C/C++编译器选项、常量和变量、数据类型、运算符、描述语句、数组、指针、函数、预编译指令和复杂数据结构。在此基础上,使用 C 语言编写不同的应用案例,以加深读者对 C 语言的理解。

通过对 C 语言底层的分析,建立了处理器、机器指令、汇编语言和 C 语言之间的联系,使得读者能掌握基于 Cortex-M0＋的 C 语言编程基础知识,为后续学习 Cortex-M0＋的 C 语言高级编程方法奠定基础。

7.1 ARM C/C++编译器选项

编译器支持对 ISO C++标准、C90 语言以及 ARM 指定的众多扩展。本节介绍在 ARM Keil 视频讲解
μVision 集成开发环境的 Options 对话框的 C/C++选项卡中提供的参数选项,如图 7.1 所示。

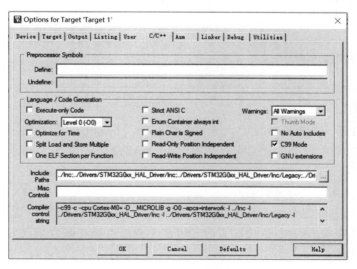

图 7.1　C/C++选项卡中提供的可选参数设置

7.1.1　ARM C 编译器的优化级别

ARM 编译器执行了一些优化,以减少应用程序的代码长度并提高应用程序的性能。因此,不同的优化级别具有不同的优化目标。因此,针对某个目标进行的优化会影响其他目标。优化级别总是在不同的目标之间进行权衡。

ARM 编译器提供了不同的优化级别用于控制不同的优化目标。应用程序最佳的优化级

别取决于应用程序和优化目标。当在 ARM Compiler 中选择 Use default compiler version 6 时,提供的优化目标和优化级的对应关系如表 7.1 所示。

表 7.1　优化目标和优化级之间的关系

优 化 目 标	有用的优化级
较小的代码长度	-Oz,-Omin
更快的性能	-O2、-O3、-Ofast、-Omax
良好的调试经验,没有代码膨胀	-O1
源代码和生成代码之间有更好的关联性	-O0(无优化)
更短的编译和建立时间	-O0(无优化)
代码长度和快速性能之间的权衡	-Os

如果使用更高的优化级别来提高性能,则会对其他目标产生更大的影响,例如降低调试体验、增加代码的长度以及增加对源文件的建立(build)时间。

例如,优化目标是减少代码长度,则会影响其他目标,例如降低调试体验、降低性能并增加建立时间。

armclang 提供了一系列选项,可以帮助找到满足要求的合适方法。考虑减少代码长度或提高性能是最适合应用程序的目标,然后选择与目标相匹配的选项。

图 7.2　不同的 ARM 编译器版本选项

注：如图 7.2 所示,当在 Options 对话框的 Target 选项卡中选择不同的 ARM 编译器版本(ARM Compiler)时,下面给出的 C/C++编译器选项设置参数有所不同。

1. 优化级(-O0)

禁止所有的优化。该优化级别是默认设置。使用 -O0 可以缩短编译和建立时间,但是比其他优化级别产生代码要慢。-O0 的代码长度和堆栈使用量显著高于其他优化级别。生成的代码与源代码紧密相关,但是生成的代码更多,包括无效代码。

2. 优化级(-O1)

-O1 使能编译器中的核心优化。该优化级别提供了良好的调试体验,并且代码质量优于 -O0。同样,堆栈的使用效率也比-O0 有所提高。ARM 建议使用该选项,以获得良好的调试体验。

与-O0 相比,使用-O1 的区别是：

(1) 使能优化,可能降低调试信息的保真度。

(2) 使能内联和尾部调用,这意味着回溯可能不能提供打开函数激活的堆栈,它可能是从读取源代码中获得的。

(3) 可能会乱序调用没有副作用的函数,或者如果不需要结果,可能会忽略该函数。

(4) 变量的值在其范围不再生效时会变成不可用。例如,它们的堆栈位置可能已经被重用。

3. 优化级(-O2)

与-O1 相比,-O2 是性能上的更高优化。与-O1 相比,它增加了一些新的优化,并更改了尝试优化的方法。该级别是编译器可能会自动生成向量指令的第一个优化级别。它也会降低调试过程的体验,并且与-O1 相比,可能会导致代码长度增加。

与-O1相比,使用-O2的区别是:

(1)编译器认为内联调用站点的阈值可能会增加。

(2)执行循环展开的数量可能会增加。

(3)可能会为简单循环和独立标量运算的相关序列生成向量指令。可以使用armclang命令行选项-fno-vectorize禁止创建向量指令。

4. 优化级(-O3)

与-O2相比,-O3是对性能更高的优化。该优化级允许进行需要大量编译时分析和资源的优化,并且与-O2相比,更改了启发式优化。-O3指示编译器针对所生成的代码的性能进行优化,而忽略所生成的代码的长度,这可能会导致代码长度增加。与-O2相比,它还会降低调试体验。

与-O2相比,使用-O3的区别是:

(1)编译器认为内联调用站点的阈值可能会增加。

(2)执行循环展开的数量可能会增加。

(3)在编译器流水线的后期使能更积极的指令优化。

5. 优化级(-Os)

-Os的目的是在不显著增加代码长度的情况下提供高性能。根据应用程序,-Os提供的性能可能类似于-O2或-O3。与-O3相比,-Os减少了代码长度。与-O1相比,它会降低调试体验。

与-O3相比,使用-Os的区别是:

(1)降低了编译器认为内联调用站点的阈值。

(2)显著降低了执行的循环展开量。

6. 优化级(-Oz)

-Oz的目的是在不使用链接时间优化(Link-Time Optimization,LTO)的情况下减少代码长度。如果LTO不适合应用程序,ARM建议使用该选项以获得最佳的代码长度。与-O1相比,该优化级别降低了调试体验。

与-Os相比,使用-Oz的区别是:

(1)指示编译器仅对代码长度进行优化,而忽略性能优化,这可能导致代码变慢。

(2)未禁止函数内联。在某些情况下,内联可能会从整体上减少代码长度,例如,如果一个函数仅被调用一次。仅当预期代码长度减少时,才将内联启发式方法调整为内联式。

(3)禁用了可能会增加代码长度的优化,例如循环展开和循环向量化。

(4)循环是作为while循环(代替do-while循环)而生成。

7. 优化级-Omin

-Omin旨在提供尽可能小的代码长度。ARM建议使用该选项以获得最佳的代码长度。与-O1相比,该优化级别降低了调试体验。

与-Oz相比,使用-Omin的区别是:

(1)-Omin启用了一组基本的LTO,旨在删除未使用的代码和数据,同时会尝试优化全局存储器访问。

(2)-Omin使能消除虚函数,这对于C++使用者特别有利。

如果要在-Omin进行编译并使用单独的编译和链接步骤,则还必须在armlink命令行中包括-Omin。

8. 优化级-Ofast

-Ofast 从-O3 级别执行优化，包括使用-ffast-math armclang 选项执行的优化。该级别还执行其他的优化，但可能会违反严格遵守语言标准的要求。

与-O3 相比，该级别会降低调试体验，并可能导致代码长度增加。

9. 优化级-Omax

-Omax 执行最大优化，并专门针对性能进行优化。它启用了-Ofast 级别的所有优化，以及 LTO 优化。

在该优化级别上，ARM 编译器可能会违反严格遵守语言标准的规定。使用该优化级别可获得最快的性能。

与-Ofast 相比，该级别降低了调试体验，并可能导致代码长度增加。

如果要以-Omax 进行编译，并具有单独的编译和链接步骤，则必须在 armlink 命令行中包括-Omax。

【例 7-1】 编译器优化级别对编译结果的影响，如代码清单 7-1 所示。

代码清单 7-1　C 代码描述

```
int main()
{
  volatile int x = 10, y = 20;
  volatile int z;
  z = x + y;
  return 0;
}
```

当对该代码执行 Level 0(-O0)优化时，得到的反汇编代码如代码清单 7-2 所示。

代码清单 7-2　执行 Level 0(-O0)优化时的反汇编代码

```
      6:   volatile int x = 10, y = 20;
      7:   volatile int z;
0x080000EA 200A    MOVS    r0,#0x0A
0x080000EC 9002    STR     r0,[sp,#0x08]
0x080000EE 2014    MOVS    r0,#0x14
0x080000F0 9001    STR     r0,[sp,#0x04]
      8:   z = x + y;
0x080000F2 9901    LDR     r1,[sp,#0x04]
0x080000F4 9802    LDR     r0,[sp,#0x08]
0x080000F6 1840    ADDS    r0,r0,r1
0x080000F8 9000    STR     r0,[sp,#0x00]
      9:   return 0;
```

当对该代码执行 Level 3(-O3)优化时，得到的反汇编代码如代码清单 7-3 所示。

代码清单 7-3　执行 Level 3(-O3)优化时的反汇编代码

```
      6:   volatile int x = 10, y = 20;
      7:   volatile int z;
0x080000EA 200A    MOVS    r0,#0x0A
0x080000EC 2014    MOVS    r0,#0x14
      8:   z = x + y;
0x080000EE 201E    MOVS    r0,#0x1E
      9:       return 0;
```

注：读者可进入本书配套资源的 example_7_1 目录下，打开该设计工程。

思考与练习 7-1：根据代码清单 7-2 和代码清单 7-3 给出的反汇编代码，比较使用不同优化级别所生成目标代码的区别。

7.1.2 ARM Compiler 5 的参数设置选项

本节介绍 ARM Compiler 5 的 C/C++ 编译器选项。

1. Preprocessor Symbols（预处理器符号）

1）Define

可以在程序代码中用 #if、#ifdef 和 #ifndef 对预处理器符号进行检查。定义的名字将完全按照在图中输入的名字进行复制（区分字母大小写可选）。每个名字都可以获取一个值，如图 7.3 所示。

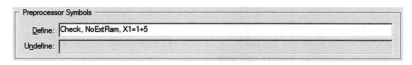

图 7.3 预处理器符号定义界面

与以下 C 预处理程序的 #define 语句相同：

```
# define Check 1
# define NoExtRam 1
# define X1 1 + 5
```

注：（1）Define 字段的设置将转换为命令行选项-Doption。

（2）要定义 X2 而不设置值，则在 Misc Controls 字段中输入-DX2＝。

2）Undefine

清除在较高 Target 或 Group 级的 Options 对话框中输入先前 Define 参数。

2. Language / Code Generation 标题下的参数选项

1）Enable ARM/Thumb Interworking

只能用于在 ARM 和 Thumb 模式切换的 CPU。生成可以在任何 CPU 模式（ARM 或 Thumb）下调用的代码。设置编译器命令行选项--apcs＝interwork。

2）Execute-only Code

生成仅执行代码，并阻止编译器生成对代码段的任何数据访问。创建的代码没有在代码段中嵌入文字池，因此硬件可以强制仅允许从存储器读取指令的操作（保护固件）。

受限于：

（1）C 代码；

（2）Thumb 代码；

（3）基于 Cortex-M3 和 Cortex-M4 处理器的器件；

（4）armcc 编译器 5.04 及更高版本。

该标志设置编译器命令行选项--execute_only。

3）Optimization

控制用于生成代码的编译器代码优化。选项的详细含义见 7.1.1 节。

4）Optimize for Time

以更大的代码长度为代价，减少执行时间。设备编译器命令行选项-Otime。如果未使能该选项,编译器将假定-Ospace。

5) Split Load and Store Multiple

指示编译器将 LDM 和 STM 指令拆分为两个或多个 LDM 或 STM 指令,以减少中断延迟。当 LDM/STM 有多于 5 个(当改变 PC 时,多于 4 个)CPU 寄存器时,将生成多个 LDM/STM 指令。设置编译器命令行选项--split_ldm。

6) One ELF Section per Function

为源文件中的每个函数生成一个 ELF 段。输出段的名字与生成段的函数相同。允许优化代码或将每个函数定位在单独的存储器地址上。设置编译器命令行选项--split_sections。

7) Strict ANSI C

检查源文件是否严格符合 ANSI C。设置编译器命令行选项--strict。

8) Enum Container always int

当不选中该选项时,将根据值的范围优化枚举的数据类型容器。当选中该选项时,枚举的数据类型容器始终为 signed int。设置编译器命令行选项--enum_is_int。

9) Plain Char is Signed

指示编译器将用纯字符声明的所有变量看作 signed char。设置编译器命令行选项--signed_chars。

10) Read-Only Position Independent

为 const(ROM)访问生成与位置无关的代码。设置编译器命令行选项--apcs＝/ropi。

11) Read-Write Position Independent

为变量(RAM)访问生成位置无关代码。设置编译器命令行选项--apcs＝/rwpi。

12) Warnings

控制生成警告消息。默认值为 unspecified(未指定),默认为所有警告。选择 No Warnings 设置命令行选项为-W。

13) Thumb Mode

为文件或文件组明确选择 Thumb 或 ARM 代码。

注:在 Target 选项卡中,Code Generation 字段的选择将设置默认值。

14) No Auto Includes

禁止编译期间自动包含所有的 C/C++路径。系统包括文件(如 stdio.h)不受该选项的影响。可以在 Compiler control string 字段中查看编译器自动包含的路径。

15) C99 Mode

编译器按照 1999 C 标准和附录的规定编译 C:

(1) ISO/IEC 9899：1999。1999 年 C 语言国际标准。

(2) ISO/IEC 9899：1999/Cor 2：2004。技术勘误 2。

该选项将设置命令行选项--c99。

3. Include Paths

允许提供一个或多个用分号分割的路径来搜索头文件。例如,对于 #include "filename.h",编译器首先搜索当前文件夹,然后是源文件的文件夹。当失败或使用 #include < filename.h >时,将搜索在 include path 框中指定的路径。如果该搜索再次失败,则使用在 Manage Project Items 对话框 Folders/Extensions 选项卡的 INC 字段中指定的路径。

4. Misc Controls

指定没有单独对话框控制的任何指令。例如,将错误信息的语言改为日语,则显示日语消息。

5. Compiler control string

在编译器命令行中显示当前指令。通过单击该字段右侧的向上箭头按钮和向下箭头按钮以向上/向下滚动的方式查看所有命令。根据 MDK 的使用,添加如表 7.2 所示的控制字符串。

表 7.2　添加的控制字符串

控制字符串	功　　能
__UVISION_VERSION	μVision 的主版本和次版本。例如,-D__UVISION_VERSION="533"
RTE	当使用 RTE 时设置。例如,-D_RTE_
__RTX	当在 Options for Target 对话框的 Target 选项卡界面中的 Operating system 选择 RTX Kernel 时设置。例如,-D__RTX
__MICROLIB	当在 Options for Target 对话框的 Target 选项卡界面中勾选 Use MicroLIB 时设置。例如,-D__MICROLIB
__EVAL	μVision 运行在评估模式。许可 MDK-Lite。例如,-D__EVAL

7.2　常量和变量

视频讲解

对于基本数据类型,按其值是否可变分为常量和变量两种。在程序执行过程中,其值不发生改变的称为常量,其值可改变的量称为变量。它们可与数据类型结合起来进行分类,例如,可分为整型常量、整型变量、浮点常量、浮点变量、字符常量和字符变量。

7.2.1　常量

在程序执行的过程中,其值不发生改变的量称为常量,如表 7.3 所示。

表 7.3　常量的分类

常　　量	说　　明
直接常量(字面量)	可以立即使用,无须任何说明的量。例如: (1) 整型常量:12、0 和－3 (2) 实数常量:4.6 和－1.23 (3) 字符常量:'a'和'b'
符号常量	用标识符表示一个常量。在 C 语言中,可用一个标识符来表示一个常量,称为符号常量

表 7.1 中的符号常量首先通过宏定义语句进行定义,然后在程序代码中使用该符号常量。一般形式为:

#define　标识符　常量

其中,#define 也是一条预处理指令(在 C 语言中,预处理指令都以符号"#"开头),称为宏定义指令(在 7.9.1 节中将进一步说明),其功能是把该标识符定义为其后的常量值。一经定义,以后在程序中所有出现该标识符的地方均代之以该常量值。使用符号常量的好处在于程序的可读性好,并且易于修改。

注：(1) 习惯上符号常量的标识符用大写字母,变量标识符用小写字母,以示区别。

(2) 标识符中允许使用符号"$"。

7.2.2　变量

其值可以改变的量称为变量。一个变量应该有一个标识符,在存储空间/寄存器中分配资源(具体取决于变量的前缀修饰符)。必须要先定义变量然后才能使用它。

1. 变量定义

变量定义一般放在函数体的开头部分。变量定义的一般形式为：

[可选的类型修饰符] 类型说明符 变量名,变量名,…;

可选的类型修饰符包括 volatile、register、static 等,它们会影响给变量分配存储器资源还是寄存器资源。

在书写变量定义时,应注意以下几点：

(1) 允许在一个类型说明符后,定义多个相同类型的变量。各变量名之间用逗号分隔。类型说明符与变量名之间至少有一个空格进行分割,以区分类型说明符和变量名。

(2) 最后一个变量名之后必须以分号结尾。

(3) 在使用变量之前必须要定义它。函数定义一般放在函数体的开头部分。

2. 变量赋值

变量可以先定义再赋值,也可以在定义变量的同时给变量赋值；在定义变量的同时给变量赋值称为变量初始化。

在变量定义中给变量赋初值的一般形式为：

[可选的类型说明符前缀] 　变量说明符 变量 1 = 值 1,变量 2 = 值 2,…;

而在使用变量进行赋值的一般形式为：

变量 1 = 值 1;
变量 2 = 值 2;

注：C99 使程序开发人员能够像在 C++ 中一样在复合语句中混合声明和描述。例如："float j = sqrt(i);",在 C90 中并不支持该描述语句。

视频讲解

7.3　数据类型

在 ARM 平台上除了支持标准 C 语言的数据类型外,还扩充了其他数据类型。ARM 平台的 C 语言所支持的数据类型如表 7.4 所示。

表 7.4　ARM C 所支持的数据类型

类　　　型	位宽 (比特)	以字节为单位 的自然对齐	值　的　范　围
char	8	1(一字节对齐)	默认,0～255(无符号)当使用--signed_chars 编译时, −128～127
signed char	8	1(一字节对齐)	−128～127
unsigned char	8	1(一字节对齐)	0～255
(signed) short	16	2(半字对齐)	−32768～32767(-2^{15}～$2^{15}-1$)

续表

类　　型	位宽(比特)	以字节为单位的自然对齐	值 的 范 围
unsigned short	16	2(半字对齐)	$0\sim65535(0\sim2^{16}-1)$
(signed) int	32	4(字对齐)	$-2147483648\sim2147483647(-2^{-31}\sim2^{31}-1)$
unsigned int	32	4(字对齐)	$0\sim4294967295(2^{32}-1)$
(signed) long	32	4(字对齐)	$-2147483648\sim2147483647(-2^{-31}\sim2^{31}-1)$
unsigned long	32	4(字对齐)	$0\sim4294967295(2^{32}-1)$
(signed) long long	64	8(双字对齐)	$-9223372036854775808\sim9223372036854775807(-2^{-63}\sim2^{63}-1)$
unsigned long long	64	8(双字对齐)	$0\sim18446744073709551615(2^{64}-1)$
float	32	4(字对齐)	$1.175494351e^{-38}\sim3.40282347e^{+38}$(标准化的值)
double	64	8(双字对齐)	$2.22507385850720138e^{-308}\sim1.79769313486231571e^{+308}$(标准化的值)
long double	64	8(双字对齐)	$2.22507385850720138e^{-308}\sim1.79769313486231571e^{+308}$(标准化的值)
wchar_t	16	2(半字对齐)	默认，$0\sim65535$
	32	4(字对齐)	带有--wchar32 编译时，$0\sim4294967295$
所有指针	32	4(字对齐)	不适用
_Bool	8	1(字节对齐)	false 或 true

类型对齐的方式根据上下文而有所不同：

(1) 局部变量通常保存在寄存器中，但是当局部变量溢出到堆栈中时，它们总是字对齐的。例如，溢出局部变量 char 的对齐方式为 4。

(2) 压缩类型(packed type)的自然对齐方式为 1。

7.3.1　Volatile 关键字

在声明编译器不得优化的变量时，使用 volatile 关键字。如果在需要的地方没有使用volatile 关键字，则编译器可能会优化对变量的访问并生成未预知的代码或者将预期的功能删除。

将变量声明为 volatile 是告诉编译器，可以在实现的外部随时修改变量，例如：

(1) 通过操作系统；

(2) 通过另一个执行的线程，比如中断句柄或信号句柄；

(3) 通过硬件。

该声明可确保编译器在未使用或未修改的情况下优化该变量的使用。也可以使用volatile 告诉编译器包含的内联汇编代码具有输出、输入和破坏寄存器内容的列表不表示的副作用。

注：当目标处理器使用 volatile 变量时，ARM 编译器不保证使用单次复制的原子指令访问 volatile 变量，但架构不保证指令具有单次复制的原子的属性。

将 volatile 关键字用于可能在定义范围之外修改的变量。例如，外部进程可能会更新函数中的变量。但是，如果变量看上去未修改，则编译器可能会使用保存在寄存器中的旧的变量的值，而不是从存储器中访问它。将变量声明为 volatile 可使编译器在代码中引用变量时从存储器访问该变量。该声明确保代码始终使用存储器中更新的变量值。

另一个例子是，变量可用于实现休眠或定时器延迟。如果未使用变量，则编译器可能会删除定时器延迟代码，除非将变量声明为 volatile。

实际上，在以下情况下，必须将变量声明为 volatile：

(1) 访问存储器映射的外设；

(2) 在多个线程间共享的全局变量；

(3) 在中断句柄或信号句柄中访问全局变量。

此外，还应该考虑在任何内联汇编代码之前使用 volatile。

当没有使用 volatile 声明变量时，编译器会假定无法从其定义范围之外修改其值。因此，编译器可能会执行不必要的优化。该问题可以通过多种方式体现出来：

(1) 当轮询硬件时，代码可能陷入循环。

(2) 多线程代码可能表现出奇怪的行为。

(3) 优化可能会导致删除专门用于实现延迟的代码。

将变量指定为 volatile 并不能保证使用任何特定的机器指令来访问它。例如，Cortex-R7 和 Cortex-R8 上的 AXI 外设端口是一个 64 位外设寄存器。该寄存器必须使用两个寄存器的 STM 指令写入，而不是通过 STRD 指令或一对 STR 指令写入。不能保证编译器会选择该寄存器所需要的访问方法，以响应相关变量或指针类型上的 volatile 修饰符。

如果编写的代码必须访问 AXI 端口或其他需要特定访问策略的存储器映射位置，则仅将该位置声明为 volatile 变量是不够的。

还必须使用包含所需加载或存储器指令的 __asm__ 语句执行对寄存器的访问。例如：

```
__asm__ volatile("stm %1,{ %Q0, %R0}": : "r"(val), "r"(ptr));
__asm__ volatile("ldm %1,{ %Q0, %R0}" : "=r"(val) : "r"(ptr));
```

7.3.2 整数类型变量的声明和表示

本节介绍基本整数类型和扩展整数类型的声明和表示方法。

1. 基本整数类型的声明和表示方法

整数类型分为无符号和有符号两类。对于有符号数来说，在计算机中用补码表示。在 C 语言中，整数可以使用十进制、八进制和十六进制表示。

(1) 十进制数。

十进制数没有前缀。其数字取值为 0～9，如 123、−567、65535 和 9000。

(2) 八进制数。

八进制数必须以 0 开头，即以 0 作为八进制数的前缀。数字取值为 0～7。八进制数通常是无符号数，如 015、0101 和 0177777。

(3) 十六进制数。

十六进制数的前缀为 0X 或 0x。其数字取值为 0～9、A～F 或 a～f，如 0X2A、0xA0、0xFFFF。

ARM 编译器通过 long long 和 unsigned long long 支持 64 位整数类型。对于通常的算术转换，它们的行为类似于 long 和 unsigned long。__int64 是 long long 的同义词。

整数常量可以有后缀，其中：

(1) 后缀 ll 强制常量的类型为 long long（如果合适），后者强制为 unsigned long long（如果不合适）。

（2）ull 或 llu 后缀可以将常量的类型强制为 unsigned long long。

在后面所介绍的 printf（）和 scanf（）的格式说明符可以包含 ll，以指定以下转换适用于 long long 参数，如％lld 或％llu。

同样，如果整数的值足够大，则其类型为 long long 或 unsigned long long。编译器会发出一条警告信息，指示更改。例如，在严格的 1990 年 ISO 标准 C 中，2147483648 的类型为 unsigned long。在 ARM C 中和 C++中，其类型为 long long。例如：

```
2147483648 > - 1
```

在严格的 C 和 C++中，这个表达式评估为 0；在 ARM 和 C++中，这个表达式评估为 1。

long long 类型包含在通常的算术转换中。

【例 7-2】　整数类型变量的声明和表示，如代码清单 7-4 所示。

代码清单 7-4　整数类型变量的声明和表示

```
int main()
{
    volatile unsigned int x = 0x12345678;
    volatile int y = - 25678;
    volatile int z;
    z = x + y;
    return 0;
}
```

注：读者可进入本书配套资源的 example_7_2 目录下，打开该设计工程。该设计选中 Use MicroLIB 选项。

对该代码进行编译时没有使用优化策略，其反汇编代码如代码清单 7-5 所示。

代码清单 7-5　反汇编代码片段

```
    5:      volatile unsigned int x = 0x12345678;
0x080000EA 4805    LDR    r0,[pc,♯20]          ; @0x08000100
0x080000EC 9002    STR    r0,[sp,♯0x08]
    6:      volatile int y = - 25678;
    7:          volatile int z;
0x080000EE 4805    LDR    r0,[pc,♯20]          ;@0x08000104
0x080000F0 9001    STR    r0,[sp,♯0x04]
    8:      z = x + y;
0x080000F2 9901    LDR    r1,[sp,♯0x04]
0x080000F4 9802    LDR    r0,[sp,♯0x08]
0x080000F6 1840    ADDS   r0,r0,r1
0x080000F8 9000    STR    r0,[sp,♯0x00]
    9:      return 0;
0x080000FA 2000    MOVS   r0,♯0x00
    10: }
0x080000FC BD0E    POP    {r1 - r3,pc}
0x080000FE 0000    DCW    0x0000
0x08000100 5678    DCW    0x5678
0x08000102 1234    DCW    0x1234
0x08000104 9BB2    DCW    0x9BB2
0x08000106 FFFF    DCW    0xFFFF
```

思考与练习 7-2：打开调试器，并根据代码清单 7-5 给出的反汇编代码，说明 C 语言所描述的 x＝0x12345678 的赋值操作：

（1）所对应的汇编指令有_____条，它们各自所实现的功能_____。

（2）该数据所保存的存储空间位置_____，保存数据所使用_____模式（大端/小端）。

思考与练习7-3：打开调试器，并根据代码清单7-5给出的反汇编代码，说明C语言所描述的 y=−25678 的赋值操作：

（1）所对应的汇编指令有_____条，它们各自所实现的功能是_____。

（2）该数据所保存的存储空间位置_____，数据在该存储器位置中表示为_____。

提示：−25678的二进制补码对应的二进制数的转换规则，+25678的二进制原码为 0110 0100 0100 1110，所对应的反码为 1001 1011 1011 0001，反码加1，得到−25678的二进制补码为 1001 1011 1011 0010，对应的十六进制数为9BB2，因为该数据类型为32位的有符号数，因此进行32位有符号扩展，其结果为FFFF9BB2。

思考与练习7-4：打开调试器，并根据代码清单7-5给出的反汇编代码，说明C语言所描述的 z=x+y 的加法和赋值操作：

（1）对应的汇编指令有_____条，它们各自所实现的功能_____。

（2）加法结果所保存的存储空间位置_____，数据在该存储器位置中表示为_____。

（提示：加法过程表示为 $(12345678)_{16}+(FFF9BB2)_{16}=(1233F2AA)_{16}$）

（3）执行完加法和赋值运算后，xPSR寄存器中标志 N 为_____、Z 为_____、C 为_____、V 为_____。

2. 扩展整数类型的声明和表示方法

在C90中，长数据类型既可以用作最大整数类型，又可以用作32位容器。C99通过定义新的标准头文件inttypes.h和stdint.h消除了这种歧义。

头文件stdint.h引入了新的类型：

（1）intmax_t 和 uintmax_t 是最大宽度的有符号和无符号整数类型。

（2）intptr_t 和 unintptr_t 是能够保存有符号和无符号对象指针的整数类型。

头文件inttypes.h提供用于处理intmax_t类型的值的库函数，包括：

（1）intmax_t imaxabs(intmax_t x);　　　　　　//x的绝对值

（2）imaxdiv_t imaxdiv(intmax_t x, intmax_t y);　　//返回x/y的商和余数

注：这些头文件在C90和C++中也可用。

7.3.3　字符类型变量的声明和表示

在C语言中，字符型包括普通字符、转义字符和字符串。

1. 普通字符

在C语言中，普通字符型数据是由单引号括起来的一个字符，如'a'、'b'、'='、'+'、'?'。在C语言中，字符型数据有以下特点：

（1）字符型数据只能用单引号括起来，不能用双引号或其他。

（2）字符型数据只能是单个字符，不能是字符串。

（3）字符可以是字符集中任意字符，它也可以使用其对应的ASCII码表示。

2. 转义字符

转义字符是一种特殊的字符。转义字符以反斜杠符号"\"开头，后面跟随一个或几个字符。转义字符具有特定的含义，不同于字符原有的含义，因此称为"转义"字符，常用转义字符及功能如表7.5所示。

表 7.5 常用转义字符及功能

转 义 字 符	转义字符的含义	对应的 ASCII 码
\a	注意(响铃)	7
\b	退格	8
\t	水平制表符	9
\n	回车换行	10
\v	垂直制表符	11
\f	换页	12
\r	回车	13
\"	双引号符	34
\'	单引号符	39
\\	反斜杠符	92
\nnn	1~3 位八进制数所表示的字符	—
\xnn	1~2 位十六进制数表示的字符	—

3. 字符串

字符串是由一对双引号括起的字符序列。例如,"CHINA"、"C program"、"＄12.5"等都是合法的字符串。字符串和字符不同,它们之间主要有以下区别:

(1) 字符由单引号括起来,字符串由双引号括起来。

(2) 字符只能是单个字符,字符串则可以含一个或多个字符。

(3) 可以把一个字符型数据赋给一个字符变量,但不能把一个字符串赋给一个字符变量。

(4) 在 C 语言中没有相应的字符串变量,也就是说,不存在这样的关键字,将一个变量声明为字符串。但是可以用一个字符数据来存放一个字符串,这将在 7.6 节中进行介绍。

(5) 字符占用 1 字节的存储空间,而字符串所占用的存储空间字节数等于字符串的字节数加 1。增加的 1 字节用于存放字符'\0'(ASCII 码为 0),它用于表示字符串结束。

【例 7-3】 字符类型变量的声明和表示,如代码清单 7-6 所示。

代码清单 7-6 字符类型变量的声明和表示

```
int main()
{
    volatile char x = 120;
    volatile signed char y = - 25;
    volatile unsigned char z;
    volatile signed char w;
    z = x - y;
    w = x - y;
    return 0;
}
```

注:读者可进入本书配套资源的 example_7_3 目录下,打开该设计工程。该设计选中 Use MicroLIB 选项。

在该设计中,变量 z 和 w 分别是无符号的字符型变量和有符号的字符变量,它们对 x－y 结果的最终处理方法截然不同。

对该代码进行编译时没有使用优化策略,其反汇编代码如代码清单 7-7 所示。

代码清单 7-7　反汇编代码片段

```
       5:              volatile char x = 120;
0x080000EA 2178    MOVS      r1, ♯ 0x78
0x080000EC 9103    STR       r1,[sp, ♯ 0x0C]
       6:              volatile signed char y = − 25;
       7:              volatile unsigned char z;
       8:              volatile signed char w;
0x080000EE 2118    MOVS      r1, ♯ 0x18
0x080000F0 43C9    MVNS      r1,r1
0x080000F2 9102    STR       r1,[sp, ♯ 0x08]
       9:          z = x − y;
0x080000F4 4668    MOV       r0,sp
0x080000F6 7B01    LDRB      r1,[r0, ♯ 0x0C]
0x080000F8 7A00    LDRB      r0,[r0, ♯ 0x08]
0x080000FA 1A08    SUBS      r0,r1,r0
0x080000FC B2C1    UXTB      r1,r0
0x080000FE 9101    STR       r1,[sp, ♯ 0x04]
      10:          w = x − y;
0x08000100 4668    MOV       r0,sp
0x08000102 7B01    LDRB      r1,[r0, ♯ 0x0C]
0x08000104 7A00    LDRB      r0,[r0, ♯ 0x08]
0x08000106 1A08    SUBS      r0,r1,r0
0x08000108 B241    SXTB      r1,r0
0x0800010A 9100    STR       r1,[sp, ♯ 0x00]
      11:          return 0;
```

思考与练习 7-5：打开调试器，并根据代码清单 7-7 给出的反汇编代码，说明 C 语言中描述的赋值操作 x＝120：

(1) 对应的汇编语言指令有_____条，各自实现的功能分别是_____。

(2) 该数据所保存的存储空间位置_____，数据在该存储器位置中表示为_____。

（提示：使用 STR 执行的 32 位存储器写操作，十进制数 120，对应的十六进制数为 78，用零扩展到 32 位，表示为十六进制数 00000078）

思考与练习 7-6：打开调试器，并根据代码清单 7-7 给出的反汇编代码，说明 C 语言中描述的赋值操作 y＝−25：

(1) 对应的汇编语言指令有_____条，各自实现的功能分别是_____。

(2) 该数据所保存的存储空间位置_____，数据在该存储器位置中表示为_____。

（提示：使用 8 位二进制数将十进制数−25 的补码表示为十六进制数 E7，将其进行 32 位的二进制符号扩展后表示为十六进制数 FFFFFFE7）

思考与练习 7-7：打开调试器，并根据代码清单 7-7 给出的反汇编代码，说明 C 语言中描述 z＝x−y 减法和赋值操作：

(1) 对应的汇编语言指令有_____条，各自实现的功能分别是_____。

(2) 该数据所保存的存储空间位置_____，数据在该存储器位置中表示为_____。

（提示：十进制数 120−(−25) 的操作，等效于 120 的补码和 25 补码的相加运算，得到 120＋25＝$(78)_{16}$＋$(19)_{16}$＝$(91)_{16}$＝$(10010001)_2$，由于变量 z 为无符号的字符类型变量，因此 $(10010001)_2$ 等效于十进制数 145。此外，需要注意，因为将 $(10010001)_2$ 理解为正数，因此进行了零扩展）

思考与练习 7-8：打开调试器，并根据代码清单 7-7 给出的反汇编代码，说明 C 语言中描述 w＝x－y 减法和赋值操作：

（1）对应的汇编语言指令有_____条,各自实现的功能分别是_____。

（2）该数据所保存的存储空间位置_____,数据在该存储器中表示为_____。（提示：和前面一样执行相同的操作,但是由于将变量 w 声明成有符号的字符型变量,因此将 $(10010001)_2$ 理解为负数的补码,其对应的负数为十进制数－111,因此进行了符号扩展）

注：在 C 语言中执行赋值操作时,一定要注意赋值符号左右两侧的数据类型的一致性,否则会产生不期望的运算结果,这对于整数类型变量的赋值操作也同样重要。如果赋值表达式左侧和右侧的数据类型不一致,当赋值操作右侧的表达式得到运算结果后,会根据赋值表达式左侧的数据类型,将右侧表达式得到的运算结果转换为赋值表达式左侧的数据类型。

7.3.4　浮点类型变量的声明和表示

本节介绍 Keil MDK 工具支持的单精度和半精度浮点变量声明和表示方法。

1. 单精度浮点变量的声明和表示

单精度浮点变量在计算机中的表示方法遵循 IEEE 754 标准,数据格式如表 7.6 所示。

表 7.6　IEEE 754 单精度浮点数的表示

位	31	30		23	22		0
含义	S		阶码			尾数	

在表 7.6 中,

（1）S：符号位。＝0,表示正数；＝1,表示负数。

（2）阶码：以 8 位二进制数表示。真实的阶码值＝阶码－127。

（3）尾数：以 23 位二进制数表示,采用隐含尾数最高位为 1 的表示方法。实际尾数为 24 位,尾数真值＝1＋尾数。

因此,这种格式表示的浮点数真值由下式得到：

$$(-1)^S \times 2^{阶码-127} \times (1.尾数)$$

【例 7-4】 单精度浮点类型变量的声明和表示,如代码清单 7-8 所示。

代码清单 7-8　单精度浮点类型变量的声明和表示

```
int main()
{
    volatile float u = 300.57;
    volatile float v = 245.6e30;
    volatile float w = -1000.0;
    volatile float x = 0.001;
    volatile float y;
    y = u + v + w + x;
    return 0;
}
```

注：读者可进入本书配套资源的 example_7_4 目录下,打开该设计工程。该设计选中 Use MicroLIB 选项。

查看上面代码的反汇编代码,可知：

（1）浮点数 300.57,在计算机中表示为 0x439648F6,等效的二进制数如表 7.7 所示。

表 7.7　浮点数 300.57 的等效二进制数表示

位	31	30	29	28	27	26	25	24	23	22	21	20	19	18	17	16	15	14	13	12	11	10	9	8	7	6	5	4	3	2	1	0
值	0	1	0	0	0	0	1	1	1	0	0	1	0	1	1	0	0	1	0	0	1	0	0	0	1	1	1	1	0	1	1	0

按照 IEEE 754 标准划分得到的二进制数格式如表 7.8 所示。

表 7.8　浮点数 300.57 的 IEEE 754 表示格式

位	31	30	29	28	27	26	25	24	23	22	21	20	19	18	17	16	15	14	13	12	11	10	9	8	7	6	5	4	3	2	1	0
值	0	1	0	0	0	0	1	1	1	0	0	1	0	1	1	0	0	1	0	0	1	0	0	0	1	1	1	1	0	1	1	0

由表 7.8 可知：

① 用二进制数表示的阶码为 1000,0111,等效于十进制数 135。因此,真实的以十进制数表示的阶码为 135-127=8。

② 用二进制数表示的尾数为 00101100100100011110110,对应的十进制小数表示为

$$2^{-3}+2^{-5}+2^{-6}+2^{-9}+2^{-12}+2^{-16}+2^{-17}+2^{-18}+2^{-19}+2^{-21}+2^{-22}$$
$$=0.1741015911102294921875$$

因此,等效的十进制数表示为：

$$2^8 \times 1.1741015911102294921875=300.57000732421875 \approx 300.570007$$

（2）浮点数 245.6e30,在计算机中表示为 0x7541BE86,等效的二进制数如表 7.9 所示。

表 7.9　浮点数 245.6e30 等效的二进制数表示

位	31	30	29	28	27	26	25	24	23	22	21	20	19	18	17	16	15	14	13	12	11	10	9	8	7	6	5	4	3	2	1	0
值	0	1	1	1	0	1	0	1	0	1	0	0	0	0	0	1	1	0	1	1	1	1	1	0	1	0	0	0	0	1	1	0

按照 IEEE 754 标准划分得到的二进制数格式如表 7.10 所示。

表 7.10　浮点数 245.6e30 的 IEEE 754 表示格式

位	31	30	29	28	27	26	25	24	23	22	21	20	19	18	17	16	15	14	13	12	11	10	9	8	7	6	5	4	3	2	1	0
值	0	1	1	1	0	1	0	1	0	1	0	0	0	0	0	1	1	0	1	1	1	1	1	0	1	0	0	0	0	1	1	0

由表 7.10 可知：

① 用二进制数表示的阶码为 1110,1010,等效于十进制数 234。因此,真实的以十进制数表示的阶码为 234-127=107。

② 用二进制数表示的尾数为 10000011011111010000110,对应的十进制小数表示为：

$$2^{-1}+2^{-7}+2^{-8}+2^{-10}+2^{-11}+2^{-12}+2^{-13}+2^{-14}+2^{-16}+2^{-21}+2^{-22}$$
$$=0.5136268138885498046875$$

因此,等效的十进制数表示为：

$$2^{107} \times 1.5136268138885498046875 = 2.4559999221086241726273762308915e+32$$
$$\approx 2.4559999e+32$$

（3）浮点数 -1000.0,在计算机中表示为 0xC47A0000,等效的二进制数如表 7.11 所示。

表 7.11　浮点数 -1000.0 等效的二进制数表示

位	31	30	29	28	27	26	25	24	23	22	21	20	19	18	17	16	15	14	13	12	11	10	9	8	7	6	5	4	3	2	1	0
值	1	1	0	0	0	1	0	0	0	1	1	1	1	0	1	0	0	0	0	0	0	0	0	0	0	0	0	0	0	0	0	0

按照 IEEE 754 标准划分得到的二进制数格式如表 7.12 所示。

表 7.12 浮点数 -1000.0 的 IEEE 754 表示格式

位	31	30	29	28	27	26	25	24	23	22	21	20	19	18	17	16	15	14	13	12	11	10	9	8	7	6	5	4	3	2	1	0
值	1	1	0	0	0	1	0	0	0	1	1	1	1	0	1	0	0	0	0	0	0	0	0	0	0	0	0	0	0	0	0	0

由表 7.12 可知：

① 用二进制数表示的阶码为 1000,1000,等效于十进制数 136。因此,真实的以十进制数表示的阶码为 $136-127=9$。

② 用二进制数表示的尾数为 11110100000000000000000,对应的十进制小数表示为:

$$2^{-1}+2^{-2}+2^{-3}+2^{-4}+2^{-6}=0.953125$$

因此,等效的十进制数表示为:

$$-2^9 \times 1.953125=-1000$$

(4) 浮点数 0.001 在计算机中表示为 0x3A83126F,等效的二进制数如表 7.13 所示。

表 7.13 浮点数 0.001 等效的二进制数表示

位	31	30	29	28	27	26	25	24	23	22	21	20	19	18	17	16	15	14	13	12	11	10	9	8	7	6	5	4	3	2	1	0
值	0	0	1	1	1	0	1	0	1	0	0	0	0	0	1	1	0	0	0	1	0	0	1	0	0	1	1	0	1	1	1	1

按照 IEEE 754 标准划分得到的二进制数格式如表 7.14 所示。

表 7.14 浮点数 0.001 的 IEEE 754 表示格式

位	31	30	29	28	27	26	25	24	23	22	21	20	19	18	17	16	15	14	13	12	11	10	9	8	7	6	5	4	3	2	1	0
值	0	0	1	1	1	0	1	0	1	0	0	0	0	0	1	1	0	0	0	1	0	0	1	0	0	1	1	0	1	1	1	1

由表 7.14 可知：

① 用二进制数表示的阶码为 0111 0101,等效于十进制数 117。因此,真实的以十进制数表示的阶码为 $117-127=-10$。

② 用二进制数表示的尾数为 00000110001001001101111,对应的十进制小数表示为:

$$2^{-6}+2^{-7}+2^{-11}+2^{-14}+2^{-17}+2^{-18}+2^{-20}+2^{-21}+2^{-22}+2^{-23}$$

$$=0.02400004863739013671875$$

因此,等效的十进制数表示为:

$$2^{-10} \times 1.02400004863739013671875 =0.0010000000474974513053894 0429688$$

$$\approx 0.00100000005$$

注：打开调试器,查看反汇编代码,可知由于在 Cortex-M0+ 处理器核指令中没有用于浮点运算的指令,因此通过调用 _aeabi_fadd 函数实现的浮点运算功能,在该函数中通过执行 Cortex-M0+ 处理器核提供的指令,实现浮点运算中的对阶和尾数处理的过程。

思考与练习 7-9：编写程序,查看单精度浮点数 3.14159 在计算机中表示为_____,并对该表示方法进行分析,以验证该表示方法与单精度浮点数 3.14159 的等效性。

2. 半精度浮点变量的声明和表示

ARM Compiler 6 支持两个半精度(16 位)浮点标量数据类型,包括:

(1) IEEE 754—2008 __fp16 数据类型,在 ARM C 语言扩展中定义。

（2）_Float16 数据类型，在 C11 扩展 ISO/IEC TS 18661-3:2015 中定义。

__fp16 数据类型不是算术数据类型。__fp16 数据类型仅用于保存和转换。对 __fp16 值不使用半精度算术运算。__fp16 的值在算术运算中会自动提升为单精度（或双精度）浮点数据类型。算术运算后，这些值将自动转换为半精度 __fp16 数据类型进行保存。__fp16 数据类型在 C 和 C++ 源文件语言模式下均可用。

_Float16 数据类型时算术数据类型。对_Float16 值可使用半精度算术运算。_Float16 数据类型在 C 和 C++ 源文件语言模式下均可用。

ARM 建议对于新代码使用_Float16 数据类型而不是 __fp16 数据类型。__fp16 是 ARM C 语言扩展，因此需要符合 ACLE。_Float16 由 C 标准委员会定义，因此使用_Float16 不会阻止代码移植到 ARM 以外的架构上。同样，在 ARMv8.2-A 和更高版本的架构上使能_Float 算术运算后，它们会直接映射到 ARMv8.2-A 半精度浮点指令。这避免了与单精度浮点数据之间的转换，因此可提高代码性能。如果 ARMv8.2-A 半精度浮点指令不可用，则_Float16 值会自动提升为单精度，类似于 __fp16 的语义，只是结果将继续以单精度浮点格式存储而不是转换回半精度浮点格式。

要定义_Float16 文字，请将后缀 f16 附加到编译时常量声明中。_Float16 和标准数据类型之间没有隐式参数转换。因此，需要显式转换才能将_Float16 提升为单精度浮点格式，以进行参数传递。

ARM 编译器使用由 IEEE 754r（是对 IEEE 754 的一个修订）定义的半精度二进制浮点格式，如表 7.15 所示。

表 7.15　IEEE 754r 半精度浮点数的表示

位	15	14	10	9	0
含义	S	阶码		尾数	

在表 7.15 中，

（1）S：符号位。=0，表示正数；=1，表示负数。

（2）阶码：以 5 位二进制数表示。真实的阶码值=阶码-15。

（3）尾数：以 10 位二进制数表示，采用隐含尾数最高位为 1 的表示方法。实际尾数为 11 位，尾数真值=1+尾数。

因此，这种格式表示的浮点数真值由下式得到：

$$(-1)^S \times 2^{阶码-15} \times (1.尾数)$$

【例 7-5】　半精度浮点类型变量的声明和表示，如代码清单 7-9 所示。

代码清单 7-9　半精度浮点类型变量的声明和表示

```
int main()
{
  volatile _Float16 x = 0.001f16;
  volatile _Float16 y = 0.1f16;
  volatile _Float16 z;
  z = x + y;
  return 0;
}
```

注：读者可进入本书配套资源的 example_7_5 目录下，打开该设计工程。该设计未选中

Use MicroLIB 选项。

查看上面代码的反汇编代码,可知:

(1) 半精度浮点数 0.001 在计算机中的表示为 0x1419,其等效的二进制数如表 7.16 所示。

表 7.16　半精度浮点数 0.001 在计算机中的表示

位	15	14	13	12	11	10	9	8	7	6	5	4	3	2	1	0
值	0	0	0	1	0	1	0	0	0	0	0	0	1	1	0	1

按照 IEEE 754r 标准划分得到的二进制数格式如表 7.17 所示。

表 7.17　浮点数 0.001 的半精度表示格式

位	15	14	13	12	11	10	9	8	7	6	5	4	3	2	1	0
值	0	0	0	1	0	1	0	0	0	0	0	0	1	1	0	1

由表 7.17 可知:

① 用二进制数表示的阶码为 00101,等效于十进制数 5。因此,真实的以十进制数表示的阶码为 $5-15=-10$。

② 用二进制数表示的尾数为 0000011001,对应的十进制小数表示为:

$$2^{-6}+2^{-7}+2^{-10}=0.0244140625$$

因此,等效的十进制数表示为:

$$2^{-10}\times1.0244140625=0.00100040435791015625\approx0.00100040436$$

(2) 半精度浮点数 0.1 在计算机中的表示为 0x2E66,其等效的二进制数如表 7.18 所示。

表 7.18　半精度浮点数 0.1 在计算机中的表示

位	15	14	13	12	11	10	9	8	7	6	5	4	3	2	1	0
值	0	0	1	0	1	1	1	0	0	1	1	0	0	1	1	0

按照 IEEE 754r 标准划分得到的二进制数格式如表 7.19 所示。

表 7.19　浮点数 0.1 的半精度表示格式

位	15	14	13	12	11	10	9	8	7	6	5	4	3	2	1	0
值	0	0	1	0	1	1	1	0	0	1	1	0	0	1	1	0

由表 7.19 可知:

① 用二进制数表示的阶码为 01011,等效于十进制数 11。因此,真实的以十进制数表示的阶码为 $11-15=-4$。

② 用二进制数表示的尾数为 1001100110,对应的十进制小数表示为:

$$2^{-1}+2^{-4}+2^{-5}+2^{-8}+2^{-9}=0.599609375$$

因此,等效的十进制数表示为:

$$2^{-4}\times1.599609375=0.0999755859375\approx0.0999755859$$

思考与练习 7-10:编写程序,查看半精度浮点数 3.14159 在计算机中表示为_____,并对该表示方法进行分析,以验证该表示方法与单精度浮点数 3.14159 的等效性。

思考与练习 7-11:比较采用单精度浮点数表示方法和半精度表示方法与浮点数 3.14159

之间的误差。

7.3.5 复数类型变量的声明和表示

在 C99 模式下，编译器支持复数和虚数。在 GNU 模式下，编译器仅支持复数。当在程序代码中使用复数类型变量时，必须包含头文件 complex.h。复数类型包括 float complex、double complex 和 long double complex。

【例 7-6】 复数类型变量的声明和表示方法，如代码清单 7-10 所示。

代码清单 7-10　复数类型变量的声明和表示方法

```
# include "complex.h"
int main(void)
{
    volatile complex float x = 3.0 + 4.0 * I;      //声明复数变量 x
    volatile complex float y = 5.0 + 6.0 * I;      //声明复数变量 y
    volatile complex float z;                      //声明复数变量 z
    volatile float w,v;                            //声明 float 变量 w 和 v
    z = x * y;                                     //执行两个复数相乘
    w = creal(z);                                  //获得结果的实部
    v = cimag(z);                                  //获得结果的虚部
    return 0;
}
```

注：读者可进入本书配套的 example_7_6 目录下，打开该设计工程。

思考与练习 7-11：编译并在调试器中运行该设计代码，观察运行结果 z=_____、w=_____ 和 v=_____，以验证运行结果的正确性。

7.3.6 布尔类型变量的声明和表示

C99 中引入了_Bool 类型。相关的标准头文件 stdbool.h 引入了 bool、true 和 false 用于布尔测试。

【例 7-7】 布尔类型变量的声明和表示方法，如代码清单 7-11 所示。

代码清单 7-11　布尔类型变量的声明和表示方法

```
# include "stdbool.h"
int main(void)
{
    volatile int a = 10, b = - 1;
    volatile _Bool x;
    if(a > b) x = true;
    else x = false;
    return 0;
}
```

注：读者可进入本书配套资源的 example_7_7 目录下，打开该设计工程。

7.3.7 自定义数据类型的声明和表示

除了可以使用上面所给出的数据类型外，在 C 语言中还可以根据需要对数据类型进行重新定义。重新定义数据类型时需要用到关键字 typedef，格式如下：

typedef 已有的数据类型 新的数据类型名

【例 7-8】 使用 typedef 重新定义数据类型，如代码清单 7-12 所示。

代码清单 7-12　使用 typedef 重新定义数据类型

```
typedef unsigned char uc_t;
typedef signed char sc_t;
```

在 C 源文件中引用该自定义数据类型,如代码清单 7-13 所示。

代码清单 7-13　在 C 语言文件中引用自定义数据类型

```
# include "type_define. h"

int main(void)
{
    volatile uc_t x = 'a';
    volatile sc_t y = 'b';
    volatile sc_t z;
    z = x + y;
    return 0;
}
```

注：读者可进入本书配套资源的 example_7_8 目录下,打开该设计工程。

思考与练习 7-12：运行并调试该代码,验证自定义数据类型与初始数据类型的一致性。

7.3.8　变量的存储类型

在程序执行过程中,变量的值可以不断变化。在使用变量之前,需要对变量进行定义,定义的内容包括变量标识符、数据类型和存储类型。在标准 C 语言中,编译器会根据数据类型和硬件系统自动的确定存储模式。为了更好地利用所提供的存储空间,在针对 ARM 32 位 MCU 的编译器中提供了增强功能的变量存储模式定义功能,定义格式为:

{存储类型}　数据类型　变量名列表;

注：{}中的内容为可选项。

C 语言支持大量的存储类型,程序员可以在声明变量的时候使用这些存储种类。存储种类可用于定义变量和函数的范围以及"存活"时间。存储类型包括下面 4 种。

1. auto(自动)

对于本地变量来说,auto 是默认的存储类型。其声明格式为:

auto 数据类型 标识符 = 值;

注：(1) auto 存储类型只能用在一个函数定义内。

(2) 当如果没有 auto 和其他存储类型的关键字时,默认就是 auto 存储类型。

(3) 标识符为变量的名字。

2. extern(外部)

extern 存储类型声明了一个全局变量,该全局变量在另一个源文件模块中定义,其声明格式为:

extern 数据类型 标识符;

注：(1) 当使用 extern 声明一个变量时,不能初始化变量,只能在定义该变量的位置初始化它。

(2) 标识符为变量的名字。

3. static(静态)

static 存储类型限制了变量的范围,以及改变了本地变量的"生命周期",其声明格式为:

```
static 数据类型 标识符 = 值;
```

注：（1）当使用 static 在一个函数外面声明一个变量时，不能在源文件的外面访问该变量。

（2）标识符为变量的名字。

4. register（寄存器）

register 存储类型定义了本地变量，将该变量保存在寄存器中，而不是保存在存储器中，这样提高了 CPU 访问该变量的速度，其声明格式为：

```
register 数据类型 标识符 = 值;
```

注：一般情况下，ARM 编译器忽略 register 存储类型，尽可能将所有变量保存在寄存器中。

【例 7-9】 使用 extern 关键字声明的例子。

首先，在一个 extern.c 文件中，声明两个不同类型的变量，如代码清单 7-14 所示。

代码清单 7-14　extern.c 文件

```
int a = 5;
float b = 10.345;
```

然后在主文件 main.c 中使用 extern 关键字来使用这两个变量，如代码清单 7-15 所示。

代码清单 7-15　main.c 文件

```
extern int a;
extern float b;
int main()
{
    volatile float c;
    c = a + b;
    return 0;
}
```

注：读者可进入本书配套资源的 example_7_9 目录下，打开该设计工程。

【例 7-10】 使用局部变量和全局变量的例子，如代码清单 7-16 所示。

代码清单 7-16　main.c 文件

```
char b = 15;
int main()
{
    char a = 10;
    a = a + 15;
    b = b + a;
    return 0;
}
```

注：读者可进入本书配套资源的 example_7_10 目录下，打开该设计工程。

代码清单 7-16 给出的代码反汇编（未优化设计代码）的结果，如代码清单 7-17 所示。

代码清单 7-17　反汇编代码片段

```
    4:          char a = 10;
0x080000E8 210A      MOVS    r1, #0x0A
    5:          a = a + 15;
```

```
0x080000EA 310F        ADDS     r1,r1,♯0x0F
    6:              b = b + a;
0x080000EC 4803        LDR      r0,[pc,♯12]     ;@0x080000FC
0x080000EE 7800        LDRB     r0,[r0,♯0x00]
0x080000F0 1840        ADDS     r0,r0,r1
0x080000F2 4A02        LDR      r2,[pc,♯8]      ;@0x080000FC
0x080000F4 7010        STRB     r0,[r2,♯0x00]
```

从上面的代码可知,变量 a 为局部变量,变量 b 为全局变量。从反汇编代码可知,变量 a 使用的是寄存器资源,包括 a＝10 的赋值操作和 a＝a+15 的加法操作,仅使用寄存器 r1,即

```
MOVS     r1,♯0x0A                               ;将值 10 加载到寄存器 r1
ADDS     r1,r1,♯0x0F                            ;将 r1 的内容加上 0x0F 后结果保存到 r1
```

而全局变量 b＝15 的赋值操作和 b＝b+a 加法操作,使用的是存储器的资源,即

```
LDR      r0,[pc,♯12]                           ;将存储器地址 0x20000000 加载到 r0
LDRB     r0,[r0,♯0x00]                         ;将值 15 加载到 r0
ADDS     r0,r0,r1                              ;将 r0 的内容和 r1 的内容相加,结果保存到 r0
LDR      r2,[pc,♯8]                            ;将存储器地址 0x20000000 加载到 r2
STRB     r0,[r2,♯0x00]                         ;将相加结果保存到指定的存储器位置
```

通过上面的分析过程可知,局部变量和全局变量的本质区别。

思考与练习 7-13：说明为什么局部变量的作用范围在其所声明的函数范围内,而全局变量的作用范围在声明该变量的文件中(提示：一个是寄存器操作,一个是存储器操作)。

【例 7-11】　使用静态变量和局部变量的例子,如代码清单 7-18 所示。

代码清单 7-18　main.c 文件

```
int main()
{
    char a = 10;
    static char b = 15;
    a = a + 15;
    b = b + a;
    return 0;
}
```

注：读者可进入本书配套资源的 example_7_11 目录下,打开该设计工程。

代码清单 7-18 给出的代码反汇编(未优化设计代码)的结果,如代码清单 7-19 所示。

代码清单 7-19　反汇编代码片段

```
    3:              char a = 10;
    4:              static char b = 15;
0x080000E8 210A        MOVS     r1,♯0x0A
    5:              a = a + 15;
0x080000EA 310F        ADDS     r1,r1,♯0x0F
    6:              b = b + a;
0x080000EC 4803        LDR      r0,[pc,♯12]           ;@0x080000FC
0x080000EE 7800        LDRB     r0,[r0,♯0x00]
0x080000F0 1840        ADDS     r0,r0,r1
0x080000F2 4A02        LDR      r2,[pc,♯8]            ;@0x080000FC
0x080000F4 7010        STRB     r0,[r2,♯0x00]
```

从上面的代码可知,变量 a 为局部变量,变量 b 为静态变量。从反汇编代码可知,变量 a

使用的是寄存器资源,包括 a＝10 的赋值操作和 a＝a＋15 的加法操作,仅使用寄存器 r1,即

```
MOVS    r1,♯0x0A                              ;将 10 加载到寄存器 r1
ADDS    r1,r1,♯0x0F                           ;将 r1 的内容加上 0x0F 后结果保存到 r1
```

而静态变量 b＝15 的赋值操作和 b＝b＋a 加法操作,使用的是存储器的资源,即

```
LDR     r0,[pc,♯12]                           ;将存储器的地址加载到寄存器 r0
LDRB    r0,[r0,♯0x00]                         ;将 r0 指向的存储器地址的内容加载到寄存器 r0
ADDS    r0,r0,r1                              ;将寄存器 r0 和 r1 的内容相加,结果保存在 r0
LDR     r2,[pc,♯8]                            ;将存储器的地址加载到寄存器 r2
STRB    r0,[r2,♯0x00]                         ;将 r0 的内容保存到 r2 所指向存储器的地址处
```

从上面分析可知,全局变量和静态局部静态变量的操作机制相似,即使用存储器资源。

7.3.9 编译器指定的变量属性

ARM 编译器指定的变量属性是对标准 C 语言的扩展。__attribute__关键字使程序开发人员可以为变量指定特殊的属性。关键字格式为以下任意一种：

```
__attribute__((attribute1, attribute2, ...))
__attribute__((__attribute1__, __attribute2__, ...))
```

1. __attribute__((alias))变量属性

使用该变量属性,可以为一个变量指定多个别名。语法格式如下：

```
type newname __attribute__((alias("oldname")));
```

其中,

(1) oldname 是变量原来的名字。

(2) newname 是变量新的名字。

别名必须在与原始变量相同的转换单元中定义。不能在块作用域中指定别名。编译器将忽略附加到局部变量定义的别名属性,并将变量定义看作普通的局部定义。

在输出目标文件中,编译器将别名引用替换为对原始变量名字的引用,并在原始名字旁边给出别名。

【例 7-12】 alias 变量属性的用法,如代码清单 7-20 所示。

代码清单 7-20   alias 变量属性的用法

```
int oldname = 10;
extern int newname __attribute__((alias("oldname")));
int main()
{
    newname = 20;
    return 0;
}
```

注：读者可进入本书配套资源的 example_7_12 目录下,打开该设计工程。

思考与练习 7-14：在 Keil μVision 调试器环境下,调试设计代码,验证别名和原始变量名字的等价性。

2. __attribute__((at(address)))变量属性

该变量属性使程序开发人员可以指定变量在存储空间的绝对地址。语法格式为：

```
__attribute__((at(address)))
```

其中，address 是变量所期望的地址。

【例 7-13】 at(address)变量属性的用法，如代码清单 7-21 所示。

代码清单 7-21　at(address)变量属性的用法

```
unsigned short x __attribute((at(0x20000400)))) = 0x1234;
unsigned char y __attribute((at(0x20000404)))) = 0xa5;
int main()
{
      volatile unsigned short z;
      z = x + y;
      return 0;
}
```

注：读者可进入本书配套资源的 example_7_13 目录下，打开该设计工程。

思考与练习 7-15：在 Keil μVision 调试器环境下，调试设计代码，查看变量 x 和 y 所在存储器的地址是否为程序代码中所指定的地址。

3. __attribute__((aligned))变量属性

aligned 变量属性指定变量的最小对齐方式，以字节为单位。该变量属性是 ARM 编译器支持的 GNU 编译器扩展。

【例 7-14】 aligned 变量属性的用法，如代码清单 7-22 所示。

代码清单 7-22　aligned 变量属性的用法

```
unsigned short x __attribute__((aligned(2))) = 0x1234;
unsigned char y __attribute((aligned(1))) = 0xa5;
int main()
{
      volatile unsigned short z;
      z = x + y;
      return 0;
}
```

注：读者可进入本书配套资源的 example_7_14 目录下，打开该设计工程。

思考与练习 7-16：在 Keil μVision 调试器环境下，调试设计代码。

（1）变量 x 在存储器空间的地址为_____，对齐方式为_____。

（2）变量 y 在存储器空间的地址为_____，对齐方式为_____。

4. __attribute__((deprecated))变量属性

deprecated 变量属性允许声明不推荐使用的变量，而编译器不会发出任何警告或错误。但是，对已弃用变量的任何访问都会产生警告，但仍会编译。

该警告给出了使用变量的位置以及定义变量的位置。这可以帮助确定不赞成使用特定定义的原因。

【例 7-15】 deprecated 变量属性的用法，如代码清单 7-23 所示。

代码清单 7-23　deprecated 变量属性的用法

```
unsigned short x __attribute__((deprecated));
unsigned char y __attribute((deprecated));
int main()
{
```

```
    x = 0x1234;
    y = 0x12;
    return 0;
}
```

注：读者可进入本书配套资源的 example_7_15 目录下，打开该设计工程。

思考与练习 7-17：使用符号"//"将 x=0x1234 和 y=0x12 这两行代码注释掉，对代码进行编译和链接，生成可执行文件，观察 Build Output 窗口输出的信息。

思考与练习 7-18：恢复注释掉的两行代码，重新对代码进行编译和链接，生成可执行文件，观察 Build Output 窗口输出的信息。

5. __attribute__((noinline))常数变量属性

noinline 变量属性可以阻止编译器出于优化目的而使用常量值，而不会影响它在目标中的位置。

可以将该功能用于可修补的常量，即后来被修补为其他值的数据。在需要使用常数值的情况下尝试使用该类常数是错误的。例如，数组维度。

【例 7-16】 noinline 变量属性的用法，如代码清单 7-24 所示。

代码清单 7-24　noinline 变量属性的用法

```
__attribute__((noinline))  const unsigned short x = 0x1234;
__attribute__((noinline))  const unsigned short y = 0x12;
int main()
{
    volatile unsigned short z;
    z = x + y;
    return 0;
}
```

注：读者可进入本书配套资源的 example_7_16 目录下，打开该设计工程。

当上面的代码未添加 noinline 变量属性时，生成的反汇编代码如代码清单 7-25 所示。

代码清单 7-25　未添加 noinline 变量属性的反汇编代码

```
    6:          z = x + y;
0x080000EA 4802    LDR    r0,[pc, #8]          ;@0x080000F4
0x080000EC 9000    STR    r0,[sp, #0x00]
```

思考与练习 7-19：根据代码清单 7-25 给出的反汇编代码，说明当未使用 noinline 变量属性时常数取值和相加操作的过程。

当使用 noinline 变量属性时，代码清单 7-24 的反汇编代码如代码清单 7-26 所示。

代码清单 7-26　添加 noinline 变量属性的反汇编代码

```
    5:          volatile unsigned short z;
0x080000E8 B508    PUSH   {r3,lr}
    6:          z = x + y;
0x080000EA 4804    LDR    r0,[pc, #16]         ;@0x080000FC
0x080000EC 8800    LDRH   r0,[r0, #0x00]
0x080000EE 4904    LDR    r1,[pc, #16]         ;@0x08000100
0x080000F0 8809    LDRH   r1,[r1, #0x00]
0x080000F2 1840    ADDS   r0,r0,r1
0x080000F4 B280    UXTH   r0,r0
0x080000F6 9000    STR    r0,[sp, #0x00]
```

当添加 noinline 变量属性后,在处理常数相加时,并不是像前面那样直接当作常数处理,而是变成了变量相加的处理方式,显然增加了代码长度。

思考与练习 7-20:根据代码清单 7-26 给出的反汇编代码,说明当使用 noinline 变量属性时常数取值和相加操作的过程。

6. __attribute__((section("name")))变量属性

section 属性指定必须在特定的数据段中放置变量。通常,ARM 编译器将其生成的目标放在.data 和.bss 段中。但是,可能要求额外的数据段或者想要变量出现在特殊的段中,比如,映射到特殊硬件。

如果使用 section 属性,只读变量放置在 RO 数据段,读写变量放在 RW 数据段,除非使用 zero_init 属性。在这种情况下,变量将放在 ZI 段中。

注:这个变量属性是 ARM 编译器支持的 GNU 编译器扩展。

【例 7-17】 section 变量属性的用法,如代码清单 7-27 所示。

代码清单 7-27　section 变量属性的用法
```
unsigned short x __attribute__((section("data_0"))) = 0x1234;
unsigned short y __attribute__((section("data_1"))) = 0x12;
unsigned  short z __attribute__((section("data_2")));
int main()
{
    z = x + y;
    return 0;
}
```

注:读者可进入本书配套资源的 example_7_17 目录下,打开该设计工程。

对该文件执行编译和链接后,在 example_7_17 的 Listings 子目录下,打开 code.map 文件。在该文件中,可以看到如代码清单 7-28 所示的代码片段。

代码清单 7-28　code.map 代码片段
```
    data_0  0x20000000  Section        2
main.o(data_0)
    data_1  0x20000002  Section        2
main.o(data_1)
    data_2  0x20000004  Section        2
main.o(data_2)
```

思考与练习 7-21:根据代码清单 7-28 给出的信息,说明:

(1)变量 x 所在段的名字为_____,该段的起始地址为_____,该段的长度为_____;

(2)变量 y 所在段的名字为_____,该段的起始地址为_____,该段的长度为_____;

(3)变量 z 所在段的名字为_____,该段的起始地址为_____,该段的长度为_____。

7. __attribute__((unused))变量属性

通常,如果声明一个变量但是从没有引用过它,则编译器会警告。该属性通知编译器希望不使用该变量,并告诉编译器如果未使用它不要发出警告。

注:该属性是 ARM 编译器支持的 GNU 编译器扩展。

【例 7-18】 unused 变量属性的用法，如代码清单 7-29 所示。

代码清单 7-29　unused 变量属性的用法

```
int main()
{
    int x __attribute__((unused));
    int y;
    return 0;
}
```

注：读者可进入本书配套资源的 example_7_18 目录下，打开该设计工程。

对该代码执行编译和链接时，Build Output 窗口提示声明了 y 变量但是没有引用该变量，对变量 x 没有提示类似信息。

8. __attribute__((used))变量属性

该变量属性通知编译器，即使未引用静态变量也要保留在目标文件中。

将用 used 标记的静态变量按照它们声明的顺序发射到单个段中。可以使用 __attribute__((section("name")))指定放置变量的段。

标有 __attribute__((used))的数据被标记在目标文件中，以避免删除链接器未使用段。

注：该属性是 ARM 编译器支持的 GNU 编译器扩展。

【例 7-19】 used 变量属性的用法，如代码清单 7-30 所示。

代码清单 7-30　used 变量属性的用法

```
int main()
{
    static unsigned char x __attribute__((used)) = 10;
    static unsigned char y = 20;
    y = y + 30;
    return 0;
}
```

注：读者可进入本书配套资源的 example_7_19 目录下，打开该设计工程。

对该代码执行编译和链接过程时，在 Build Output 窗口中没有提示任何警告信息，即使在整个程序代码中都没有引用静态变量 x。

9. __attribute__((visibility("visibility_type")))变量属性

该变量属性影响 ELF 符号的可见性。该属性是 ARM 编译器支持的 GNU 编译器的扩展。该属性的 visibility_type 取值为下面之一：

(1) default。可以通过其他选项更改假定的符号可见性。默认的可见性将覆盖这些修改。默认的可见性对应于外部链接。

(2) hidden。该符号未放置在动态符号表中，因此没有其他可执行文件或共享库可以直接引用它。使用函数指针可以进行间接引用。

(3) internal。除非处理器指定的应用二进制接口(processor-specific Application Binary Interface，psABI)另行指定，否则内部可见性意味着永远不能从另一个模块调用该功能。

(4) protected。该符号放置在动态符号表中，但是在定义模块中的引用绑定到本地符号。即该符号不能被另一模块覆盖。

除了指定默认可见性之外，该属性旨在与具有外部链接的声明一起使用。此外，可以将该属性应用于 C 和 C++ 中的函数和变量。在 C++ 中，还可以将其用类、结构、联合和枚举类型以及名字空间声明。例如：

```
int i __attribute__((visibility("hidden")));
```

注：该属性在目前的编译版本中不会报错，但是未能实现对所声明变量的隐藏功能。

10. __attribute__((weak))变量属性

将一个变量声明为 weak 属性，该行为与__weak 类似。

（1）在 GNU 模式下：

```
extern int Variable_Attributes_weak_1 __attribute__((weak));
```

（2）在非 GNU 模式下：

```
__weak int Variable_Attributes_weak_compare;
```

注：（1）在 GNU 模式下，需要 extern 限定词。在非 GNU 模式下，编译器假定如果变量不是 extern，则将其看作为任何其他非 weak 变量。

（2）该变量属性是 ARM 编译器支持的 GNU 编译器扩展。

11. __attribute__((weakref("target")))变量属性

该变量属性将变量声明标记为别名，该别名本身不需要为目标符号给出定义。该变量属性是 ARM 编译器支持的 GNU 编译器扩展。该属性中的 target 为目标符号。该属性只能用于声明为 static 的变量。

【例 7-20】 weakref 变量属性的用法，如代码清单 7-31 所示。

代码清单 7-31 weakref 变量属性的用法

```
extern int y;
static int x __attribute__((weakref("y")));
int main(void)
{
  volatile int a = x;
  return 0;
}
```

注：读者可进入本书配套资源的 example_7_20 目录下，打开该设计工程。

在该例子中，通过 weak 引用，为变量 a 分配了 y 的值。

思考与练习 7-22：进入子目录 example_7_20\Listings，用记事本工具打开 code.map 文件，查看变量 y 在 map 文件中的相关信息。

12. __attribute__((zero_init))变量属性

段属性指定必须在特定数据段中放置变量。zero_init 属性指定将没有初始化程序的变量放在 ZI 数据段中。如果指定了初始化程序，则会报告错误。

【例 7-21】 zero_init 变量属性的用法，如代码清单 7-32 所示。

代码清单 7-32 zero_init 变量属性的用法

```
__attribute__((zero_init)) int x;
int main(void)
{
  x = 4;
}
```

注：读者可进入本书配套资源的 example_7_21 目录下，打开该设计工程。

视频讲解

思考与练习 7-23：进入子目录 example_7_21\Listings，用记事本工具打开 code.map 文件，查看变量 x 在 map 文件中的相关信息。

7.4 运算符

C 语言提供了丰富的运算符用于对数据的处理。通过运算符和数据，就构成了表达式。在 C 语言中，每个表达式通过逗号进行分割。

(1) 按照所实现的功能，C 语言中的运算符可以分为赋值运算符、算术运算符、递增和递减运算符、关系运算符、逻辑运算符、位运算符、复合赋值运算符、逗号运算符、条件运算符、指针和地址运算符、强制类型转换运算符和 sizeof 运算符等。

(2) 按照参与运算的数据个数，C 语言中的运算符可以分为单目运算符、双目运算符和三目运算符。对于单目运算符，只有 1 个操作数；对于双目操作符，有 2 个操作数；对于三目操作符，有 3 个操作数。

注：地址和指针运算符将在本章后续内容中进行详细介绍。

7.4.1 赋值运算符

在 C 语言中，赋值操作使用"＝"号实现，"＝"称为赋值运算符。赋值语句的格式为：

变量 = 表达式;

先计算由表达式所得到的值，然后再将该值分配给等号左边的变量。

注：(1) 在进行赋值操作的时候，必须要注意变量(左侧)和表达式值(右侧)的数据类型。

(2) 在前面的例子中已经多次使用过赋值操作，本节不再举例说明。

7.4.2 算术运算符

在 C 语言中，所提供的算术运算符包括＋(加法运算或取正数运算)、－(减法运算或取负数运算)、＊(乘法运算)、/(除法运算)、％(取余运算)。

在这些运算符中，除了取正数和取负数运算是单目运算符外，其他都是双目运算符。

1. 基本算术运算

一般情况下，在求取表达式的值时，按照运算符的优先级进行。单目运算的优先级要高于双目运算。在双目运算中，优先级按照＊、/、％、＋和－的顺序从高到低排列。通过使用"()"符号来修改运算的优先级顺序。

注：两个整数的除法运算和取余运算得到的运算结果是整数，如 5/4＝1，5％4＝1。如果在除法运算中出现了浮点数，则运算的结果为浮点数。对于取余运算来说，两个操作数必须均为整数。

【例 7-22】 算术运算符操作的例子，如代码清单 7-33 所示。

代码清单 7-33 算术运算符的用法

```
int main(void)
{
    volatile int a = 1000, b = 33, c, d, h, i;
    volatile int e, j;
    volatile float f, g;
    c = a/b;
    d = a % b;
    e = a * b;
    f = (float)a/b;
```

```
        g = a + b − c;
        h = (a + b) * c;
        i = b − a * c;
        return 0;
}
```

注：读者可进入本书配套资源的 example_7_22 目录下，打开该设计工程。

在上面的代码中，f＝(float)a/b 使用了强制类型转换(float)。因此，虽然变量 a 和 b 是整型数，但实际上执行的是浮点除法运算，而不是整数除法运算。

思考与练习 7-24：打开调试器界面，并单步运算该程序，观察变量 c、d、e、f、g、h 和 i 的值，并填入下面的空格。

(1) 变量 c 的值＝＿＿＿＿＿＿＿。

(2) 变量 d 的值＝＿＿＿＿＿＿＿。

(3) 变量 e 的值＝＿＿＿＿＿＿＿。

(4) 变量 f 的值＝＿＿＿＿＿＿＿。

(5) 变量 g 的值＝＿＿＿＿＿＿＿。

(6) 变量 h 的值＝＿＿＿＿＿＿＿。

(7) 变量 i 的值＝＿＿＿＿＿＿＿。

思考与练习 7-25：打开调试界面和 Disassembly 窗口，查看使用 C 语言描述符描述的算术运算与 Cortex-M0＋指令之间的对应关系。特别要注意除法运算的操作过程。（提示：整数除法通过 C 库辅助函数 __aeabi_idiv() 和 __aeabi_uidiv() 在代码中实现。两种功能均检查是否被零除。浮点除法运算通过 C 库辅助函数 __aeabi_i2f() 和 __aeabi_fdiv() 在代码中实现。

思考与练习 7-26：将代码清单 7-33 中的变量 b 的值改为 0，重新在调试器界面中单步运行程序，观察变量 c、d 和 f 的值，并填入下面的空格。

(1) 变量 c 的值＝＿＿＿＿＿＿＿。

(2) 变量 d 的值＝＿＿＿＿＿＿＿。

(3) 变量 f 的值＝＿＿＿＿＿＿＿。

2. 除法运算的处理

ARM 库提供了实时除法程序和标准除法程序。ARM 库提供的标准除法程序提供了良好的整体性能。但是，执行除法运算所要求的时间取决于输入的值。例如，产生 4 位商的除法可能只需要 12 个周期，而产生 32 位商可能需要 96 个周期。根据目标，有些应用程序会以降低平均性能为代价，要求最坏情况下的更快周期计数。因此，ARM 库提供了两个除法程序。

对于实时程序：

(1) 始终以小于 45 个周期执行；

(2) 对于较大的商来说，它比标准除法程序更快；

(3) 对于典型的商来说，它比标准除法程序要慢；

(4) 返回相同的结果；

(5) 不需要修改周围的代码。

注：(1) 对于 ARMv6-M 架构，库中没有可用的实时除法；

(2) ARMv7-M 和 ARMv7-R 架构支持硬件浮点除法。运行在这些架构商的代码不需要库除法程序。

使用下面的方法之一选择实时除法程序：

（1）从汇编语言 IMPORT __use_realtime_division；

（2）从 C 语言 ♯pragma import(__use_realtime_division)。

3. 进位标志和溢出标志的使用

在 ARM Keil μVision 编译器中提供的头文件 dspfns.h,该头文件中实现了欧洲电信标准协会(ETSI)基本操作,公开了状态标志 Overflow(溢出)和 Carry(进位),如代码清单 7-34 所示。

代码清单 7-34　溢出标志和进位标志的 C 代码

```
# include "dspfns.h"
int main()
{
    volatile signed char a = 0x90,b = 0x70;
    volatile signed char c;
    Overflow = 0;
    c = a + b;
    if(Overflow)
        c = 0;
    return 0;


}
```

7.4.3　递增和递减运算符

C 语言还提供了递增运算符++和递减运算符--,它们的作用是对运算的数据执行加 1 和减 1 的操作,如++i、i++、--i 和 i--。

++i 和 i++是不一样的。++i 是先执行 i+1 的操作,然后再使用 i 的值; 而 i++是先使用 i 的值,然后再执行 i+1 的操作。

类似的,--i 和 i--是不一样的。--i 是先执行 i-1 操作,然后再使用 i 的值; 而 i--是先使用 i 的值,然后再执行 i-1 的操作。

【例 7-23】 递增和递减运算符操作的例子。

代码清单 7-35　递增和递减运算符的用法

```
int main(void)
{
    volatile int a = 40,b,c,d,e,f,g;
    b = a-- ;
    c = a;
    d = --a;
    e = a++;
    f = a;
    g = ++a;
    return 0;
}
```

注：读者可进入本书配套资源的 example_7_23 目录下,打开该设计工程。

思考与练习7-27：打开调试器界面,并单步运算该程序,观察变量 b、c、d、e、f 和 g 的值,并填入下面的空格。

（1）变量 b 的值=_____,b=a--所执行的操作_____。

（2）变量 c 的值=_____。

（3）变量 d 的值=_____,d=--a 所执行的操作_____。

（4）变量 e 的值=_____,e=a++所执行的操作_____。

（5）变量 f 的值=_____。

（6）变量 g 的值＝_____,g＝++a 所执行的操作_____。

7.4.4　关系运算符

C 语言提供了下面的关系运算符,包括＞(大于)、＜(小于)、＞＝(大于或等于)、＜＝(小于或等于)、＝＝(等于)和!＝(不等于)。

其中,前 4 个关系运算符的优先级相同,后两个关系运算符优先级相同。前一组关系运算符的优先级高于后一组关系运算符。

由这些运算符构成的关系表达式用于后面所介绍的条件判断语句中,用来确定判断的条件是否成立。关系表达式的格式为:

表达式 1　关系运算符　表达式 2

关系运算的结果只有 1 和 0 两个值。当满足比较条件时,关系运算的结果为 1;当不满足比较条件时,关系运算的结果为 0。

【例 7-24】　关系运算符操作的例子。

代码清单 7-36　关系运算符的用法

```
int main(void)
{
    volatile int a = 40,b = 10;
    volatile _Bool c,d,e,f,g,h;
    c = a < b;
    d = a <= b;
    e = a > b;
    f = a >= b;
    g = a!= b;
    h = a == b;
    return 0;
}
```

注:读者可进入本书配套资源的 example_7_24 目录下,打开该设计工程。

思考与练习 7-28:打开调试器界面,并单步运算该程序,观察变量 c、d、e、f、g 和 h 的值,并填入下面的空格。

（1）变量 c 的值＝_____,所执行的操作是_____。

（2）变量 d 的值＝_____,所执行的操作是_____。

（3）变量 e 的值＝_____,所执行的操作是_____。

（4）变量 f 的值＝_____,所执行的操作是_____。

（5）变量 g 的值＝_____,所执行的操作是_____。

（6）变量 h 的值＝_____,所执行的操作是_____。

7.4.5　逻辑运算符

C 语言提供了逻辑运算符,包括 &&(逻辑与)、‖(逻辑或)、!(逻辑非)。逻辑运算符用在多个关系表达式的条件判断语句中,有以下 3 种格式:

（1）格式 1

条件表达式 1 && 条件表达式 2 && … && 条件表达式 n

用于确定这些条件表达式条件是否同时成立。如果这些条件表达式都同时成立,则返回

1。如果这些条件表达式中有至少一个条件表达式不成立,则返回 0。

（2）格式 2

条件表达式 1 ‖ 条件表达式 2 ‖ … ‖ 条件表达式 n

用于确定在这些条件表达式中是否存在一个或多个条件表达式成立的情况。如果在这些条件表达式中至少有一个条件表达式成立,则返回 1；如果在这些条件表达式中没有一个条件表达式成立,则返回 0。

（3）格式表达式 3

!条件表达式

用于对条件表达式的返回值进行取反操作。如果条件表达式的值为 1,则!操作符将对该条件表达式的值取反,变为 0；如果条件表达式的值为 0,则!操作符对条件表达式的值取反,变为 1。

逻辑运算符的优先级按!、&& 和 ‖ 的顺序依次递减。

【例 7-25】 关系运算符操作的例子。

代码清单 7-37 关系运算符的用法

```c
int main(void)
{
    volatile int a = 40, b = 10;
    volatile _Bool c, d, e, f, g, h;
    c = a < b && a > b;
    d = a <= b ‖ a > b;
    e = !(a > b);
    f = a != b && a == b;
    g = a != b ‖ a == b;
    h = !(a == b);
    return 0;
}
```

注：读者可进入本书配套资源的 example_7_25 目录下,打开该设计工程。

思考与练习 7-29：打开调试器界面,并单步运算该程序,观察变量 c、d、e、f、g 和 h 的值,并填入下面的空格。

（1）变量 c 的值=_____,所执行的操作是_____。

（2）变量 d 的值=_____,所执行的操作是_____。

（3）变量 e 的值=_____,所执行的操作是_____。

（4）变量 f 的值=_____,所执行的操作是_____。

（5）变量 g 的值=_____,所执行的操作是_____。

（6）变量 h 的值=_____,所执行的操作是_____。

7.4.6 位运算符

C 语言提供了对数据进行按位运算的位运算符,包括~（按位取反）、<<（左移）、>>（右移）、&（按位与）、|（按位或）、^（按位异或）。

（1）对于按位取反、按位与、按位或和按位异或运算来说,格式为：

变量 1 位运算符 变量 2;

这些运算规则遵守逻辑代数运算规律,如表 7.20 所示。

表 7.20　按位逻辑运算规则

逻辑变量 x	逻辑变量 y	～x	～y	x & y	x ｜ y	x^y
0	0	1	1	0	0	0
0	1	1	0	0	1	1
1	0	0	1	0	1	1
1	1	0	0	1	1	0

注：按位逻辑运算的变量不能是浮点类型。

(2) 对于左移和右移运算来说,格式为：

变量 移位运算符 移位个数

对于左移操作来说,在最右端(最低位)补零。对于右移操作来说：

① 如果是无符号数,则总在最左端(最高位)补零。

② 如果是有符号数,则当符号位为 1 时,则在最左侧(最高位)补 1；当符号位为 0 时,则在最左侧(最高位)补 0。

【例 7-26】　按位逻辑运算符操作的例子。

代码清单 7-38　按位逻辑运算符的用法

```
int main(void)
{
    volatile char a = 30,b = 55;
    volatile char c,d,e,f,g;
    volatile int i = -50,j = 60;
    volatile int k,l,m,n;
    c = ～a;
    d = a & b;
    e = a ｜ b;
    f = a ^ b;
    g = ～(a ^ b);
    h = ～(a & b);
    k = i << 3;
    l→i >> 3;
    m→j << 4;
    n→j >> 4;
    return 0;
}
```

注：读者可进入本书配套资源的 example_7_26 目录下,打开该设计工程。

思考与练习7-30：打开调试器界面,单步运算该程序,观察变量 c、d、e、f、g 和 h 的值,填写下面的空格。

(1) 变量 c 的值 = _____,所执行的操作是_____。

(2) 变量 d 的值 = _____,所执行的操作是_____。

(3) 变量 e 的值 = _____,所执行的操作是_____。

(4) 变量 f 的值 = _____,所执行的操作是_____。

(5) 变量 g 的值 = _____,所执行的操作是_____。

(6) 变量 h 的值 = _____,所执行的操作是_____。

思考与练习 7-31：请用公式详细给出变量 c、d、e、f、g 和 h 按位逻辑运算的过程。

思考与练习 7-32：打开调试器界面，单步运算该程序，观察变量 k、l、m 和 n 的值，填写下面的空格。

(1) 变量 k 的值＝_____，所执行的操作是_____。

(2) 变量 l 的值＝_____，所执行的操作是_____。

(3) 变量 m 的值＝_____，所执行的操作是_____。

(4) 变量 n 的值＝_____，所执行的操作是_____。

思考与练习 7-33：请用公式详细给出变量 k、l、m 和 n 移位操作的过程。

7.4.7　复合赋值运算符

C 语言提供了复合赋值运算符。复合赋值运算符是算术运算符、位运算符以及赋值运算符的组合。复合赋值运算符包括＋＝（加法赋值）、－＝（减法赋值）、＊＝（乘法赋值）、/＝（除法赋值）、%＝（取余赋值）、<<＝（左移赋值）、>>＝（右移赋值）、&＝（按位逻辑与赋值）、|＝（按位逻辑或赋值）、^＝（按位逻辑异或赋值）、～＝（按位逻辑非赋值）。

复合赋值运算的格式如下：

变量　复合赋值运算符　表达式

在复合赋值表达式中，先执行表达式的运算操作，然后再执行赋值操作。

注：在执行完复合赋值运算后，变量的值将发生变化。

【例 7-27】　复合赋值运算符操作的例子。

代码清单 7-39　复合赋值运算符的用法

```
int main(void)
{
    volatile int a = 100,b = 45;
    volatile int c = 900,d = 140,e = 790,f = 9900,g = - 90,h = 890;
    volatile int i = 560,j = 711;
    a += b;
    c -= b;
    d *= b;
    e/ = b;
    f % = b;
    g << = 2;
    h >> = 3;
    i& = b;
    j| = b;
    return 0;
}
```

注：读者可进入本书配套资源的 example_7_27 目录下，打开该设计工程。

思考与练习 7-34：打开调试器界面，并单步运算该程序，观察变量 a、c、d、e、f、g、h、i 和 j 的值，并填入下面的空格。

(1) 变量 a 的值＝_____，所执行的操作是_____。

(2) 变量 c 的值＝_____，所执行的操作是_____。

(3) 变量 d 的值＝_____，所执行的操作是_____。

(4) 变量 e 的值＝_____，所执行的操作是_____。

(5) 变量 f 的值＝_____，所执行的操作是_____。

(6) 变量 g 的值＝＿＿＿＿＿＿，所执行的操作是＿＿＿＿＿＿。

(7) 变量 h 的值＝＿＿＿＿＿＿，所执行的操作是＿＿＿＿＿＿。

(8) 变量 i 的值＝＿＿＿＿＿＿，所执行的操作是＿＿＿＿＿＿。

(9) 变量 j 的值＝＿＿＿＿＿＿，所执行的操作是＿＿＿＿＿＿。

7.4.8 逗号运算符

C 语言提供了"，"运算符，该运算符用于将两个表达式连接在一起，称为逗号表达式。逗号表达式的格式为：

表达式 1，表达式 2，表达式 3，…，表达式 n

运行程序时，对于表达式的处理是从左到右依次计算出各个表达式的值，而整个逗号表达式的值是最右边表达式(表达式 n)的值。

【例 7-28】 逗号运算符操作的例子。

代码清单 7-40　逗号运算符的用法

```
int main(void)
{
    volatile int a,b,c,e,d,f,g;
    d = (a = 10,b = 100,c = 1000);
    e = (a = 100) * (b = 30) + (c = 750) − 1000;
    f = (a = 10) * (b = a * 30) + (c = a + b);
    return 0;
}
```

注：读者可进入本书配套资源的 example_7_28 目录下，打开该设计工程。

思考与练习 7-35：打开调试器界面，并单步运算该程序，观察变量 d、e 和 f 的值，并填入下面的空格。

(1) 变量 d 的值＝＿＿＿＿＿＿，所执行的操作是＿＿＿＿＿＿。

(2) 变量 e 的值＝＿＿＿＿＿＿，所执行的操作是＿＿＿＿＿＿。

(3) 变量 f 的值＝＿＿＿＿＿＿，所执行的操作是＿＿＿＿＿＿。

7.4.9 条件运算符

C 语言提供了条件运算符"？:"，该运算符是 C 语言中唯一的三目运算符，即该运算符要求有三个运算对象，用于将三个表达式连接在一起构成一个表达式。条件表达式的格式如下：

逻辑表达式 ？ 表达式 1 ： 表达式 2；

首先计算逻辑表达式的值，当逻辑表达式的值为 1 时，将表达式 1 的值作为整个条件表达式的值；当逻辑表达式的值为 0 时，将表达式 2 的值作为整个条件表达式的值。

【例 7-29】 条件运算符操作的例子。

代码清单 7-41　条件运算符的用法

```
int main(void)
{
    volatile int a = 10, b = 20, d,e;
    d = (a == b) ? a : b;
    e = (a!= b) ? a : b;
    return 0;
}
```

注：读者可进入本书配套资源的 example_7_29 目录下,打开该设计工程。

思考与练习 7-35：打开调试器界面,并单步运算该程序,观察变量 d 和 e 的值,并填入下面的空格。

(1) 变量 d 的值＝＿＿＿＿＿＿,所执行的操作是＿＿＿＿＿＿。

(2) 变量 e 的值＝＿＿＿＿＿＿,所执行的操作是＿＿＿＿＿＿。

7.4.10　强制类型转换符

C 语言提供了强制类型转换符,用于将一个数据类型强制转换成另一个数据类型。其格式为：

```
(类型关键字)
```

【例 7-30】 强制类型转换符操作的例子。

代码清单 7-42　强制类型转换符的用法

```
int main(void)
{
    volatile int a = 1000, b = 2000;
    volatile long int c, e;
    float d;
    c = (long)a;
    d = (float)b;
    e = d/1000;
    return 0;
}
```

注：读者可进入本书配套资源的 example_7_30 目录下,打开该设计工程。

思考与练习 7-36：打开调试器界面,并单步运算该程序,观察变量 c、d 和 e 的值,并填入下面的空格。

(1) 变量 c 的值＝＿＿＿＿＿＿,所执行的操作是＿＿＿＿＿＿。

(2) 变量 d 的值＝＿＿＿＿＿＿,所执行的操作是＿＿＿＿＿＿。

(3) 变量 e 的值＝＿＿＿＿＿＿,所执行的操作是＿＿＿＿＿＿。

7.4.11　sizeof 运算符

C 语言提供了求取数据类型、变量以及表达式字节个数的 sizeof 运算符。其格式为：

```
sizeof(表达式);
```

或

```
sizeof(数据类型);
```

注：sizeof 是一种特殊的运算符,不是函数。在编译程序的时候,通过 sizeof 计算出字节数。

【例 7-31】 sizeof 运算符操作的例子。

代码清单 7-43　sizeof 运算符的用法

```
int main(void)
{
    volatile int a = 10;
    volatile float b = 10.0;
```

```
        volatile int c,d,e,f,g;
        c = sizeof(short);
        d = sizeof(long long int);
        e = sizeof(double);
        f = sizeof(_Bool);
        g = sizeof(a + b);
        return 0;
    }
```

注：读者可进入本书配套资源的 example_7_31 目录下，打开该设计工程。

思考与练习 7-37：打开调试器界面，并单步运算该程序，观察变量 c、d、e、f 和 g 的值，并填入下面的空格。

(1) 变量 c 的值＝_____，所执行的操作是_____。

(2) 变量 d 的值＝_____，所执行的操作是_____。

(3) 变量 e 的值＝_____，所执行的操作是_____。

(4) 变量 f 的值＝_____，所执行的操作是_____。

(5) 变量 g 的值＝_____，所执行的操作是_____。

7.5　描述语句

视频讲解

本节将介绍输入/输出语句、描述语句，包括表达式语句、条件语句、开关语句、循环语句和返回语句。

7.5.1　输入和输出语句

在完整的计算机系统中，包含输入/输出设备。典型地，在以 PC 为代表的计算机系统中，键盘是标准的输入设备，显示器是标准的输出设备。通过输入/输出设计，进行人机交互。这里的"人"是指计算机的用户，而"机"指的是计算机。

在 C 语言中，输入和输出操作是通过函数实现的，而不是通过 C 语言本身实现。典型地，在标准 C 语言中，scanf()函数实现计算机用户通过键盘将信息输入到程序代码中，printf()函数实现将程序代码中的信息显示在显示器终端上。

注：(1) 本书中使用了输入和输出语句，只用于调试代码以及直观地显示程序代码的运行情况。当调试完函数代码中，建议去掉这些调试语句，这是因为这些输入和输出语句会占用大量的存储器资源。并且，在 ARM 32 位嵌入式系统中使用输入和输出语句时涉及重定位的问题。

(2) 在嵌入式系统中，默认的标准输入和输出设备均是异步串行收发器接口，简称串行接口。所以，在嵌入式系统中调用输入和输出语句函数时，必须先对嵌入式系统的串行接口进行初始化操作。

(3) 在 C 语言中使用输入和输出语句函数时，必须包含头文件 stdio.h。

1. putchar()函数

当在计算机系统中使用该函数时，该函数向标准的输出终端（显示设备）输出一个字符。当用在 ARM 32 位嵌入式系统时，该函数向标准的输出终端（串行接口）输出一个字符。其格式为：

```
putchar('字符')
```

其中，()中为单引号对' '括起来的字符或者直接使用 ASCII 码表示的字符。

2. getchar()函数

当在计算机系统中使用该函数时，该函数从标准的输入设备终端（键盘）读入一个字符。当在 ARM 32 位嵌入式系统中使用该函数时，该函数从标准的输入设备终端（串行接口）读入一个字符。其格式为：

```
getchar();
```

3. printf()函数

在计算机系统中使用该函数时，该函数向标准的输出设备终端（显示设备）输出指定个数的任意类型的数据。在 ARM 32 位嵌入式系统中使用该函数时，该函数向标准的输出设备终端（串行接口）输出指定个数的任意类型的数据。其格式为：

```
printf(格式控制,输出列表)
```

例如：

```
printf("%d,%c\n",i,c);
```

下面介绍其中的格式控制和输出列表。

1) 格式控制

格式控制是双引号括起来的一个字符串，称为转换控制字符串，简称格式字符串，包含格式声明和普通字符。

(1) 格式声明由"%"和格式字符组成，如%d、%f 等。它的作用是将输出的数据转换为指定的格式输出。格式声明总是由"%d"字符开始。

① %d(%i)，按照十进制整型数格式输出。

② %o，按照八进制整型数格式输出。

③ %x，按照十六进制整型数格式输出。

④ %u，按照无符号十进制数据格式输出。

⑤ %c，输出一个字符。

⑥ %s，输出一个字符串。

⑦ %f，以系统默认的格式输出实数。此外，%m.nf,用于控制输出浮点数的格式，即 m 位整数位和 n 位小数位。

⑧ %e，以指数形式输出实数。

注：可以对格式字符 d、o、x 和 u 加上前缀字符"l"，用于表示长整型数。

(2) 普通字符是需要按原样输出的字符，如上面 printf 函数中双引号内的逗号、空格和换行符。

2) 输出列表

输出列表是需要输出的一些数据，可以是常量、变量或者表达式。

4. scanf()函数

在计算机系统中使用该函数时，该函数通过标准的输入设备终端（键盘），获取指定个数的任意类型数据；在 ARM 32 位嵌入式系统中使用该函数时，该函数通过标准的输入设备终端（串行接口）读取指定个数的任意类型的数据。其格式为：

```
scanf(格式控制,地址列表)
```

例如：

scanf("%d,%f", &a,&b);

下面介绍其中的格式控制和地址列表。

1）格式控制

格式控制是双引号括起来的一个字符串，称为"转换控制字符串"，简称格式字符串，包含格式声明和普通字符。

（1）格式声明由"%"和格式字符组成，如%d、%f等。它的作用是将输入的信息转换为指定格式的数字。格式声明总是由"%"字符开始。

① %d(%i)，按照十进制整型数格式输入。

② %o，按照八进制整型数格式输入。

③ %x，按照十六进制整型数格式输入。

④ %u，按照无符号十进制数据格式输入。

⑤ %c，输入一个字符。

⑥ %s，输入一个字符串。

⑦ %f，用来以系统默认的格式输入实数。

⑧ %e，以指数形式输入实数。

（2）普通字符是需要按原样输入的字符，如上面例子中 scanf()函数中双引号内的逗号、空格和换行符。

2）地址列表

由若干地址组成的列表，可以是变量的地址或字符串的首地址。

注：（1）这里特别强调是地址，而不是变量本身。上面的 scanf 语句绝不可以写成"scanf("%d,%d",a,b);"。

（2）如果在格式控制字符串中，除了格式声明以外还有其他字符，则在输入数据时应在对应位置输入与这些字符相同的字符。在前面的 scanf 语句中，两个%d 之间用","隔开，因此，在输出数据的时候就需要用逗号隔开。

7.5.2 输入和输出重定向

在 ARM 32 位嵌入式系统的应用程序中调用 C 语言提供的输入/输出函数语句时，与在传统的计算机上调用 C 语言提供的输入/输出函数语句有很大的不同。这是因为在计算机上执行输入/输出语句（比如 scanf、printf 等）时，只需要简单地包含 stdio.h 头文件并调用这些函数即可。但是，当在 ARM 目标硬件上执行输入/输出语句时，需要对原始 C 语言提供的输入/输出语句进行重定位，然后才能在应用程序中使用输入/输出语句。

注：因为本节内容涉及 C 语言的其他知识以及串口初始化的相关知识，因此读者可以在学完相关章节的内容后，再学习本节的内容。

1. 定制 microlib 输入/输出函数

Microlib 提供了有限的 stdio 子系统。要使用高级输入/输出函数，程序开发者必须重新实现基本的 I/O 函数。

Microlib 提供了一个功能受限的 stdio 子系统，该子系统仅支持无缓冲的 stdin、stdout 和 stderr。这样，使得程序开发人员可以使用 printf()函数显示来自应用程序的诊断消息。

要使用高级 I/O 函数，程序开发人员必须自己实现以下基本函数，以便它们与自己的 I/O

设备一起使用。

1) fputc()

为所有输出函数实现该基本功能。例如，fprintf()、printf()、fwrite()、fputs()、puts()、putc()和 putchar()。

2) fgetc()

为所有输入函数实现该基本功能。例如，fscanf()、scanf()、fread()、read()、fgets()、gets()、getc()和 getchar()。

3) __backspace()

如果应用程序中的输入函数使用了 scanf()或 fscanf()，则需要在 fgetc()级上实现该基本函数。语法格式为：

```
int __backspace(FILE * stream);
```

只有在从流中读取一个字符后，才能调用__backspace(stream)。比如，不能在写入、查找之后调用它，或者在打开文件后立即调用它。它将从流中读取的最后一个字符返回到流中，以便下一个读取操作可以再次从流中读取相同的字符。这意味着通过 scanf()从流中读取的但不是需要的字符（即，字符终止了 scanf 操作），该字符将由从该流中读取的下一个函数正确读取。

__backspace()与 ungetc()是分开的。这是为了保证完成 scanf()系列函数后可以将单个字符后退。

__backspace()返回的值是 0（成功）或 EOF（失败）。仅当使用不正确（例如，没有从流中读取任何字符）时，它才返回 EOF。如果正确使用，__backspace()必须始终返回 0，因为 scanf()系列函数不会检查错误返回。

__backspace()和 ungetc()之间的交互是：

(1) 如果将__backspace()应用于流，然后将 ungetc()应用于同一流，则对 fgetc()的后续调用必须首先返回 ungetc()返回的字符，然后返回__backspace()返回的字符。

(2) 如果将 ungetc()字符返回流，然后使用 fgetc()读取它，然后退格，则 fgetc()读取的下一个字符必须与返回到流中的字符相同。也就是说，__backspace()操作必须取消 fgetc()操作的结果。但是，不需要成功调用__backspace()之后再调用 ungetc()。

(3) 永远不会出现这样的情况，即 ungetc()一个字符到流中，然后立即__backspace()另一个字符，而没有进行中间读取。只能在 fgetc()之后调用__backspace()，因此该调用顺序是非法的。如果要编写__backsapce()实现，则程序员可以假定一个字符的 ungetc()进入一个流中，紧随其后的是__backspace()且没有中间读取，但这种情况永远不会发生。

注：(1) microlib 中不支持转换格式为%lc、%ls 和%a。

(2) 通常，除非程序开发人员要实现自己定制的类似 scanf()的函数，否则不需要直接调用__backspace()。

2. 输入/输出函数重定向的实现原理

本节将对 STM32G0 的串口进行初始化，以实现对输入和输出的重定向。将输入和输出重定向到低功耗通用异步收发器（Low Power Universal Asynchronous Receiver/Transmitter，LPUART），该串口连接到 Nucleo 板的 ST-LINK 虚拟 COM 端口。通过使用串口调试助手来实现 scanf()函数的输入功能和 printf()函数的输出功能。

查看本书配套资源中 NUCLEO-G071RB 开发板原理图,STM32G071RBT6 的 PA2 引脚分配为 LPUART1_TX,PA3 引脚分配为 LPUART1_RX。

(1) 将 LPUART1 的时钟分配为 PCLK1(64MHz)。

(2) 将 LPUART1 设置为 Asynchronous Mode(异步模式),波特率为 115200bps,8 个数据位,1 个停止位,无奇偶校验,没有硬件流量控制,没有高级功能。

在 NUCLEO-G071RB 开发板上,LPUART1 连接到 ST-Link 的 USART,并通过 USB 的虚拟 COM 端口类引入。

3. 输入/输出函数重定向的具体实现

本节将使用 STM32CubeMX 初始化串口,并生成可用于 Keil MDK 的应用程序框架,然后在该应用程序框架中添加输入/输出函数的重定向代码,最后在应用程序中添加测试代码来测试重定向后的输入/输出语句。

【例 7-32】 输入和输出函数重定位的实现,实现该设计目标的主要步骤包括:

(1) 在 Windows 10 操作系统桌面双击 STM32CubeMX 图标,启动 STM32CubeMX 工具。

(2) 在 STM32CubeMX 主界面中,找到并单击 ACCESS TO MCU SELECTOR 按钮。

(3) 弹出 New Project from a MCU/MPU 页面。在该页面中,设置参数如下:

① 通过 Part Number 右侧的下拉框,选择 STM32G071RB。

② 在右侧框中显示 MCUs/MPUs List: 2 items。在该标题下面的列表中,选择并双击 STM32G071RBTx。

(4) 出现新的页面。在该页面中,单击 Pinout & Configuration 标签,如图 7.4 所示。在该标签页面中,设置参数如下:

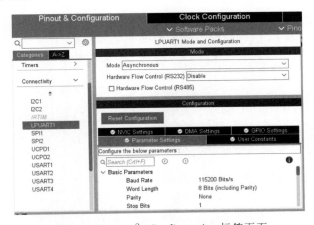

图 7.4　Pinout & Configuration 标签页面

① 在该标签页面的左侧窗口中,找到并展开 Connectivity。在展开项中,找到并选中 LPUART1 项。

② 在该标签页面右上角的 Mode 窗口中,通过 Mode 右侧的下拉列表框将 Mode 设置为 Asynchronous。

③ 在该标签页面的右下角的 Configuration 窗口中,单击 Parameter Settings 标签。在该标签界面中,设置参数如下:

• 在 Band Rate 右侧的文本框中输入 115200;

- 在 Word Length 右侧的下拉列表框中选择 8Bits(including Parity)；
- 其余按默认参数设置。

（5）Pinout 界面中给出了 LPUART1 的默认引脚分配，如图 7.5 所示。可以看到，默认情况下，将 LPUART1_RX 分配到 PC0 引脚，将 LPUART1_TX 分配到 PC1 引脚。

图 7.5　默认的串口引脚分配

① 找到并单击图 7.5 中名字为 PA3 的引脚，出现浮动菜单，选择 LPUART1_RX 项。
② 找到并单击图 7.5 中名字为 PA2 的引脚，出现浮动菜单，选择 LPUART1_TX 项。
重新分配完 LPUART1 信号后的引脚界面如图 7.6 所示。

图 7.6　重新分配完的串口引脚分配

（6）单击图 7.4 中的 Clock Configuration 标签。如图 7.7 所示，在该标签窗口中，找到 System Clocks Mux，选中该模块中的 PLLCLK 前面的复选框。这样，自动将 HCLK 设置为 64MHz，且 To LPUART1 的时钟自动设置为 64MHz。

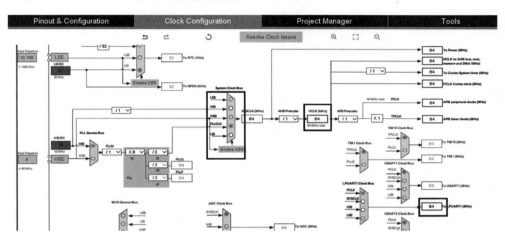

图 7.7　Clock Configuration 界面

（7）单击 Project Manager 标签。在该标签界面中，按照图 7.8 设置输出工程的参数。

图 7.8　设置输出工程的参数

（8）单击图 7.8 右上角的 GENERATE CODE 按钮，开始生成 Keil MDK 下的工程文件。

（9）生成结束后，弹出 Code Generation 对话框。在该对话框中，单击 Open Project 按钮。

（10）自动启动 Keil μVision 开发工具，并自动打开 top. uvprojx 工程。

（11）退出 STM32CubeMX 开发工具。

（12）在 Keil μVision 开发工具主界面左侧的 Project 窗口中，找到并展开 Application/ User 文件夹。在展开项中，找到并双击 main. c。

（13）如图 7.9 所示，添加一行代码：#include "stdio. h"。

（14）如图 7.10 所示，添加设计代码，如代码清单 7-44 所示。

```
23   /* Private includes -------------
24   /* USER CODE BEGIN Includes */
25   #include "stdio.h"
26   /* USER CODE END Includes */
```

图 7.9   添加设计代码(1)

```
53   /* USER CODE BEGIN PFP */
54   #define PUTCHAR_PROTOTYPE int fputc(int ch, FILE *f)
55   #define GETCHAR_PROTOTYPE int fgetc(FILE *f)
56   #define BACKSPACE_PROTOTYPE int __backspace(FILE *f)
```

图 7.10   添加设计代码(2)

代码清单 7-44   添加设计代码(2)

```
#define PUTCHAR_PROTOTYPE int fputc(int ch, FILE * f)
#define GETCHAR_PROTOTYPE int fgetc(FILE * f)
#define BACKSPACE_PROTOTYPE int __backspace(FILE * f)
```

(15) 如图 7.11 所示，添加设计代码，如代码清单 7-45 所示。

代码清单 7-45   添加设计代码(3)

```
volatile float i = 10.0;              //定义浮点类型变量 i
volatile int j = 20,k = 30;           //定义整型变量 j 和 k
```

(16) 如图 7.12 所示，添加设计代码，如代码清单 7-46 所示。

```
68   int main(void)
69   {
70       /* USER CODE BEGIN 1 */
71       volatile  float i=10.0;
72       volatile int j=20,k=30;
73       /* USER CODE END 1 */
```

图 7.11   添加设计代码(3)

```
99    /* USER CODE BEGIN WHILE */
100   while (1)
101   {
102       /* USER CODE END WHILE */
103       printf("\nplease input float i:\n");
104       scanf("%f",&i);
105       printf("\nplease input integer j:\n");
106       scanf("%d",&j);
107       printf("\nplease input integer k:\n");
108       scanf("%d",&k);
109       printf("\n");
110       printf("i=%f,j=%d,k=%d\r\n",i,j,k);
111       /* USER CODE BEGIN 3 */
112   }
```

图 7.12   添加设计代码(4)

代码清单 7-46   添加设计代码(4)

```
while (1)                                    //无限循环
{
    /* USER CODE END WHILE */
    printf("\nplease input float i:\n");     //在串口上输出提示信息
    scanf(" % f",&i);                        //在串口上输入浮点变量 i 的值
    printf("\nplease input integer j:\n");   //在串口上输出提示信息
    scanf(" % d",&j);                        //在串口上输入整型变量 j 的值
    printf("\nplease input integer k:\n");   //在串口上输出提示信息
    scanf(" % d",&k);                        //在串口上输入整型变量 k 的值
    printf("\n");                            //在串口上输出换行符
    printf("i = % f,j = % d,k = % d\r\n",i,j,k);
                                             //在串口上输出所输入变量的值
    /* USER CODE BEGIN 3 */
}
```

注：要根据程序框架内给出的提示信息，在指定的位置添加用户代码。这些提示信息用多行注释符号对"/＊"和"＊/"表示。

(17) 如图 7.13 所示，添加设计代码，如代码清单 7-47 所示。

```
230  /* USER CODE BEGIN 4 */
231  PUTCHAR_PROTOTYPE
232  {
233      HAL_UART_Transmit(&hlpuart1,(uint8_t *)&ch,1,0xFFFF);
234      return ch;
235  }
236
237
238  GETCHAR_PROTOTYPE
239  {
240      uint8_t value;
241      while((LPUART1->ISR & 0x00000020)==0){}
242      value=(uint8_t)LPUART1->RDR;
243      HAL_UART_Transmit(&hlpuart1,(uint8_t *)&value,1,0x1000);
244      return value;
245  }
246  BACKSPACE_PROTOTYPE
247  {
248      return 0;
249  }
250  /* USER CODE END 4 */
```

图 7.13 添加设计代码(5)

代码清单 7-47 添加设计代码(5)

```
PUTCHAR_PROTOTYPE                                    //重定向 fputc()函数
{
  HAL_UART_Transmit(&hlpuart1,(uint8_t * )&ch,1,0xFFFF);  //调用串口发送函数
    return ch;                                       //返回发送的字符
}

GETCHAR_PROTOTYPE                                    //重定向 fgetc()函数
{
    uint8_t value;                                   //定义无符号字符型变量 value
    while((LPUART1 - > ISR & 0x00000020) == 0){}
                                                     //判断串口是否接收到字符
    value = (uint8_t)LPUART1 - > RDR;                //读取串口接收到的字符
    HAL_UART_Transmit(&hlpuart1,(uint8_t * )&value,1,0x1000);
                                                     //回显接收到的字符
    return value;                                    //返回接收到的值 value
}
BACKSPACE_PROTOTYPE                                  //重定向__backspace 函数
{
    return 0;
}
```

(18) 保存 main.c 文件。

(19) 在 Keil μVision 主界面菜单中选择 Project→Build Target 命令,对该设计工程进行编译和链接,生成可执行文件和 Hex 文件。

(20) 通过 USB 电缆,将 NUCLEO-G071RB 开发板连接到计算机的 USB 接口,给开发板供电。计算机将自动安装驱动并在计算机上虚拟出一个串口(比如 COM4)。

(21) 打开串口调试助手,如图 7.14 所示。在该界面中,设置串口参数。

① 串口: COM4。

② 波特率: 115200b/s。

③ 校验位: 无校验。

④ 停止位: 1 位。

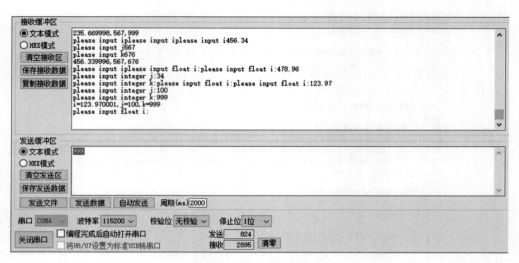

图 7.14　串口调试助手

⑤ 将接收缓冲区和发送缓冲区都设置为文本模式。

然后，单击打开串口按钮，使得计算机上的虚拟串口正常工作。

注：读者应根据自己所使用计算机上虚拟出来的串口号，在串口调试助手上选择正确的串口号。

(22) 在 Keil μVision 主界面菜单中选择 Flash→Download 命令，将 HEX 文件下载到开发板上的 STM32G0 MCU 的 Flash 中。

(23) 按一下开发板上标记为 RESET 的复位按钮，使得该应用程序正常运行。

(24) 在接收缓冲区将自动提示"please input float i:"信息。然后，在发送缓冲区中依次执行下面操作：

① 单击清空发送区按钮，清除发送缓冲区的内容。

② 在发送缓冲区的文本框中，输入浮点变量i的值，比如123.97，然后按 Enter 键，也就是在输入的浮点变量值123.97后面跟着回车换行结束符。

注：一定不能少了回车换行结束符。

③ 单击发送数据按钮。

(25) 在接收缓冲区将自动提示"please input integer j:"信息。然后，在发送缓冲区中依次执行下面操作：

① 单击清空发送区按钮，清除发送缓冲区的内容。

② 在发送缓冲区的文本框中，输入整型变量j的值，比如100，然后按 Enter 键，也就是在输入的变量值100后面跟着回车换行结束符。

③ 单击发送数据按钮。

(26) 在接收缓冲区将自动提示"please input integer k:"信息。然后，在发送缓冲区中依次执行下面操作：

① 单击清空发送区按钮，清除发送缓冲区的内容。

② 在发送缓冲区的文本框中，输入整型变量j的值，比如999，然后按 Enter 键，也就是在输入的变量值999后面跟着回车换行结束符。

③ 单击发送数据按钮。

（27）在串口调试助手的接收缓冲区界面上显示：

i = 123.97001,j = 100,k = 999

这个信息说明，对输入和输出函数的重定位是正确的，程序开发人员可以通过标准的输入设备终端（串口）输入信息，并可以通过标准的输出设备终端（串口）输出信息。

7.5.3　表达式语句

在 C 语言中，表达式语句是最基本的语句，不同的表达式语句之间用"，"分隔。

此外，在表达式语句前面可以存在标号，标号后必须有符号"："，用于标识每一行代码。其格式为：

标号：　表达式；

这种表示方法可以用在 goto 等跳转语句中。

多条表达式语句可以通过{}符号构成复合语句，例如，在一个判断条件中，可能存在多个表达式，这些表达式对应于一个判断条件。因此，就需要使用符号"{}"，将多个表达式关联到一个判断条件中。换句话说，符号"{}"可以理解成作用边界的分隔符，用于确认条件作用的范围。

典型的，main()函数通过符号"{}"将大量的表达式关联到一个函数中，当然符号"{}"也用于标识 main()函数的作用范围。

7.5.4　条件语句

C 语言提供了条件判断语句，又称为分支语句。通过 if 关键字来标识条件语句。下面介绍 3 种可能的条件语句格式。

1) 格式 1

```
if(条件表达式)
    语句;
```

2) 格式 2

```
if(条件表达式)
    语句 1;
else
    语句 2;
```

如果条件表达式成立，则执行语句 1；否则，执行语句 2。

3) 格式 3

```
if(条件表达式 1)
    语句 1;
else if(条件表达式 2)
    语句 2;
else if(条件表达式 3)
    语句 3;
    …
else
    语句 n;
```

如果条件表达式 1 成立，则执行语句 1；否则，如果条件表达式 2 成立，则执行语句 2；否则，如果条件表达式3成立，则执行语句3，……按优先级顺序一直进行判断，直到找到满足条件的条件表达式，并执行其对应的语句。如果前面的所有条件均不成立，可执行语句n。

对于格式1、格式2和格式3来说，根据判断条件的复杂度，还可以进行条件的嵌套。

【例7-33】 if-else 条件语句的例子。

在该例子中，根据3个输入变量a、b和c的值，判断是不是构成直角三角形。其判断逻辑是，先判断输入的3个变量a、b和c的值是否构成一个三角形；然后，才能判断这个三角形是不是直角三角形。

(1) 根据数学知识，构成三角形的条件是同时满足：

$$a+b>c, a+c>b \text{ 且 } b+c>a$$

(2) 根据数学知识，构成直角三角形的条件满足：

$$a^2+b^2=c^2$$

代码清单7-48　C语言代码片段

```
volatile int a,b,c;
while (1)
{
    printf("\n please input the integer a :\n");        //打印提示信息
    scanf(" % d",&a);                                    //输入变量 a 的值
    printf("\n please input the integer b :\n"); ;       //打印提示信息
    scanf(" % d",&b);                                    //输入变量 b 的值
    printf("\n please input the integer c :\n"); ;       //打印提示信息
    scanf(" % d",&c);                                    //输入变量 c 的值
    if(a + b > c && b + c > a && a + c > b)              //判断满足三角形构成条件
        if((a * a + b * b) == c * c)                     //判断满足直角三角形构成条件
            printf("\n a = % d,b = % d,c = % d is a right angle triangle\r\n",a,b,c);
        else                                             //不满足直角三角形构成条件
            printf("\n a = % d,b = % d,c = % d is not a right angle triangle\r\n",a,b,c);
    else                                                 //不满足三角形构成条件
        printf("\n a = % d,b = % d,c = % d is not a triangle\r\n",a,b,c);
    /* USER CODE END WHILE */
}
```

```
please input the integer a :3
please input the integer b :4
please input the integer c :5
a=3,b=4,c=5 is a right angle triangle
please input the integer a :6
please input the integer b :7
please input the integer c :8
a=6,b=7,c=8 is not a right angle triangle
please input the integer a :12
please input the integer b :20
please input the integer c :40
a=12,b=20,c=40 is not a triangle
please input the integer a :
```

图 7.15　串口调试助手显示的
输入和输出信息

注：读者可进入本书配套资源的 example_7_33\MDK-ARM 目录下，打开该设计工程。在该设计工程的 main.c 文件中保存着完整的设计代码。

下载并运行该程序。在窗口调试助手中，按接收缓冲区提示的信息，在发送缓冲区中分别输入变量 a、b 和 c 的值，在接收缓冲区输出判断结果信息，如图 7.15 所示。

思考与练习7-38：根据代码清单 7-48 给出的代码，绘制程序流程图。

思考与练习7-39：运行该程序，在串口调试助手中输入不同的值，观察串口调试助手输出的信息。

7.5.5　开关语句

在 C 语言中，提供了开关语句 switch，该语句也是判断语句的一种，用来实现不同的条件

分支。与条件语句相比,开关语句更简洁,程序结构更加清晰,使用便捷。开关语句的格式为:

```
switch(表达式)
{
    case 常量表达式 1 : 语句 1; break;
    case 常量表达式 2 : 语句 2; break;
        ⋮
    case 常数表达式 n : 语句 n;
}
```

注:(1) 当一个常数表达式对应于多个语句时,用"{}"括起来;

(2) break 用于跳出开关语句,也可以用于跳出循环语句。

【例 7-34】　switch 语句的例子。

该例子输入月份的值(1~12 的一个数),然后打印出所对应月份的英文单词。

代码清单 7-49　C 语言代码片段

```
volatile int a;
while (1)
{
    printf("please input the month number(1~12) :\r\n");
    scanf(" % d",&a);
    switch(a)
    {
        case 1 : puts("\r\nMonth is January\r\n");break;
        case 2 : puts("\r\nMonth is February\r\n");break;
        case 3 : puts("\r\nMonth is March\r\n");break;
        case 4 : puts("\r\nMonth is April\r\n");break;
        case 5 : puts("\r\nMonth is May\r\n");break;
        case 6 : puts("\r\nMonth is June\r\n");break;
        case 7 : puts("\r\nMonth is July\r\n");break;
        case 8 : puts("\r\nMonth is August\r\n");break;
        case 9 : puts("\r\nMonth is September\r\n");break;
        case 10 : puts("\r\nMonth is October\r\n");break;
        case 11 : puts("\r\nMonth is November\r\n");break;
        case 12 : puts("\r\nMonth is December\r\n");break;
        default : puts("\r\ninput number should be in 1~12\r\n");
    }
}
```

注:读者可进入本书配套资源的 example_7_34\MDK-ARM 目录下,打开该设计工程。在该设计工程的 main.c 文件中保存着完整的设计代码。

下载并运行该程序。在窗口调试助手中,按接收缓冲区提示的信息,在发送缓冲区中输入变量 a 的值,在接收缓冲区输出程序运行结果,如图 7.16 所示。

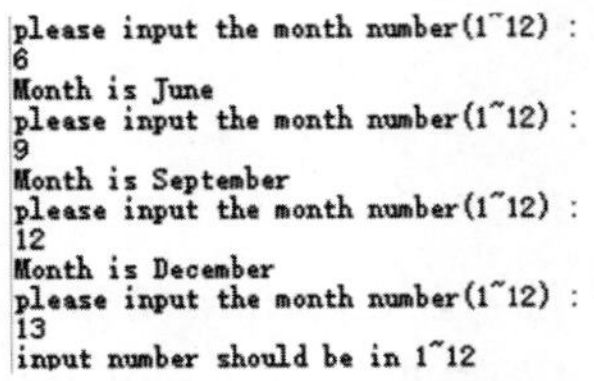

图 7.16　串口调试助手显示的输入和输出信息

思考与练习 7-40:根据代码清单 7-49 给出的代码,绘制程序流程图。

思考与练习 7-41:运行该程序,在串口调试助手中输入不同的值,观察串口调试助手输出的信息。

7.5.6 循环语句

C语言提供了循环控制语句,用于反复地运行程序,包括 while 语句、do-while 语句、for 语句和 goto 语句。

1. while 语句

while 语句的格式为:

```
while(条件表达式)
    语句;
```

或者

```
while(条件表达式);
```

当条件表达式成立时,反复执行语句；如果条件表达式不成立,则不执行语句。在语句中必须有控制条件表达式的描述。对于第二种 while 语句来说,当满足表达式时,一直进行 while 的判断,执行空操作。该语句经常用于延迟或轮询标志位的应用中。

注：当 while 循环中有多条语句时,必须使用符号"{}"将多条语句括起来。

【例 7-35】 while 语句的例子。

该例子计算 1+2+3+…+100 的和,并打印计算结果。

代码清单 7-50　C 语言代码片段

```c
volatile int s = 0, i = 1;
while(i < = 100)
{
    s += i;
    i++;
}
printf("1 + 2 + 3 + … + 100 = % d\r\n", s);
```

注：读者可进入本书配套资源的 example_7_35\MDK-ARM 目录下,打开该设计工程。在该设计工程的 main.c 文件中保存着完整的设计代码。

思考与练习 7-42：根据代码清单 7-50 给出的代码,绘制程序流程图。

思考与练习 7-43：单步运行该程序,观察 while 语句的执行过程。

2. do-while 语句

do-while 语句的格式为:

```
do
    语句
while(条件表达式);
```

注：当 do-while 循环中有多条语句时,必须使用符号"{}"将多条语句括起来。

【例 7-36】 do-while 语句的例子。

该例子计算 2 的 n 次幂,n 值由串口终端输入,并打印计算结果。

代码清单 7-51　C 语言代码片段

```c
volatile int i = 0, n;
volatile long int p = 1;
printf("\r\nthe following will calculate 2 ** n = ?\r\n");
do{
    i = 0;
```

```
    p = 1;
    printf("\r\nplease input n value(1~16)\r\n");
    scanf(" % d",&n);
    do{
      p = 2 * p;
        i++;
        }while(i < n);
    printf("\r\n2 ** % d = % ld\r\n",n,p);
    } while (1);
```

注：读者可进入本书配套资源的 example_7_36\MDK-ARM 目录下，打开该设计工程。在该设计工程的 main.c 文件中保存着完整的设计代码。

思考与练习 7-44：根据代码清单 7-51 给出的代码，绘制程序流程图。

思考与练习 7-45：在串口调试助手中输入不同的值，查看计算得到的结果。

3. for 语句

for 语句的格式为：

```
for (表达式 1; 表达式 2; 表达式 3)
     语句
```

注：当有多条语句时，必须使用"{ }"将多条语句括起来。

该循环结构的执行过程为：

（1）计算机先求出表达式 1 的值；

（2）求解表达式 2。如果表达式 2 成立，则执行语句；否则，退出循环。

（3）求解表达式 3 的值。

（4）返回第（2）步继续执行。

在 for 循环中，第一个表达式可以是一个声明，就像在 C++ 中一样。声明的范围仅扩展到循环的主体。比如：

```
extern int max;
for(int n = max - 1;n <= 0;n -- )
{
    //循环
}
```
等效于
```
extern int max;
{
    int n = max - 1;
    for(;n >= 0;n -- )
    {
        //循环体
    }
}
```

【例 7-37】 for 语句的例子。

该例子计算 $1+2+2^2+2^3+\cdots+2^{63}$ 的和，并以十进制格式和指数格式打印求和的结果。

代码清单 7-52　C 语言代码片段

```
volatile int i = 0,n = 1;
volatile float p = 1,t = 1.0;
for(i = 1;i < 64;i++)
    {
        p = p * 2;
        t += p;
    }
printf("\r\nsum = % f\r\n",t);
printf("\r\nsum = % e\r\n",t);
```

注：读者可进入本书配套资源的 example_7_37\MDK-ARM 目录下，打开该设计工程。在该设计工程的 main.c 文件中保存着完整的设计代码。

思考与练习7-46：根据代码清单 7-52 给出的代码，绘制程序流程图。

思考与练习7-47：单步执行该程序，查看 for 循环语句的执行过程，并在串口调试助手中查看计算结果。

4. goto 语句

goto 语句是无条件跳转语句，其格式为：

```
标号:
    ...
    goto 标号;
```

在 C 语言中，goto 语句只能从内层循环跳到外层循环，而不允许从外层循环跳到内层循环。

注：goto 语句会破坏层次化设计结构，尽量少用。

【例 7-38】 goto 语句的例子。

在该例子中，当输入不是 0 时，一直提示输入 0，直到输入为 0 时，提示退出程序运行的信息。

代码清单 7-53　C 语言代码片段

```c
    volatile int a;
loop:
    puts("\r\nplease input 0 to end loop\r\n");
        scanf("%d",&a);
        if(a!=0)
            goto loop;
        else
            puts("\r\nend program\r\n");
```

注：读者可进入本书配套资源的 example_7_38\MDK-ARM 目录下，打开该设计工程。在该设计工程的 main.c 文件中保存着完整的设计代码。

思考与练习7-48：根据代码清单 7-53 给出的代码，绘制程序流程图。

思考与练习7-49：单步执行该程序，查看 goto 语句的执行过程。通过在串口调试助手的发送缓冲区内输入变量 a 的值，然后在接收缓冲区中查看计算结果。

5. break 语句

前面在 switch 语句中使用了 break 语句。在循环语句中，break 用于终止循环的继续执行，即退出循环。

6. continue 语句

continue 语句和 break 语句类似，也可以打断循环的执行。与 break 语句不同的是，continue 语句尽管不执行当前循环后面的语句，但是可以继续执行下一次的循环。

【例 7-39】 break 语句和 continue 语句的例子。

该例子执行从 1 到 100 的循环，每执行一次循环就给出一个提示信息。在循环中设置了 break 语句和 continue 语句。

代码清单 7-54　C 语言代码片段

```c
volatile int i;
```

```
for(i = 0;i < 100;i++)
    {
        if(i == 50) continue;
        if(i == 80) break;
        printf("i = % d is performed\r\n",i);
    }
```

注：读者可进入本书配套资源的 example_7_39\MDK-ARM 目录下，打开该设计工程。在该设计工程的 main.c 文件中保存着完整的设计代码。

思考与练习 7-50：执行该程序，在串口调试助手的接收缓冲区内查看打印的信息，分析 break 语句和 continue 语句的作用。

7.5.7　返回语句

返回语句用于终止程序的执行，并控制程序返回到调用函数时的位置。返回语句的格式为：

```
return(表达式);
```

或者

```
return;
```

在本章的函数调用部分，还会更详细地说明返回语句。

视频讲解

7.6　数组

前面在介绍 C 语言数据类型的时候，介绍了基本数据类型。在 C 语言中，可以将具有相同数据类型的一组数据组织在一起，以便于对这些相同数据类型的数据进行操作。将组织起来的一组具有相同数类型的数据称为数组。

7.6.1　一维数组的表示方法

数组用数据类型、标识符和数组所含数据的个数进行标识。对于一维数组，例如：

```
int A[10];
```

该数组用标识符 A 标识，该数组共有 10 个元素。每个元素的数据类型为 int 类型。通过索引号，可以定位该数组中的每个元素。

注：在 C 语言中，数组的索引号以数字 0 开始。

对于数组 A[10]，A[0]表示该数据的第 1 个数据元素，A[1]表示该数据的第 2 个数据元素，A[2]表示该数据的第 3 个数据元素，以此类推；A[9]表示该数组中的第 10 个数据元素。

注：不存在 A[10]这个元素。因此索引号从数字 0 开始直到数字 9 为止。

对于数组中的每个数据元素来说，可以在声明数组的时候就给其赋值，也可以在后面动态地给其赋值。

注：在后面给数组中的每一个元素动态赋值的时候，一条语句只能给数组中的一个数据元素赋值，无法使用一条语句为数组中的多个数据元素同时赋值。

【例 7-40】　一维数组声明和赋值语句的例子。

在该例子中，声明了 3 个数组 a、b 和 c，其中：

（1）数组 a 中，有 10 个数据元素，每个数据元素的类型为整型，其索引号为 0～9；

(2) 数组 b 中，有 4 个数据元素，每个数据元素的类型为字符型，其索引号为 0～3；

(3) 数组 c 中，有 40 个数据元素，每个数据元素的类型为字符型，其索引号为 0～39。

数组 b 和数组 c 中的数据元素虽然都是字符类型的，但赋值方式并不相同，数组 b 使用的是为每个元素分别赋值的方法，而数组使用的是整体赋值的方法。

代码清单 7-55 main.c 文件

```
int main(void)
{
    volatile int a[10] = {10,20,30,40,50,60,70,80,90,100};
    volatile char b[4] = {'a','b','c','d'};
    volatile char c[40] = {"hello STM32G0 MCU"};
    return 0;
}
```

注：读者可进入本书配套资源的 example_7_40 目录下，打开该设计工程。

下面将对该设计代码进行调试和分析，主要步骤包括：

(1) 在 Keil μVision 集成开发环境（以下简称 Keil）主界面菜单中选择 Project→Build Target 命令，对程序进行编译和链接后，最终生成 HEX 文件。

(2) 将开发板硬件和计算机系统通过 USB 电缆连接到一起。

(3) 在 Keil 主界面菜单中选择 Flash→Download 命令，将程序下载到目标硬件的 STM32G0 MCU 中。

(4) 在 Keil 主界面菜单中选择 Debug→Start/Stop Debug Session 命令，进入调试器界面，单步运行完程序。

(5) 在调试界面右下角的 Watch1 窗口中，分别添加 3 个数组变量 a、b 和 c，并单步运行完该程序代码，如图 7.17 所示。

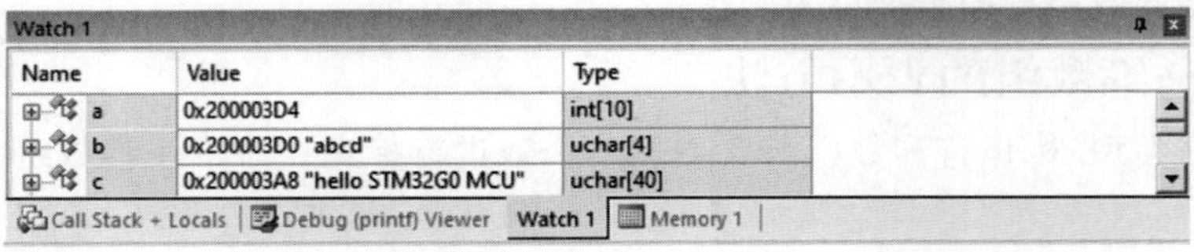
Watch 1
Name
Value
Type
a
0x200003D4
int[10]
b
0x200003D0 "abcd"
uchar[4]
c
0x200003A8 "hello STM32G0 MCU"
uchar[40]
Call Stack + Locals
Debug (printf) Viewer
Watch 1
Memory 1

图 7.17 在 Watch 1 窗口中添加数组变量 a、b 和 c

注：如果没有出现 Watch 1 窗口，则在 Keil 主界面菜单中选择 View→Watch Windows→Watch 1 命令，则会在调试界面右下角显示 Watch 1 窗口。

思考与练习 7-50：根据图 7.17 给出的信息，填空。

① 数组变量 a 在存储器内的首地址为________。

② 数组变量 b 在存储器内的首地址为________。

③ 数组变量 c 在存储器内的首地址为________。

思考与练习 7-51：在图 7.17 中，执行下面的操作，并回答问题。

① 单击图 7.17 中数组变量 a 前面的⊞，查看数组变量 a 中每个数据元素的值，以及每个数据元素在存储器中分配的字节数。

② 单击图 7.17 中数组变量 b 前面的⊞，查看数组变量 b 中每个数据元素的值，以及每个数据元素在存储器中分配的字节数。

③ 单击图 7.17 中数组变量 c 前面的⊞，查看数组变量 c 中每个数据元素的值，以及每个

数据元素在存储器中分配的字节数。

　　思考与练习7-52：如图7.18所示，在Keil集成开发环境右下角的Memory 1窗口中，分别输入数组变量a、b和c的首地址，查看数组变量中数据元素在存储空间的分配情况。

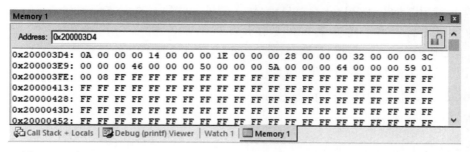

图7.18　在Memory 1窗口中输入数组变量a、b和c的首地址，查看数据元素的值

　　注：如果在Keil集成开发环境右下角没有出现Memory 1窗口，则Keil主界面菜单中选择View→Memory Windows→Memory 1命令，则在Keil集成开发环境右下角出现Memory 1窗口。

　　思考与练习7-53：根据图7.19给出的数组变量c内数据元素在存储空间的分布信息可知，声明给数组变量c分配了40字节，但是在给数组变量c赋值的时候，仅仅给17个数据元素赋值，剩下的没有赋值的数据元素使用0进行填充。

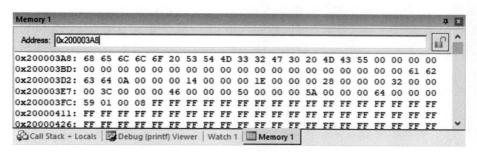

图7.19　查看数组变量c中的数据元素的值

　　此外，由图7.19可知，通过数组分配所使用的存储器资源是一种静态分配方式，会浪费存储器资源。从数组变量c就可以看出来，由于声明数组变量c是40字节，不管数组变量c中的多少个数据元素赋值，必须在存储器中保留40字节的存储空间，而其他数据不能占用该空间。

　　【例7-41】　修改代码清单7-55给出的main.c文件，如代码清单7-56所示。

代码清单7-56　修改后的main.c文件

```
int main(void)
{
    volatile int a[ ] = {10,20,30,40,50,60,70,80,90,100,200};
    volatile char b[ ] = {'a','b','c','d'};
    volatile char c[ ] = {"hello STM32G0 MCU"};
    return 0;
}
```

　　注：读者可进入本书配套资源的example_7_41目录下，打开该设计工程。

在该设计中，在声明数组变量 a、b 和 c 的时候，没有限定数组变量的大小。在 ARM 编译器处理数组变量的时候，将根据数据变量的赋值的个数来限定数组变量的大小。这样，将进一步提高数组变量在存储器空间的资源利用效率。

思考与练习 7-54：在 Watch 1 窗口中，输入变量 a、b 和 c，查看它们的存储资源分配，特别是要比较对于字符类型数组变量 b 和 c，使用不同的赋值方法，对存储器资源分配的影响。（小提示：尤其是变量 c，在分配存储器资源空间时，默认在所分配的最后一个数据元素后面添加了一个"\0"作为数组元素的结束标志。）

7.6.2　多维数组的表示方法

多维数组的格式为：

数据类型 数组变量的名字[维数 1][维数 2]…[维数 n];

例如，char B[5][5]表示一个字符类型的二维数组，该数组一共有 $5 \times 5 = 25$ 个数据元素；char C[5][5][5]表示一个字符类型的三维数组，该数组一共有 $5 \times 5 \times 5 = 125$ 个数据元素。

对于多维数组来说，用于定位其中每个数据元素的格式为：

数组变量的名字[索引号 i][索引号 j]…[索引号 n]

其中，索引号 i,j,…,n 分别对应数组变量的每一个维度。

【例 7-42】 多维数组声明和赋值语句的例子。

在该例子中，声明了两个数组 a 和 b，其中，

(1) 数组 a[3][3]为二维数组，该数组包含 9 个整型数据元素，按下面索引号顺序：[0][0]、[0][1]、[0][2]、[1][0]、[1][1]、[1][2]、[2][0]、[2][1]和[2][2]保存该数组中的数据元素。

(2) 数组 b[2][2][2]为三维数组，该数组包含 8 个字符型数据元素，按下面的索引号顺序：[0][0][0]、[0][0][1]、[0][1][0]、[0][1][1]、[1][0][0]、[1][0][1]、[1][1][0]和[1][1][1]保存该数组中的数据元素。

代码清单 7-57　main. c 文件

```
int main(void)
{
    volatile int a[3][3] = {1,2,3,4,5,6,7,8,9};
    volatile char b[2][2][2] = {11,12,13,14,15,16,17,18};
    return 0;
}
```

注：读者可进入本书配套资源的 example_7_42 目录下，打开该设计工程。

下面将对该设计代码进行调试和分析，主要步骤如下：

(1) 在 Keil μVision 集成开发环境（以下简称 Keil）主界面菜单中选择 Project→Build Target 命令，对程序进行编译和链接后，最终生成 HEX 文件。

(2) 将开发板硬件和计算机系统通过 USB 电缆连接到一起。

(3) 在 Keil 主界面菜单中选择 Flash→Download 命令，将程序下载到目标硬件的 STM32G0 MCU 中。

(4) 在 Keil 主界面菜单中选择 Debug→Start/Stop Debug Session 命令，进入调试器界面。

（5）在调试界面右下角的 Watch 1 窗口中，分别添加 a 和 b 两个数组变量的名字，并单步运行完该程序代码，如图 7.20 所示。

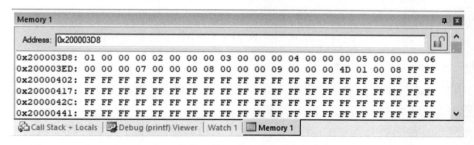

图 7.20　在 Watch 1 窗口中添加数组变量 a、b 和 c

思考与练习 7-55：根据图 7.20 给出的信息，填空。

① 数组变量 a 在存储器内的首地址为_____。

② 数组变量 b 在存储器内的首地址为_____。

思考与练习 7-56：在图中 7.20 中，执行下面的操作，并回答问题。

① 单击图 7.17 中数组变量 a 前面的 ⊞，查看数组变量 a 中每个数据元素的值，以及数据元素在数组中的索引号位置。

② 单击图 7.17 中数组变量 b 前面的 ⊞，查看数组变量 b 中每个数据元素的值，以及数据元素在数组中的索引号位置。

思考与练习 7-57：如图 7.21 所示，在 Keil 集成开发环境右下角的 Memory 1 窗口中，分别输入数组变量 a 和 b 的首地址，查看数组变量中数据元素在存储空间的分配情况。

```
Memory 1

Address: 0x200003D8

0x200003D8: 01 00 00 00 02 00 00 00 03 00 00 00 04 00 00 00 05 00 00 00 06
0x200003ED: 00 00 00 07 00 00 00 08 00 00 00 09 00 00 00 4D 01 00 08 FF FF
0x20000402: FF FF FF FF FF FF FF FF FF FF FF FF FF FF FF FF FF FF FF FF FF
0x20000417: FF FF FF FF FF FF FF FF FF FF FF FF FF FF FF FF FF FF FF FF FF
0x2000042C: FF FF FF FF FF FF FF FF FF FF FF FF FF FF FF FF FF FF FF FF FF
0x20000441: FF FF FF FF FF FF FF FF FF FF FF FF FF FF FF FF FF FF FF FF FF

Call Stack + Locals  Debug (printf) Viewer  Watch 1  Memory 1
```

图 7.21　在 Memory 1 窗口中输入数组变量 a 和 b 的首地址，查看数据元素的值

7.6.3　索引数组元素的方法

下面通过一个例子说明上面数组中每一个元素的索引方法。

【例 7-43】　一维和多维数组索引元素的例子。

代码清单 7-58　C 语言代码片段

```c
volatile int a[10] = {10,20,30,40,50,60,70,80,90,100}; //声明整型数组变量 a
volatile int b[3][3] = {{1,2,3},{4,5,6},{7,8,9}};      //声明整型数组变量 b
volatile char c[20] = {"Hello STM32G0"};               //声明字符型数组变量 c
volatile int i = 0,j = 0,k = 0;
for(i = 0;i < 10;i++)                                   //一重 for 循环语句
    printf("a[ %d] = %d\r\n",i,a[i]);                  //按索引号打印数组 a 中每个元素的值
        printf("\r\n");
    for(i = 0;i < 3;i++)                                //两重 for 循环语句中的第一重 for 循环
    {
        for(j = 0;j < 3;j++)                            //两重 for 循环语句中的第二重 for 循环
            printf("b[ %d][ %d] = %d\r\n",i,j,b[i][j]); //按索引号打印数组 b 中的每个元素
```

```
        printf("\r\n");
    }
    for(i = 0;i < 20;i++)                        //一重 for 循环语句
    {
        if(c[i] == '\0') break;                  //当遇到数组 c 的结尾时,停止循环
        printf("c[ % d] = % c\r\n",i,c[i]);      //按索引号打印数组 c 中的每个元素
    }
    printf("\r\n");
```

注：读者可进入本书配套资源的 example_7_43\MDK-ARM 目录下,打开该设计工程。在该设计工程的 main.c 文件中保存着完整的设计代码。

思考与练习 7-58：对该程序进行编译链接并下载到 STM32G0 MCU 后,运行该程序。在串口调试助手的发送缓冲区窗口查看输出的数组中各个数据元素的信息。

思考与练习 7-59：对该程序进行编译链接并下载到 STM32G0 MCU 后,单步执行该程序。在 Watch 1 窗口中添加数组变量 a、b 和 c,查看数据元素的存储顺序,以及分配的存储器资源。

下面对该段程序关键部分进行详细说明：

(1) 在代码清单 7-58 中有一行代码

```
volatile char c[20] = {"Hello STM32G0"};
```

该行代码表示字符型数组 c 包含 20 个元素,也就是在 STM32G0 MCU 的 SRAM 存储空间中为数组 c 固定分配了 20 个字符类型的数据元素。但在实际中,赋值了一个字符串"Hello STM32G0",该字符串包含 13 个字符(包括字母和数字),分别是'H'、'e'、'l'、'l'、'o'、' '、'S'、'T'、'M'、'3'、'2'、'G'、'0'。当然,也可以采用下面的方式给数组变量 c 赋值：

```
volatile char c[20] = {'H','e','l','‘l''o','',‘S','T','M','3','2','G','0'};
```

很明显,用字符串整体赋值比单个字符分别赋值要简单得多。但是,单个字符分别赋值,其索引号与数组元素对应关系要比字符串清晰很多。

数组变量 c 静态被分配了 20 字节,但实际上只给其中的 13 个元素进行了赋值操作,剩下没有赋值的字节存储空间如何处理？ 在 C 语言中,规定在最后一个赋值的字符后,插入"\0"表示字符的结束。从代码清单给出的代码中可知,为了不打印出没有赋值的字节,因此在循环索引字符时,判断当前数组变量 c 的数据元素 c[i] 是不是结束符"\0",如果是结束符,则通过 break 语句停止继续打印下面的字符。

注：char 类型其实并不是什么特殊的数据类型,只是用来告诉编译器给数组变量中的每个数组元素分配 1 字节。由于通用的 ASCII 码范围为 0～255,而 char 类型占用 1 字节,范围也是 0～255,所以将其称为字符型。

(2) 在代码清单 7-58 中的代码：

```
volatile int b[3][3] = {{1,2,3},{4,5,6},{7,8,9}};
```

其效果与

```
volatile int b[3][3] = {1,2,3,4,5,6,7,8,9};
```

相同。在符号"{}"中嵌套使用符号"{}",只是为了更好地表示数据存储的顺序以及使代码有更好的易读性。

7.6.4　动态输入数组元素的方法

本节将通过一个例子说明动态输入数据为数组赋值的方法。

【例7-44】　动态输入数组元素的例子。

代码清单7-59　C语言代码片段

```
int a[8];                                      //定义整型数组变量 a
int b[3][3];                                   //定义整型数组变量 b
char str[40];                                  //定义字符型数组变量 str
volatile int i,j;                              //定义整型变量 i 和 j
for(i = 0;i < 8;i++)                           //一重 for 循环语句
{
  printf("\r\nplease input a[ % d] value\r\n",i);   //打印提示输入数据元素 a[i]的值
  scanf(" % d",&a[i]);                              //输入数据元素 a[i]的值
}
printf("\r\n");                                //打印回车换行符号

for(i = 0;i < 3;i++)                           //二重 for 循环的第一重 for 循环
{
  for(j = 0;j < 3;j++)
  {
    printf("\r\nplease input b[ % d][ % d] value\r\n",i,j);   //打印提示输入数据元素 b[i][j]的值
    scanf(" % d",&b[i][j]);                        //输入数据元素 b[i][j]的值
  }
}
printf("\r\n");                                //打印回车换行
getchar();                                     //输入一个字符
printf("\r\nplease input string of str[40]\r\n");   //打印提示输入字符型数组 str[40]
gets(str);                                     //调用 gets 函数,输入字符串
printf("\r\n");                                //打印回车换行

printf("\r\nouput value of array a,b and c\r\n");   //打印数组 a、b 和 c 的数据元素的值

for(i = 0;i < 8;i++)                           //一重 for 循环
{
  printf("a[ % d] = % d\r\n",i,a[i]);           //打印数组 a 中每个数据元素的值
}
printf("\r\n");

for(i = 0;i < 3;i++)                           //二重 for 循环中的第一重 for 循环
{
  for(j = 0;j < 3;j++)                         //二重 for 循环中的第二重 for 循环
  {
    printf("b[ % d][ % d] = % d\r\n",i,j,b[i][j]);   //打印数组 b 中每个数据元素的值
  }
}
printf("\r\n");                                //打印回车换行

puts("str[40] = ");                            //调用 puts 函数,打印字符串 str[40]
puts(str);                                     //调用 puts 函数,打印字符串的内容
printf("\r\n");                                //打印回车换行
```

注：（1）读者可进入本书配套资源的 example_7_44\MDK-ARM 目录下，打开该设计工程。在该设计工程的 main.c 文件中保存着完整的设计代码。

（2）程序代码中的 getchar() 用于将缓冲区的结束符提取出来，以便后面输入字符串的值。

（3）gets() 函数允许一次输入长度不大于 40 的字符串，且字符串之间允许存在空格。

思考与练习 7-60：运行该程序，打开串口调试助手，根据接收缓冲区的提示信息在发送缓冲区中输入数组变量中每个数据元素的值，查看在发送缓冲区中最终打印出的数组变量中每一个数据元素的值。

思考与练习 7-61：单步运行该程序，在 Watch 1 窗口中，查看数组变量 a、b 和 c 中每个数据元素的排列顺序，以及每个数据元素的长度值。

7.6.5　矩阵运算算法的实现

本节将通过例子说明数组在矩阵运算算法中的实现方法。

【例 7-45】　矩阵乘法的例子。

根据矩阵理论的知识，假设矩阵 **A** 表示为 $(a_{ij})_{m \times p}$，矩阵 **B** 表示为 $(b_{ij})_{p \times n}$，若矩阵 **C** = **A** × **B**，则矩阵 **C** 表示为 $(c_{ij})_{m \times n}$。其中：

$$c_{ij} = \sum_{k=0}^{p} a_{ik} \cdot b_{kj}$$

在该设计中，矩阵 **A** 和矩阵 **B** 的每一个数据元素通过标准的输入设备终端（串口）输入，然后在标准的输出设备终端（串口）上显示矩阵 **C** 的运算结果。

代码清单 7-60　C 语言代码片段

```
# define row_a 4                                    //定义数组 a 的行数
# define col_a 3                                    //定义数组 a 的列数
# define row_b 3                                    //定义数组 b 的行数
# define col_b 2                                    //定义数组 b 的列数

int a[row_a][col_a];                                //定义整型数组变量 a
int b[row_b][col_b];                                //定义整型数组变量 b
int c[row_a][col_b];                                //定义整型数组变量 c
int i = 0,j = 0,k = 0;                              //定义整型变量 i、j 和 k
int m,n,o,p;

m = row_a;                                          //将数组 a 的行数赋值给变量 m
n = col_a;                                          //将数组 a 的列数赋值给变量 n
o = row_b;                                          //将数组 b 的行数赋值给变量 o
p = col_b;                                          //将数组 b 的列数赋值给变量 p

for(i = 0;i < row_a;i++)                            //二重 for 循环的第一重 for 循环
    for(j = 0;j < col_a;j++)                        //二重 for 循环的第二重 for 循环
    {
        printf("\r\nplease input data of a[ % d][ % d]\r\n",i,j); //提示输入数组 a 数据元素
                                                    //a[i][j]
        scanf(" % d",&a[i][j]);                     //输入数组数据元素 a[i][j]的值
    }
putchar('\n');                                      //打印换行符

for(i = 0;i < row_b;i++)                            //二重 for 循环的第一重 for 循环
    for(j = 0;j < col_b;j++)                        //二重 for 循环的第二重 for 循环
```

```
    {
        printf("\r\nplease input data of b[%d][%d]\r\n",i,j);  //提示输入数组 b 数据元素 b[i][j]
        scanf("%d",&b[i][j]);                                   //输入数组数据元素 b[i][j]的值
    }

    putchar('\n');                                              //打印换行符

    for(i = 0;i < row_a;i++)                                    //三重 for 循环的第一重 for 循环
    {
        for(j = 0;j < col_b;j++)                                //三重 for 循环的第二重 for 循环
        {
          c[i][j] = 0;                                          //给数组 c 的数据元素初始化为 0
          for(k = 0;k < col_a;k++)                              //三重 for 循环的第三重 for 循环
          {
              c[i][j] += a[i][k] * b[k][j];                     //两个矩阵 a 和 b 的相乘运算
          }
        }
    }

    printf("\r\narray c[%d][%d] is following\r\n",m,p);         //提示输出数组 c 的元素值
    for(i = 0;i < row_a;i++)                                    //二重 for 循环的第一重 for 循环
    {
      for(j = 0;j < col_b;j++)                                  //二重 for 循环的第二重 for 循环
      {
        printf("%5d",c[i][j]);                                  //打印数组 c 的数据元素 c[i][j]的值
      }
      printf("\r\n");                                           //打印回车换行符
    }
```

注：读者可进入本书配套资源的 example_7_45\MDK-ARM 目录下,打开该设计工程。在该设计工程的 main.c 文件中保存着完整的设计代码。

思考与练习 7-62：运行该程序,打开串口调试助手。按照接收缓冲区的信息,在发送缓冲区分别输入数组 a 和 b 数据元素的值,在接收缓冲区查看数组 c 中各个数据元素的值并填空。

$$a = \begin{bmatrix} 3 & 4 & 5 \\ 1 & 2 & 3 \\ 7 & 8 & 9 \\ 10 & 11 & 12 \end{bmatrix}, \quad b = \begin{bmatrix} 12 & 11 \\ 20 & 21 \\ 30 & 33 \end{bmatrix}, \quad c = [\quad]$$

7.7　指针

视频讲解

C 语言的一大特色就是提供了指针的功能,这就提高了程序开发人员对 ARM 32 位嵌入式系统存储器资源的管理能力。前面所定义的变量等,在不额外增加限制符的情况下,只能按照编译器给分配的存储器空间地址进行存取,程序开发人员无法对所分配存储空间的位置进行干预。

指针的作用就是指向程序开发人员需要保存的数据的具体存储空间位置,然后对该存储空间位置进行读写访问。更通俗地讲,就是指向一个具体的存储空间位置,然后对这个位置进行读写访问。

7.7.1　指针的概念

本节将详细介绍指针的概念,并通过设计实例说明指针的基本用法。

1. 指针的基本概念

指针的声明格式：

数据类型 ＊指针的名字

例如，下面的声明：

```
int * p1;
int a
```

下面的操作：

```
p1 = &a;
```

表示 p1 的值为变量 a 所在存储空间的地址，&a 表示获取变量 a 的地址。该地址的内容就是变量 a 的值，用形式化的方法可以表示如下：

```
(p1) = a;
```

　　注：指针前面的数据类型与用于指向对象的数据类型有关，也就是必须与指向数据对象的数据类型相一致，这样才能对所指向的数据对象进行正确的访问。

　　因此，＊p1 实际上是获取指向变量 a 所在存储空间地址的内容。所以，＊p1 就是变量 a 的值。

　　对于 Keil armcc 编译器来说，例如下面的声明：

```
int * p1;
int b[4] = {1,2,3,4};
```

再执行下面的操作：

```
p1 = b;
```

表示 p1 的值为数组变量 b 所在存储空间的首地址，这一点要特别注意！

　　注：(1) 在 ARM Cortex-M0＋的处理器核中并不存在指针这样一个功能单元，它只是 C 语言对存储器直接寻址模式的抽象而已。

　　(2) ＊和指针名字之间不能有空格。

　　【例 7-46】　指针基本概念的例子。

代码清单 7-61　C 语言代码片段

```
int a = 100;                     //定义整型变量 a
int b[4] = {1,2,3,4};            //定义整型数组变量 b,并初始化数组
char c[10] = {"STM32G0"};        //定义字符型数组变量 c,并初始化数组
int * p1, * p2;                  //定义两个整型指针变量 * p1 和 * p2
char * p3;                       //定义一个字符型指针变量 * p3
p1 = &a;                         //p1 指向保存变量 a 的存储器空间的地址
p2 = b;                          //p2 指向保存数组 b 的存储空间的首地址
p3 = c;                          //p3 指向保存数组 c 的存储空间的首地址

printf(" % d\r\n", * p1);        // * p1 为变量 a 的值

printf(" % d ", * p2);           // * p2 为数组 b 的第一个数据元素的值
printf(" % d ", * (++p2));       //++p2 指向数组 b 的第二个数据元素的地址
printf(" % d ", * (++p2));       //++p2 指向数组 b 的第三个数据元素的地址
```

```
printf("%d\r\n", *(++p2));          //++p2 指向数组 b 的第四个数据元素的地址

printf("%c", *p3);                  //*p3 为数组 c 的第一个数据元素的值
printf("%c", *(++p3));              //++p3 指向数组 c 的第二个数据元素的地址
printf("%c", *(++p3));              //++p3 指向数组 c 的第三个数据元素的地址
printf("%c", *(++p3));              //++p3 指向数组 c 的第四个数据元素的地址
printf("%c", *(++p3));              //++p3 指向数组 c 的第五个数据元素的地址
printf("%c", *(++p3));              //++p3 指向数组 c 的第六个数组元素的地址
printf("%c\r\n", *(++p3));          //++p3 指向数组 c 的第七个数组元素的地址
```

注：(1) 读者可进入本书配套资源的 example_7_46\MDK-ARM 目录下，打开该设计工程。在该设计工程的 main.c 文件中保存着完整的设计代码。

(2) 在该设计中，为了更好地说明指针，将优化级别调整到 level 0，即不进行代码优化。

打开串口调试助手，然后运行该程序，串口调试助手接收缓冲区打印的信息如图 7.22 所示。

图 7.22 串口调试助手接收缓冲区打印的信息

单步运行该程序，直到运行到下面一行代码：

```
printf("%d\r\n", *p1);
```

如图 7.23 所示，在 Watch 1 窗口中，添加变量 a、数组变量 b、数组变量 c、指针变量 *p1、指针变量 *p2、指针变量 *p3、p1、p2、p3。然后，单击变量前面的＋号。

思考与练习 7-63：根据图 7.23 给出的信息，填空。

(1) 数组 b 的首地址是_____，该数组中的每个数据元素分配_____字节。

(2) 数组 c 的首地址是_____，该数组中的每个数据元素分配_____字节。

(3) p1 的值为_____，其含义是_____。

(4) p2 的值为_____，其含义是_____。

(5) p3 的值为_____，其含义是_____。

(6) *p1 的值为_____，其含义是_____。

(7) *p2 的值为_____，其含义是_____。

思考与练习 7-64：单步运行程序代码，填空。

(1) 每次单步执行"printf("%d ", *(++p2));"后，p2 的值为_____，与前一个 p2 值相比，值增加了_____，和_____有关。++p2 执行的操作是_____，执行完该操作后 *p2 的值为_____，其含义是_____。

(2) 每次单步执行"printf("%c", *(++p3));"后，p3 的值为_____，与前一个 p3 值相比，值增加了_____，和_____有关。++p3 执行的操作是_____，执行完该操作后 *p3 的值为_____，其含义是_____。

思考与练习 7-65：对于该设计代码中的下面 3 个操作，即

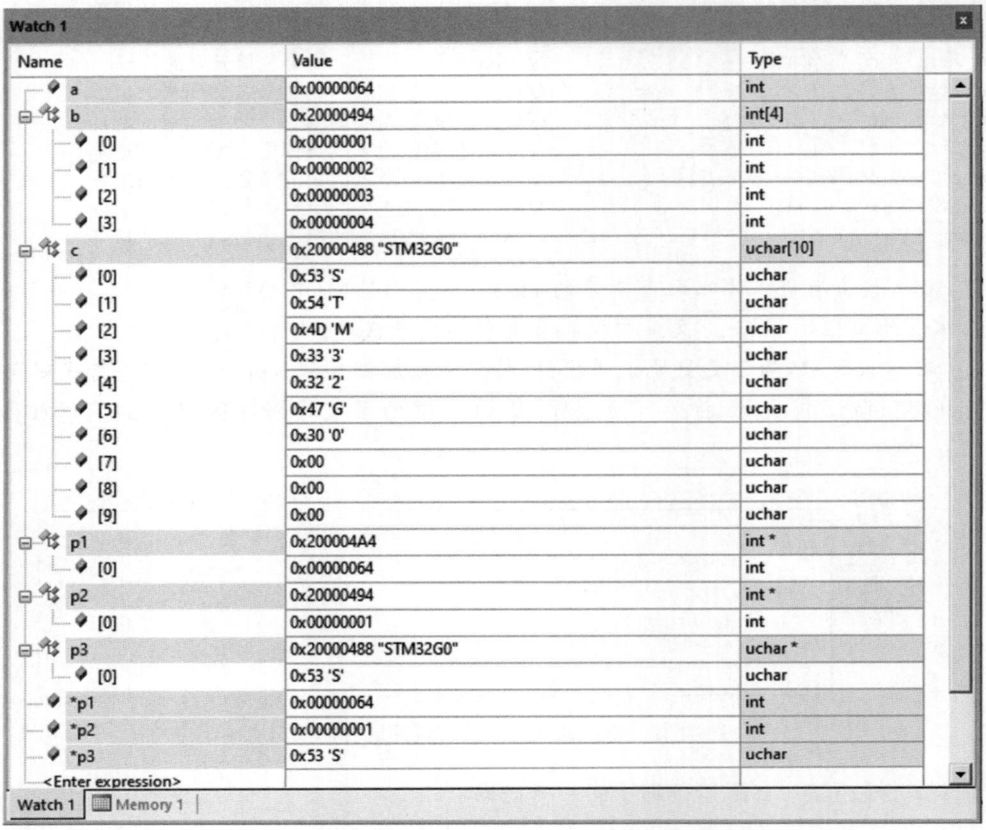

Watch 1

Name	Value	Type
a	0x00000064	int
b	0x20000494	int[4]
[0]	0x00000001	int
[1]	0x00000002	int
[2]	0x00000003	int
[3]	0x00000004	int
c	0x20000488 "STM32G0"	uchar[10]
[0]	0x53 'S'	uchar
[1]	0x54 'T'	uchar
[2]	0x4D 'M'	uchar
[3]	0x33 '3'	uchar
[4]	0x32 '2'	uchar
[5]	0x47 'G'	uchar
[6]	0x30 '0'	uchar
[7]	0x00	uchar
[8]	0x00	uchar
[9]	0x00	uchar
p1	0x200004A4	int *
[0]	0x00000064	int
p2	0x20000494	int *
[0]	0x00000001	int
p3	0x20000488 "STM32G0"	uchar *
[0]	0x53 'S'	uchar
*p1	0x00000064	int
*p2	0x00000001	int
*p3	0x53 'S'	uchar
<Enter expression>		

Watch 1　Memory 1

图 7.23　在 Watch 1 窗口中添加变量

```
p1 = &a;                                //取变量 a 的首地址
p2 = b;                                 //取数组变量 b 的首地址
p3 = c;                                 //取数组变量 c 的首地址
```

```
   101:    p1=&a;
0x08001F22 AE07      ADD      r6,sp,#0x1C
   102:        p2=b;
0x08001F24 AD03      ADD      r5,sp,#0x0C
   103:        p3=c;
   104:
0x08001F26 466C      MOV      r4,sp
```

图 7.24　Disassembly 窗口给出的信息

这 3 个取变量首地址的操作是什么？如图 7.24 所示，在 Disassembly 窗口中可看到取地址的操作过程，填空。

（1）p1＝&a 的操作，对应底层的汇编语言助记符指令是________，实现的功能________。

（2）p2＝b 的操作，对应底层的汇编语言助记符指令是________，实现的功能________。

（3）p3＝c 的操作，对应底层的汇编语言助记符指令是________，实现的功能________。

思考与练习 7-66：代码“printf("%d\r\n", * &a);，* &a”所表示的含义是________。

思考与练习 7-67：在代码清单 7-61 给出的代码末尾添加下面 3 行代码：

```
printf("%p\r\n", * &p1);
printf("%p\r\n", * &p2);
printf("%p\r\n", * &p3);
```

printf 中的%p 表示指针的地址。

（1）重新编译并运行该程序，在串口调试助手的接收缓冲区中，查看这 3 行代码打印的信息分别是_____、_____和_____。

（2）然后单步运行该程序，在 Watch 1 窗口中，添加下面的变量 &p1、&p2 和 &p3，单步运行完该程序后：

① &p1 的值为_____，其内容是_____，该内容表示_____。

② &p2 的值为_____，其内容是_____，该内容表示_____。

③ &p3 的值为_____，其内容是_____，该内容表示_____。

注：通过上面的分析过程，正确理解指针的概念和指针的本质。

2. 指针的扩展

编译器支持许多数组和指针的扩展，例如，允许在指针之间分配可互换但不完全相同的类型：

（1）那些指向可互换但不相同类型的指针，这些指针之间允许分配和指针差异。例如，unsigned char * 和 char * 。这包括指向相同大小的整数类型的指针，通常为 int * 和 long * 。对这种情况，编译器会给出警告信息。

允许在没有警告的情况下，将字符串常量分配给指向任何类型字符的指针。

（2）如果目标类型添加了不在顶层的类型限定符，则允许分配指针类型。比如，将 int ** 分配给 const int ** 。此外，还允许这种成对的指针类型的比较和指针差异，并发出警告。

（3）在指针操作中，如果有必要，指向 void 的指针总是隐含转换为另一种类型。同样，如果有必要，空指针 null 常量总是隐含地转换为正确类型的空指针。在 ISO C 中，一些操作符允许这样，而其他操作符则不允许。

（4）可以为指向不同函数类型的指针分配或比较其相等性（==）或不相等性（!=），而无须显式类型转换。发出警告或错误。在 C++ 模式中，禁止该扩展。

（5）指向 void 的指针可以隐含转换为指向函数类型的指针，也可以从指向该函数类型的指针隐含转换。

（6）在初始化时，如果整数类型足够大，则可以将指针常量值强制转换为整数类型。

（7）用下标或类似方式，一个非左值（lvalue）数组表达式将转换为指向数组第一个元素的指针。

3. C 和 C++ 代码中未对齐的指针

如果要定义一个指向任何地址的字的指针，必须使用_packed 限制符。

默认情况下，编译器希望常规的 C 和 C++ 指针指向存储器中自然对齐的字，因为这使编译器能够生成更有效的代码。

例如，要指定一个未对齐的指针：

```
__packed int * pi;                    //指向未对齐的 int 类型的指针
```

当把一个指针声明为__packed 时，无论对齐方式如何编译器将生成可正确访问该指针的解引用值的代码。生成的代码由一系列字节访问或与变量对齐相关的移位或屏蔽指令组成，而不是简单的 LDR 指令。因此，将指针声明为__packed 会导致性能和代码长度的损失。

4. 三目运算符"?"扩展

对于一个三目运算符"?"，它的第二个和第三个操作数是字符串文字或宽字符串文字，该运算符可以隐含地转换为 char * 或 wchar_t * 。

在 C++中，字符串文字为 const。有一个隐式转换，可以将字符串文字转换为 char ＊ 或 wchar_t ＊，并删除 const。但是该转换仅适用于简单的字符串文字。因此，允许它作为一个 "?"操作的结果是对语法的扩展。

　　【例 7-47】 三目运算符的扩展例子。

代码清单 7-62　三目运算符扩展的例子

```
int main(void)
{
  _Bool x = 0;
  char * p = x ? "abc" : "def";
  volatile char ch;
  ch = * p;
  return 0;
}
```

　　注：读者可进入本书配套资源的 example_7_47 目录下，打开该设计工程。

　　5. 指针的应用实例

　　【例 7-48】 使用指针的例子。

代码清单 7-63　C 语言代码片段

```
int a = 100, b = 10, t = 0;                          //定义整型变量 a、b 和 t
int * p1, * p2, * p3;                                //定义指针
printf("the initial value of a and b is:\r\n");      //打印提示信息
printf("a = % d, b = % d\r\n", a, b);                //打印变量 a 和 b 的初始值
p1 = &a;                                             //指向变量 a 的地址
p2 = &b;                                             //指向变量 b 的地址
p3 = p1;                                             //将变量 a 的地址给 p3
p1 = p2;                                             //将变量 b 的地址给 p1
p2 = p3;                                             //将变量 a 的地址给 p2
printf("\r\nthe first operating result is:\r\n");    //提示打印第一次操作的结果
printf(" * p1 = % d, * p2 = % d\r\n", * p1, * p2);   //打印指针变量 * p1 和 * p2 所指向对象
printf("a = % d, b = % d\r\n", a, b);                //打印变量 a 和 b 的值
p1 = &a;                                             //指向变量 a 的地址
p2 = &b;                                             //指向变量 b 的地址
t = * p1;                                            //将指针 * p1 指向的变量 a 的值赋值给 t
* p1 = * p2;                                         //将指针 * p2 指向的变量 b 的值赋值给 * p1
* p2 = t;                                            //将变量 t 的值赋值给指针变量 * p2
printf("\r\nthe second operating result is:\r\n");   //提示打印第二次操作的结果
printf(" * p1 = % d, * p2 = % d\r\n", * p1, * p2);   //打印指针变量 * p1 和 * p2 所指向的对象
printf("a = % d, b = % d\r\n", a, b);                //打印变量 a 和 b 的值
```

　　注：(1) 读者可进入本书配套资源的 example_7_48\MDK-ARM 目录下，打开该设计工程。在该设计工程的 main.c 文件中保存着完整的设计代码。

　　(2) 在该设计中，将优化级别调整为 Level 0(-O0)。

　　打开串口调试助手，运行该程序，在接收缓冲区显示的信息如图 7.24 所示。

　　思考与练习 7-68：单步运行程序，在 Watch 1 窗口中添加变量 a、b、&a、&b。

　　(1) 在第一次交换操作结束后，执行的是形式上的交换，画图表示这个形式上的交换过程，并填空。

　　① 变量 a 的地址_____，该地址的内容是_____。

　　② 变量 b 的地址_____，该地址的内容是_____。

图 7.24　串口调试助手接收缓冲区显示的信息

（2）在第二次交换操作结束后，执行的是物理上的交换，画图表示这个物理上的交换过程，并填空。

① 变量 a 的地址＿＿＿＿＿＿＿＿，该地址的内容是＿＿＿＿＿＿＿＿。

② 变量 b 的地址＿＿＿＿＿＿＿＿，该地址的内容是＿＿＿＿＿＿＿＿。

7.7.2　指向指针的指针

C 语言还提供了指向指针的指针。所谓指向指针的指针，实际上对应于 ARM 32 位嵌入式系统的间接寻址概念，只是 C 语言将存储器间接寻址的概念抽象成指向指针的指针而已。声明格式为：

数据类型　＊＊标识符名字

注：＊＊和标识符名字之间不能有空格。

例如，有如下声明：

```
int a;
int * p1;
int ** p2;
```

再进行下面的操作：

```
p1 = &a;
p2 = &p1;
```

可以表示为如图 7.25 所示的关系。可以看到，p1 的值为变量 a 所在存储空间的具体地址。该地址的内容（p1）就是变量 a 的值，用形式化的方式可以表示如下：

图 7.25　指向指针的指针的关系

```
(p1) = a;
(p2) = p1;
((p2)) = a;
```

其中，()表示存储空间地址单元的内容。在 C 语言中，等效描述为：

```
* p1 = a;
* p2 = p1;
** p2 = a;
```

注：在 Cortex-M0＋处理器核中并不存在指向指针的指针这样一个功能单元，它只是对存储器间接寻址模式的抽象而已。

【例 7-49】　指向指针的指针基本概念的例子。

代码清单 7-64　C 语言代码片段

```c
volatile char a ='d';
volatile char * p1;
volatile char ** p2;
p1 = &a;
p2 = &p1;
printf("&p2 = % p\r\n",&p2);
printf("p2 = % p\r\n",p2);
printf("&p1 = % p\r\n",&p1);
printf("p1 = % p\r\n",p1);
printf("&a = % p\r\n",&a);
printf(" ** p2 = % c\r\n", ** p2);
```

注：读者可进入本书配套资源的 example_7_49\MDK-ARM 目录下，打开该设计工程。在该设计工程的 main.c 文件中保存着完整的设计代码。

打开串口调试助手，运行该程序，在串口调试助手接收缓冲区显示的信息，如图 7.26所示。

图 7.26　串口调试助手接收缓冲区打印的信息

思考与练习 7-69：根据图 7.26 给出的信息，填空。

(1) 指向指针的指针这个数据对象(** p2)在 STM32G0 MCU 的存储空间所分配的地址为_____，该地址的内容是_____，其作用是_____。

(2) 指向指针这个数据对象(* p1)在 STM32G0 MCU 的存储空间所分配的地址为_____，该地址的内容是_____，其作用是_____。

(3) 变量 a 在 STM32G0 MCU 的存储空间所分配的地址为_____，该地址的内容是_____。

【例 7-50】 指向数组的指针基本概念的例子。

代码清单 7-65　C 语言代码片段

```c
int a[4] = {0x01,0x10,0x100,0x1000};
int * b[4] = {&a[0],&a[1],&a[2],&a[3]};
int ** p2;
int i;
p2 = b;

printf("&p2 = % p",&p2);
printf("\r\n");

for(i = 0;i < 4;i++)
{
    printf("a[ % d] = % x,",i,a[i]);
    printf("&a[ % d] = % p,",i,&a[i]);
```

```
        printf("\r\n");
    }
    for(i = 0;i < 4;i++)
    {
        printf("&b[ % d] = % p",i,&b[i]);
        printf("\r\n");
    }

    printf("\r\n");
    for(i = 0;i < 4;i++)
    {
        printf("a[ % d] = % x,",i,( ** p2++));
        printf("\r\n");
    }
```

注：读者可进入本书配套资源的 example_7_50\MDK-ARM 目录下，打开该设计工程。在该设计工程的 main.c 文件中保存着完整的设计代码。

打开串口调试助手，运行该程序，在串口调试助手接收缓冲区显示的信息，如图 7.27 所示。

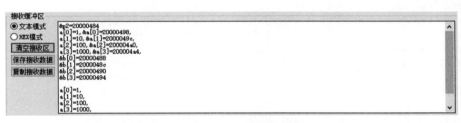

图 7.27　串口调试助手接收缓冲区打印的信息

思考与练习 7-70：数组 a 中 4 个元素在 STM32G0 MCU 存储空间地址分别是 _____、_____、_____ 和 _____。

思考与练习 7-71：数据对象 * b[4] 中的 4 个元素在 STM32G0 MCU 存储空间的地址分别是 _____、_____、_____ 和 _____，地址中的内容是 _____、_____、_____ 和 _____，其含义分别是 _____、_____、_____ 和 _____。

思考与练习 7-72：数组对象 ** p2 在 STM32G0 MCU 存储空间的首地址是 _____、地址中的内容是 _____，其含义是 _____。

7.7.3　指针变量输入

本节将使用指针为整型变量、字符型数组变量、指针数组变量、整型数组变量赋值。下面通过一个例子说明通过指针为变量和数组赋值的方法。

【例 7-51】　指针变量输入的例子。

代码清单 7-66　C 语言代码片段

```
int a = 10, * p1;                        //声明整型变量 a 和整型指针 * p1
int i;                                   //声明整型变量 i
char b[40], * s;                         //声明字符型数组 b 和字符型指针 * s
char c[50],  * s1 = "STM32G0 hello";     //定义字符型数组 c 和字符型指针 * s1
int d[4] = {10,20,30,40}, * p2;          //定义整型数组 d 和整型指针 * p2
p1 = &a;                                 //p1 指向变量 a 的地址
```

```
s = b;                                          //s 指向字符数组 b 的首地址
s1 = c;                                         //s1 指向字符数组 c 的首地址
p2 = d;                                         //p2 指向整型数组 d 的首地址
printf("\r\nplease intput value of pointer p1\r\n");   //提示输入 * p1 的值
scanf(" % d",p1);                               //输入 * p1 的值
getchar();                                      //输入一个字符,
printf("\r\nplease string value of pointer s\r\n");   //提示输入指针 s 指向的字符串
gets(s);                                        //输入 s 指向的字符串
printf("\r\nplease string value of pointer s1\r\n");  //提示输入指针 s1 指向的字符串
gets(s1);                                       //输入 s1 指向的字符串
printf("\r\nplease value of pointer p2\r\n");   //提示输入指针 p2 指向的整数值
for(i = 0;i < 4;i++)                            //循环语句
{
    printf("\r\nplease input value \r\n");      //提示输入整数值
    scanf(" % d",p2);                           //输入 p2 指向的整数
    p2++;                                       //指针递增指向下一个地址
}
printf("\r\nthe address of p1 = % p\r\n",p1);   //打印指针 * p1 的地址
printf("the value of p1(p1) = % d\r\n", * p1);  //打印指针 * p1 的内容
printf("the value of a = % d\r\n",a);           //打印变量 a 的值
printf("the address of s = % p\r\n",s);         //打印指针 * s 的首地址
printf("the value of s1 = \" % s\"\r\n",s);     //打印指针 * s 指向的字符串
printf("the value of b[40] = \" % s\"\r\n",b);  //打印字符数组 b 的字符串
printf("the address of s1 = % p\r\n",s1);       //打印指针 * s1 的地址
printf("the value of c[50] = \" % s\"\r\n",c);  //打印指针 * s1 指向的字符串的内容
p2 = d;                                         //指针 * p2 指向数组 d 的首地址
for(i = 0;i < 4;i++)                            //一重 for 循环语句
{
    printf("p2[ % d] = % d,",i, * p2);          //打印当前 * p2 的内容
    p2++;                                       //p2 递增,指向下一个地址
}
printf("\r\n");                                 //打印回车换行符
for(i = 0;i < 4;i++)                            //一重 for 循环语句
{
    printf("d[ % d] = % d,",i,d[i]);            //打印数组 d 当前索引号所对应的值
}
```

注：读者可进入本书配套资源的 example_7_51\MDK-ARM 目录下,打开该设计工程。在该设计工程的 main.c 文件中保存着完整的设计代码。

运行该程序,打开串口调试助手,在串口调试助手接收缓冲区打印的信息如图 7.28 所示。

图 7.28 串口调试助手接收缓冲区打印的信息

思考与练习 7-73：打开调试器界面,单步运行程序,在 Watch 1 窗口中添加需要观察的变量,填空。

（1）变量 a 的地址＝_____,值＝_____。

（2）指针 * p1 的地址＝_____,值＝_____。

（3）指针 * s 的首地址＝_____,指向字符串＝_____。

（4）数组 b 的首地址＝_____,内容＝_____。

（5）指针 * s1 的首地址＝_____,内容＝_____。

（6）数组 c 的首地址＝_____,原始内容＝_____,修改后的内容＝_____

（7）指针 * p2 的首地址＝_____, * p2 的值＝_____。

（8）数组 d 的首地址＝_____,原始内容＝_____,修改后的内容＝_____。

7.7.4　指针限定符 restrict

C99 关键字 restrict 指示不同的对象指针类型和函数参数数组不指向存储器的重叠区域。这使得编译器可以执行优化,否则可能由于重叠而被阻止。

在代码清单 7-67 中,指针 a 和指针 b 不能也必须不能指向存储器相同的区域。

代码清单 7-67　指针限定符 restrict 的用法

```
void copy_array(int n, int * restrict a, int * restrict b)
{
    while(n -- > 0)
      * a++ = * b++;
}

void test(void)
{
    extern int array[100];
    copy_array(50, array + 50, array);        //合法的行为
    copy_array(50, array + 1, array);         //未定义的行为
}
```

然而,带有 restrict 限定符的指针可以指向不同的数组,也可以指向数组中的不同区域。程序开发人员有责任确保带有 restrict 限定符的指针不会指向存储器的重叠区域。

在 C90 和 C++中允许使用 __restrict 和 __restrict__,它是 restrict 的同义词。--restrict 选项使能在 C90 和 C++中使用 restrict。

7.8　函数

在 C 语言中,函数是构成 C 文件的最基本的功能。前面已经说明了 main()主函数的功能。本节将重点介绍子函数的声明和函数调用方法。

视频讲解

7.8.1　函数声明

在 C 语言中,声明函数的基本格式如下:

函数类型 函数名字(数据类型 形参 1, 数据类型 形参 2, …, 数据类型 形参 n)
{
　　定义局部变量;
　　表达式语句;
}

注：在函数参数声明列表中,参数之间用",”隔开。

有返回值的函数声明,如代码清单 7-68 所示。

代码清单 7-68　有返回值的函数声明

```
int max( int x, int y)
{
    if(x > y) return x;
    else return y;
}
```

在该例子中，x 和 y 是函数 max()的两个形式化整型参数。该函数通过 return 返回值，返回值的类型为函数 max()的函数类型 int。

无返回值的函数声明，如代码清单 7-69 所示。

代码清单 7-69　无返回值的函数声明

```
void max( int x, int y)
{
    if(x > y)
        printf(" % d > % d\r\n", x, y);
    else
        printf( % d < = % d\r\n, x, y);
}
```

在该例子中，x 和 y 是函数 max()的两个形式化整型参数。该函数只打印信息，并不返回值。

7.8.2　函数调用

本节介绍函数调用的基本格式和减少在函数中传递参数个数的策略。

1. 函数调用的基本格式

在 C 语言中，函数调用的格式如下：

[变量][=]被调用函数的名字(实际参数 1, 实际参数 2, …, 实际参数 n)

注：(1) 在被调用函数的实际参数列表中，参数之间用“,”隔开。

(2) 实际参数的类型必须和形式参数的类型一一对应，位置也要一一对应。

调用有返回值的函数，格式如下：

d = max(a,b);

调用无返回值的函数，格式如下：

max(a, b);

【例 7-52】 简单函数定义和调用的例子。

代码清单 7-70　简单函数定义和调用的例子

```
int add( int a, int b, int c)          //定义函数 add()，该函数有 3 个形参 a、b 和 c
{
    return(a + b + c);                 //该函数返回 a + b + c 的结果
}

int main(void)                         //定义主函数 main()
{
    int x = 3, y = 5, z = 10;          //定义并初始化 3 个整型变量 x、y 和 z
    volatile int w;                    //定义 volatile 的整型变量 w
    w = add(x, y, z);                  //调用函数 add，用 x、y 和 z 代替 a、b 和 c
```

```
        return 0;
    }
```

注：(1) 读者可进入本书配套资源的 example_7_52 目录下，打开该设计工程。

(2) 该设计的优化级设置为 Level 0(-O0)。

打开调试器界面，在 Disassembly 窗口中，查看该子程序和主程序的反汇编代码，如代码清单 7-71 所示。

代码清单 7-71　C 语言代码的反汇编代码

```
0x080000E8 4603     MOV     r3,r0                  //将变量 x 的内容保存在 r3 中
    3:      return(a + b + c);
0x080000EA 1858     ADDS    r0,r3,r1               //r3(x)和 r1(y)相加,结果保存在 r0 中
0x080000EC 1880     ADDS    r0,r0,r2               //r0 和 r2(z)相加,结果保存在 r0 中
    4: }
    5:
    6: int main(void)
0x080000EE 4770     BX      lr                     //跳转到 lr 指向的程序的地址(pc)
    7: {
0x080000F0 B578     PUSH    {r3 - r6,lr}           //寄存器 r3~r6,以及 lr 压栈
    8:      int x = 3, y = 5, z = 10;
    9:      volatile int w;
0x080000F2 2403     MOVS    r4,#0x03               //变量 x 的值保存在 r4 中
0x080000F4 2505     MOVS    r5,#0x05               //变量 y 的值保存在 r5 中
0x080000F6 260A     MOVS    r6,#0x0A               //变量 z 的值保存在 r6 中
    10:   w = add(x,y,z);
0x080000F8 4632     MOV     r2,r6                  //将变量 z 的内容保存在 r2 中
0x080000FA 4629     MOV     r1,r5                  //将变量 y 的内容保存在 r1 中
0x080000FC 4620     MOV     r0,r4                  //将变量 x 的内容保存在 r0 中
0x080000FE F7FFFFF3 BL.W   0x080000E8 add         //跳转到 0x080000E8,调用 add
0x08000102 9000     STR     r0,[sp,#0x00]          //函数返回结果保存在[sp]地址
    11:      return 0;
0x08000104 2000     MOVS    r0,#0x00
    12: }
```

思考与练习 7-74：当单步执行完下面的代码后：

```
PUSH    {r3-r6,lr}
```

在 Memory 1 窗口中输入当前在 Registers 窗口中 SP 的地址(0x200003E8)，查看 r3～r6 寄存器以及寄存器 lr 在堆栈中保存的顺序，说明在 Cortex-M0＋MCU 中，当执行压栈操作时，SP 是_____(递增/递减)。

思考与练习 7-75：根据反汇编代码给出的信息，在主函数 main 调用子函数 add 之前，将参数保存在寄存器中，参数 x 的值保存在寄存器_____中，参数 y 的值保存在寄存器_____中，参数 z 保存在寄存器_____中。(提示：这与调用函数时的参数保存规则一致)

思考与练习 7-76：说明在 C 语言中，所谓的实参(实际参数)代替形参(形式参数)的本质含义。

思考与练习 7-77：根据反汇编代码给出的信息，说明从子函数返回主函数的方法(小提示：使用 BX　lr 指令)。

从上面的分析过程可知，在调用函数和从函数返回时会产生额外的开销，即保存上下文以及恢复上下文。

2. 最小化函数参数传递开销的方法

程序开发人员可以通过多种方法来最大限度地减少将参数传递给函数的开销。例如：

（1）如果每个参数的位宽不超过一个字，那么应确保函数接受 4 个或更少的参数。在 C++中，由于通常在 R0 中传递的隐式 this 指针参数，确保非静态成员函数采用 3 个或更少的参数。

（2）如果一个函数需要 4 个以上的参数，那么应确保该函数执行大量工作，以免超出传递堆栈参数的成本。

（3）将相关参数放在结构中，并在任何函数调用中将指针传递给该结构。这减少了参数的数量并提高了代码的可读性。

（4）最小化 long long 参数的个数，因为这些参数必须在偶数寄存器索引上对齐两个参数字。

（5）使用软件浮点时，尽量减少双精度参数的个数。

（6）避免使用带有可变数量参数的函数。具有可变数量参数的函数可以有效地将所有参数传递给堆栈。

【例 7-53】 含有多个参数的函数定义和调用的例子。

代码清单 7-72　含有多个参数的函数定义和调用的例子

```
int add( int a, int b, int c, int d, int e)      //定义函数 add( )，该函数有 5 个形参
{
    return(a + b + c + d + e);                   //该函数返回 a + b + c + d + e 的结果
}

int main(void)                                   //定义主函数 main( )
{
  int u = 3, v = 5, w = 10, x = 30, y = 40;      //定义并初始化 5 个整型变量 u、v、w、x 和 y
  volatile int z;                                //定义 volatile 的整型变量 z
  z = add(u, v, w, x, y);                        //调用函数 add
  return 0;
}
```

注：（1）读者可进入本书配套资源的 example_7_53 目录下，打开该设计工程。

（2）该设计的优化级设置为 Level 0(-O0)。

思考与练习 7-78：单步运行代码清单 7-72 给出的代码，并根据 Disassembly 窗口给出的反汇编代码，分析当被调用函数有多个参数时，其调用的规约，包括入栈、出栈过程。

3. 通过寄存器从函数返回结构

编译器允许函数通过寄存器而不是堆栈返回包含多个值的结构。在 C 和 C++中，从函数返回多个值的一个方法是使用结构。通常，将结构返回堆栈，并伴随所有相关开销。

为了减少存储器开销并减少代码的长度，编译器使函数能够通过寄存器返回多个值。通过使用__value_in_regs 限定该函数，一个函数最多可以在结构中返回 4 个值。例如：

```
typedef struct s_coord{int x; int y} __value_in_regs;
```

可以在必须从函数返回多个值的任何地方使用__value_in_regs。

（1）从 C 和 C++函数中返回多个值。

（2）从嵌入的汇编语言函数中返回多个值。

（3）进行管理者调用（SVC）。

（4）重新实现__user_initial_stackheap。

4. 使用相同的参数调用时返回相同结果的函数

当使用相同的参数调用时始终返回相同的结果且不更改任何全局数据的函数称为纯函数。

根据定义，只评估一次对纯函数的任何特定调用就足够了。因为对于任何相同的调用，对函数的调用结果均保证相同，所以可以用原始调用的结果替代代码中对函数的每个后续调用。

在声明函数时使用关键字__pure表示该函数是纯函数。

根据定义，纯函数不能有副作用。例如，纯函数不能使用全局变量或通过指针间接读取或写入全局状态，因为访问全局状态可能会违反以下规则：每次使用相同参数两次调用时，函数必须返回相同值。因此，必须在程序中谨慎使用__pure。但是，在可以将函数声明为__pure的情况下，编译器可以执行强大的优化功能，例如公共子表达式删除（Common Subexpression Eliminations，CSE）。

下面的例子调用一个函数fact()来计算n!。函数fact()仅取决于其输入参数n来计算n!。因此，fact()是一个纯函数。

【例7-54】　纯函数声明和调用的例子。

代码清单7-73　纯函数声明和调用的例子

```
__pure int fact(int n)
{
    int f = 1;
    while(n > 0)
        f * = n -- ;
    return f;
}

int foo(int n)
{
    return fact(n) + fact(n);
}

int main(void)
{
    volatile int i = 10, j;
    j = fact(i);
    return 0;
}
```

注：（1）读者可进入本书配套资源的example_7_54目录下，打开该设计工程。

（2）该设计的优化级设置为Level 0(-O0)。

当去掉__pure限定符后子函数和主函数的反汇编代码，如代码清单7-74所示。

代码清单7-74　不带有__pure限定符的反汇编代码

```
    2: {
0x080000E8 4601    MOV    r1,r0
    3:    int f = 1;
0x080000EA 2001    MOVS   r0, ♯ 0x01
    4:    while(n > 0)
0x080000EC E002    B      0x080000F4
    5:        f * = n -- ;
```

```
      6:    return f;
0x080000EE 460A    MOV     r2,r1
0x080000F0 1E49    SUBS    r1,r1,#1
0x080000F2 4350    MULS    r0,r2,r0
0x080000F4 2900    CMP     r1,#0x00
0x080000F6 DCFA    BGT     0x080000EE
      7: }
      8:
      9: int foo(int n)
0x080000F8 4770    BX      lr
     10: {
0x080000FA B530    PUSH    {r4-r5,lr}
0x080000FC 4604    MOV     r4,r0
     11:    return fact(n)+fact(n);
0x080000FE 4620    MOV     r0,r4
0x08000100 F7FFFFF2 BL.W   0x080000E8 fact
0x08000104 4605    MOV     r5,r0
0x08000106 4620    MOV     r0,r4
0x08000108 F7FFFFEE BL.W   0x080000E8 fact
0x0800010C 1828    ADDS    r0,r5,r0
     12: }
     13:
     14: int main(void)
0x0800010E BD30    POP     {r4-r5,pc}
     15: {
0x08000110 B50C    PUSH    {r2-r3,lr}
     16:    volatile int i=10,j;
0x08000112 200A    MOVS    r0,#0x0A
0x08000114 9001    STR     r0,[sp,#0x04]
     17:    j=fact(i);
0x08000116 9801    LDR     r0,[sp,#0x04]
0x08000118 F7FFFFE6 BL.W   0x080000E8 fact
0x0800011C 9000    STR     r0,[sp,#0x00]
     18:    return 0;
```

从代码清单 7-74 给出的反汇编代码可知，当不包含 __pure 限定符时，在 foo()函数中两次调用 fact()函数。

包含 __pure 限定符的子函数和主函数的反汇编代码如代码清单 7-75 所示。

代码清单 7-75　包含 __pure 限定符的反汇编代码

```
      2: {
0x080000E8 4601    MOV     r1,r0
      3:    int f=1;
0x080000EA 2001    MOVS    r0,#0x01
      4:    while(n>0)
0x080000EC E002    B       0x080000F4
      5:       f*=n--;
      6:    return f;
0x080000EE 460A    MOV     r2,r1
0x080000F0 1E49    SUBS    r1,r1,#1
0x080000F2 4350    MULS    r0,r2,r0
0x080000F4 2900    CMP     r1,#0x00
0x080000F6 DCFA    BGT     0x080000EE
      7: }
      8:
```

```
      9: int foo( int n)
0x080000F8 4770    BX     lr
     10: {
0x080000FA B510    PUSH   {r4,lr}
0x080000FC 4604    MOV    r4,r0
     11:    return fact(n) + fact(n);
0x080000FE 4620    MOV    r0,r4
0x08000100 F7FFFFF2 BL.W  0x080000E8 fact
0x08000104 0040    LSLS   r0,r0,#1
     12: }
     13:
     14: int main( void)
0x08000106 BD10    POP    {r4,pc}
     15: {
0x08000108 B50C    PUSH   {r2 - r3,lr}
     16:    volatile int i = 10,j;
0x0800010A 200A    MOVS   r0, #0x0A
0x0800010C 9001    STR    r0,[sp, #0x04]
     17:    j = fact(i);
0x0800010E 9801    LDR    r0,[sp, #0x04]
0x08000110 F7FFFFEA BL.W  0x080000E8 fact
0x08000114 9000    STR    r0,[sp, #0x00]
     18:    return 0;
0x08000116 2000    MOVS   r0, #0x00
     19: }
```

从代码清单 7-75 给出的反汇编代码可知,当包含__pure 限定符时,在 foo( )函数中只调用一次 fact( )函数。

5．预定义标识符__func__

__func__预定义标识符提供了一种获取当前函数名字的方法。例如:

```
void foo( void)
{
  printf("This function is called '% s'.\n",__func__);
}
```

7.8.3　内联函数声明和调用

内联函数提供了在代码长度和性能之间的权衡。默认情况下,编译器自行决定是否内联代码。

通常在使用-Ospace 进行编译时,编译器会做出明智的决定,进行内联以生成最小长度的代码。这是因为嵌入式系统中代码长度至关重要。当使用-Otime 进行编译时,在大多数情况下,编译器会内联,但仍可避免大量代码的增长。

在大多数情况,内联特定的函数的决定最好留给编译器。但是,可以使用适当的 inline 关键字向编译器提示需要内联函数。

使用__inline、inline 或__forceinline 关键字限定的函数称为内联函数。在 C++中,在类、结构或联合内部定义的成员函数也是内联函数。

编译器还提供了一系列其他功能,可以修改其关于内联的行为。在决定是否使用这些功能时,必须考虑几个因素。

链接器可以将函数内联应用于非常短的函数。

注：在 C90 中不可使用 inline 关键字。在 C90 中，__inline 和 C++ 中的 __inline 和 inline 的效果相同。

【例 7-55】 内联函数声明和调用的例子。

代码清单 7-76　内联函数的声明和调用

```
inline int mul( int x, int y)
{
    return x * y;
}

int main(void)
{
    int i = 10, j = 10;
    volatile int k;
    k = mul(i, j);
    return 0;
}
```

注：(1) 读者可进入本书配套资源的 example_7_55 目录下，打开该设计工程。

(2) 该设计的优化级设置为 Level 0(-O0)。

打开调试器界面，在 Disassembly 窗口中，查看上面该段代码的反汇编代码，如代码清单 7-77 所示。

代码清单 7-77　反汇编代码

```
      7: {
0x080000E8 B518      PUSH     {r3 - r4, lr}
      8:      int i = 10, j = 10;
      9:      volatile int k;
0x080000EA 210A      MOVS     r1, #0x0A
0x080000EC 220A      MOVS     r2, #0x0A
     10:      k = mul(i, j);
0x080000EE 460B      MOV      r3, r1
0x080000F0 4610      MOV      r0, r2
      3:      return x * y;
      4: }
      5:
      6: int main(void)
      7: {
      8:      int i = 10, j = 10;
      9:      volatile int k;
     10:      k = mul(i, j);
0x080000F2 461C      MOV      r4, r3
0x080000F4 4344      MULS     r4, r0, r4
0x080000F6 9400      STR      r4, [sp, #0x00]
     11:      return 0;
0x080000F8 2000      MOVS     r0, #0x00
     12: }
```

从上面的反汇编代码中可知，在主函数 main() 中没有调用函数 mul() 的过程，也没有出现传统调用子程序时进行入栈和出栈操作带来的额外开销。这就好像是将函数 mul()"嵌入到"函数 main() 中。

1. 编译器决定函数内联

当使能函数内联时，编译器使用复杂的决策树来确定是否要内联函数。使用以下的简化算法：

（1）如果该函数使用__forceinline进行限定，则在可能的情况下内联该函数。

（2）如果该函数使用__inline限定，并且选择了__forceinline选项，则在可能的情况下内联该函数。

（3）如果该函数使用__inline限定且未选择__forceinline，则在可能的情况下内联该函数。

（4）如果优化级别为-O2或更高，或者指定了__autoinline，则编译器会在可能的情况下自动内联函数，即使没有明确提示需要进行函数内联。

在确定内联函数是否可行时，编译器会考虑其他一些条件，例如：

（1）函数的大小以及调用的次数。

（2）当前的优化级别。

（3）是否针对速度（-Otime）或大小（-Ospace）进行优化。

（4）该函数具有外部链接还是静态链接。

（5）函数有多少个参数。

（6）是否使用函数的返回值。

最终，编译器可以决定不内联函数，即使该函数已经使用__forceinline限定。作为基本规则：

（1）更容易内联较小的函数。

（2）使用-Otime进行编译会增加内联函数的可能性。

（3）通常不内联大型函数，因为这会对代码密度和性能产生不利影响。

即使使用__forceinline，递归函数也不会内联到自身中。

2. 自动函数内联和静态函数

在-O2和-O3优化级别，或者当指定了-autoinline时，编译器可以在尽可能的情况下自动内联函数，即使未将函数声明为__inline或inline。

这对于静态函数最有效，因为如果可以对所有静态函数进行内联，则不要求复制正常实现（out-of-line）。除非将函数显式声明为静态（或__inline），否则编译器必须将其正常实现保存在目标文件中，以防止其他模块调用该函数。

注：正常实现是指将正常函数的实现作为一个真正的子程序。

如果不想在定义它们的转换单元之外使用非内联函数，则最好将它们标记为静态（转换单元是源文件的预处理输出，以及♯include指令所包含的所有头文件和源文件）。通常，并不想将内联函数的定义放在头文件中。

如果无法将从未在模块外部调用的函数声明为静态函数，则可能对代码产生不利影响。特别是，可能具有：

（1）增加的代码长度，因为函数的非内联版本保留在镜像中。

（2）当自动内联函数时，该函数的内联版本和非内联版本可能出现在最终镜像中，除非将该函数声明为static。这可能会增加代码长度。

（3）不必要复杂化的调试视图，因为要显示函数的内联版本和非内联版本。

（4）在调试视图中设置断点或单步执行时，在代码中同时保留函数的内联和非内联版本有时会造成混淆。调试器必须在其交织的源文件代码视图中同时显示内联和非内联版本，以便可以单步或直接查看内联版本或非内联版本中发生的情况。

由于这些问题，当确保不能从另一个模块调用非内联函数时，请将其声明为static。

3．在链接时内联函数和删除未使用的非内联函数

链接器无法从目标（object）中删除未使用的非内联函数，除非将未使用的非内联函数放在它们自己的段中。

使用下面方法之一将未使用的非内联函数放在它们自己的段中：

（1）--split_sections。

（2）__attribute_((section("name"))))。

（3）♯pragma arm section[section_type_list]。

（4）链接器反馈。

--feedback 通常是使能删除未使用函数的更简单的方法。

4．自动函数内联和多文件编译

如果使用--multifile 选项进行编译，则编译器可以对其他转换单元中定义的函数的调用执行自动内联。

在 RVCT 4.0 中，默认情况下-O3 级使能--multifile 选项。在 ARM 编译器 4.1 和更高版本中，无论优化级别如何，默认情况下都禁止--multifile 选项。

对于--multifile，所有转换单元必须在编译器的同一调用中进行编译。

注：程序开发人员可以使能或禁止函数内联，但是不能覆盖编译器在何时内联函数的决策。例如，如果编译器认为内联函数不明智，则不能强制内联函数。即使使用--forceinline 或__forceinline，编译器也仅在可能的情况下内联函数。

5．C90 和 C++中的内联函数

在将 extern 函数声明为内联时，必须在使用它的每个翻译单元中对其进行定义。必须确保在每个翻译单元中使用相同的定义。

即使每个翻译单元都具有外部链接，也需要定义该函数。

如果多个翻译单元使用一个内联函数，则其定义通常放在头文件中。

ARM 不推荐在头文件中放置非内联函数的定义，因为这可能导致在每个转换单元中创建单独的函数。如果非内联函数是外部函数，则在链接时会导致符号重复。如果非内联函数是静态的，则可能导致不必要的代码重复。

在 C++结构中，类或联合声明中定义的成员函数是隐式内联的。就像使用 inline 或__inline 关键字声明它们一样。

内联函数具有外部链接，除非将它们显式声明为静态。如果将内联函数声明为静态，则该函数的任何行外复制必须对其转换单元唯一。因此，将内联函数声明为静态可能会导致不必要的代码重复。

当编译器无法内联该函数并且决定不内联该函数时，会对该函数的正常复制生成常规调用。

在使用它的每个转换单元中定义函数的要求意味着不需要编译器发出所有外部关联函数的行外副本。当编译器确实发出一个外部内联函数的行外复制时，它将使用公用组（Common Group），以便链接器消除重复项，并在不同目标函数的正常实现函数中最多保留一个副本。

6．C99 模式中的内联函数

具有外部链接的 C99 内联函数规则不同于 C++。

C99 区分内联定义和外部定义。在定义了内联函数的给定转换单元中，如果内联函数始终使用内联声明，而不是使用 extern 声明，则它是内联定义；否则，它是一个外部定义。即使使用--no_line,这些内联定义也不会生成正常实现的复制。

内联函数的每次使用都可以使用来自同一转换单元的定义(可以是内联定义或外部定义)进行内联,或者可以成为对外部定义的调用。如果使用内联函数,则它必须在某个翻译单元中仅具有一个外部定义。这是适用于使用任何外部功能的相同规则。实际上,如果内联使用内联函数的所有用法,那么如果缺少外部定义,则不会发生错误。如果使用--no_inline,则仅使用外部定义。通常,使用内联而不是使用 extern 将具有外部链接的内联函数作为内联定义放入头文件中。一个源文件中也有一个外部定义。例如:

```
/ * example_header.h * /
inline int my_function(int i)
{
      return i + 42;                        //内联定义
}
/ * file1.c * /
# include "example_header.h"
...                                         //使用 my_function()
/ * file2.c * /
# include "example_header.h"
...                                         //使用 my_function()
/ * myfile.c * /
# include "example_header.h"
extern inline int my_function(int);         //导致外部定义
```

这与通常用于 C++ 的策略相同,但是在 C++ 中没有特殊的外部定义,也没有要求。内联函数的定义在不同的翻译单元中可以不同。但是,在典型的使用中,如上述代码所示,它们是相同的。

使用--multifile 进行编译时,可能会使用另一转换单元中的外部定义来内联一个转换单元中的调用。

C99 对内联定义有一些限制。它们不能定义可修改的本地静态对象。它们不能引用具有静态链接的标识符。

与其他所有模式一样,在 C99 模式下,__inline 和 inline 的效果相同。具有静态链接的内联函数在 C99 中的行为与在 C++ 中相同。

【例 7-56】 在不同文件中声明和调用内联函数的例子。

代码清单 7-78 在头文件(function_call.h)中定义内联函数

```
inline int mul(int x, int y)
{
    return x * y;
}
```

代码清单 7-79 在主函数 main()中调用内联函数

```
# include "function_call.h"
int main(void)
{
    int i = 10, j = 100;
    volatile int k;
    k = mul(i, j);
    return 0;
}
```

注：(1) 读者可进入本书配套资源的 example_7_56 目录下，打开该设计工程。

(2) 该设计的优化级设置为 Level 0(-O0)。

思考与练习 7-79：打开调试器界面，在 Disassembly 窗口中查看反汇编代码，分析该设计。

7.8.4 递归函数的调用

本节将介绍递归函数的调用过程。所谓递归函数的调用，是指在调用递归函数的过程中间接或者直接地重复调用函数本身。

【例 7-57】 递归函数调用的例子。

在 ARM 32 位嵌入式系统中，递归是通过入栈的过程和出栈的过程实现。一个计算阶乘函数表示为

$$f(n)=n!$$

因为存在下面的关系，

$$f(n)=n \times f(n-1)$$

而

$$f(n-1)=(n-1) \times f(n-2)$$

以此类推，直到得到 $f(1)$ 为止。然后，就可以得到 $f(2)$，……，一直回溯到 $f(n)$。很明显，从 $f(n)$ 到得到 $f(1)$ 是一个逆向计算过程，然后从 $f(1)$ 计算得到 $f(n)$ 是一个正向计算过程。逆向计算过程涉及入栈操作过程，正向计算过程涉及出栈过程。

代码清单 7-80　递归函数调用的 C 语言代码

```
int fac( int n)                              //递归
{
    long int f;
    if(n < 0)                                //如果 n < 0,则返回 - 1
        f = - 1;
    else if(n == 0)                          //如果 n = 0,则返回 1
        f = 1;
    else                                     //如果 n > 0,则递归调用自己
        f = fac(n - 1) * n;
    return f;
}

int main(void)
{
    int n = 4;                               //定义整型变量 n,并初始化为 4
    volatile long int x = fac(n);            //调用递归函数 fac(),返回值为 x
    return 0;
}
```

注：(1) 读者可进入本书配套资源的 example_7_57 目录下，打开该设计工程。

(2) 该设计的优化级设置为 Level 0(-O0)。

打开调试器界面，在 Disassembly 窗口中查看反汇编代码，如代码清单 7-81 所示。

代码 7-81　递归函数声明和调用的反汇编代码

```
    2: {
    3:      long int f;
0x080000E8 B530      PUSH  {r4 - r5,lr}      //递归调用之前,保存上下文,入栈
0x080000EA 4604      MOV   r4,r0             //将 r0 寄存器的内容保存到 r4 寄存器
```

```
    4:      if(n<0)
0x080000EC 2C00    CMP    r4,#0x00           //将寄存器 r4 的内容和 0 进行比较
0x080000EE DA02    BGE    0x080000F6         //如果大于等于,则跳转到 0x080000F6
    5:      f = -1;
0x080000F0 2500    MOVS   r5,#0x00           //将立即数 0x00 保存到寄存器 r5 中
0x080000F2 43ED    MVNS   r5,r5             //将 r5 的内容按位取反后保存到 r5 中
0x080000F4 E008    B      0x08000108        //无条件跳转到 0x08000108
    6:      else if(n==0)
0x080000F6 2C00    CMP    r4,#0x00           //比较寄存器 r4 的内容和 0x00
0x080000F8 D101    BNE    0x080000FE         //不相等的时候跳转到 0x080000FE
    7:      f = 1;
    8:      else
0x080000FA 2501    MOVS   r5,#0x01           //将 #0x01 的值保存到寄存器 r5 中
0x080000FC E004    B      0x08000108         //无条件跳转到 0x08000108
    9:      f = fac(n-1) * n;
0x080000FE 1E60    SUBS   r0,r4,#1           //将 r4 的内容减去 1,结果保存到 r0 中
0x08000100 F7FFFFF2 BL.W  0x080000E8 fac    //跳转到 0x080000E8(递归调用)
0x08000104 4360    MULS   r0,r4,r0           //(r4)×(r0)的结果保存到寄存器 r0 中
0x08000106 4605    MOV    r5,r0             //将寄存器 r0 的内容保存到寄存器 r5 中
    10:     return f;
0x08000108 4628    MOV    r0,r5             //将寄存器 r5 的内容保存到寄存器 r0 中
    11: }
    12:
    13: int main(void)
0x0800010A BD30    POP    {r4-r5,pc}         //弹出堆栈的内容
    14: {
0x0800010C B518    PUSH   {r3-r4,lr}         //入栈操作
    15:     int n = 4;
0x0800010E 2404    MOVS   r4,#0x04           //将 n 值保存到寄存器 r4 中
    16:     volatile long int x = fac(n);
0x08000110 4620    MOV    r0,r4             //将寄存器 r4 的内容保存到寄存器 r0 中
0x08000112 F7FFFFE9 BL.W  0x080000E8 fac    //调用 fac,跳转到 0x080000E8
0x08000116 9000    STR    r0,[sp,#0x00]     //将函数的返回结果保存到[sp]指向的存储单元地址
    17:     return 0;
0x08000118 2000    MOVS   r0,#0x00           //将 #0x00 保存到寄存器 r0 中
    18: }
```

　　思考与练习 7-80:在调试器界面主菜单中,选择 View→Call Stack Window,单步运行程序代码,在 Call Stack＋Locals 窗口中观察入栈和出栈的过程。

　　思考与练习 7-81:在递归调用时,查看入栈的过程(包括入栈的内容,栈顶)以及出栈过程(包括出栈的内容和栈顶),并使用图表示该过程。

7.8.5　编译器指定的函数属性

　　__attribute__关键字使程序开发人员可以指定函数的特殊属性。关键字格式为以下任意一种:

```
__attribute__((属性 1,属性 2,…))
__attribute__((__attribute1__, __attribute2__,…))
```

例如:

```
void * Function_Attributes_malloc_0(int b) __attribute__((malloc));
static int b __attribute__((__unused__));
```

1. __attribute__((alias))函数属性

使用该函数属性，可以为一个函数指定多个别名。别名必须在与原始函数相同的转换单元中定义。

不能在块作用域中指定别名。编译器将忽略附加到局部函数定义的别名属性，并将函数定义看作普通的局部定义。在输出的目标文件中，编译器将别名调用替换为对原始函数名字的调用，并伴随原始函数名字发出它的别名。

【例 7-58】 __attribute__((alias))函数属性的例子。

代码清单 7-82 __attribute__((alias))函数属性的用法

```c
static int add_oldname( int x, int y)
{
    return x + y;
}


static int add_newname( int x, int y) __attribute__((alias("add_oldname")));
int main(void)
{
    int a = 70, b = 90;
    volatile int c;
    c = add_oldname(a, b) + add_newname(a, b);
    return 0;
}
```

注：读者可进入本书配套资源的 example_7_58 目录下，打开该设计工程。

思考与练习7-82：查看代码清单 7-82 给出代码的反汇编代码，分析别名属性的用法。

2. __attribute__((always_inline))函数属性

该函数属性指示必须内联函数。不管函数的特征如何，编译器都会尝试内联函数。

在某些情况下，编译器可能会选择忽略__attribute__((always_inline))属性，而不是内联函数。例如：

(1) 递归函数永远不会内联到自身中。

(2) 从不内联使用 alloca()的函数。

注：该函数属性是 ARM 编译器支持的 GNU 编译器扩展。它具有等效的关键字 __forceinline。

【例 7-59】 __attribute__((always_inline))函数属性的例子。

代码清单 7-83 __attribute__((always_inline))函数属性的用法

```c
static int max_value( int x, int y) __attribute((always_inline));
static int max_value( int x, int y)
{
    return x > y ? x : y;
}


int main(void)
{
    int a = 1000, b = 100;
    volatile int c = max_value(a, b);
    return 0;
}
```

注：读者可进入本书配套资源的 example_7_59 目录下，打开该设计工程。

思考与练习 7-83：查看代码清单 7-83 给出代码的反汇编代码，分析内联属性的用法。

3. __attribute__((const))函数属性

const 函数属性指定函数仅检查其参数，并且除返回值外不起作用。即，该函数不读取或修改任何全局存储器。

如果已知某个函数仅对其变量进行操作，则可以对其进行公共子表达式消除和循环优化。

该属性比__attribute__((pure))严格，因为不允许函数读取全局存储器。

注：该属性是 ARM 编译器支持的 GNU 编译器扩展。它具有等效的关键字__pure。

【例 7-60】 __attribute__((const))函数属性的例子。

代码清单 7-84 __attribute__((const))函数属性的用法

```
int mul( int x, int y) __attribute((const));
int mul( int x, int y)
{
    return x * y;
}


int main(void)
{
    int a = 100, b = 90;
    volatile int c = mul(a,b);
    return 0;
}
```

注：读者可进入本书配套资源的 example_7_60 目录下，打开该设计工程。

思考与练习 7-84：查看代码清单 7-84 给出代码的反汇编代码，分析 const 属性的用法。

4. __attribute__((deprecated))函数属性

该函数属性指示存在一个函数，但是如果使用了不推荐使用的函数，则编译器必须生成一个警告。

注：该函数属性是 ARM 编译器支持的 GNU 编译器扩展。

在 GNU 模式下，该属性采用可选的字符串参数出现在消息中。如：

```
__attribute__((deprecated("message")))
```

【例 7-61】 __attribute__(deprecated))函数属性的例子。

代码清单 7-85 __attribute__((deprecated))函数属性的用法

```
void nul(void) __attribute((deprecated("This function is not used")));
void nul(void)
{
    ;
}


int main(void)
{
    nul();
    return 0;
}
```

注：读者可进入本书配套资源的 example_7_61 目录下，打开该设计工程。

思考与练习 7-85：查看在代码清单 7-85 中，编译器在执行 nul()一行代码时给出的提示信息。然后，对该设计进行编译和链接，查看在 Build Output 窗口给出的警告信息。

5. __attribute__((destructor[(priority)]))函数属性

该属性使得与之关联的函数在 main()完成之后或者调用 exit()之后被自动调用。在该属性中，priority 是表示优先级的可选整数值。具有高整数值的析构函数在具有低整数值的析构函数之前运行。具有优先级的析构函数在没有优先级的析构函数之前运行。

保留不超过 100 的优先级值供内部使用。如果使用这些值，则编译器会发出警告。不保留大于 100 的优先级值。

注：(1) 该函数属性是 ARM 编译器支持的 GNU 编译器扩展。

(2) 目前，在 Keil 中可以使用该属性，但并没有实现该属性的功能。

6. __attribute__((format))函数属性

该属性使编译器检查所提供的参数格式是否符合指定函数的格式。该属性的语法格式为：

```
__attribute__((format(function,string-index,first-to-check)))
```

其中，function 是 printf 样式的函数，例如 printf()、scanf()、strftime()、gnu_printf()、gnu_scanf()、gnu_strftime()或 strfmon()；string-index 指定函数中字符串参数的索引（从 1 开始）；first-to-check 是要针对格式字符串进行检查的第一个参数的索引。

【例 7-62】 __attribute__((format))函数属性的例子。

代码清单 7-86   __attribute__((format))函数属性的用法

```
#include <stdio.h>

extern char * myprint1(const char * fmt, ...);
extern char * myprint2(const char * fmt, ...) __attribute__((format(printf, 1, 2)));

int main(void) {
  int a, b;
  float c;

  a = 5;
  b = 6;
  c = 9.099999;

myprint1("Here are some integers: %d, %d\n", a, b);   // 无类型检查,类型匹配
myprint1("Here are some integers: %d, %d\n", a, c);   // 无类型检查. 类型不匹配,
                                                      // 但是无警告
myprint2("Here are some integers: %d, %d\n", a, b);   // 类型检查,类型匹配
myprint2("Here are some integers: %d, %d\n", a, c);   // 类型检查,给出的警告信息是
                                                      // 警告:181-D:参数不兼容
}
```

其中，myprint1()是一个函数，给出了一个字符串和两个要打印的参数。它没有格式检查，因此当其传递给 float 参数并且该函数需要整数时，将出现默认类型不匹配。myprint2()与myprint1()相同，只是它具有__attribute__((format()))。当它接收到意外类型的参数时，将引发警告信息。

代码清单 7-87　函数声明文件

```
# include < stdio.h >
# include < stdarg.h >
void myprint1(const char * fmt, ...)
{
    va_list ap;
    va_start(ap, fmt);
    (void)printf(fmt, ap);
    va_end(ap);
}

void myprint2(const char * fmt, ...)
{
    va_list ap;
    va_start(ap, fmt);
    (void)printf(fmt, ap);
    va_end(ap);
}
```

注：(1) 读者可进入本书配套资源的 example_7_62 目录下，打开该设计工程。

(2) stdarg.h 头文件用于帮助不定长参数的使用。其中，

① va_list：一个特殊的类型，在 va_start()、va_arg() 和 va_end() 这 3 个宏中使用。

② va_start()：开始不定长参数的使用。

③ va_arg()：读入不定长参数。

④ va_end()：结束不定长参数的使用。

思考与练习 7-86：查看编译器在源代码文件中提示的警告信息的内容，以及在对文件进行编译链接后，在 Build Output 窗口输出的警告信息。

7. __attribute__((format_arg(string-index))) 函数属性

该属性指定函数将格式字符串作为参数。格式字符串可以包含类型化的占位符，该占位符旨在传递给 printf 样式的函数，例如 printf()、scanf()、strftime() 或 strfmon()。

当函数的输出用于 printf 样式函数的调用时，该属性使编译器对指定的参数执行占位符类型检查。在该属性中，string-index 指定的参数是格式字符串参数（从 1 开始）。

注：该属性是 ARM 编译器支持的 GNU 编译器扩展。

【例 7-63】 __attribute__((format_arg(string-index))) 函数属性的例子。

在该例子中声明了两个函数 myprint1() 和 myprint2()，它们为 printf() 提供格式字符串。第一个函数 myprint1() 未指定 format_arg 属性。编译器不会检查 printf 参数的类型与格式字符串的一致性。第二个函数 myprint2() 指定 format_arg 属性。在对 printf() 的后续调用中，编译器检查提供的参数 a 和 b 的类型是否与 myprint2() 的格式字符串参数一致。当在需要 int 的位置提供浮点数时，编译器会产生警告。

代码清单 7-88　__attribute__((format_arg(string-index))) 函数属性的用法

```
# include < stdio.h >
//printf 使用的函数,不检查格式类型
extern char * myprint1(const char * fmt);

//printf 使用的函数,对参数 1 进行格式类型检查
extern char * myprint2(const char * fmt) __attribute__((format_arg(1)));
```

```
int main(void) {
  int a;
  float b;

  a = 5;
  b = 9.099999;

  printf(myprint1("Here is an integer: % d\n"), a);      //无类型检查。类型仍然匹配
  printf(myprint1("Here is an integer: % d\n"), b);      //无类型检查。类型不匹配,但无警告

  printf(myprint2("Here is an integer: % d\n"), a);      //类型检查。类型匹配
  printf(myprint2("Here is an integer: % d\n"), b);      //类型检查。类型不匹配导致警告
}
```

注：读者可进入本书配套资源的 example_7_63 目录下,打开该设计工程。

思考与练习 7-87：查看编译器在源代码文件中提示的警告信息的内容,以及在对文件进行编译链接后,在 Build Output 窗口输出的警告信息。

8. __attribute__((malloc))函数属性

该函数属性指示该函数可以像 malloc 一样对待,并且编译器可以执行相关的优化。

9. __attribute__((noinline))函数属性

该函数属性抑制函数在函数调用点处的内联。

注：该函数属性是 ARM 编译器支持的 GNU 编译器扩展。它具有等效于__declspec 的 __declspec(noinline)。在 GNU 模式下,如果将该属性应用于类型而不是函数,则结果是警告而不是错误。

10. __attribute__((no_instrument_function))函数属性

标记有该属性的函数不会由--gnu_instrument 进行概要分析。

注：从 ARM 编译器 5.05 开始不推荐使用--gnu_instrument 选项和此函数属性。

11. __attribute__((nomerge))函数属性

该函数属性可阻止将源文件中截然不同的函数调用合并到目标代码中。

12. __attribute__((nonnull))函数属性

该函数属性指定不应该为空指针的函数参数。这使编译器可以在遇到此类参数时生成警告。语法格式为：

```
__attribute__((nonnull[(arg-index, … )]))
```

其中,[(arg-index,…)]表示可选参数索引列表。如果未指定参数索引列表,则所有指针参数都标记为 nonnull。

注：参数索引列表基于 1,而不是基于 0。

下面的声明是等效的：

```
void * my_memcpy (void * dest, const void * src, size_t len) __attribute__((nonnull (1, 2)));
void * my_memcpy (void * dest, const void * src, size_t len) __attribute__((nonnull));
```

13. __attribute__((noreturn))函数属性

通知编译器该函数不返回。然后,编译器可以通过删除从未到达的代码来执行优化。

注：该属性是 ARM 编译器支持的 GNU 编译器扩展。它具有等效于__declspec 的 __declspec(noreturn)。如果函数到达一个显式或隐式的 return,则忽略__attribute__ ((noreturn)),并且编译器会生成警告。

使用该属性可以减少调用永不返回的函数(例如 exit())的开销。最佳实践是用 while(1) 终止不返回函数。

14. __attribute__((notailcall))函数属性

该函数属性阻止对该函数的尾调用。即使(因为调用发生在函数的结束)可以将分支-链接转换为分支,也始终使用分支链接调用该函数。

15. __attribute__((pcs("calling_convention")))函数属性

该函数属性指定具有硬件浮点数的目标的调用约定,以替代__softfp 关键字。该属性中的 calling_convention 是以下之一:

(1) apcs。使用整数寄存器,例如__softfp。

(2) apcs-vfp。使用浮点寄存器。

注：该函数属性是 ARM 编译器支持的 GNU 编译器扩展。

16. __attribute__((pure))函数属性

许多函数除了返回值外没有其他作用,它们的返回值仅取决于参数和全局变量。这种函数可遇到数据流分析,并且可以取消。

注：(1) 该函数是 ARM 编译器支持的 GNU 编译器扩展。

(2) 尽管相关,但是该函数属性与__pure 关键字不等效。等效于_pure 的函数属性是 __attribute__((const))。

17. __attribute__((section("name")))函数属性

段函数属性使程序开发人员可以将代码放置在镜像中不同的段。

注：该函数是 ARM 编译器支持的 GNU 编译器扩展。

18. __attribute__((sentinel))函数属性

如果函数调用中的指定参数不为 NULL,则该函数属性将生成警告。语法格式为:

__attribute__((sentinel(p)))

其中,p 是一个可选的整数位置参数。如果提供了该参数,则编译器将检查从参数列表末尾开始倒数 p 位置的参数。

默认情况下,编译器检查位置 0 的参数,即函数调用的最后一个参数。也就是说, __attribute__((sentinel))等效于__attribute((sentinel(0)))。

19. __attribute__((unused))函数属性

如果未引用函数,则该属性可阻止编译器生成警告。这不会更改未使用函数删除过程行为。

注：该函数是 ARM 编译器支持的 GNU 编译器扩展。

20. __attribute__((visibility("visibility_type"))函数属性

注：该函数属性和变量属性的含义相同。

21. __attribute__((warn_unused_result)函数属性

在 GNU 模式下,如果从未使用函数返回的结果,则发出警告。

22. __attribute__((weak))函数属性

用该函数属性定义的函数弱输出其符号。用__attribute__((weak))声明的函数,然后在没有__attribute__((weak))的情况下定义的函数表现为弱函数。这与__weak 关键字不同。例如：

```
extern int Function_Attributes_weak_0 (int b) __attribute__((weak));
```

注：该函数是 ARM 编译器支持的 GNU 编译器扩展。

23. __attribute__((weakref("target")))函数属性

该函数属性将函数声明标记为别名,该别名本身不需要为目标符号提供函数定义。该函数属性中的 target 是目标符号。例如：

```
extern void y(void);
static void x(void) __attribute__((weakref("y")));
void foo(void)
{
    …
    x();
    …
}
```

在该例子中,foo()通过一个弱引用调用 y()。

7.8.6 数组类型传递参数

在 C 语言中,数组元素可以作为函数实参传递参数,其用法和变量相同。此外,数组名可以作为实参和形参,此时传递的是数组的首地址。

【例 7-64】 数组名字传递参数的例子。

在该程序中,调用子程序实现对数组元素的升序排列。

代码清单 7-89 数组类型传递参数的 C 代码片段

```
void sort(int array[ ],int n)                   //定义子函数 sort,入口参数是数组名
{
    int i,j,k,t;
    for(i = 0;i < n - 1;i++)                     //二重循环数组排序
    {
        k = i;
            for(j = k + 1;j < n;j++)
            if(array[j]< array[k])
                k = j;
            t = array[k];
            array[k] = array[i];
            array[i] = t;
    }
}

int main(void)
{
    int a[10],i;
    for(i = 0;i < 10;i++)                        //一重 for 循环,分别输入 10 个数组元素的值
    {
        printf("\r\nplease enter the value of a[ % d]\r\n",i); //打印提示输入值的信息
        scanf(" % d",&a[i]);                     //输入数据元素值
    }
    printf("\r\nsorted array is\r\n");           //提示打印排序后的数组
    sort(a,10);                                  //调用子程序 sort,数组名为入口
```

```
        for(i = 0;i < 10;i++)
            printf("a[ % d] = % d, ",i,a[i]);    //打印排序后的 10 个数组元素值
    }
```

注：读者可进入本书配套资源的 example_7_64\MDK-ARM 目录下，打开该设计工程。
在该设计工程的 main.c 文件中保存着完整的设计代码。

打开串口调试助手，进入调试器界面，在下面的代码行设置断点：

```
sort(a,10);
```

直接运行程序，同时按照串口调试助手接收缓冲区的提示信息，在发送缓冲区内分别输入数组
中 10 个数据元素的值。在调试器界面的 Watch 1 窗口中输入数组变量 a，然后展开该数组，
查看数据元素的值，如图 7.29 所示。

Watch 1		
Name	Value	Type
⊟ 📇 a	0x20000480	int[10]
◆ [0]	1000	int
◆ [1]	900	int
◆ [2]	800	int
◆ [3]	700	int
◆ [4]	600	int
◆ [5]	500	int
◆ [6]	400	int
◆ [7]	300	int
◆ [8]	200	int
◆ [9]	100	int
⊡ <Enter expression>		

Watch 1 　▦ Memory 1

图 7.29　数组变量 a 中的数据元素的值

可以看到，数组 a 的首地址为 0x20000480。在调试器界面的 Memory 1 窗口的 Address：
右侧的文本框中输入 0x20000480。

思考与练习 7-88：单步运行程序，观察主函数在调用子程序 sort(a,n)时，图 7.30 中以
0x20000480 地址开始的存储器内容的变化。小提示：在单步运行程序时，存储器中的数据的
排列顺序在不断发生变化，即按照数组元素值从小到大排列。很明显，当执行完 sort 子程序
时，该存储器地址开始的存储器的数据元素的内容实现了按数据元素从小到大的顺序排列。

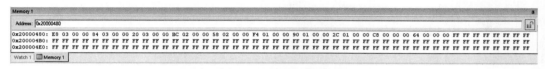

图 7.30　Memory 1 窗口内的存储器内容

思考与练习 7-89：继续单步运行程序。当从子程序返回 sort(a,n)时，只要再次定位到数
组 a 的首地址，就能打印出从该首地址开始后的 10 个数据元素的值。（当然这 10 个数据元素
的值是排序后的值）

思考与练习 7-90：正确理解将子程序 sort(a,n)定义为 void 类型，不返回值的真正含义。

7.8.7 指针类型传递参数

当函数的参数是指针类型的变量时,主调函数将实际参数的地址作为被调函数中形式参数的地址。因此,指针类型传递参数也是通过地址传递。下面通过一个例子说明指针类型传递参数的过程。

【例7-65】 两个字符数组首尾连接的例子。

例如,字符串 a＝"STM32G0",字符串 b＝"Hello",将两个字符串连接后的字符串 c＝"STM32G0Hello"。

代码清单 7-90 指针类型传递参数的 C 代码片段

```
void con_string(char * s1, char * s2)          //声明子函数,有两个字符指针参数
{
    while( * s1!='\r')                          //如果指针 * s1 指向的字符不是结尾,则继续
        s1++;                                   //指针递增,指向下一个字符
    while( * s2!='\r')                          //如果指针 * s2 指向的字符不是结尾,则继续
        * s1++ = * s2++;                        //将指针 * s2 指向的字符添加到 * s1 的末尾
    * s1 = '\0';                                //在 * s1 当前指向的内容后添加结束标志
}

int main(void)
{
    char a[40],b[40];                           //声明字符数组 a 和 b
    printf("\r\nplease enter the string of a[40]\r\n"); //提示输入字符串 a 的值
    gets(a);                                    //输入字符串 a,允许空格,回车结束
    printf("\r\nplease enter the string of b[40]\r\n"); //提示输入字符串 b 的值
    gets(b);                                    //输入字符串 b,允许空格,回车结束
    con_string(a,b);                            //调用子函数 con_string
    printf("\r\nconnected string is:\r\n");     //提示打印连接后的字符串
    puts(a);                                    //打印连接后的字符数组 a 的值
}
```

注: 读者可进入本书配套资源的 example_7_65\MDK-ARM 目录下,打开该设计工程。在该设计工程的 main.c 文件中保存着完整的设计代码。

打开串口调试助手,运行程序。在串口调试助手接收缓冲区中,按提示信息分别输入字符数组 a 和 b 的字符串值。在串口调试助手接收缓冲区输出连接后的字符串,如图 7.31 所示。

图 7.31 连接前和连接后的字符串

思考与练习 7-91: 在代码"con_string(a,b);"处设置断点。进入调试器界面,运行程序,并在调试助手中输入数组 a 和 b 的字符串的值,直到所设置的断点处。在 Watch 1 窗口中添加数组变量 a 和 b,并填空,

(1) 数组 a 的首地址为_____,其内容是_____,其结束符为_____。

(2) 数组 b 的首地址为_____,其内容是_____,其结束符为_____。

思考与练习 7-92：继续单步运行程序,查看数组 a 中内容的变化过程。在 Memory 1 窗口中输入字符数组变量 a 的首地址,查看在调用子程序 con_string(a,b)的过程中,将字符数组 b 的元素搬移到字符数组 a 末尾的过程。

思考与练习 7-93：在 Disassembly 窗口中查看反汇编代码,分析主函数调用 con_string(a,b)的底层实现方法,以及实现指针类型传递参数的本质。

7.8.8　指针函数

简单来说,指针函数就是一个返回指针的函数,其本质就是一个函数,但是函数的返回值是一个指针,也就是返回一个地址给调用函数,以用于需要指针或地址的表达式中。其格式为：

类型说明符　* 函数名(参数列表);

由于返回的是一个地址,因此类型说明符一般都是整型 int。

【例 7-66】　指针函数用法的例子。

代码清单 7-91　指针函数用法的 C 代码

```
int * array_sum(int * a, int n)          //定义指针函数 array_sum, 返回地址
{
    int * p;                             //定义本地整型指针变量 * p
    int sum = 0, i;                      //定义本地整型变量 sum 和 i
    p = &sum;                            //指针变量指向 sum
    for(i = 0; i < n; i++)               //一重 for 循环,n 为数组元素的个数
    {
        sum += * a;                      //数组元素求和
        a++;                             //地址递增,指向下一个数组元素
    }
    return p;                            //返回指针变量 p 的地址,该地址内容是 sum
}

int main(void)
{
    int x[10] = {10,20,30,40,50,60,70,80,90,100};   //定义并初始化数组 x
    volatile int * z;                    //定义整型指针变量 z
    z = array_sum(x,10);                 //array_sum 返回的地址指向 z
    return 0;
}
```

注：读者可进入本书配套资源的 example_7_66 目录下,打开该设计工程。

思考与练习 7-94：在调试器界面中单步运行程序,通过调试器中的 Watch 1 窗口查看变量信息,并填空。

(1) 本地数组变量 x 的首地址是_____。

(2) 本地指针变量 p 的地址是_____,该地址的内容是_____。

(3) 本地指针变量 z 的地址是_____,该地址的内容是_____。

(4) 当调用完 array_sum 子程序后,返回_____,其含义是_____。

思考与练习 7-95：在调试器界面的 Disassembly 窗口中,查看反汇编代码,并回答下面的问题。

(1) 数组变量 x 如何将地址传到 array_sum？

(2) 函数 array_sum 如何返回地址给主函数？

7.8.9　函数指针

函数指针,其本质是一个指针变量,该指针指向这个函数。函数指针就是指向函数的指针。声明格式为:

类型说明符 (* 函数名)(参数列表)

【例 7-67】 函数指针用法的例子。

代码清单 7-92　函数指针用法的 C 代码

```c
int add(int x, int y)                    //定义函数 add,入口参数是整型变量 x 和 y
{
    return x + y;                        //返回变量 x 和变量 y 的和
}

int mul(int x, int y)                    //定义函数 mul,入口参数是整型变量 x 和 y
{
    return x * y;                        //返回变量 x 和变量 y 的乘积
}

int main(void)
{
    int ( * p)(int a, int b);            //定义函数指针( * p),其入口参数为 a 和 b
    int a = 45, b = 67;                  //定义并初始化整型变量 a 和 b
    volatile int x, y;                   //定义整型变量 x 和 y
    p = add;                             //函数指针指向函数 add
    x = p(a, b);                         //add 函数的返回值赋值给 x
    p = mul;                             //函数指针指向函数 mul
    y = p(a, b);                         //mul 函数的返回值赋值给 y
    return 0;
}
```

注：读者可进入本书配套资源的 example_7_67 目录下,打开该设计工程。

思考与练习 7-96：在调试器界面中单步运行程序,通过调试器中的 Watch 1 窗口查看变量信息,并填空。

(1) 函数 add 的首地址为_____。

(2) 函数 mul 的首地址为_____。

(3) 当执行完 p＝add 后,p 的值为_____。

(4) 当执行完 p＝mul 后,p 的值为_____。

7.9　预编译指令

视频讲解

C 语言提供了对程序的编译预处理功能。通过一些预处理命令,为 C 语言本身提供了许多功能和符号等方面的扩展。因此,增加了 C 语言的灵活性和方便性。在编写 C 语言程序时,可以将预处理指令添加到需要的位置,但它只在编译程序时起作用,且通常是按行进行处理,因此又称为编译控制行。

C 语言中的预编译指令就类似汇编语言助记符中的指令。在对整个程序进行编译之前,编译器先对程序中的编译控制行进行预处理,然后再将预处理的结果与整个 C 语言源程序一起进行编译,以生成目标代码。

Keil 编译器支持标准 C 的预处理指令,包括宏定义、文件包含和条件编译。在 C 语言中,凡是预编译指令都以符号"♯"开头。

7.9.1 宏定义

宏定义的指令为♯define,它的作用是用一个字符串进行替换,这个字符串可以是常数,可以是其他任何字符串,甚至还可以是带参数的宏。宏定义的简单形式是符号常量定义,复杂形式是带参数的宏定义。

1. 不带参数的宏定义

不带参数的宏定义格式为:

♯define 标识符 常量表达式

比如:

```
# define PI 3.1415926
# define R 3.0
# define L 2 * PI * R
# define S PI * R * R
```

2. 带参数的宏定义

带参数的宏定义与符号常量定义的不同之处在于,对于源程序中出现的宏符号名不仅进行字符串替换,而且还能进行参数替换。带参数的宏定义格式为:

♯define 宏符号名(参数表) 表达式

其中,参数表中的参数是形参,在代码中用实际参数进行替换。比如:

```
# define MAX(x,y) (((x)>(y)) ? (x) : (y))
# define SQ(x) (x * x)
# define S(r) PI * r * r
```

3. 可变数量参数的宏

在C99中,可以声明一个接受可变数量参数的宏。用于定义此类宏的语法与函数的语法类似,例如:

```
# define debug(format, … ) fprintf(stderr, format,__VA_ARGS__)
void variadic_Macros_0()
{
    debug("a test string is printed out along with %x %x %x\n",12,14,20);
}
```

【例 7-68】 宏定义的例子。

代码清单 7-93 宏定义用法的 C 代码片段

```
# define PI 3.1415926                              //宏定义 PI
# define CIRCLE(R,L,S) L = 2 * PI * R; S = PI * R * R     //定义带参数的宏 CIRCLE
# define MIN(x,y) ((x < y) ? x :y )                //定义带参数的宏 MIN
# define debug(format, … ) printf(format,__VA_ARGS__)    //定义可变数量参数的宏
int main(void)
{
    float r,l,s;                                   //定义浮点型变量 r、l 和 s
    int a,b;                                       //定义整型变量 a 和 b
    printf("please input r:\r\n");                 //提示输入变量 r 的值
    scanf("%f",&r);                                //输入变量 r 的值
```

```
        printf("\r\nplease input value of a\r\n");       //提示输入变量 a 的值
        scanf(" % d",&a);                                //输入变量 a 的值
        printf("\r\nplease input value of b\r\n");       //提示输入变量 b 的值
        scanf(" % d",&b);                                //输入变量 b 的值
        CIRCLE(r,l,s);                                   //调用宏 CIRCLE
        debug("\r\nr = % f\r\ncirc = % f\r\narea = % f\r\n",r,l,s);    //打印 r、l 和 s 的值
        debug("\r\na = % d,b = % d\r\nminimum value is % d\r\n",a,b,MIN(a,b)); //打印 a,b,min
}
```

注：读者可进入本书配套资源的 example_7_68\MDK-ARM 目录下，打开该设计工程。在该设计工程的 main.c 文件中保存着完整的设计代码。

7.9.2　文件包含

文件包含是指一个程序文件将另一个指定文件的全部内容包含进来。文件包含指令的格式为：

```
# include 文件名
```

7.9.3　条件编译

一般情况下，希望对所有的程序行进行编译。但是，有时希望根据所给定的条件只对其中的一部分内容进行编译，这就是条件编译。Keil 中编译器的预处理器中提供了下面 3 种条件编译格式。

1. 条件编译指令格式 1

```
# ifdef 标识符
    程序段 1
# else
    程序段 2
# endif
```

2. 条件编译指令格式 2

```
# ifndef 标识符
    程序段 1
# else
    程序段 2
# endif
```

3. 条件编译指令格式 3

```
# if 常量表达式 1
    程序段 1
# elif 常量表达式 2
    程序段 2
…
# else
    程序段 n
# endif
```

条件编译的一个重要应用就是防止多次包含头文件，格式如下：

```
# ifndef SYMBOL
  # define SYMBOL
```

```
# include "stdio.h"
# include "math.h"
#endif
```

具体来说,防止多次包含头文件,可以:

(1) 缩短编译时间。

(2) 减少使用-g 编译器命令行选项生成的目标文件大小,这样可以加快链接速度。

(3) 避免由于多次包含相同代码而引起的编译错误。

7.9.4 编译指示

ARM 编译器可以是许多特定于 ARM 的编译指示(pragma)。

注:编译指示会覆盖相关的命令行选项。比如,♯pragma arm 会覆盖命令行选项 --thumb。

1. ♯pragma anon_unions 和 ♯pragma no_anon_unions

这些编译指示使能或禁止对匿名结构和联合的支持,默认为♯pragma no_anon_unions。

2. ♯pragma arm

该编译指示将代码生成切换到 ARM 指令集。它会覆盖--thumb 编译器指示。在函数之外(但不能在函数内部)使用♯pragma arm 或♯pragam thumb 上的♯pragma push 和♯pragma pop 来更改状态。这是因为♯program arm 和♯pragma thumb 仅适用于函数级别,取而代之,不能将它们放在函数定义的周围。

3. ♯pragma arm section [section_type_list]

该编译指示为后面的函数或对象指定要使用的段名字。这包括编译器为初始化创建的匿名对象的定义。该编译指示中的 section_type_list 指定后续函数或对象的段名字可选列表。

section_type_list 的语法为:

section_type[[=]"name"] [,section_type = "name"] *

有效的 section_type(段类型)为 code、rodata、rwdata、zidata。

通过使用♯pragma arm section[section_type_list]将函数和变量放在单独命名的段中。然后,可以使用分散加载描述文件将它们定位在存储器中的特定位置。

该选项对以下内容无效:

(1) 内联函数和它们的本地静态变量(如果指定了--no_ool_section_name 命令行选项)。

(2) 模板例化机器局部静态变量。

(3) 消除未使用的变量和函数。但是,使用♯pragma arm 段可以使链接器消除可能保留的函数或变量,因为它与已经使用的函数或变量位于同一段中。

(4) 定义写入目标文件的顺序。

注:可以使用__attribute__((section(..)))用于函数或变量,以替代♯prama arm 段。

【例 7-69】♯pragma arm section 编译指示用法。

代码清单 7-94 ♯pragma arm section 编译指示的 C 代码片段

```
# pragma arm section rwdata = "bar"        //定义具有读写类型的段"bar"
int a = 100;                               //该段内定义并初始化一个变量 a
# pragma arm section code = "foo"          //定义代码段"foo"
int add1( int x)                           //在该段内定义了函数 add1
{
```

```
    return x + 1;                                    //返回 x + 1 的值
}

int main(void)
{
    volatile int b = add1(a);                        //定义变量 b,其值等于 add1(a)的返回值
    return 0;
}
```

注：读者可进入本书配套资源的 example_7_69 目录下,打开该设计工程。

思考与练习 7-97：对该程序进行编译和链接后,在 example_7_69\Listings 目录下,用记事本工具打开 code.map 文件。在该文件中,查看自定义的段,以及该段中的代码资源(变量/函数)。

该编译指示的另一个用处就是可以将未初始化的数据放在其他段以阻止将其放在其他段来阻止其初始化为零。这可以使用♯pragma asm section 或 GNU 编译器扩展__attribute__((section("name")))来实现。

下面的代码使用♯pragma arm section 段保留未初始化的数据：

```
# pragma arm section zidata = "non_initialized"
int i, j;                                            //未初始化的数据在 non_initialized 段(没有
                                                     //编译指示)。默认情况下位于.bss 段中
# pragma arm section zidata                          //返回默认(.bss 段)
int k = 0, l = 0                                      //在.bss 段中的零初始化数据
```

当编译该代码时,使用--bss_threshold=0,以确保将 k 和 l 放在 ZI 数据段中。如果未使用--bss_threshold=0,则必须使用段名字 rwdata 而不是 zidata。

4. ♯paragma diag_default tag[, tag, …]

该编译指示返回诊断消息的严重性。在发布编译指示之前,该诊断消息对起作用的严重性已经有指定的标签。诊断消息是带有后缀 D 的消息号,比如♯550D。在该编译指示中,tag[, tag, …]是诊断消息号列表(以逗号分隔),指定要更改其严重性的消息,是 4 位数字的数,不带后缀 D。必须至少指定一个诊断消息号。

【例 7-70】 ♯paragma diag_default 编译指示的用法。

代码清单 7-95　♯paragma diag_default 的 C 代码片段

```
//# include "stdio.h"
# pragma diag_error 223
void hello(void)
{
    printf("Hello ");
}
# pragma diag_default 223
void world(void)
{
    printf("world! \n");
}
```

注：(1) 读者可进入本书配套资源的 example_7_70\MDK-ARM 目录下,打开该设计工程。在该设计工程的 main.c 文件中保存着完整的设计代码。

(2) 在该设计中,注释掉"♯include "stdio.h""一行代码。

使用--diag_warning＝223 选项编译该代码会生成诊断信息。♯pragma diag_default 223
的作用是将诊断消息 223 的严重性返回,它由--diag_warning 命令行选项所指定。

对该程序进行编译和链接,查看在 Build Output 窗口中输出的提示信息,如下:

```
../Src/main.c(64): error:  ♯223-D: function "printf" declared implicitly
    printf("Hello ");
../Src/main.c(69): warning:  ♯223-D: function "printf" declared implicitly
    printf("world!\n");
```

5.　♯pragma diag_error tag[,tag,…]

该编译指示设置诊断消息,该消息对错误严重级有指定的标记。诊断消息是带后缀-D 的
消息号,例如♯550-D。

该编译指示中的 tag[,tag,…]是以逗号分隔的诊断消息号的列表,指定要更改其严重性
的消息,是 4 位数字的数,不带-D 后缀。必须至少指定一个诊断消息号。

6.　♯pragma diag_remark tag[,tag,…]

该编译指示设置诊断消息,该消息有指定的标签去备注严重性。诊断消息是带后缀-D 的
消息号,比如♯550-D。♯pragma diag_remark 的行为与♯pragma diag_error 类似,不同之处
在于编译器将具有指定标签的诊断消息设置为“备注严重性”而不是“错误严重性”。

默认情况下不显示备注。使用--remarks 编译器选项可以查看注释消息。该编译指示中
的 tag[,tag,…]是诊断消息号列表(以逗号分隔),诊断消息号指定要更改其严重性的消息,是
4 位数字的数,不带后缀-D。

7.　♯pragma diag_suppress tag[,tag,…]

该编译指示将禁用所有具有指定标签的诊断消息。诊断消息是带后缀-D 的消息号,例如
♯550-D。♯pragma diag_suppress 的行为与♯pragma diag_error 类似,编译器会抑制具有指
定标签的诊断消息,而不是将诊断消息设置为具有错误严重性。

该编译指示中的 tag[,tag,…]是诊断消息号列表(以逗号分隔),指定了要禁止显示的消
息,是 4 位数字的数,不带-D 后缀。

8.　♯pragma diag_warning tag[,tag,…]

该编译指示将有指定标签的诊断消息设置为警告严重性。诊断消息是带后缀-D 的消息
号,例如♯550-D。♯pragma diag_warning 的行为与♯pragma diag_error 相似,不同之处在
于编译器将具有指定标签的诊断消息设置为警告严重性而不是错误严重性。

该编译指示中的 tag[,tag,…]是诊断消息号列表(以逗号分隔),指定了要更改其严重性
的消息,是 4 位数字的数,不带后缀-D。

9.　♯pragma exceptions_unwind 和♯pragma no_exceptions_unwind

这些编译指示使能和禁止函数展开。--[no_]exceptions_unwind 命令行选项设置是否为
函数生成展开表的默认行为。♯pragma[no_]exceptions_unwind 会覆盖此行为。

默认值为♯pragma exceptions_unwind。

10.　♯pragma GCC system_header

该编译指示在 GNU 模式下可用。它将导致在当前文件中后面的声明被标记为好像它们
出现在系统头文件中一样。

该编译属性可能会影响一些诊断消息的严重性。

11.　♯pragma hdrstop

该编译指示可以指定预编译头文件集的结束位置。

注：不建议使用该编译指示。从 ARM 5.05 编译器开始，所有平台都不再支持预编译头（Pre Compiled Header，PCH）文件。请注意，Windows 8 上的 ARM 编译器从不支持 PCH 文件。该编译指示必须出现在不属于预处理指令的第一个标记之前。

12. #pragma import symbol_name

该编译指示生成对 symbol_name 的导入引用。该编译指示与汇编器命令 IMPORT symbol_name 相同。该编译指示中的 symbol_name 是要导入的符号。

程序开发人员可以使用该编译指示选择 C 语言库的某些功能，例如，堆实现或实时除法。比如，#pragma import(__use_realtime_division)。如果本书中描述的功能需要导入符号引用，则将指定所需的符号。

13. #pragma import(__use_full_stdio)

该编译指示选择使用 microlib 的扩展版本，该扩展版本使用了标准的 ANSI C 输入和输出功能。

microlib 是对默认 C 语言库的替代库。如果使用的是 microlib，那么只使用该编译指示。下面是例外情况：

(1) feof()和 ferror()总是返回 0。

(2) setvbuf()和 setbuf()保证会失败。

(3) feof()和 ferror()始终会返回 0，因为不支持错误和文件结束指示符。

(4) setvbuf()和 setbuf()保证会失败，因为所有的流都没有缓冲。

microlib 版本的 stdio 函数可以使用与标准库 stdio 函数相同的方式来重定向。

14. #pragma import(__use_smaller_memcpy)

该编译指示选择一个较小但较慢的 memcpy()版本与 C 语言 microlib 一起使用。使用 LDRB 和 STRB 的 memcpy()的逐字节的实现。

microlib 使用的 memcpy()的默认版本是使用 LDR 和 STR 的较大但较快的逐字实现。

15. #pragma inline 和 #pragma no_inline

该编译指示控制内联，与--inline 和--no_inline 命令行选项类似。在 #progma no_inline 下定义的函数没有内联到其他函数中，并且没有内联自己的调用。

通过将函数标记为__declspec(noinline)或__attribute__((noinline))，也可以达到抑制内联到其他函数的效果。默认值为 #pragma inline。

16. #pragma Onum

该编译指示将修改后面所有函数的优化级别。该编译指示中的 num 是新优化级别，取值为 0、1、2 或 3。

17. #pragma once

该编译指示使编译器可以跳过对该头文件的后续包含。接受 #pragma once 是为了与其他编译器兼容，并且可以使用其他形式的头部保护代码。但是，ARM 建议使用 #idndef 和 #define 代码，因为这样更便于移植。

18. #pragma Ospace

该编译指示针对代码长度优化了所有后续的函数，执行优化以减少镜像的大小，但以可能增加执行时间为代价。

19. #pragma Otime

该编译指示优化了所有后续函数以提高速度，执行优化以减少执行时间，但以可能增加镜像大小为代价。

20. ♯pragma pack(n)

该编译指示将结构成员对齐到 n 的最小值以使其自然对齐。使用未对齐的访问读取和写入打包的对象。该编译指示中的 n 是字节的对齐方式,有效对齐值为 1、2、4 和 8。默认值为 ♯pragma pack(8)。

注:(1)该编译指示是 ARM 编译器支持的 GNU 编译器扩展。

(2)在 7.10 节将详细介绍结构以及对齐的用法。

21. ♯pragma pop

该编译指示将恢复以前保存的编译指示状态。

22. ♯pragma push

该编译指示将保存当前的编译指示状态。

23. ♯pragma softfp_linkage 和 ♯pragma no_softfp_linkage

这些编译指示用于控制软件浮点链接。♯pragma softfp_linkage 向所有后续函数声明和定义添加隐含的__softfp 限制符。

♯pragma no_softfp_linkage 从所有后续函数声明和定义中删除所有隐含__softfp 限定符。显式__softfp 限制符仍然受到"青睐"。使能软件浮点链接的命令行选项时,会将隐含__softfp 限制符添加到每个函数。

24. ♯pragma thumb

该编译指示将代码生成切换到 Thumb 指令集。它覆盖--arm 编译器选项。如果为没有 Thumb-2 技术和使用 VFP 的 Thumb 处理器编译代码,任何包含浮点操作的函数都将被编译用于 ARM。

在函数之外(但不在函数内部)的 ♯pragma arm 或 ♯pragma thumb 上使用 ♯pragma push 和 ♯pragma pop 来改变状态。这是因为 ♯pragma arm 和 ♯pragma thumb 仅适用于函数级别,而是将它们放在函数定义周围,如代码清单 7-96 所示。

代码清单 7-96 ♯编译指示用法的 C 代码片段

```
# pragma push                    // 在 arm 状态, 保存当前的编译指示状态
# pragma thumb                   // 改变到 thumb 状态
void bar(void)
{
        __asm
        {
                NOP
        }
}
# pragma pop                     // 恢复保存的编译指示状态,返回到 arm 状态
int main(void)
{
        bar();
}
```

25. ♯pragma unroll[(n)]

该编译指示指示编译器以 n 次迭代展开循环。该编译指示中的 n 是一个可选值,指示要展开的迭代次数。在默认情况下,如果未指定 n 的值,则编译器将假定 ♯pragma unroll(4)。

仅在使用-O3 -Otime 进行编译时,该编译指示才可用。当使用-O3 -Otime 进行编译时,

编译器会自动展开循环。可以使用该编译指示来要求编译器展开尚未自动展开的循环。

注：（1）仅当有证据（例如--diag_warning＝optimizations）证明编译器本身未以最佳方式展开循环时，才使用该编译指示。除非使用--diag_warning＝optimizations进行编译或检查所生成的汇编代码，或两者都不进行，否则无法确定该编译指示是否有效。

（2）仅在使用-O3 -Otime编译时，该编译指示才能生效。即使这样，使用该编译指示还会要求编译器展开尚未自动展开的循环。但它不保证循环会展开。

（3）该编译指示仅可在for循环、while循环或do…while循环之前使用。

【例7-71】 循环展开的用法。

代码清单7-97 for循环的C语言代码

```c
int main(void)
{
    volatile int a[4] = {1,2,3,4};
    volatile int sum = 0;
    for(int i = 0; i < 4; i++)
        sum += a[i];
    return 0;
}
```

注：读者可进入本书配套资源的example_7_71目录下，打开该设计工程。

当对该代码进行-Level 0(-O0)优化时，得到for循环的反汇编代码，如代码清单7-98所示。

代码清单7-98 执行-O0优化的反汇编代码

```
    6:      for(int i = 0; i < 4; i++)
0x080000FC E006     B     0x0800010C          //跳转到0x0800010C
    7:      sum += a[i];
0x080000FE 0081     LSLS  r1,r0,#2            //将r0的数据左移,保存到r1
0x08000100 AA01     ADD   r2,sp,#0x04         //[sp] + 0x04 的内容保存到r2
0x08000102 5851     LDR   r1,[r2,r1]          //[r2 + r1]地址的内容加载到r1
0x08000104 9A00     LDR   r2,[sp,#0x00]       //[sp + 0x00]地址的内容加载到r2
0x08000106 1889     ADDS  r1,r1,r2            //r1 + r2 的结果保存到r1
0x08000108 9100     STR   r1,[sp,#0x00]       //将r1的内容保存到[sp + 0]的存储地址
    6:      for(int i = 0; i < 4; i++)
0x0800010A 1C40     ADDS  r0,r0,#1            //r0 + 1 的结果保存到r0
    6:      for(int i = 0; i < 4; i++)
0x0800010C 2804     CMP   r0,#0x04            //将r0的结果与0x04进行比较
0x0800010E DBF6     BLT   0x080000FE          //当小于的时候,跳转到0x080000FE
```

从上面的代码可知，在使用-O0优化时，for循环没有展开。

当对该代码进行-Level 3(-O3)和-Otime优化时，得到for循环的反汇编代码，如代码清单7-99所示。

代码清单7-99 执行-O3和-Otime优化的反汇编代码

```
    6:      for(int i = 0; i < 4; i++)
0x080000EA B084     SUB   sp,sp,#0x10         //sp - 0x10 的结果,保存在sp
0x080000EC CB0F     LDM   r3,{r0 - r3}        //多加载指令
0x080000EE 9000     STR   r0,[sp,#0x00]       //将r0内容,保存到[sp + 0]的地址
0x080000F0 9101     STR   r1,[sp,#0x04]       //将r1内容,保存到[sp + 4]的地址
0x080000F2 9202     STR   r2,[sp,#0x08]       //将r2内容,保存到[sp + 8]的地址
0x080000F4 9303     STR   r3,[sp,#0x0C]       //将r3内容,保存到[sp + 0xC]的地址
    7:      sum += a[i];
0x080000F6 9800     LDR   r0,[sp,#0x00]       //将[sp + 0x0]地址的内容加载到r0
```

0x080000F8 9801	LDR	r0,[sp,♯0x04]	//将[sp+0x4]地址的内容加载到r0	
0x080000FA 9900	LDR	r1,[sp,♯0x00]	//将[sp+0x0]地址的内容加载到r1	
0x080000FC 1840	ADDS	r0,r0,r1	//r0+r1的内容相加,结果保存到r0	
0x080000FE 9000	STR	r0,[sp,♯0x00]	//将r0的内容保存到[sp]的地址	
0x08000100 9802	LDR	r0,[sp,♯0x08]	//将[sp+0x08]的存储地址的内容加载到r0	
0x08000102 9900	LDR	r1,[sp,♯0x00]	//将[sp+0x00]的存储地址的内容加载到r1	
0x08000104 1840	ADDS	r0,r0,r1	//将r0+r1的结果保存到r0中	
0x08000106 9000	STR	r0,[sp,♯0x00]	//将r0的内容保存到[sp+0x00]的地址	
0x08000108 9803	LDR	r0,[sp,♯0x0C]	//将[sp+0x0c]的存储地址的内容加载到r0	
0x0800010A 9900	LDR	r1,[sp,♯0x00]	//将[sp+0x00]的存储地址的内容加载到r1	
0x0800010C 1840	ADDS	r0,r0,r1	//将r0+r1的结果保存到r0	

从上面的反汇编代码可知,在使用-O3和-Otime优化时,循环展开。

思考与练习7-98:分析for循环迭代和展开,对代码性能和长度的影响。

26.　♯pragma unroll_completely

该编译指示编译器完全展开循环。仅当编译器可以确定循环具有的迭代次数时,它才有效。

仅在使用-O3 -Otime进行编译时,该编译指示才适用。当使用-O3 -Otime进行编译时,编译器会自动展开循环,从而有利于这样做。可以使用该编译指示来要求编译器完全展开尚未自动完全展开的循环。

注:其用法和使用条件参见♯pragma unroll编译指示。

27.　♯pragma weak symbol 和　♯pragma weak symbol1＝symbol2

该编译指示是不推荐使用的语言扩展,用于将符号标记为弱符号或者定义符号的弱别名。它是使用__weak关键字的替代方法。比如:

```
weak_fn(int a);
♯pragmaweak weak_n = __weak_fn
void __weak_fn(int a)
{
    …
}
```

7.9.5　其他预编译命令

本节介绍C语言程序设计中其他常用的预编译命令。

1.　♯error

♯error命令是C/C++语言的预处理命令之一。当预处理器处理到♯error命令时,将停止编译并输出用户自定义的错误消息。语法格式为:

♯error[用户自定义的错误消息]

注:上述语法中方括号内的内容为程序开发人员自定义的错误消息,可以省略不写。

2.　♯warning

支持预处理指令♯warning。像♯error命令一样,该命令会在编译时生成用户定义的警告,不会停止编译。

注:如果指定了--strict选项,则♯warning命令不可用。如果使用,则会产生错误。

3.　♯assert

允许使用System版本4的♯assert预处理扩展。该预编译命令使能定义和测试谓词名字。由#assert 使能的名字在名字空间中不同于所有其他名字，包括宏名字。语法格式为：

```
# assert name
# assert name[(token-sequence]
```

其中，name 是谓词名字；token-sequence 是可选的令牌序列。如果省略令牌序列，则不会为 name 提供值；如果包含令牌序列，则名字将被赋予值令牌序列。

程序开发人员可以在#if 表达式中测试使用 #assert 定义的谓词名字。例如：

```
# if # name(token-sequence)
```

如果为 name 分配了令牌序列的值，则其值为 1，否则为 0。谓词可以有多个值。也就是说，后续#assert 不会覆盖之前的#assert。典型用法如代码清单 7-100 所示。

代码清单 7-100　#assert 预处理命令的 C 代码

```
# assert foo(1)
# if # foo(1)
  # define variable 10
# endif

int main()
{
    volatile int i = variable;
    return 0;
}
```

视频讲解

7.10　复杂数据结构

C 语言除了提供基本数据类型、数组和指针外，还提供了更复杂的数据结构，用于将不同数据类型放置在一起。复杂数据结构包括结构、联合和枚举。

7.10.1　结构

结构是将不同数据类型有序组合在一起而构成的一种数据集合体。结构中的每个数据类型分别占用所声明类型的存储空间。

1. 结构类型的定义

格式为：

```
struct 结构名
{
    结构元素列表
}
```

其中，结构元素列表为不同数据类型元素的列表。

一个结构体声明如下：

```
struct student{
    char name[30];
    char gender;
    char age;
    long int num;
};
```

2. 结构变量的定义

可以通过下面两种方式之一定义结构变量。

（1）在声明的时候定义。例如：

```
struct student{
    char name[30];
    char gender;
    char age;
    long int num;
}stu1,stu2;
```

（2）在声明后单独定义。

格式为：

struct 结构名 结构变量1, 结构变量2, …, 结构变量 n

例如：

```
struct student stu1, stu2;
```

在实际使用的时候，如果变量很多，可以将这些变量整合到一个数组内，这样更加便于对结构变量的操作。

注：只能对结构变量内的元素进行操作，不能对结构的元素进行操作，即对 stu1、stu2 内的元素操作是合法的，对 student 操作是非法的。

3. 结构变量内元素的引用

当定义完结构变量后，就可以引用结构变量内的元素。格式为：

结构变量名.结构元素

例如，stu1.num 和 stu1.age。

4. 灵活的数组成员（C99）

在具有多个成员的结构中，该结构的最后一个成员可以具有不完整的数组类型。这样的成员称为该结构的灵活数组成员。

当一个结构具有一个灵活的数组成员时，整个结构本身具有不完整的类型。

灵活的数组成员使程序开发人员可以在 C 语言中模拟动态类型规范，这是因为可以将数组大小规格推迟到运行的时候确定。例如：

```
typedef struct
{
    int len;
    char p[ ];
}str;

void foo(void)
{
    size_t str_size = sizeof(str);              //等同于 offsetoff(str,p)
    str * s = malloc(str_size + (sizeof(char) * n));
}
```

5. 结构中非对齐的字段

可以使用__packed 限定符在结构中创建未对齐的字段。这样可以节省空间，因为编译器不需要将字段填充到其自然宽度边界。

为了提高效率,结构中的字段位于其自然边界上。这意味着编译器经常在字段之间插入填充以确保它们自然对齐。

如果空间有限,则可以使用__packed限制符创建结构,而无须在字段之间填充。比如:

```
__packed strcut mystruct
{
    char c;
    short s;
}                                            //不推荐
```

结构中的每个字段都继承了__packed限定符。将整个结构声明为__packed通常会导致代码长度和性能的损失。

结构中的各个非对齐字段可以声明为__packed。例如:

```
struct mystruct
{
    char c;
    __packed short s;                        //推荐
}
```

这是推荐包装结构的方法。

注：相同的原则也应用于联合。可以将整个联合声明为__packed,或者使用__packed属性标识在存储器中未对齐的联合元素中。

【例7-72】　未使用__packed限制符结构的例子。

代码清单7-101　未使用__packed限制符结构的C代码

```
struct foo
{
    char one;
    short two;
    char three;
    int four;
} c;

int main(void)
{
// c = (struct foo){.one = 0x11,.two = 0x12,.three = 0x13,.four = 0x14};
    c = (struct foo){0x11,0x12,0x13,0x14};
    return 0;
}
```

注：(1) 读者可进入本书配套资源的example_7_72目录下,打开该设计工程。

(2) 该工程使用了Level 3(-O3)和-Otime优化级别。

在该设计代码中,没有添加__packed限定符,结构变量c指向结构foo。

传统的给数组元素赋值的方法是

结构变量名.数据元素名字 = 表达式的值

比如,c1.one=0x111;c1.two=0x12;c1.three=0x13;c1.four=0x14。但这种赋值方式比较烦琐,代码书写量较大。ISO C99支持复合文字。复合文字看起来像是强制类型转换,后面跟着初始化程序。它的值是强制类型转换中指定类型的对象,其中包含初始化程序中指定的

元素,它是一个左值。如代码清单 7-101 中的

```
c = (struct foo){0x11,0x12,0x13,0x14};
```

或者写成下面的赋值格式：

```
c = (struct foo){.one = 0x11,.two = 0x12,.three = 0x13,.four = 0x14};
```

对设计代码进行编译和链接。进入调试器界面,在 Disassembly 窗口中查看反汇编代码,如代码清单 7-102 所示。

代码清单 7-102 反汇编代码片段(1)

```
            12:     c = (struct foo){0x11,0x12,0x13,0x14};
0x080000E8 4A04   LDR   r2,[pc,#16] ; @0x080000FC  //[pc+16]地址内容加载到 r2
0x080000EA 4B05   LDR   r3,[pc,#20] ; @0x08000100  //[pc+20]地址内容加载到 r2
0x080000EC 6851   LDR   r1,[r2,#0x04]             //[r2+0x04]地址内容加载到 r1
0x080000EE 6810   LDR   r0,[r2,#0x00]             //[r2+0x00]地址内容加载到 r0
0x080000F0 6892   LDR   r2,[r2,#0x08]             //[r2+0x08]地址内容加载到 r2
            13:     return 0;
0x080000F2 609A   STR   r2,[r3,#0x08]             //r2 内容保存到[r3+0x08]的地址
0x080000F4 6059   STR   r1,[r3,#0x04]             //r1 内容保存到[r3+0x04]的地址
0x080000F6 6018   STR   r0,[r3,#0x00]             //r0 内容保存到[r3+0x00]的地址
```

在 Watch 1 窗口中添加结构变量 c,如图 7.32 所示,并展开结构变量 c。

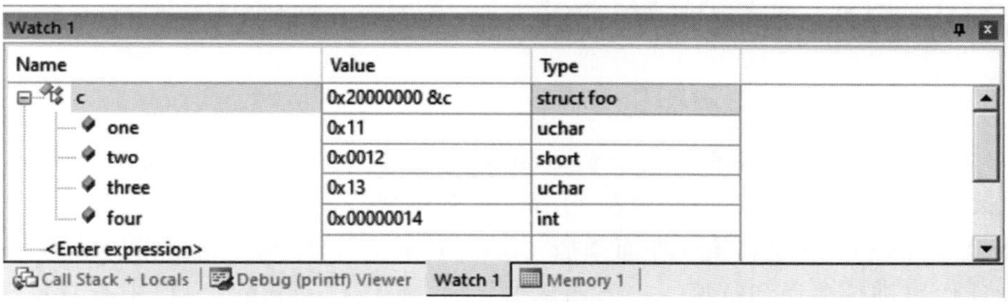

图 7.32 结构变量 c 中的数据元素值

思考与练习 7-99：该结构变量 c 的首地址是_____。其数组元素的值分别是_____、_____、_____和_____,它们的数据类型分别是_____、_____、_____和_____。

在 Memory 1 窗口中输入结构变量 c 的首地址,查看每个数据元素分配的存储资源,如图 7.33 所示。

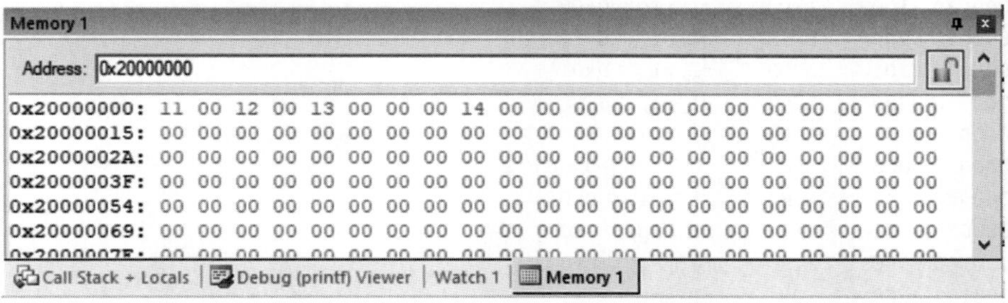

图 7.33 Memory 1 窗口内结构变量 c 中数据元素的排列

思考与练习 7-100：该结构变量一共分配了_____字节。其中数据元素 one 分配了_____字节，数据元素 two 分配了_____字节，数据元素 three 分配了_____字节，数据 four 分配了_____字节。

很明显，结构中包含填充以确保字段正确对齐并且结构本身对齐。图 7.34 中，数据元素 one 和数据元素 two 一起对齐 4 字节，数据元素 three 对齐 4 字节（本身是 1 字节，填充了字节），数据元素 four 对齐 4 字节。

0	1	2	3
填充	one	two	
填充			three
four			

图 7.34 数据元素在存储器的空间分配和排列

【例 7-73】 在结构外使用__packed 限制符的例子。

代码清单 7-103　在结构外使用__packed 限制符的 C 代码

```
__packed struct foo
{
    char one;
    short two;
    char three;
    int four;
} c;

int main(void)
{
  //c = (struct foo){.one = 0x11,.two = 0x12,.three = 0x13,.four = 0x14};
    c = (struct foo){0x11,0x12,0x13,0x14};
    return 0;
}
```

注：(1) 读者可进入本书配套资源的 example_7_73 目录下，打开该设计工程。

(2) 该工程使用了 Level 3(-O3)和-Otime 优化级别。

在该设计代码中，在结构 foo 外面添加__packed 限定符，结构变量 c 指向结构 foo。

对设计代码进行编译和链接。进入调试器界面，在 Disassembly 窗口中查看反汇编代码，如代码清单 7-104 所示。

代码清单 7-104　反汇编代码片段（2）

```
    11:          //c = (struct foo){.one = 0x11,.two = 0x12,.three = 0x13,.four = 0x14};
0x080000E8 B500    PUSH    {lr}
0x080000EA B083    SUB     sp,sp,#0x0C
    12:      c = (struct foo){0x11,0x12,0x13,0x14};
0x080000EC 2108    MOVS    r1,#0x08
0x080000EE 0209    LSLS    r1,r1,#8
0x080000F0 3100    ADDS    r1,r1,#0x00
0x080000F2 0209    LSLS    r1,r1,#8
0x080000F4 3101    ADDS    r1,r1,#0x01
0x080000F6 0209    LSLS    r1,r1,#8
0x080000F8 3180    ADDS    r1,r1,#0x80
0x080000FA 6808    LDR     r0,[r1,#0x00]
0x080000FC 6849    LDR     r1,[r1,#0x04]
0x080000FE 9101    STR     r1,[sp,#0x04]
0x08000100 9000    STR     r0,[sp,#0x00]
0x08000102 4669    MOV     r1,sp
0x08000104 2020    MOVS    r0,#0x20
0x08000106 0200    LSLS    r0,r0,#8
```

```
0x08000108 3000      ADDS    r0,r0,#0x00
0x0800010A 0200      LSLS    r0,r0,#8
0x0800010C 3000      ADDS    r0,r0,#0x00
0x0800010E 0200      LSLS    r0,r0,#8
0x08000110 3000      ADDS    r0,r0,#0x00
0x08000112 F000F815 BL.W    0x08000140 __ARM_common_memcpy1_8
```

从上面的反汇编代码可知,在结构外面添加__packed限定符比原始结构的代码长度增加了近2倍,明显影响了代码的长度,当然执行代码的时间也明显增加。

在Watch 1窗口中添加结构变量c,如图7.35所示,并展开结构变量c。

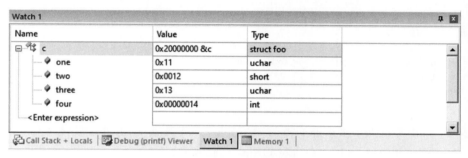

图7.35 结构变量c中的数据元素值

思考与练习7-101:该结构变量c的首地址是_____。其数组元素的值分别是_____、_____、_____和_____,它们的数据类型分别是_____、_____、_____和_____。

在Memory 1窗口中输入结构变量c的首地址,查看每个数据元素分配的存储资源,如图7.36所示。

图7.36 Memory 1窗口内结构变量c中数据元素的排列

思考与练习7-102:该结构变量一共分配了_____字节。其中数据元素one分配了_____字节,数据元素two分配了_____字节,数据元素three分配了_____字节,数据four分配了_____字节。

数据元素one、数据元素two和数据元素three一起对齐4字节,数据元素four对齐4字节,如表7.21所示。显然,降低了所分配存储字节数,为紧凑型格式,没有进行任何填充。

表7.21 数据元素在存储器的空间分配和排列

0	1	2	3
one	two		three
four			

思考与练习7-103:为什么不推荐这种格式?(小提示:虽然减少了存储器占用,但代码

效率太低)

【例 7-74】 在结构中的某数据元素中使用__packed 限制符的例子。

代码清单 7-105　在结构内的数据元素使用 __packed 限制符的 C 代码

```
struct foo
{
    char one;
__packed short two;
    char three;
    int four;
} c;

int main(void)
{
//c = (struct foo){.one = 0x11,.two = 0x12,.three = 0x13,.four = 0x14};
    c = (struct foo){0x11,0x12,0x13,0x14};
    return 0;
}
```

注：(1) 读者可进入本书配套资源的 example_7_74 目录下，打开该设计工程。

(2) 该工程使用了 Level 3(-O3)和-Otime 优化级别。

在该设计代码中，在结构 foo 中的数据元素条目前面添加__packed 限定符，结构变量 c 指向结构 foo。

对设计代码进行编译和链接。进入调试器界面，在 Disassembly 窗口中查看反汇编代码，如代码清单 7-106 所示。

代码清单 7-106　反汇编代码片段(3)

```
    12:      c = (struct foo){0x11,0x12,0x13,0x14};
0x080000E8 4903    LDR    r1,[pc,♯12] ; @0x080000F8
0x080000EA 4A04    LDR    r2,[pc,♯16] ; @0x080000FC
0x080000EC 6808    LDR    r0,[r1,♯0x00]
0x080000EE 6849    LDR    r1,[r1,♯0x04]
    13:      return 0;
0x080000F0 6051    STR    r1,[r2,♯0x04]
0x080000F2 6010    STR    r0,[r2,♯0x00]
```

从上面的反汇编代码可知，在结构内的数据元素项前添加__packed 限定符比在结构外添加__packed 限定符的代码长度显著减少，且少于原始结构的代码长度。

思考与练习 7-104：在 Memory 1 窗口中，查看结构内数据元素的排列顺序(小提示：和在结构外添加__packed 限定符实现效果相同)。

-Ospace 和-Otime 编译器选项用于确定是内联访问还是通过函数调用访问未对齐的元素。-Otime 会导致内联非对齐的访问。使用-Ospace 会导致通过函数调用进行非对齐的访问。

在上面的非压缩结构例子的反汇编代码中，编译器始终在对齐的字或半字地址上访问数据，编译器能够执行此操作，因为对结构进行了填充，因此结构中的每个成员都位于其自然大小边界上。在上面的__packed 结构实例的反汇编代码中，默认情况下，字段 1 和 3 在其自然大小边界上对齐，因此编译器进行对齐访问。编译器可以对未对齐的字段执行对齐的字或半字访问。对于未对齐的字段 2，编译器使用多个对齐的存储器访问(LDR/STR/LDM/STM)，并结合固定的移位和屏蔽来访问存储器中正确的字节。

6. 位域

在非压缩结构中,ARM 编译器在容器中分配位域(bitfields)。容器是已声明类似的正确对齐的对象。

分配位字段,以便指定的第一个字段占据字的最低地址位,具体取决于配置:

(1) 小端。最低寻址意味着最低有效(LS)。

(2) 大端。最低寻址意味着最高有效(MS)。

一个位域容器可以是任何整数类型。

注: 在严格的 1990 ISO 标准 C 中,允许位字段使用的类型是 int、signed int 和 unsigned int。对于非整数位域,编译器将显示错误。

将声明了无符号或无符号限定符的普通位字段看作无符号。例如,int x: 10 分配 10 位的无符号整数。

将一个位字段分配给具有足够数量的未分配位的正确类型的第一个容器,例如:

```
struct X
{
  int x : 10;
  int y : 20;
};
```

第一个声明创建一个整数容器,并将 10 位(等效二进制位宽)分配给 x。在第二个声明中,编译器找到具有足够数量未分配位的现有整数容器,并在与 x 相同的容器中分配 y。

位域完全包含在其容器中。容器中不适合的位域放置在下一个相同类型的容器中。例如,如果结构声明了额外的位域,则对 z 的声明会使得容器溢出:

```
struct X
{
  int x:10;
  int y:20;
  int z:5;
};
```

编译器将剩余的两位填充到第一个容器,并为 z 分配一个新的整数容器。

位域容器可以互相重叠,例如:

```
struct X
{
  int x:10;
  char y:2;
}
```

第一个声明创建一个整数容器,并将 10 位分配给 x。这 10 位占据了整个数据容器的第一字节和第二字节的两位。在第二个声明中,编译器检查 char 类型的容器。没有合适的容器,因此编译器会分配一个新的正确对齐的 char 容器。

由于 char 的自然对齐方式为 1,因此编译器将搜索第一个字节,该字节包含足够数量的未分配位以完全包含位字段。在上面的结构中,int 容器的第二个字节具有分配给 x 的 2 位和未分配的 6 位。编译器从前一个 int 容器的第二个字节开始分配一个 char 容器,跳过分配给 x 的前 2 位,并将这 2 位分配给 y。

如果将 y 声明为 char y:8,则编译器将填充第二字节,并向第三字节分配一个新的 char 容器,因为位域不会溢出该容器。

对于下面的结构,其位分配结构如表 7.22 所示。

```
struct X
{
    int x:10;
    char y:8;
};
```

表 7.22　位分配结构 1

位	31	30	29	28	27	26	25	24	23	22	21	20	19	18	17	16	15	14	13	12	11	10	9	8	7	6	5	4	3	2	1	0
描述	未分配								y								填充						x									

相同的基本规则适用于具有不同容器类型的位域声明。例如,将 int 位域添加到上面的结构中,得到：

```
struct X
{
    int x:10;
    char y:8;
    int z:5;
}
```

编译器分配一个与 int x:10 容器相同位置开始的 int 容器,并分配一个字节对齐的 char 和 5 位位字段,如表 7.23 所示。

表 7.23　位分配结构 2

位	31	30	29	28	27	26	25	24	23	22	21	20	19	18	17	16	15	14	13	12	11	10	9	8	7	6	5	4	3	2	1	0
描述	自由			z					y								填充						x									

可以通过声明大小为零的未命名位域来显式填充位域容器。如果容器不为空,则大小为 0 的位域将填充容器直至结束。随后的位域声明将启动一个新的空容器。

注：作为一种优化,编译器可能会在写入位字段时用未指定的值覆盖容器中的填充位。这不会影响位域的正常使用。

【例 7-75】　位域应用的例子。

代码清单 7-107　位域应用的 C 语言代码

```
struct foo
{
    int x:10;
    int y:8;
    char z:6;
} c;

int main(void)
{
    c = (struct foo){10,40,20};
    return 0;
}
```

注：读者可进入本书配套资源的 example_7_75 目录下，打开该设计工程。

对代码进行编译和链接，进入调试器界面。在 Disassembly 窗口中查看反汇编代码，如代码清单 7-108 所示。

代码清单 7-108 反汇编代码清单

```
   10:       c = (struct foo){10,40,20};
0x080000E8 4802    LDR    r0,[pc,#8] ; @0x080000F4    //[pc+8]地址内容加载 r0
0x080000EA 4903    LDR    r1,[pc,#12] ; @0x080000F8   //[pc+12]地址内容加载 r1
0x080000EC 6800    LDR    r0,[r0,#0x00]               //[r0+0]地址内容加载 r0
   11:       return 0;
0x080000EE 6008    STR    r0,[r1,#0x00]               //将 r0 内容保存到[r1+0x00]
0x080000F0 2000    MOVS   r0,#0x00
   12: }
```

单步运行该程序，在 Watch 1 窗口中添加结构变量 c，如图 7.37 所示。

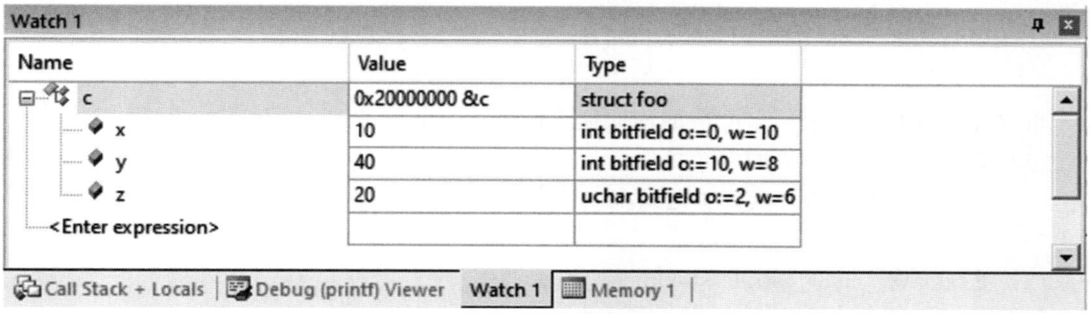

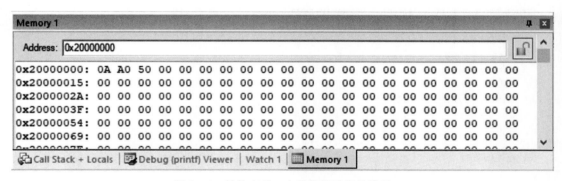

图 7.37 结构变量 c 中的数据元素值

思考与练习 7-105：结构变量 c 的首地址为_____。其中，

（1）数据元素 x 的值_____，分配的位宽为_____。

（2）数据元素 y 的值_____，分配的位宽为_____。

（3）数据元素 z 的值_____，分配的位宽为_____。

在 Memory 1 窗口的 Address 文本框中输入结构变量 c 的首地址 0x20000000，如图 7.38 所示。

图 7.38 结构变量 c 中的数据元素的排列

思考与练习 7-106：结构变量数据元素在存储器空间的排列顺序为_____，其含义是

_____（提示：对含义进行说明，如表 7.24 所示）。

表 7.24　结构变量 c 的数据元素的位分配和排列

位	31	30	29	28	27	26	25	24	23	22	21	20	19	18	17	16	15	14	13	12	11	10	9	8	7	6	5	4	3	2	1	0
描述	00(字节值，十六进制)								50(字节值，十六进制)								A0(字节值，十六进制)								0A(字节值，十六进制)							
位	0	0	0	0	0	0	0	0	0	1	0	1	0	0	0	0	1	0	1	0	0	0	0	0	0	0	0	0	1	0	1	0
描述	自由								元素 z 的值 0x18								元素 y 的值 0x28								元素 x 的值 0A							

7. 通过寄存器从函数返回结构

编译器允许函数通过寄存器而不是堆栈返回包含多个值的结构。

在 C 和 C++ 中，从函数返回多个值的方法就是使用结构。通常，将结构返回堆栈，并伴随着所有相关的开销。

为了降低存储器访问流量并减少代码长度，编译器使函数能通过寄存器返回多个值。通过使用 __value_in_regs 对函数进行限定，一个函数最多可以在结构中返回 4 个字，例如：

```
typedef struct s_coord{int x; int y;} coord;
coord reflect(int x1, int y1) __value_in_regs;
```

可以在必须从函数返回多个值的任何地方使用 __value_in_regs。例子包括：

（1）从 C 和 C++ 函数返回多个值。

（2）从嵌入的汇编语言函数中返回多个值。

（3）进行 SVC 调用。

（4）重新实现 __user_initial_stackheap。

【例 7-76】 通过寄存器从函数返回结构的例子。

代码清单 7-109　通过寄存器从函数返回结构的例子

```
struct foo
{
    int x;
    int y;
    int z;
    int w;
}c;

struct foo func(int a, int b) __value_in_regs
{
    struct foo data;
    data.x = a + b;
    data.y = a – b;
    data.z = a * b;
    data.w = a/b;
    return data;
}

int main(void)
{
    int a = 1000, b = 99;
    c = func(a,b);
    return 0;
}
```

注：(1) 读者可进入本书配套资源的 example_7_76 目录下，打开该设计工程。

(2) 该设计的优化级别设置为 Level 0(-O0)。

对程序进行编译和链接，进入调试器界面，在 Disassembly 窗口中查看反汇编代码，如代码清单 7-110 所示。

代码清单 7-110　反汇编代码片段

```
   10: {
   11:     struct foo data;
0x080000E8 B57F    PUSH    {r0 - r6,lr}
0x080000EA 4605    MOV     r5,r0
0x080000EC 460C    MOV     r4,r1
   12:     data.x = a + b;
0x080000EE 1928    ADDS    r0,r5,r4
0x080000F0 9000    STR     r0,[sp,♯0x00]
   13:     data.y = a - b;
0x080000F2 1B28    SUBS    r0,r5,r4
0x080000F4 9001    STR     r0,[sp,♯0x04]
   14:     data.z = a * b;
0x080000F6 4628    MOV     r0,r5
0x080000F8 4360    MULS    r0,r4,r0
0x080000FA 9002    STR     r0,[sp,♯0x08]
   15:     data.w = a/b;
0x080000FC 4621    MOV     r1,r4
0x080000FE 4628    MOV     r0,r5
0x08000100 F000F814 BL.W   0x0800012C __aeabi_idiv
0x08000104 9003    STR     r0,[sp,♯0x0C]
   16:     return data;
0x08000106 4668    MOV     r0,sp
0x08000108 C80F    LDM     r0,{r0 - r3}
   17: }
   18:
   19:
   20: int main(void)
0x0800010A B004    ADD     sp,sp,♯0x10
0x0800010C BD70    POP     {r4 - r6,pc}
   21: {
0x0800010E B570    PUSH    {r4 - r6,lr}
   22: int a = 1000,b = 99;
0x08000110 247D    MOVS    r4,♯0x7D
0x08000112 00E4    LSLS    r4,r4,♯3
0x08000114 2563    MOVS    r5,♯0x63
   23: c = func(a,b);
0x08000116 4629    MOV     r1,r5
0x08000118 4620    MOV     r0,r4
0x0800011A F7FFFFE5 BL.W   0x080000E8 func
0x0800011E 4E02    LDR     r6,[pc,♯8]; @0x08000128
0x08000120 C60F    STM     r6!,{r0 - r3}
   24: return 0;
0x08000122 2000    MOVS    r0,♯0x00
   25: }
```

思考与练习 7-107：通过查看反汇编代码，说明在调用 c = func(a,b) 之前参数传递的过程，以及在从该调用函数返回时，如何通过结构返回参数。

思考与练习 7-108：查看 Watch 1 窗口中结构变量 c 中的数据元素的值，以验证运算结果的正确性。

8. 指向结构的指针

在 C 语言中一个指向结构类型变量的指针称为结构型指针，该指针变量的值是它所指向结构变量的起始地址。结构型指针也可以用来指向结构数组或者指向结构数组中的元素。定义结构型指针的一般形式为：

struct 结构类型标识符 * 结构指针标识符

通过结构型指针引用结构数中数据元素的格式为：

结构指针标识符->结构中的元素

注：结构指针标识符引用数据元素和结构变量引用数据元素的格式是不同的！

【例 7-77】 指向结构的指针的例子。

代码清单 7-111　指向结构的指针的 C 代码片段

```c
struct student{                                         //声明结构 student
        char name[30];                                  //数组元素:字符型数组变量 name
        char gender;                                    //数组元素:字符型变量 gender
        int age;                                        //数据元素:整型变量 age
        long int num;                                   //数据元素:长整型变量 num
    };
int main(void)
{
  volatile int i = 0,k = 0;                             //定义并初始化整型变量
  struct student stu[2], * p;                           //定义结构数组变量和结构指针
  p = &stu[0];                                          //指向结构数组变量 stu[0]的首地址
  for(i = 0;i < 2;i++)                                  //for 循环用于输入结构中数据元素的值
  {
  printf("\r\nplease input stu[ % d].name\r\n",i);     //提示输入数据元素 name 的值
  gets(p -> name);                                      //输入数据元素 name 的值
  printf("please input stu[ % d].gender\r\n",i);       //提示输入数据元素 gender 的值
  scanf(" % c",&p -> gender);                           //输入数据元素 gender 的值
  getchar();                                            //提取缓冲区的字符
  printf("\r\nplease input stu[ % d].age\r\n",i);      //提示输入数据元素 age 的值
  scanf(" % d",&p -> age);                              //输入数据元素 age 的值
  printf("\r\nplease input stu[ % d].num\r\n",i);      //提示输入数据元素 num 的值
  scanf(" % ld",&p -> num);                             //输入数据元素 num 的值
  getchar();                                            //提取缓冲区的字符
  p++;                                                  //指针递增指向下一个结构数组变量 stu[1]
}
printf("\r\n");                                         //打印回车换行
printf("\r\nthe following students information is:\r\n");  //提示打印结构变量元素的值
for( int i = 0;i < 2;i++)                               //for 循环打印结构变量中数据元素的值
{
  p = &stu[i];                                          //指向结构变量 stu[i]的首地址
  printf("\r\nstu[ % d].name = % s",i,p -> name);
  printf("\r\nstu[ % d].gender = % c",i,p -> gender);
  printf("\r\nstu[ % d].age = % d",i,p -> age);
  printf("\r\nstu[ % d].num = % ld",i,p -> num);
 }
}
```

注：读者可进入本书配套资源的 example_7_77\MDK-ARM 目录下，打开该设计工程。

在该设计工程的 main.c 文件中保存着完整的设计代码。

对代码进行编译和链接,打开串口调试助手,并进入到调试器界面。在"printf("\r\n");"行设置断点,并运行程序。按照串口调试助手接收缓冲区给出的提示信息,在串口调试助手的发送缓冲区输入对应数据元素的值。

在 Watch 1 窗口中添加并展开结构变量 stu,查看数据元素的值,如图 7.39 所示。

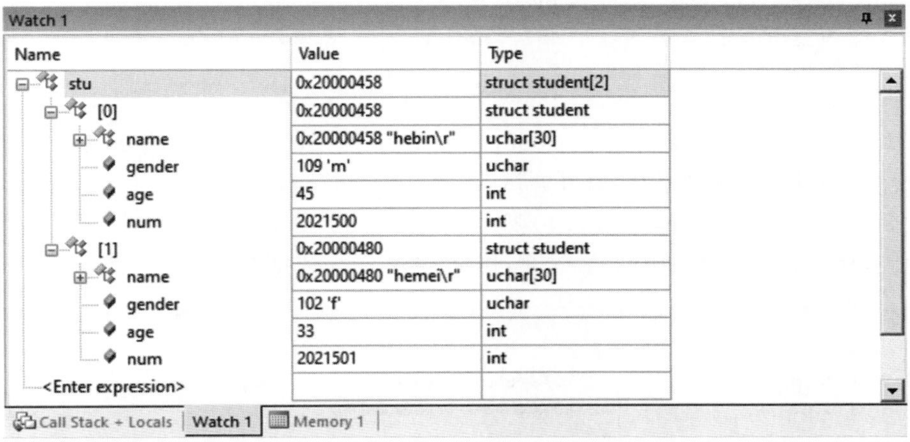

图 7.39 结构数组变量 stu 中的数据元素值

思考与练习 7-109:查看图 7.39,填空。

(1) 结构数组变量 stu[0] 的首地址是_____,它有_____个数据元素,每个数据元素的值分别是_____、_____、_____和_____。

(2) 结构数组变量 stu[1] 的首地址是_____,它有_____个数据元素,每个数据元素的值分别是_____、_____、_____和_____。

思考与练习 7-110:在 Memory 1 窗口中输入结构数组变量的首地址,查看它们数据元素在存储器中的排列顺序。

7.10.2 联合

C 语言提供了联合类型的数据结构。在一个联合的数据结构中,可以包含多个数据类型。但是,与结构类型不同,结构数据类型所有的数据单独分配存储空间,而联合数据类型是共享存储空间。这种方法可以分时使用同一存储空间,因此提高了 ARM 32 位嵌入式系统存储空间的使用效率。联合类型变量的定义格式为:

```
union 联合变量的名字
    {
       成员列表
    }变量列表
```

【例 7-78】 联合数据结构用法的例子。

代码清单 7-112 联合数据结构的 C 代码

```
union {
    char data_str[8];
    struct{
           short a;
```

```
            short b;
            int c;
        }data_var;
          }shared_information;
int main()
{
    shared_information.data_var.a = 100;
    shared_information.data_var.b = 1000;
    shared_information.data_var.c = 100000000;
    return 0;
}
```

注：读者可进入本书配套资源的 example_7_78 目录下，打开该设计工程。

对设计代码进行编译和链接，打开调试器，单步运行程序。在 Watch 1 窗口中添加并展开联合变量 shared_information，如图 7.40 所示。可以看到，联合变量中的两个数据类型 data_str 和 data_var 的首地址均为 0x20000000，也就是说，两种数据类型共享一块存储空间。

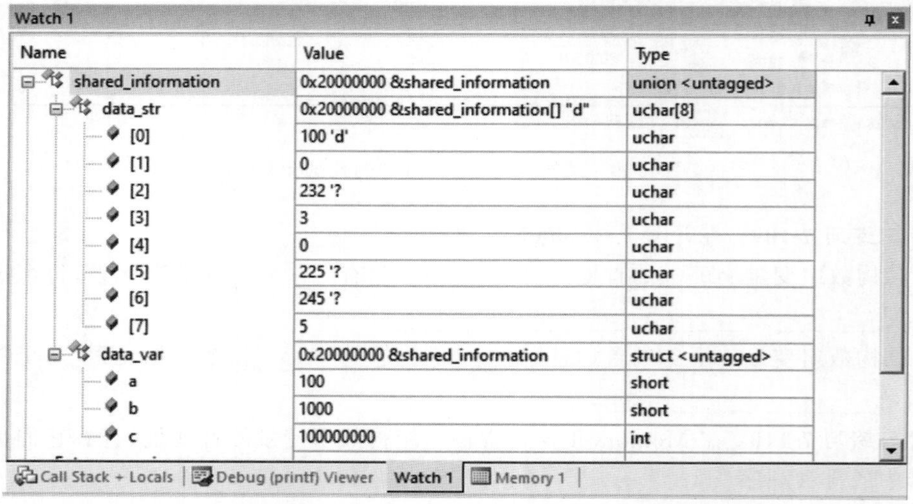

Watch 1		
Name	**Value**	**Type**
⊟ 🕮 shared_information	0x20000000 &shared_information	union <untagged>
⊟ 🕮 data_str	0x20000000 &shared_information[] "d"	uchar[8]
◆ [0]	100 'd'	uchar
◆ [1]	0	uchar
◆ [2]	232 '?'	uchar
◆ [3]	3	uchar
◆ [4]	0	uchar
◆ [5]	225 '?'	uchar
◆ [6]	245 '?'	uchar
◆ [7]	5	uchar
⊟ 🕮 data_var	0x20000000 &shared_information	struct <untagged>
◆ a	100	short
◆ b	1000	short
◆ c	100000000	int

🖳 Call Stack + Locals | 🖳 Debug (printf) Viewer | **Watch 1** | 🖳 Memory 1

图 7.40　在 Watch 1 窗口中添加联合变量 shared information

在程序代码中，对联合变量 shared_information 中的结构变量 data_var 进行赋值操作，由于数组变量 data_str 与结构变量 data_var 共享一块存储空间，因此等效于对数组变量 data_str 进行了间接的赋值操作，它们在存储空间的排列顺序如图 7.41 所示。

高字节							低字节
05	F5	E1	00	03	E8	64	00
data[7]	data[6]	data[5]	data[4]	data[3]	data[2]	data[1]	data[0]
变量c(Ox05F5E100)				变量b(0x03E8)		变量a(0x0064)	

图 7.41　联合数据结构内数据元素的排列形式

思考与练习 7-111：根据图 7.40 和图 7.41 给出信息，确定字符数组变量 data_str 中数据元素的值。

思考与练习 7-112：根据上面的分析可知，结构和联合这两种不同数据类型的区别是____。

7.10.3　枚举

在 C 语言中,提供了枚举数据类型。如果一个变量只有有限个取值,则可以将变量定义为枚举类型。例如,对于星期来说,只有星期一至星期日这 7 个可能的取值情况;对于颜色,只有红色、蓝色和绿色 3 个基本颜色。所以,星期和颜色都可以定义为枚举类型。枚举类型的格式为:

enum 枚举名字{枚举值列表} 变量列表;

在枚举值列表中,每一项代表一个整数值。默认,第一项为 0,第二项为 1,第三项为 2,以此类推。此外,也可以通过初始化指定某些项的符号值。

【例 7-79】 枚举数据结构用法的例子。

代码清单 7-113　枚举数据结构的 C 代码

```c
enum color{red,green,blue};
enum color i,j,k,st;

int main(void)
{
    int n = 0,m;

    for(i = red;i <= blue;i++)
     for(j = red;j <= blue;j++)
       for(k = red;k <= blue; k++)
       {
         n = n + 1;
         printf(" % - 4d",n);
             for(m = 1;m <= 3;m++)
                {
                switch(m)
                {
                    case 1: st = i;break;
                    case 2: st = j;break;
                    case 3: st = k;break;
                    default : break;
                }
                switch(st)
                {
                    case red: printf(" % - 10s","red");break;
                    case green: printf(" % - 10s","green");break;
                    case blue: printf(" % - 10s","blue");break;
                    default : break;
                }
                }
            printf("\r\n");
        }
    printf("\r\n total: %5d\r\n",n);
}
```

注:读者可进入本书配套资源的 example_7_79\MDK-ARM 目录下,打开该设计工程。在该设计工程的 main.c 文件中保存着完整的设计代码。

对程序代码进行编译和链接,打开串口调试助手。在串口调试助手接收缓冲区中的打印信息,如图 7.42 所示。

```
1  red    red    red
2  red    red    green
3  red    red    blue
4  red    green  red
5  red    green  green
6  red    green  blue
7  red    blue   red
8  red    blue   green
9  red    blue   blue
10 green  red    red
11 green  red    green
12 green  red    blue
13 green  green  red
14 green  green  green
15 green  green  blue
16 green  blue   red
17 green  blue   green
18 green  blue   blue
19 blue   red    red
20 blue   red    green
21 blue   red    blue
22 blue   green  red
23 blue   green  green
24 blue   green  blue
25 blue   blue   red
26 blue   blue   green
27 blue   blue   blue

total:  27
```

图 7.42　串口调试助手接收缓冲区打印的信息

视频讲解

7.11　ARM C microlib 库

microlib 是默认 C 库的替代库。它与必须占用适合小存储器容量的深度嵌入式应用程序一起使用。这些应用不在操作系统下运行。

7.11.1　概述

microlib 不会尝试成为符合 ISO C 的库。microlib 已经减小代码长度进行了深度优化。它的功能少于默认的 C 库，并且会缺失某些 ISO C 的功能。一些库函数运行速度也比较慢。

microlib 中的函数负责：

(1) 创建一个可以执行 C 程序的环境。这包括：

① 创建堆栈。

② 创建堆(如果需要)。

③ 初始化程序中所使用库的各个部分。

(2) 通过调用 main()开始执行。

7.11.2　microlib 和默认 C 库之间的区别

microlib 和默认的 C 库之间有许多区别，主要区别在于：

(1) microlib 不符合 ISO C 标准。不支持某些 ISO 功能，而另一些功能则较少。

(2) microlib 与二进制浮点运算的 IEEE 754 标准不兼容。

(3) microlib 已经针对减小代码尺寸进行了优化。

(4) 语言环境不可配置。默认的 C 语言环境是唯一可用的语言环境。

(5) main()不能声明为接收参数，也不能返回。在 main()中，argc 和 argv 参数是未定义的，因此不能用命令行参数。

(6) microlib 提供了对 C99 函数的有限支持。具体来说，microlib 不支持以下 C99 函数：

① <fenv.h>函数。

feclearexcept	fegetenv	fegetexceptflag
fegetround	feholdexcept	feraiseexcept
fesetenv	fesetexceptflag	fesetround
fetestexcept	feupdateenv	

② 一般的宽字符。

btowc	fgetwc	fgetws	fputwc
fputws	fwide	fwprintf	fwscanf
getwc	getwchar	iswalnum	iswalpha
iswblank	iswcntrl	iswctype	iswdigit
iswgraph	iswlower	iswprint	iswpunct
iswspace	iswupper	iswxdigit	mblen
mbrlen	mbsinit	mbsrtowcs	mbstowcs
mbtowc	putwc	putwchar	swprintf
swscanf	towctrans	towlower	towupper
ungetwc	vfwprintf	vfwscanf	vswprintf
vswscanf	vwprintf	vwscanf	wcscat
wcschr	wcscmp	wcscoll	wcscspn
wcsftime	wcslen	wcsncat	wcsncmp
wcsncpy	wcspbrk	wcsrchr	wcsrtombs

wcsspn	wcsstr	wcstod	wcstof
wcstoimax	wcstok	wcstol	wcstold
wcstoll	wcstombs	wcstoul	wcstoull
wcstoumax	wcsxfrm	wctob	wctomb
wctrans	wctype	wmemchr	wmemcmp
wmemcpy	wmemmove	wmemset	wprintf
wscanf			

③ 辅助的< math. h >函数。

ilogb	ilogbf	ilogbl
lgamma	lgammaf	lgammal
logb	logbf	logbl
nextafter	nextafterf	nextafterl
nexttoward	nexttowardf	nexttowardl

④ 与程序启动和关闭以及其他操作系统交互相关的功能。

_Exit	atexit	exit
system	time	

（7）microlib 不支持 C++。

（8）microlib 不支持操作系统功能。

（9）microlib 不支持与位置无关的代码。

（10）microlib 不提供互斥锁来阻止不是线程安全的代码。

（11）microlib 不支持宽字符或多字节字符串。

（12）microlib 不像标准库(stdlib)那样支持可选的一个或两个区域存储器模型。microlib 仅提供具有分开的堆栈和堆区域的两个区域存储器模型。

（13）microlib 不支持按位对齐的存储器函数 _ membitcpy [b | h | w] [b | l] ( ) 和 membitmove[b|h|w][b|l]()。

（14）microlib 可以与--fpmode＝std 或--fpmode＝fast 一起使用。

（15）可以使用 ♯ pragma import(__use_full_stdio)控制提供的 ANSI C stdio 支持级别。

（16）♯ pragma import(__use_smaller_memcpy)选择较小但较慢的 memcpy()版本。

（17）由于所有流都没有缓冲，因此 setvbuf()和 setbuf()总是失败。

（18）因为不支持 error 和 EOF 指示符,因此 feof()和 ferror()始终返回 0。

7.12 C 语言设计实例一：1602 字符型 LCD 的驱动

视频讲解

本节将使用 C 语言编写应用程序,实现对 1602 字符型 LCD 的驱动,并在 1602 字符型 LCD 上显示字符串。

7.12.1 1602 字符型 LCD 的原理

本节介绍 1602 字符型 LCD 的原理,内容包括 1602 字符型 LCD 的引脚定义、1602 字符型 LCD 的指标、1602 字符型 LCD 内部显存、1602 字型符 LCD 读写时序、1602 字符型 LCD 命令和数据。

1. 1602 字符型 LCD 的引脚定义

1602 字符型 LCD 的外观如图 7.43 所示,可以看到,该字符型 LCD 提供了 16 个引脚与外部设备连接,这 16 个引脚的定义和功能如表 7.25 所示。

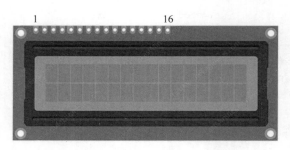

图 7.43　1602 字符型 LCD 的外观

表 7.25　1602 字符型 LCD 的引脚定义和功能

1602 字符型 LCD 引脚号	信 号 名 字	功　　能
1	VSS	地
2	VCC	＋5V/＋3.3V 电源[1]
3	V0	LCD 驱动电压输入
4	RS	寄存器选择。RS＝1,数据；RS＝0,指令
5	R/W	读写信号。R/W＝1,读操作；R/W＝0,写操作
6	E	芯片使能信号
7	DB0	
8	DB1	
9	DB2	
10	DB3	8 位数据总线信号
11	DB4	
12	DB5	
13	DB6	
14	DB7	
15	LEDA	背光源正极,接＋5.0V/＋3.3V(取决于 VCC)
16	LEDK	背光源负极,接地

注：(1) 在购买 1602 字符型 LCD 时,可以选择＋5V 或＋3.3V 供电,这主要取决于和 1602 字符型 LCD 所连接的 MCU 的供电电压。在本设计中,使用＋3.3V 供电的 1602 字符型 LCD。

2. 1602 字符型 LCD 的指标

1602 字符型 LCD 的特性指标,如表 7.26 所示。

表 7.26　1602 字符型 LCD 主要技术参数

显示容量	16×2 个字符(可以显示 2 行字符,每行可以显示 16 个字符)
工作电压范围	当 MCU 使用＋5V 供电时,选择＋5V 供电的 1602 字符型 LCD；当 MCU 使用＋3.3V 供电时,选择＋3.3V 供电的 1602 字符型 LCD
工作电流	2.0mA@5V
屏幕尺寸	2.95mm×4.35mm(宽×高)

注：工作电流是指液晶的耗电,没有考虑背光耗电。一般情况下,背光耗电大约 20mA。

3. 1602 字符型 LCD 内部显存

1602 字符型 LED 内部包含 80 字节的显示 RAM,用于保存需要发送的数据,如图 7.44 所示。

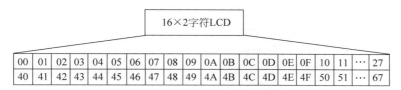

图 7.44　1602 字符型 LCD 内部 RAM 结构

第一行存储器地址范围 0x00～0x27；第二行存储器地址范围为 0x40～0x67。其中，

（1）第一行存储器地址范围 0x00～0x0F 与 1602 字符型 LCD 第一行位置对应；

（2）第二行存储器地址范围 0x40～0x4F 与 1602 字符型 LCD 第二行位置对应。

每行多出来的部分是为了显示移动字符设置。

4. 1602 字符型 LCD 读写时序

本节介绍在 8 位并行模式下，1602 字符型 LCD 的各种信号在读写操作时的时序关系。

1）写操作时序

STM32G071 对 1602 字符型 LCD 进行写数据/命令操作时序，如图 7.45 所示。步骤包括：

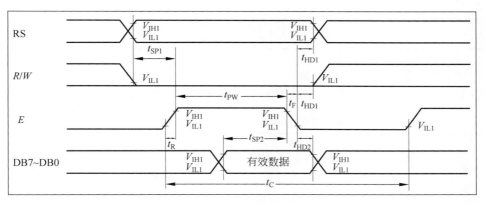

图 7.45　STM32G071 对 1602 字符型 LCD 写操作时序

（1）将 R/W 信号拉低。同时，给出 RS 信号，该信号为逻辑高（1）或逻辑低（0），用于区分数据和命令。

（2）将 E 信号拉高。当 E 信号拉高后，STM32G071 将写入 1602 字符型 LCD 的数据放在 DB7～DB0 数据线上。当数据有效一段时间后，首先将 E 信号拉低。然后，数据继续维持一段时间 T_{HD2}。这样，数据就写到 1602 字符型 LCD 中。

（3）撤除/保持 R/W 信号。

2）读操作时序

STM32G071 对 1602 字符型 LCD 进行读数据/状态操作时序，如图 7.46 所示。

（1）将 R/W 信号拉高。同时，给出 RS 信号，该信号为逻辑高（1）或逻辑低（0），用于区分数据和状态。

（2）将 E 信号拉高。当 E 信号拉高，并且延迟一段时间 t_o 后，1602 字符型 LCD 将数据放在 DB7～DB0 数据线上。当维持一段时间 t_{pw} 后，将 E 信号拉低。

（3）撤除/保持 R/W 信号。

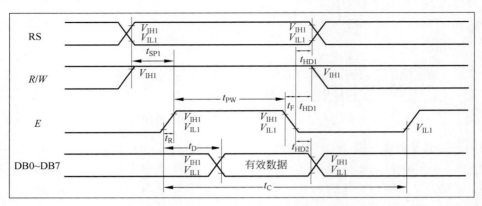

图 7.46　STM32G071 对 1602 字符型 LCD 读操作时序

将上面的读和写操作总结，如表 7.27 所示。

表 7.27　读和写操作总结

RS	R/W	操 作 说 明
0	0	写入指令寄存器(清屏)
0	1	读 BF(忙)标志，以及读取地址计数器的内容
1	0	写入数据寄存器(显示各字形等)
1	1	从数据寄存器读取数据

5. 1602 字符型 LCD 命令和数据

在 STM32G071 对 1602 字符型 LCD 操作的过程中，会用到如表 7.28 所示的命令。

表 7.28　1602 字符型 LCD 命令和数据

指　　　令	RS	RW	DB7	DB6	DB5	DB4	DB3	DB2	DB1	DB0	功　　　能
清屏	0	0	0	0	0	0	0	0	0	1	将 20H 写到 DDRAM，将 DDRAM 地址从 AC(地址计数器)设置为 00
光标归位	0	0	0	0	0	0	0	0	1	—	将 DDRAM 的地址设置为 00，光标如果移动，则将光标返回到初始的位置。DDRRAM 的内容保持不变
输入模式设置	0	0	0	0	0	0	0	1	I	S	分配光标移动的方向，使能整个显示的移动。I=0，递减模式；I=1，递增模式。S=0，关闭所有移动；S=1，打开所有移动
显示打开/关闭控制	0	0	0	0	0	0	1	D	C	B	设置显示(D)，光标(C)和光标闪烁(B)打开/关闭控制。D=0，显示关闭；D=1，打开显示。C=0，关闭光标；C=1，打开光标。B=0，关闭闪烁；B=1，打开闪烁
光标或者显示移动	0	0	0	0	0	1	S/C	R/L	—	—	设置光标移动和显示移动的控制位，以及方向，不改变 DDRAM 数据。S/C=0，R/L=0，光标左移；S/C=0，R/L=1，光标右移；S/C=1，R/L=0，显示左移，光标跟随显示移动；S/C=1，R/L=1，显示右移，光标跟随显示移动

续表

指 令	指令操作码										功 能
	RS	RW	DB7	DB6	DB5	DB4	DB3	DB2	DB1	DB0	
功能设置	0	0	0	0	1	DL	N	F	—	—	设置接口数据宽度,以及显示行的个数。DL=1,8 位宽度;DL=0,4 位宽度。N=0,1 行模式;N=1,2 行模式。F=0,5×8 字符字体;F=1,5×10 字符字体
设置 CGRAM 地址	0	0	0	1	AC5	AC4	AC3	AC2	AC1	AC0	在地址计数器中,设置 CGRAM 地址
设置 DDRAM 地址	0	0	1	AC6	AC5	AC4	AC3	AC2	AC1	AC0	在地址计数器中,设置 DDRAM 地址
读忙标志和地址计数器	0	1	BF	AC6	AC5	AC4	AC3	AC2	AC1	AC0	读 BF 标志,确认 LCD 屏内部是否正在操作。也可以读取地址计数器的内容
将数据写到 RAM	1	0	D7	D6	D5	D4	D3	D2	D1	D0	写数据到内部 RAM(DDRAM/CGRAM)
从 RAM 读数据	1	1	D7	D6	D5	D4	D3	D2	D1	D0	从内部 RAM(DDRAM/CGRAM)读取数据

7.12.2 1602 字符型 LCD 的处理流程

对表 7.28 进行总结,得到 1602 字符型 LCD 的初始化和操作流程,如图 7.47 所示。

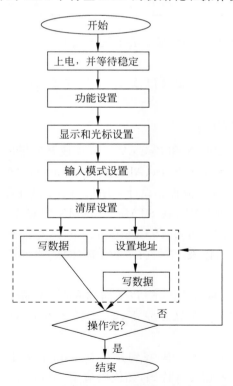

图 7.47 1602 字符型 LCD 的初始化和读写操作流程

7.12.3 1602 字符型 LCD 和开发板的硬件连接

在 NUCLEO-G071RB 开发板上提供了名字为 CN7、CN8、CN9 和 CN10 的连接器，读者可以通过杜邦线和连接器，将 STM32G071 MCU 与 1602 字符型 LCD 进行连接。

注： 关于 CN7、CN8、CN9 和 CN10 连接器与 STM32G071 MCU 引脚的连接关系，请参考本书配套资源中的 NUCLEO-G071RB 原理图。

在该设计中，1602 字符型 LCD 与 STM32G071 MCU 引脚之间的连接关系，如表 7.29 所示。

表 7.29　1602 字符型 LCD 与 STM32G071 MCU 引脚之间的连接关系

STM32G071 MCU 的引脚名字	1602 字符型 LCD 的引脚名字
GPIOA[7]/PA7	DB7
GPIOA[6]/PA6	DB6
GPIOA[5]/PA5	DB5
GPIOA[4]/PA4	DB4
GPIOA[3]/PA3	DB3
GPIOA[2]/PA2	DB2
GPIOA[1]/PA1	DB1
GPIOA[0]/PA0	DB0
GPIOB[2]/PB2	E
GPIOB[1]/PB1	R/W
GPIOB[0]/PB0	RS

注：（1）除了连接上面的信号外，还需要通过开发板给 1602 字符型 LCD 提供＋3.3V 电源和地。

（2）对于背光而言，从＋3.3V 通过阻值为 10kΩ 可变电阻后连接到 1602 字符型 LCD 的背光电源 LEDA 的输入。

7.12.4 程序代码的设计

本节将通过 STM32CubeMAX 和 Keil μVision 集成开发环境完成程序代码的编写。在本设计中，没有使用硬件抽象层（Hardware Abstraction Layer，HAL）函数，这是为了完整地展示开发 ARM 32 位嵌入式系统的流程。设计程序代码的步骤主要包括：

（1）按照 7.5.2 节介绍的方法，在 STM32CubeMX 中建立一个名字为 LCD1602NHAL 的工程。在 STM32CubeMX 的 Pinout＆Configuration 标签页面中，将引脚 PA0、PA1、PA2、PA3、PA4、PA5、PA6 和 PA7，以及 PB0、PB1 和 PB2 的模式均设成 GPIO_Output。然后，导出该设计工程。

（2）启动 Keil μVision 集成开发环境（以下简称 Keil），将路径定位到\STM32G0_example\example_7_80\MDK-ARM。在该目录下，打开名字为 LCD1602NHAL. uvprojx 的工程文件。

（3）在 Keil 左侧的 Project 窗口中，找到并双击 main. c 文件。

（4）在 main. c 文件中，添加设计代码，如代码清单 7-114 所示。

代码清单 7-114　添加的设计代码片段

```
# define u8 unsigned char                      //自定义数据类型 u8
```

```
#define u16 unsigned int                                  //自定义数据类型

//下面为新添加的函数声明部分
void delay(void);
void lcdwritecmd(unsigned char cmd);
void lcdwritedata(unsigned char dat);
void lcdinit(void);
void lcdsetcursor(unsigned char x, unsigned char y);
void lcdshowstr(unsigned char x, unsigned char y, unsigned char * str);

//下面为 main()主函数中添加的设计代码
int main(void)
{
    lcdinit();                        //调用 lcdinit()函数,初始化 1602
    delay();                          //调用 delay()函数,软件延迟
    lcdshowstr(0,0,"Good Boy");       //在 1602 第一行,显示字符串 Good Boy
    lcdshowstr(0,1,"Success");        //在 1602 第二行,显示字符串 Success
}

//下面为新定义的函数
void delay()                          //定义 delay 函数
{                                     //两重 for 循环实现软件延迟
    for(int i = 0;i < 99;i++)
      for(int j = 0;j < 99;j++)
      {}
}

void lcdwritecmd(unsigned char cmd)   //定义 lcdwritecmd 函数
{
    delay();                          //调用延迟函数
    GPIOB -> ODR = 0x00;              //驱动 E = 0, RW = 0, RS = 0
    GPIOA -> ODR = cmd;               //将 cmd 送给 GPIOA 的 ODR 寄存器
    GPIOB -> ODR = 0x04;              //驱动 E = 1, RW = 0, RS = 0
    delay();                          //调用延迟函数
    GPIOB -> ODR = 0x00;              //驱动 E = 0, RW = 0, RS = 0
}

void lcdwritedata(unsigned char dat)  //定义 lcdwritedata 函数
{
    delay();                          //调用延迟函数
    GPIOB -> ODR = 0x01;              //驱动 E = 0, RW = 0, RS = 1
    GPIOA -> ODR = dat;               //将 dat 送给 GPIOA 的 ODR 寄存器
    GPIOB -> ODR = 0x05;              //驱动 E = 1, RW = 0, RS = 1
    delay();                          //调用延迟函数
    GPIOB -> ODR = 0x01;              //驱动 E = 0, RW = 0, RS = 1
}

void lcdinit()                        //定义 lcdinit 函数,用于初始化 1602
{
    lcdwritecmd(0x38);                //2 行模式, 5 * 8 点阵,8 位宽度
    lcdwritecmd(0x0c);                //打开显示,关闭光标
    lcdwritecmd(0x06);                //文字不动,地址自动加 1
    lcdwritecmd(0x01);                //清屏
}
```

```
void lcdsetcursor(unsigned char x, unsigned char y) //定义 lcdsetcursor 函数
{
    unsigned char address;                        //定义无符号字符型数据 address
    if(y == 0)                                     //定义行存储器地址 0x00 开始
        address = 0x00 + x;
    else                                           //第二行存储器地址 0x40 开始
        address = 0x40 + x;
    lcdwritecmd(address|0x80);                     //写存储器地址
}
                                                   //定义 lcdshowstr 函数
void lcdshowstr(unsigned char x, unsigned char y, unsigned char * str)
{                                                  //在 x,y 出现显示字符
    lcdsetcursor(x,y);                             //调用函数 lcdsetcursor(x,y)
    while(( * str)!= '\0')                         //不是字符串结尾,则继续
    {
        lcdwritedata( * str);                      //写数据
        str++;                                     //指针加 1,指向下一个字符
    }
}
```

注：请参考本书配套资源设计工程中的 main.c 文件,获取完整的设计代码。

(5) 保存 main.c 文件。

(6) 在 Keil 主界面菜单中选择 Project→Build Target 命令,对设计进行编译和链接。

(7) 通过杜邦线,将 1602 字符型 LCD 与开发板连接器进行正确连接。

(8) 通过 USB 电缆,将开发板的 USB 接口与计算机的 USB 接口进行连接。

(9) 在 Keil 主界面菜单中选择 Flash→Download 命令,将设计代码下载到 STM32G071 MCU 中的 Flash 存储器中。

思考与练习 7-113：按一下开发板上标记为 Reset 的按键,使程序开始正常运行,观察在 1602 字符型 LCD 上显示的字符,然后修改设计代码,使得在 LCD 上可以显示其他字符。

思考与练习 7-114：查看设计代码中,所使用的 GPIOA 和 GPIOB 结构体的描述。(提示：按下面的步骤查看)

(1) 在 main.c 文件中,选中 GPIOA 或 GPIOB 项,右击,在出现的快捷菜单中选择 Go To Definition Of 'GPIOA'命令。

(2) 跳到下面的代码行处：

```
#define GPIOA              ((GPIO_TypeDef * ) GPIOA_BASE)
```

(3) 选中 GPIO_TypeDef,右击,在出现的快捷菜单中选择 Go To Definition Of 'GPIO_TypeDef'命令。

(4) 跳到 GPIO_TypeDef 的定义处,如图 7.48 所示。

```
typedef struct
{
    __IO uint32_t MODER;      /*!< GPIO port mode register,                 Address offset: 0x00      */
    __IO uint32_t OTYPER;     /*!< GPIO port output type register,          Address offset: 0x04      */
    __IO uint32_t OSPEEDR;    /*!< GPIO port output speed register,         Address offset: 0x08      */
    __IO uint32_t PUPDR;      /*!< GPIO port pull-up/pull-down register,    Address offset: 0x0C      */
    __IO uint32_t IDR;        /*!< GPIO port input data register,           Address offset: 0x10      */
    __IO uint32_t ODR;        /*!< GPIO port output data register,          Address offset: 0x14      */
    __IO uint32_t BSRR;       /*!< GPIO port bit set/reset  register,       Address offset: 0x18      */
    __IO uint32_t LCKR;       /*!< GPIO port configuration lock register,   Address offset: 0x1C      */
    __IO uint32_t AFR[2];     /*!< GPIO alternate function registers,       Address offset: 0x20-0x24 */
    __IO uint32_t BRR;        /*!< GPIO Bit Reset register,                 Address offset: 0x28      */
} GPIO_TypeDef;
```

图 7.48　GPIO_TypeDef 的定义

7.13 C语言设计实例二：中断控制与1602字符型LCD的交互

本节将在设计实例一的基础上，加入中断处理程序。当每次按下开发板上的按键时，就将按键的次数加1，然后在1602字符型LCD上显示总共的按键次数。

7.13.1 程序代码的设计

设计程序代码的步骤主要包括：

（1）按照7.5.2节介绍的方法，在STM32CubeMX中建立一个名字为LCD1602interrupt1的工程。在STM32CubeMX界面的Pinout&Configuration标签页面中，将引脚PA0、PA1、PA2、PA3、PA4、PA5、PA6和PA7，以及PB0、PB1和PB2的模式均设成GPIO_Output。并且，将PC13引脚设置为GPIO_EXTI13。然后，导出该设计工程。

（2）启动Keil μVision集成开发环境（以下简称Keil），将路径定位到\STM32G0_example\example_7_81\MDK-ARM。在该目录下，打开名字为LCD1602interrupt1.uvprojx的工程文件。

（3）在Keil左侧的Project窗口中，找到并双击main.c文件。

（4）在main.c文件中，添加设计代码，如代码清单7-115所示。在该代码清单中，没有重复给出在设计实例一中对于1602字符LCD的操作函数和定义。

代码清单7-115 添加设计代码片段

```
int location = 9;                                    //定义整型变量location,其值为9
int counter = 0;                                     //定义整型变量counter,其值为0
unsigned char tstr[5];                               //定义无符号字符型数组tstr

main()                                               //主程序main
{
    lcdinit();                                       //调用lcdinit函数,初始化1602
    delay();                                         //调用延迟函数
    lcdshowstr(0,0,"Interrupt Counter");             //在1602第一行打印字符串
    lcdshowstr(11,1,"times");                        //在1602第二行打印次数
    sprintf(tstr," % d",counter);                    //调用sprintf执行整型到字符串转换
    lcdshowstr(location,1,tstr);                     //以字符串形式打印中断的次数
}
void HAL_GPIO_EXTI_Falling_Callback(uint16_t GPIO_Pin)   //中断回调函数
{
    counter++;                                       //当按下按键时,全局变量counter递增
    if(counter > 99999)                              //如果counter超过阈值,打印错误消息
    {
    lcdshowstr(0,1,"!!!ERROR!!!      ");             //在1602上打印错误信息
    }                                                //采用右对齐的打印方式
    else if(counter > 9999) location = 5;            //根据counter值,调整1602打印位置
    else if(counter > 999) location = 6;             //根据counter值,调整1602打印位置
    else if(counter > 99) location = 7;              //根据counter值,调整1602打印位置
    else if(counter > 9) location = 8;               //根据counter值,调整1602打印位置
    sprintf(tstr," % d",counter);                    //调用sprintf将整型数转换为字符串
    lcdshowstr(location,1,tstr);                     //在1602上显示中断的次数
}
```

（5）保存设计代码。

（6）在Keil主界面菜单中选择Project→Build Target命令，对设计进行编译和链接。

(7) 通过杜邦线，将 1602 字符型 LCD 与开发板连接器进行正确连接。

(8) 通过 USB 电缆，将开发板的 USB 接口与 PC/笔记本计算机的 USB 接口进行连接。

(9) 在 Keil 主界面菜单中选择 Flash→Download 命令，将设计代码下载到 STM32G071 MCU 中的 Flash 存储器中。

思考与练习 7-115：按一下开发板上标记为 Reset 的按键，使程序开始正常运行。观察每当按下一次 User 按键时，在 1602 字符型 LCD 上所显示中断次数的变化。

7.13.2 C 语言中断程序的分析

本节简要分析使用 C 语言编写中断服务程序的本质，帮助读者从 STM32CubeMX 生成的庞大代码中理清思路。

(1) 在 startup_stm32g071xx.s 文件中的第 85 行有如下代码

```
DCD     EXTI4_15_IRQHandler              ; EXTI Line 4 to 15
```

这行代码用于处理 EXTI4_15 的中断服务程序在中断向量表中的位置。EXTI4_15_IRQHandler 为中断服务程序的地址，由编译器确定。

类似地，在第 160 行有如下代码

```
EXPORT   EXTI4_15_IRQHandler             [WEAK]
```

表示导出 EXTI4_15_IRQHandler，这样就可以在其他文件中使用 EXTI4_15_IRQHandler 编写中断服务程序。

(2) 选中代码清单 7-115 中的 HAL_GPIO_EXTI_Falling_Callback，右击，在出现的快捷菜单中，选择 Go To Previous Reference To 'HAL_GPIO_EXTI_Falling_Callback'命令。

(3) 跳转到 stm32g0xx_hal_gpio.h 文件中的如下代码行：

```
void  HAL_GPIO_EXTI_Falling_Callback(uint16_t GPIO_Pin);
```

(4) 选中 HAL_GPIO_EXTI_Falling_Callback，右击，在出现的快捷菜单中，选择 Go To Previous Reference To 'HAL_GPIO_EXTI_Falling_Callback'命令。

(5) 跳转到 stm32g0xx_hal_gpio.c 文件中的下面一段代码处：

```
__weak void HAL_GPIO_EXTI_Falling_Callback(uint16_t GPIO_Pin)
{
    /* Prevent unused argument(s) compilation warning */
    UNUSED(GPIO_Pin);

    /* NOTE: This function should not be modified, when the callback is needed,
       the HAL_GPIO_EXTI_Falling_Callback could be implemented in the user file
     */
}
```

(6) 选中 HAL_GPIO_EXTI_Falling_Callback，右击，在出现的快捷菜单中，选择 Go To Previous Reference To 'HAL_GPIO_EXTI_Falling_Callback'命令。

(7) 跳转到 stm32g0xx_hal_gpio.c 文件中的下面一段代码处：

```
void HAL_GPIO_EXTI_IRQHandler(uint16_t GPIO_Pin)
{
  /* EXTI line interrupt detected */
  if (__HAL_GPIO_EXTI_GET_RISING_IT(GPIO_Pin) != 0x00u)
```

```
    {
        __HAL_GPIO_EXTI_CLEAR_RISING_IT(GPIO_Pin);
        HAL_GPIO_EXTI_Rising_Callback(GPIO_Pin);
    }

    if (__HAL_GPIO_EXTI_GET_FALLING_IT(GPIO_Pin) != 0x00u)
    {
        __HAL_GPIO_EXTI_CLEAR_FALLING_IT(GPIO_Pin);
        HAL_GPIO_EXTI_Falling_Callback(GPIO_Pin);
    }
}
```

很明显,在 HAL_GPIO_EXTI_IRQHandler 函数中引用了函数 HAL_GPIO_EXTI_Falling_Callback。

(8) 选中 HAL_GPIO_EXTI_IRQHandler,右击,在出现的快捷菜单中,选择 Go To Previous Reference To 'HAL_GPIO_EXTI_IRQHandler'命令。

(9) 跳转到 stm32g0xx_it.c 文件中的下面一段代码处:

```
void EXTI4_15_IRQHandler(void)
{
    /* USER CODE BEGIN EXTI4_15_IRQn 0 */

    /* USER CODE END EXTI4_15_IRQn 0 */
    HAL_GPIO_EXTI_IRQHandler(GPIO_PIN_13);
    /* USER CODE BEGIN EXTI4_15_IRQn 1 */

    /* USER CODE END EXTI4_15_IRQn 1 */
}
```

(10) 选中 EXTI4_15_IRQHandler,右击,在出现的快捷菜单中,选择 Go To Previous Reference To 'EXTI4_15_IRQHandler'命令。

(11) 跳转到 stm32g0xx_it.h 文件的如下代码行处:

```
void EXTI4_15_IRQHandler(void);
```

至此,就找到了中断服务程序的入口。

思考与练习 7-116:分析启动引导代码中的异常向量表、异常向量和异常处理程序入口之间的关系。

第8章

Cortex-M0+ C语言编程进阶

在第 7 章系统介绍 Cortex-M0＋的基础 C 语言知识的基础上,本章将介绍在 Cortex-M0＋上的一些高级的 C 语言编程方法,内容包括内联汇编和 CMSIS 软件架构。

在此基础上,通过两个设计实例来进一步地说明 C 语言在嵌入式系统中的设计技巧和使用方法。

8.1　内联汇编的格式和用法

视频讲解

编译器提供了一个内联汇编器,用来编写优化的汇编语言例程,并访问 C/C++无法提供的目标处理器功能。内联汇编语言支持所有架构的 ARM 汇编语言以及 ARMv6T2、ARMv6-M 和 ARMv7 中的 Thumb 汇编语言。

通过关键字__asm 在 C/C++中内联汇编语言,并在括号或括号内跟随汇编程序指令列表。

同样使用__asm 关键字,内联汇编和嵌入汇编的区别在于:

(1) 内联汇编使用高级处理器抽象,并在代码生成过程中与 C/C++代码集成在一起。因此,编译器一起优化 C 和 C++代码以及汇编代码。

(2) 与内联汇编代码不同,嵌入汇编代码与 C 和 C++代码分开进行汇编,以生成已编译的对象,然后再将其与 C 或 C++源代码的编译对象合并。

(3) 内联汇编代码可以由编译器内联,但是嵌入汇编代码不能隐式或显式内联。

可以使用下面的格式,指定内联汇编代码。

(1) 在一行中,比如:

```
__asm("instruction[;instruction]");
__asm{instruction[;instruction]}
```

不能包含注解。

(2) 使用多个相邻的字符串,比如:

```
__asm("ADD x, x, #1\n"
      "MOV y,x\n");
```

这使得能用宏来产生内联汇编,比如:

```
#define ADDLSL(x, y, shift) __asm("ADD " #x ", " #y ", LSL " #shift)
```

（3）在多行中，比如：

```
__asm
{
    …
    instruction
    …
}
```

视频讲解

8.2　CMSIS 软件架构

Cortex 微控制器软件接口标准（Cortex Microcontroller Software Interface Standard，CMSIS)是独立于供应商的硬件抽象层（Hardware Abstraction Layer，HAL)，用于基于 ARM Cortex 处理器的微控制器。CMSIS 定义了通用工具接口，并提供一致的设备支持。它为处理器和外设提供了简单的软件接口，从而简化了软件的复用，减少了微控制器开发人员学习时间，并缩短了新设备的上市时间。

CMSIS 是为与各种芯片和软件供应商紧密合作而定义的，并提供了一种通用方法来连接外设、实时操作系统（Real-Time Operating System，RTOS)和中间件组件。CMSIS 旨在实现对来自多个中间件供应商的软件组件的组合。

CMSIS 的创建是为了帮助 ARM 32 位嵌入式应用行业实现设计标准化。它为广泛的开发工具和微控制器提供一致的软件层和器件支持。CMSIS 并不是一个庞大的软件层，它会带来开销，并且没有定义标准的外设。因此，半导体厂商可以使用该通用标准来支持基于 Cortex-M 处理器的器件。

8.2.1　引入 CMSIS 的必要性

前面详细介绍了在底层控制外设的方法。然而，直接在底层控制外设有很多缺点，包括：

（1）在开发应用程序时，效率较低。

（2）对于其他开发人员来说，理解程序以及对代码重用比较困难。

（3）代码密度较低。

（4）由于编写的代码效率低，潜在地降低了运行性能。

（5）当需要将代码从一个平台移植到另一个平台时，可移植性差。

（6）对于较长的代码来说，维护起来比较困难。

当有软件库或者应用程序接口 API 支持时，将明显克服上面的诸多缺点，包括：

（1）显著缩短应用程序的开发时间，提高了程序开发的效率。

（2）对于其他程序人员，容易理解设计代码，并且可以实现代码重用。

（3）采用了软件专家精心设计的程序库，因此有更好的代码密度。

（4）提高了代码效率，因此潜在地提高了系统的运行性能。

（5）当需要将代码从一个平台移植到另一个平台时，可移植性好。

（6）容易维护和更新程序代码。

8.2.2　CMSIS 的架构

CMSIS 架构如图 8.1 所示，该架构中的模块单元及功能如表 8.1 所示。

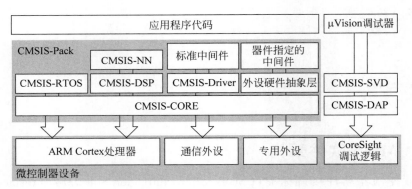

图 8.1　CMSIS 结构框架

表 8.1　CMSIS 架构中的模块单元及功能

CMSIS-…	目标处理器	功　能
Core(M)	所有的 Cortex-M，SecurCore	用于 Cortex-M 处理器核核外设的标准化 API。包括用于 Cortex-M4/M7/M33/M35P SIMD 指令的内联函数
Core(A)	Cortex-A5/A7/A9	用于 Cortex-A5/A7/A9 处理器核和外设的标准化 API 和基本运行时系统（运行时环境）
Driver	所有 Cortex	用于中间件的通过外设驱动程序接口。将微控制器外设与中间件连接，以实现诸如通信栈、文件系统或图形用户接口功能
DSP	所有 Cortex-M	DSP 库集合包含多个函数，可用于各种数据类型：定点（小数 q7、q15、q31）和单精度浮点（32 位）。针对 Cortex-M4/M7/M33/M35P 的 SIMD 指令进行了实现上的优化
NN	所有 Cortex-M	开发了高效的神经网络（Neural Network，NN）核，以最大限度地提高性能，并最大限度地减少 Cortex-M 处理器内核上的存储器资源占用
RTOS v1	Cortex-M0/M0+/M3/M4/M7	实时操作系统的通用 API 以及基于 RTX 的参考实现。它启动了可在多个 RTOS 系统上运行的软件组件
RTOS v2	所有 Cortex-M，Cortex-A5/A7/A9	扩展 CMSIS-RTOS v1，支持 ARMv8-M、动态对象创建、多核系统配置、二进制兼容的接口
Pack	所有 Cortex-M，SecurCore，Cortex-A5/A7/A9	描述了软件组件、器件参数和评估板支持的交付机制。它简化了软件重用和产品生命周期管理（Product Life-cycle Management，PLM）
Build	所有 Cortex-M，SecurCore，Cortex-A5/A7/A9	一组工具、软件框架和工作流程来提高生产力，比如通过连续集成（Continuous Integration，CI）
SVD	所有 Cortex-M，SecurCore	器件的外设描述，可用于在调试器或 CMSIS-Core 头文件中创建外设感知
DAP	所有 Cortex	用于与 CoreSight 调试访问端口（Debug Access Port，DAP）接口的调试单元的固件
Zone	所有 Cortex-M	定义描述系统资源和用于将这些资源划分到多个工程和执行区域的方法

思考与练习 8-1：请说明 CMSIS 的框架结构。

8.2.3　CMSIS 的优势

采用 CMSIS 的优势体现在如下方面：

（1）CMSIS减少了针对ARM 32位嵌入式的学习难度、开发成本和上市时间。开发人员可以通过各种易于使用的标准化软件接口更快地编写软件。

（2）一致的软件接口提高了软件的可移植性和重用性。通用软件库和接口提供了具有一致性的软件框架。

（3）它提供了用于调试连接、调试外设视图、软件交付和器件支持的接口，以减少部署新微控制器上市的时间。

（4）作为独立的编译器的层，它允许使用程序开发人员自选的编译器。因此，主流编译器都支持它。

（5）通过用于调试器的外设信息和用于printf类型输出的测量跟踪宏单元（Instrumentation Trace Macrocell，ITM），增强了程序的调试。

（6）CMSIS以CMSIS-Pack格式交付，可以实现快速的软件交付，简化了更新，并且使得与开发工具保持一致集成。

（7）CMSIS-Zone在管理多处理器、存储区域和外设配置时，将简化系统资源和分配。

思考与练习8-2：请说明CMSIS在程序开发中的优势。

8.2.4 CMSIS的编程规则

CMSIS使用以下基本编码规则和约定：

（1）符合ANSI C(C99)和C++(C++03)。

（2）使用在< stdint. h >中定义的ANSI C标准数据类型。

（3）变量和参数具有完整的数据类型。

（4）用于♯define constant(常数)的表达式使用括号括起来。

（5）符合MISRA 2012(但不声称符合MISRA)。记录了违反MISRA规则的情况。

此外，CMSIS建议使用下面的标识符规则：

（1）大写的名字用于标识CPU核的寄存器、外设寄存器核，以及CPU指令。

（2）CamelCase名字用于标识函数名字和中断函数。

注：CamelCase称为骆驼拼写法，是指在英语中，依靠单词的大小写拼写复合词的做法。

（3）名字空间的"_"前缀避免了与用户标识符的冲突，并提供功能组(比如，用于外设、RTOS或DSP库)。

CMSIS在源文件中记录了如下内容。

（1）使用C/C++类型的注释。

（2）符合Doxygen的函数注释，可提供：

① 简要的函数概述。

② 函数的详细说明。

③ 详细的参数说明。

④ 有关返回值的详细信息。

注：登录下面的网址，查看更详细的信息 https://www. keil. com/pack/doc/CMSIS/General/html/index. html。

8.2.5 CMSIS软件包

CMSIS软件组件以CMSIS-Pack格式提供。CMSIS软件包包含的内容如图8.2和图8.3所示，它们的详细功能如表8.2所示。

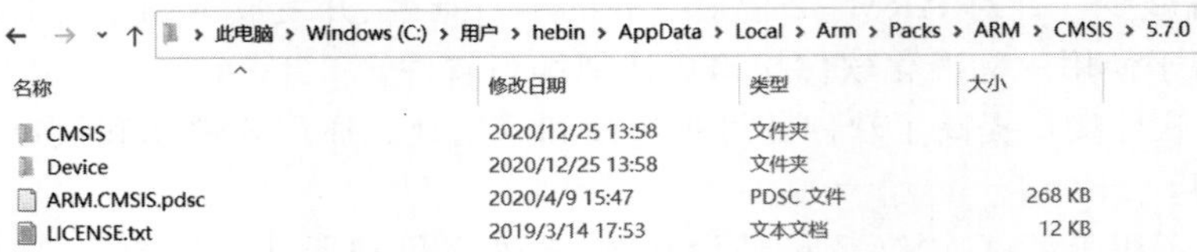

图 8.2　CMSIS 软件包

图 8.3　CMSIS 结构框架

表 8.2　CMSIS 软件包

文件/目录	内　　容
ARM. CMSIS. pdsc	CMSIS-Pack 格式的包描述文件
LICENSE. txt	CMSIS 许可协议(Apache 2.0)
CMSIS	CMSIS 组件
Device	基于 ARM Cortex-M 处理器器件的 CMSIS 参考实现

8.2.6　使用 CMSIS 访问不同资源

本节将介绍使用 CMSIS 访问不同资源的方法。

1. 访问 NVIC

在 CMSIS 中,提供了一些函数用于访问 NVIC,如表 8.3 所示。

表 8.3　访问 NVIC 的函数

CMSIS 函数	功　　能
void NVIC_EnableIRQ(IRQn_Type IRQn)	使能中断或异常
void NVIC_DisableIRQ(IRQn_Type IRQn)	禁止中断或异常
void NVIC_SetPendingIRQ(IRQn_Type IRQn)	将中断或者异常的挂起状态设置为 1
void NVIC_ClearPendingIRQ(IRQn_Type IRQn)	将中断或者异常的挂起状态清除为 0
uint32_t NVIC_GetPendingIRQ(IRQn_Type IRQn)	读中断或者异常的挂起状态。如果挂起状态设置为 1,则该函数返回非零的数
void NVIC_SetPriority(IRQn_Type IRQn, uint32_t priority)	设置可配置优先级的中断或异常,将优先级设置为 1
uint32_t NVIC_GetPriority(IRQn_Type IRQn)	读可配置优先级中断或者异常的优先级。该函数返回当前的优先级
void NVIC_SystemReset(void)	初始化一个系统复位请求

注:更详细的信息参考下面的网址 https://www.keil.com/pack/doc/CMSIS/Core/html/group__NVIC__gr.html。

2. 访问特殊寄存器

在 CMSIS 中,提供了一些函数用于访问特殊寄存器,如表 8.4 所示。

表 8.4　访问特殊寄存器的函数

特殊寄存器	访　问	CMSIS 函数
PRIMASK	读	uint32_t __get_PRIMASK(void)
	写	void __set_PRIMASK(uint32_t value)
CONTROL	读	uint32_t __get_CONTROL(void)
	写	void __set_CONTROL(uint32_t value)
MSP	读	uint32_t __get_MSP(void)
	写	void __set_MSP(uint32_t TopOfMainStack)
PSP	读	uint32_t __get_PSP(void)
	写	void __set_PSP(uint32_t TopOfProcStack)

注:更详细的信息参考下面的网址 https://www.keil.com/pack/doc/CMSIS/Core/html/group__Core__Register__gr.html。

3. 访问 CPU 指令

在 CMSIS 中,提供了一些函数用于访问 CPU 指令,如表 8.5 所示。

表 8.5　访问 CPU 指令的函数

指　令	CMSIS 内联函数
CPSIE i	void __enable_irq(void)
CPSID i	void __disable_irq(void)
ISB	void __ISB(void)
DSB	void __DSB(void)
DMB	void __DMB(void)
NOP	void __NOP(void)
REV	uint32_t __REV(uint32_t int value)
REV16	uint32_t __REV16(uint32_t int value)
REVSH	uint32_t __REVSH(uint32_t int value)
SEV	void __SEV(void)
WFE	void __WFE(void)
WFI	void __WFI(void)

注:更详细的信息参考下面的网址 https://www.keil.com/pack/doc/CMSIS/Core/html/group__intrinsic__CPU__gr.html。

4. 系统和时钟配置

在 CMSIS 中,提供了一些函数用于访问系统和时钟配置,如表 8.6 所示。

表 8.6　访问系统和时钟配置的函数

CMSIS 函数	功　能
void SystemInit(void)	初始化系统
void SystemCoreClockUpdate(void)	更新 SystemCoreClock 变量

注:更详细的信息参考下面的网址 https://www.keil.com/pack/doc/CMSIS/Core/

视频讲解

html/group__system__init__gr.html。

8.3 设计实例一：内联汇编的设计与实现

本节将通过一个设计实例说明内联汇编的使用方法。

8.3.1 创建设计工程

本节将创建新的设计工程，主要步骤包括：

(1) 启动 Keil μVision 集成开发环境(以下简称 Keil)。

(2) 在 Keil 主界面菜单中选择 Project→New μVision Project 命令。

(3) 弹出 Create New Project 对话框。在该对话框中，将路径定位到 e:\STM32G0_example\example_8_1。

(4) 在"文件名(N)："右侧的文本框中输入 top，则工程名为 top.uvproj。

(5) 弹出 Select Device for Target 'Target 1'对话框。在该对话框左下侧的窗口中，找到并选中 STMicroelectronics→STM32G0 Series→STM32G071→STM32G071RBTx。

(6) 单击 OK 按钮，退出该对话框。

(7) 自动弹出 Manage Run-Time Environment 对话框，单击右上角的关闭按钮×，退出该对话框。

8.3.2 添加新的设计文件

本节将在新创建的工程中添加新的设计文件，主要步骤包括：

(1) 在 Keil 主界面左侧的 Project 窗口中，找到并展开 Target 1 文件夹，接着选中 Source Group 1 文件夹，右击，在出现的快捷菜单中选择 Add New Item to Group 'Source Group 1'命令。

(2) 弹出 Add New Item to Group 'Source Group 1'对话框。在该对话框中选择文件类型为 Asm File(.s)。在 Name 右侧的文本框中输入 stm32g0_startup，即新添加名字为 stm32g0_startup.s 的汇编文件。

(3) 添加设计代码，并保存该设计文件。

注：请在指定路径下打开该设计工程，然后查看 stm32g0_startup.s 文件。

(4) 重复执行步骤(1)，弹出 Add New Item to Group 'Source Group 1'对话框。在该对话框中选择文件类型为 C File(.c)。在 Name 右侧的文本框中输入 main，即新添加名字为 main.c 的 C 语言文件。

(5) 添加设计代码，如代码清单 8-1 所示。

代码清单 8-1 内联汇编的 C 语言代码

```
#define address 0x20000000              //定义一个存储器的地址位置 0x20000000
int z __attribute((at(address)));       //通过变量属性将变量 z 放在定义的存储位置
int main(void)
{
    volatile int x = 100, y = 90, w;    //定义 3 个整型变量 x、y 和 w
    int * p;                            //定义整型指针变量 * p
    int r1, r2, r3;                     //定义 3 个虚拟寄存器变量 r1、r2 和 r3
    p = &z;                             //指针指向变量 z
    __asm                               //内联汇编指示符
    {
      MOV r1, x                         //将 x 的值复制到寄存器 r1
```

```
        MOV r2,y                      //将 y 的值复制到寄存器 r2
        ADD r1,r1,r2                  //将寄存器 r1 和 r2 相加,结果保存在寄存器 r1
        MOV r3,address               //将 address 的值复制到 r3
        STR r1,[r3]                   //将寄存器 r1 的内容,保存到 r3 所指地址位置
    }
    w = * p;                          //将指针变量所指向的内容保存到变量 w
    return 0;
}
```

（6）保存设计代码。

（7）在 Keil 主界面菜单中选择 Project→Build Target 命令,对该设计代码进行编译和链接。

8.3.3 设计分析

本节将对设计进行分析,主要步骤包括:

（1）在 Keil 主界面菜单中选择 Debug→Start/Stop Debug Session 命令。

（2）打开调试器界面,在 Disassembly 窗口中查看反汇编代码,如代码清单 8-2 所示。

代码清单8-2 反汇编代码片段

```
     4: {
0x080000E8 B51E    PUSH    {r1 - r4,lr}         //压栈
     5:     volatile int x = 100,y = 90,w;
     6:     int * p;
     7:     int r1,r2,r3;
0x080000EA 2064    MOVS    r0,♯0x64             //将立即数 100 保存到寄存器 r0
0x080000EC 9002    STR     r0,[sp,♯0x08]        //将 r0 的内容保存到[sp + 0x8]地址
0x080000EE 205A    MOVS    r0,♯0x5A             //将立即数 90 保存到寄存器 r0
0x080000F0 9001    STR     r0,[sp,♯0x04]        //将 r0 的内容保存到[sp + 0x4]地址
     8:     p = &z;
     9:     __asm
     10:    {
0x080000F2 4906    LDR     r1,[pc,♯24] ; @0x0800010C    //[pc + 24]地址内容加载 r1
     11:     MOV r1,x
0x080000F4 9A02    LDR     r2,[sp,♯0x08]        //将[sp + 0x8]地址的内容加载到 r2
     12:     MOV r2,y
0x080000F6 9B01    LDR     r3,[sp,♯0x04]        //将[sp + 0x04]地址的内容加载到 r3
     13:     ADD r1,r1,r2
0x080000F8 4610    MOV     r0,r2                //寄存器 r2 的内容复制到寄存器 r0 中
0x080000FA 4418    ADD     r0,r0,r3             // r0 加 r3 的内容,结果保存到 r0
0x080000FC 4602    MOV     r2,r0                //将 r0 的内容复制到 r2
     14:     MOV r3,address
0x080000FE 2401    MOVS    r4,♯0x01             //将 0x01 复制到寄存器 r4 中
0x08000100 0764    LSLS    r4,r4,♯29            //向左移动 29 位,r4 = 0x20000000
     15:     STR r1,[r3]
     16:    }
0x08000102 6022    STR     r2,[r4,♯0x00]        //将寄存器 r2 的内容保存到[r4 + 0]的地址
     17:     w = * p;
0x08000104 6808    LDR     r0,[r1,♯0x00]        //将[r1 + 0]地址内容加载到寄存器 r0
0x08000106 9000    STR     r0,[sp,♯0x00]        //将 r0 的内容保存到[sp + 0x0]地址中
     18:     return 0;
0x08000108 2000    MOVS    r0,♯0x00
     19: }
0x0800010A BD1E    POP     {r1 - r4,pc}
```

思考与练习 8-3：如何理解在 C 程序代码中操作的是虚拟寄存器的概念。

思考与练习 8-4：反汇编代码与内嵌汇编代码并不一致，这与内联汇编的什么规则相关？

（3）在 Watch 1 窗口中，添加变量 x、y、z、&z、p 和 w，单步运行程序，在该窗口中查看变量的结果，如图 8.4 所示。

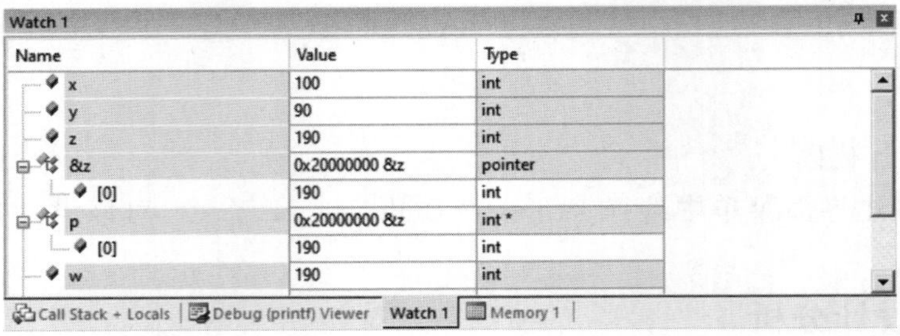

Watch 1		
Name	Value	Type
x	100	int
y	90	int
z	190	int
&z	0x20000000 &z	pointer
[0]	190	int
p	0x20000000 &z	int *
[0]	190	int
w	190	int

Call Stack + Locals　Debug (printf) Viewer　Watch 1　Memory 1

图 8.4　Watch 1 窗口中变量的结果

视频讲解

（4）退出调试器界面，并关闭设计工程。

8.4　设计实例二：软件驱动的设计与实现

本节要使用底层驱动程序/底层（Low Layer，LL）进行设计，设计目的是使用 STM32CubeMX 生成使用底层驱动程序/底层的工程。通过相同的设计目标和功能，与使用 HAL 的工程相比，使用 LL 的工程在占用 Flash 和 RAM 的资源方面会有显著的改善。

STM32Cube HAL 和 LL 是互补的，且涵盖了广泛的应用需求：

（1）HAL 提供了面向高级和功能性的 API，具有高度的可移植性，并向最终用户隐藏了产品/IP 的复杂性。

（2）LL 在寄存器级上提供了低层次 API，具有更好的优化功能，但可移植性较低，并且需要对产品/IP 规范有深入的了解。

（3）LL 库提供了下面的服务：

① 静态内联函数集，用于直接寄存器访问（只在.h 文件中提供）。

② HAL 驱动程序或应用级程序可以使用的一键式操作。

③ 与 HAL 无关，可以独立使用（没有 HAL 驱动程序）。

④ 所支持外设的完整功能覆盖。

（4）LL API 在 STM32 系列中不是完全可移植的。某些宏的可用性取决于产品上相关功能的物理可用性。

（5）覆盖大多数 STM32 外设。

（6）与 HAL 相同的标准兼容性（MISRA-C、ANSIC）。

（7）STM32CubeMX 中提供了 LL，即用户可以通过外设在 HAL 和 LL 之间进行选择。

STM32Cube 固件（FirmWare，FW）包块结构如图 8.5 所示。可以看到，FW 包括底层驱动程序。在该 FW 包中提供了一些底层例子以及 HAL 与 LL 之间的混合例子。此外，还有支持 LL/底层驱动程序的 STM32CubeMX 工具。很明显，可以通过 LL 驱动程序生成代码。

8.4.1　创建 HAL 的设计实例

创建 HAL 设计实例的主要步骤包括：

（1）启动 STM32CubeMX 工具。在该工具中，将 PA5 引脚设置为 GPIO_OUTPUT，然后导出工程，如图 8.6 所示。

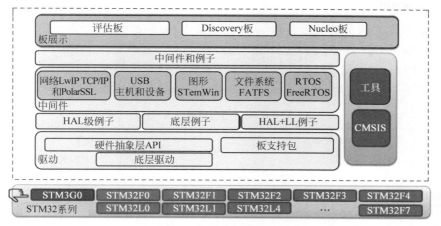

图 8.5　STM32 固件包块结构

图 8.6　导出用 HAL 创建的工程

（2）启动 Keil μVision 集成开发环境（以下简称 Keil），在 Keil 中，将路径定位到 E:\STM32G0_example\example_8_2\MDK-ARM。在该路径下，打开名字为 DriversHAL.uvprojx 的工程文件。

（3）在左侧的 Project 窗口中，找到并双击 main.c，打开该文件。

（4）在该文件的 while 循环中，加入两行代码，如代码清单 8-3 所示。

代码清单 8-3　添加的两行代码（HAL 工程）

```
while (1)
{
    /* USER CODE END WHILE */
    HAL_GPIO_TogglePin(GPIOA,GPIO_PIN_5);      //切换 PA5 引脚的状态
    HAL_Delay(100);                            //延迟
    /* USER CODE BEGIN 3 */
}
```

（5）保存设计代码。

（6）在 Keil 主界面菜单中选择 Project→Build Target 命令，对该设计进行编译和连接。

（7）进入路径 E:\STM32G0_example\example_8_2\MDK-ARM\DriversHAL，在该路径下，用 Windows 10 操作系统提供的写字板工具打开 DriversHAL.map 文件。

（8）在该文件的结尾处，给出了设计所使用的存储器资源，如表 8.7 所示。

表 8.7　设计所使用的存储器资源（HAL 工程）

存储器资源	大　　小
Total RO Size（Code ＋ RO Data）	3012（2.94KB）
Total RW Size（RW Data ＋ ZI Data）	1040（1.02KB）
Total ROM Size（Code ＋ RO Data ＋ RW Data）	3028（2.96KB）

思考与练习 8-5：根据表 8.7 给出的列表，说明该设计所使用的存储器资源的数量。

8.4.2　创建 LL 的设计实例

创建 LL 设计实例的主要步骤包括：

（1）启动 STM32CubeMX 工具。在该工具中，首先将 PA5 引脚设置为 GPIO_OUTPUT。

（2）在 STM32CubeMX 工具中，单击 Project Manager 标签。如图 8.6 所示，在该标签界面左侧窗口中，找到并单击 Advanced Settings 按钮。在右侧窗口中，单击 GPIO 一行右侧的 HAL，在弹出的下拉列表框中选择 LL。类似地，单击 RCC 一行右侧的 HAL，在弹出的下拉列表框中选择 LL。

（3）在 STM32CubeMX 工具的 Project Manager 标签页面左侧窗口中，找到并单击 Project 按钮，在右侧界面中设置导出工程的参数，如图 8.7 所示。

图 8.7　设置导出工程参数

（4）导出工程。

（5）启动 Keil μVision 集成开发环境（以下简称 Keil），在 Keil 中，将路径定位到 E:\STM32G0_example\example_8_3\MDK-ARM。在该路径下，打开名字为 DriversLL.uvprojx 的工程文件。

（6）在 Keil 左侧的 Project 窗口中，列出了 LL 格式的驱动文件列表，如图 8.8 所示。

思考与练习 8-6：打开这些文件，查看其格式与 HAL 有何不同。

（7）在左侧的 Project 窗口中，找到并双击 main.c，打开该文件。

图 8.8 Project 窗口中的文件

（8）在该文件的 while 循环中，加入两行代码，如代码清单 8-4 所示。

代码清单 8-4 添加的两行代码（LL 工程）

```
while (1)
  {
    /* USER CODE END WHILE */
      LL_GPIO_TogglePin(GPIOA,LL_GPIO_PIN_5);
      LL_mDelay(100);
    /* USER CODE BEGIN 3 */
  }
```

（9）保存设计代码。

（10）在 Keil 主界面菜单中选择 Project→Build Target 命令，对该设计进行编译和连接。

（11）进入下面的目录路径 E:\STM32G0_example\example_8_3\MDK-ARM\DriversHAL，在该路径下，用 Windows 10 操作系统提供的写字板工具打开 DriversLL.map 文件。

（12）在该文件的结尾处，给出了设计所使用的存储器资源，如表 8.8 所示。

表 8.8 设计所使用的存储器资源（LL 工程）

存储器资源	大　　小
Total RO Size (Code ＋ RO Data)	916（0.89KB）
Total RW Size (RW Data ＋ ZI Data)	1032（1.01KB）
Total ROM Size (Code ＋ RO Data ＋ RW Data)	920（0.90KB）

思考与练习 8-7：根据表 8.8 给出的列表，说明该设计所使用的存储器资源的数量。

思考与练习 8-8：根据上面的设计和分析过程，比较 HAL 工程和 LL 工程。

第9章

电源、时钟和复位原理及应用

STM32G0 系列 MCU 内提供的电源、时钟和复位系统，更好地满足了嵌入式系统对低功耗和高性能的双重要求。

本章介绍 STM32G0 系列 MCU 的电源系统原理及功能、RCC 中的时钟管理功能以及 RCC 中的复位管理功能。在此基础上，通过 3 个典型应用案例说明控制 STM32G0 系列 MCU 功耗的方法，以帮助读者通过灵活高效的功耗控制方法来满足低功耗和高性能的嵌入式应用需求。

视频讲解

9.1　电源系统原理及功能

STM32G0 器件提供了 FlexPowerControl 技术，增强了电源模式管理的灵活性，并且进一步降低了系统应用时的整体功耗。该特性也是该处理器的一大优势，正是由于在功耗方面的优势，使得它在低功耗应用中有着广泛的用途。

9.1.1　电源系统框架

STM32G0x1 器件需要 $1.7\sim3.6V$ 的工作电源（V_{DD}）。特定的外设上提供了几种不同的电源，如图 9.1 所示。

（1）$V_{DD}=1.7\sim3.6V$（当断电时，降到 1.6V）。

V_{DD} 是外部供电电源，用于内部管理器和系统模拟部分，比如复位、电源管理和内部时钟。通过 VDD/VDDA 引脚从外部提供。

注：最小电压 1.7V 对应于上电复位释放阈值 V_{PDR}（最小）。

（2）$V_{DDA}=1.7\sim3.6V$（当断电时，降到 1.6V）。

V_{DDA} 是模拟供电电源，用于 A/D 转换器、D/A 转换器、参考电压缓冲区和比较器。V_{DDA} 电压和 V_{DD} 电压相同，因为它是通过 VDD/VDDA 引脚从外部供电。

① 当使用 ADC 或比较器时，最小电压为 1.62V。

② 当使用 DAC 时，最小电压为 1.8V。

③ 当使用 V_{REFBUF} 时，最小电压为 2.4V。

（3）$V_{DDIO1}=V_{DD}$。

V_{DDIO1} 是 I/O 的电源。V_{DDIO1} 的电压与 V_{DD} 电压相同，因为它是通过 VDD/VDDA 引脚从外部供电。

（4）$V_{DDIO2}=1.6\sim3.6V$（仅在 STM32G0B1xx 和 STM32G0C1xx 上可用）。

V_{DDIO2} 是来自 VDDIO2 引脚的供电电源，用于 I/O。尽管 V_{DDIO2} 独立于 V_{DD} 或 V_{DDA}，但是在没有有效 V_{DD} 的情况下不得使用。

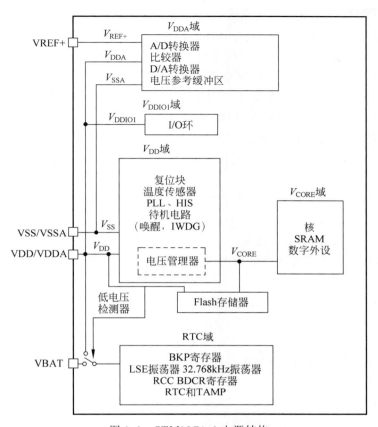

图 9.1 STM32G0x1 电源结构

（5）$V_{BAT}=1.55\sim3.6V$。

当不存在 V_{DD} 时，V_{BAT} 是电源（通过一个电源开关），用于实时时钟（Real Time Clock，RTC）、篡改（tamper，TAMP）、低速外部 32.768kHz 振荡器和备份寄存器。通过 VBAT 引脚从外部提供 V_{BAT}。当在封装上没有该引脚时，它内部连接到 VDD/VDDA。

两个篡改引脚在 V_{BAT} 作用下可以正常工作，并且在检测到入侵的情况下，将擦除 V_{BAT} 域中包含的 20 字节备份寄存器。此外，备份域还包含 RTC 时钟控制逻辑。

如果 V_{DD} 降低到某个阈值以下，那么备用域电源将自动切换到 V_{BAT}。当 V_{DD} 恢复正常时，备用域电源会自动切换到 V_{DD}。

V_{BAT} 电压内部连接到 ADC 输入通道，以检测备用电池的电量。当存在 V_{DD} 时，可以由 V_{DD} 给连接到 VBAT 的电池充电，如图 9.2 所示。

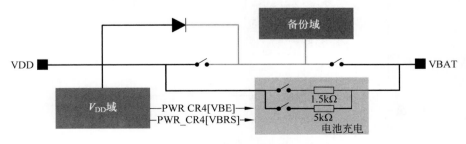

图 9.2 V_{DD} 给电池充电的电路

当存在 V_{DD} 电源时，电池充电功能允许为通过内部电阻连接到 VBAT 引脚的超级电容充电。由软件使能充电，并通过 5kΩ 或 1.5kΩ 电阻完成，具体取决于软件。在 VBAT 作用下，自动禁止电池充电。PWR_CR4[VBE]使能电池充电。PWR_CR4[VBRS]选择电阻值。

在启动阶段，如果建立 V_{DD} 的时间小于 $t_{RSTTEMPO}$，并且 V_{DD} 大于 $V_{BAT}+0.6V$ 时，则电流可以通过连接在 VDD 和电源开关(VBAT)之间的内部二极管注入 V_{BAT}。

如果连接到 VBAT 引脚的电源/电池不能支持该电流注入，则强烈建议在该电源和 VBAT 引脚之间连接一个外部低压降二极管。

在 V_{BAT} 作用下，主电源管理器和低功耗电源管理器掉电。

(6) V_{REF+}。

V_{REF+} 是 ADC 和 DAC 的输入参考电压，或内部参考电压缓冲器的输出(当使能时)。当 $V_{DDA} < 2V$ 时，V_{REF+} 必须等于 V_{DDA}。当 $V_{DDA} > 2V$ 时，V_{REF+} 必须在 2V 和 V_{DDA} 之间。当 ADC 和 DAC 不活动时，可以将其接地。

内部基准电压缓冲区支持两个输出电压，这些电压通过 VREFBUF_CSR 寄存器的 VRS 位配置：

① V_{REF+} 约为 2.048V(要求 V_{DDA} 等于或大于 2.4V)。

② V_{REF+} 约为 2.5V(要求 V_{DDA} 等于或大于 2.8V)。

V_{REF+} 通过 V_{REF+} 引脚提供。在没有 VREF+ 引脚的封装上，将 VREF+ 内部连接到 VDD，并且内部基准电压缓冲区必须保持禁止状态。

(7) V_{CORE}。

嵌入的线性稳压器用于提供 V_{CORE} 内部数字电源。V_{CORE} 是为数字外设、SRAM 和 Flash 存储器供电的电源。Flash 存储器也由 V_{DD} 供电。

除了待机电路和备份域外，两个嵌入的线性电源稳压器为所有的数字电路供电，如图 9.3 所示。管理器的输出电压(V_{CORE})可以通过软件编程为两个不同的值，具体取决于性能和功耗要求。这称为动态电压标定。

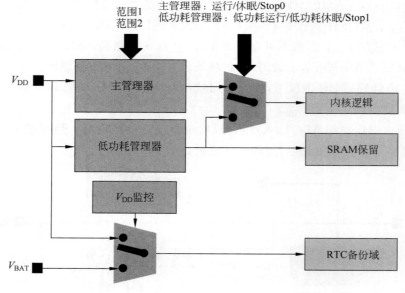

图 9.3 电源管理器

根据应用模式,V_{CORE} 由用于运行、休眠和 Stop0 模式的主电压管理器提供,或者由用于低功耗运行、低功耗休眠、Stop 1 模式的低功耗电源管理器提供。

在待机和断电模式下,电源管理器处于关闭状态。当在待机模式下保留 SRAM 内容时,低功耗管理器保持打开状态并为 SRAM 提供电源。

9.1.2 电源监控

该器件具有集成的上电复位(Power On Reset,POR)、掉电复位(Power Down Reset,PDR)以及欠压复位(Brown-Out Reset,BOR)电路。除在断电以外的所有其他功耗模式下,POR 和 PDR 均有效,并确保在上电和掉电时均能正常工作。当电源电压低于 $V_{POR/PDR}$ 阈值时,在不需要外部复位电路的情况下,仍然可使器件保持复位状态。欠压复位功能可提供更大的灵活性。可以通过选项字节来使能和配置它,方法是在 V_{DD} 上升时选择 4 个阈值中的一个,在 V_{DD} 下降时选择 4 个阈值中的一个,如图 9.4 所示。在上电期间,BOR 使器件保持复位状态,指导 V_{DD} 电源电压达到指定的 BOR 上升阈值(V_{BORRx})。此时,脱离复位状态,启动系统。掉电期间,当 V_{DD} 降低到选定的 BOR 下降阈值(V_{BORFx})以下时,将器件再次设置为复位状态。

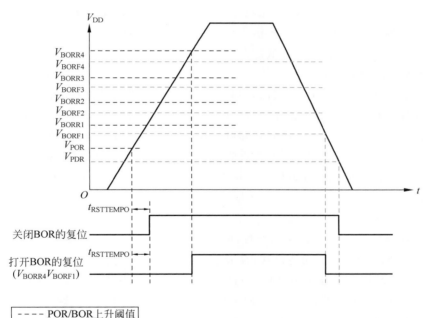

图 9.4 POR、PDR 和 BOR 的复位阈值

注:不允许将 BOR 下降阈值(V_{BORFx})的值配置为高于 BOR 的上升阈值(V_{BORRx})。

该器件也具有嵌入式的可编程电压检测器(Programmable Voltage Detector,PVD),可监控 V_{DD} 电源并将其与 V_{PVD} 阈值进行比较。当 V_{DD} 电平跨越 V_{PVD} 阈值时,它可选择在下降沿、上升沿或者同时在下降沿和上升沿产生中断,如图 9.5 所示。然后,中断服务程序可以生成警告消息和/或将 MCU 置于安全状态。PVD 由软件使能。

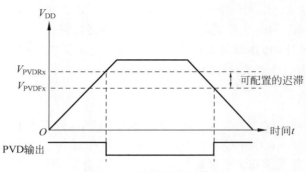

图 9.5　电压检测器的输出

9.1.3　低功耗模式

默认情况下，在系统或电源复位后，微控制器处于运行模式。在运行模式下：

（1）当处于范围 1 时，支持最高 64MHz 的系统时钟，其电流为 $100\mu A/MHz$。在范围 1 内所有外设均处于活动状态。

（2）当处于范围 2 时，支持最高 16MHz 的系统时钟，其功耗更低，电流为 $93\mu A/MHz$。在范围 2 内所有外设均处于活动状态，但是不能编程或擦除 Flash 存储器。

此外，可以通过以下一种方式降低运行模式下的功耗：

（1）降低系统时钟频率；

（2）当不使用 APB 和 AHB 外设时，对连接到这些外设的时钟进行门控。

当不需要保持 CPU 运行时（比如等待一个外部事件），可以使用几种低功耗模式来降低功率。用户可以选择在低功耗、短启动时间和可用唤醒源之间做出最佳折中的模式。STM32G0 系列 MCU 提供了 7 个低功耗模式，包括低功耗运行模式、休眠模式、低功耗休眠模式、Stop 0 模式、Stop 1 模式、待机模式和断电模式。可以使用多个方法来配置每一种模式，这样就提供了更多的子模式。

1. 低功耗运行模式

当系统时钟频率降低到 2MHz 以下时，可实现该模式。从 SRAM 或 Flash 存储器（闪存）运行代码。电源管理器处于低功耗模式，以最小化电源管理器的工作电流。在低功耗模式下，所有外设均处于活动状态。当从 SRAM 运行时，闪存可以处于断电模式，并且可以关闭闪存时钟，需要注意，此时需要通过 Cortex-M0+向量表偏移寄存器，在 SRAM 中映射中断向量表。

运行状态和低功耗运行状态的时钟比较如表 9.1 所示。

表 9.1　运行状态和低功耗运行状态的时钟比较

电压范围	SYSCLK	HSI16	HSE	PLL
范围 1	64MHz（最大）	16MHz	48MHz	128MHz VCO（最大）=344MHz
范围 2	16MHz（最大）	16MHz	16MHz	40MHz VCO（最大）=128MHz
低功耗运行	2MHz（最大）	带分压器允许	带分压器允许	不允许

在运行状态和低功耗运行状态下，消耗电流取决于以下，包括：

（1）所执行的二进制代码（程序本身+编译器的共同影响）；

（2）程序在存储器中的位置（取决于所执行代码的地址）；

（3）器件配置（取决于应用场景）；

（4）I/O引脚负载和切换速度；

（5）温度；

（6）从闪存还是从SRAM执行。

① 当从闪存执行时：

- 加速器配置（缓存，预取指令）；

- 更好的能效（预取指＋使能缓存）。

② 当从SRAM执行时，比从闪存执行有更好的能效。这是因为闪存属于V_{DD}电源域，而SRAM属于V_{CORE}电源域。

2. 休眠模式

休眠模式下会关闭CPU时钟。当发生中断或事件时，包括Cortex-M0＋核心外设（例如NVIC和SysTick等）在内的所有外设均可运行并唤醒CPU。

3. 低功耗休眠模式

从低功耗运行模式进入该模式后会关闭Cortex-M0＋处理器。

休眠和低功耗休眠模式允许使用所有外设，并具有最快的唤醒速度。在这些模式下，Cortex-M0＋处理器会停止工作，并且可以通过软件将每个外设的时钟配置为"打开"或"关闭"。

通过执行汇编指令等待中断（Wait For Interrupt，WFI）或等待事件（Wait For Event，WFE）来进入这些模式。在低功耗运行模式下执行时，器件进入低功耗休眠模式。

根据Cortex-M0＋系统控制寄存器中的SLEEPONEXIT比特位配置，一旦执行指令或者退出最低优先级的终端子例程，MUC便进入休眠模式。

通过减少退出低功耗模式时的出栈和压栈需求，可节约时间和功耗。但是，所有的计算必须在Cortex-M0＋句柄模式下完成，因为不再使用线程模式。

批量采集模式（Batch Acquisition Mode，BAM）是用于传输数据的优化模式，如图9.6所示。在休眠模式下，仅对需要的通信外设、DMA和SRAM配置了时钟。闪存处于掉电模式，并且在休眠模式下关闭闪存的时钟。然后，它可以进入休眠或低功耗休眠模式。

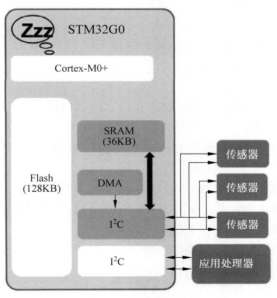

图9.6　批量采集模式的数据传输

注：即使在低功耗模式下，I^2C 时钟也可以为 16MHz，从而支持 1MHz 快速模式。USART 和 LPUART 时钟也可以基于高速内部振荡器。典型应用是传感器集线器(hub)。

4. Stop 0 模式和 Stop 1 模式

在该模式下，保留 SRAM 和所有寄存器的内容。V_{CORE} 域中的所有时钟均停止，禁止 PLL、HSI16 和 HSE，LSI 和 LSE 保持运行。

RTC 和 TAMP 保持活动(带 RTC 的停止模式，不带 RTC 的停止模式)。

某些具有唤醒功能的外设可以在停止模式下使能 HSI16 RC，以检测其唤醒条件。

在 Stop 0 模式下，主电源管理器保持开启状态，这样可以实现最快的唤醒速度，但有更多的消耗。活动的外设和唤醒源与 Stop 1 模式下的相同。

退出 Stop 0 模式或 Stop 1 模式时，系统时钟是 HSISYS 时钟。如果配置为在低功耗运行模式下唤醒器件，则必须在进入停止模式之前配置 RCC_CR 寄存器中的 HSIDIV 位，以提供不大于 2MHz 的频率。

Stop 0 模式和 Stop 1 模式的比较如表 9.2 所示。

表 9.2 Stop 0 和 Stop 1 模式比较

	Stop 0 模式	Stop 1 模式
耗电	25℃，3V	
	97μA	1.3 μA(当禁止 RTC 时)
到 16MHz 的唤醒时间	5.5μs，从闪存	9μs，从闪存
	2μs，从 RAM	5μs，从 RAM
唤醒时钟	HSI16(在 16MHz)	
电源管理器	主电源管理器	低功耗电源管理器
外设	RTC、I/O、BOR、PVD、COMP、IWDG	
	2 个低功耗定时器	
	1 个低功耗 UART(开始、地址匹配或接收到字节)	
	2 个 U(S)ARTx(开始、地址匹配或接收到字节)	
	1 个 I^2C(地址匹配)	

5. 待机模式

在待机模式下会关闭 V_{CORE} 域，但是，可以保留 SRAM 内容：

(1) 当设置 PWR_CR3 寄存器中 RRS 位时，具有保留 SRAM 的待机模式。在这种情况下，SRAM 由低功耗电源管理器提供。

(2) 当清除 PWR_CR3 寄存器中的 RRS 位时，就是待机模式。在这种情况下，关闭主电源管理器和低功耗电源管理器。

停止 V_{CORE} 域中的所有时钟，并且禁止 PLL、HSI16 和 HSE 振荡器。LSI 和 LSE 振荡器保持运行。

RTC 可以保持活动状态(带 RTC 的待机模式，不带 RTC 的待机模式)。

待机模式是最低功耗模式，可以保留 36KB 的 SRAM，支持从 V_{DD} 到 V_{BAT} 的自动切换，并且可以通过独立的上拉和下拉电路配置 I/O 电平。

默认情况下，电压管理器处于掉电模式，并且 SRAM 内容和外设寄存器均丢失。始终保留 20 字节的备份寄存器。

在待机模式下，可以使用超低功耗欠压复位。总是打开断电复位，以确保安全复位，而不

考虑 V_{DD} 的斜率。

每个 I/O 均可配置为带/不带上拉或下拉,这要归结为 APC 控制位的应用和释放。这样,即使在待机模式下也可以控制外部元件的输入状态。

5 个唤醒引脚可用于将设备从待机模式唤醒。每个唤醒引脚的极性均可配置。

当退出待机模式时,系统时钟是 HSI16 振荡器时钟。

6. 断电模式

在断电模式下会关闭 V_{CORE} 域的电源(包括主电源管理器和低功耗电源管理器),停止 V_{CORE} 域中的所有时钟,并且禁止 PLL、HSI16、LSI 和 HSE 振荡器。由于 LSI 不可用,因此也不可使用独立看门狗。LSE 可以保持运行。由外部低速振荡器驱动的 RTC 也保持活动。

断电模式是 STM32G0 的最低功耗模式,在 3.0V 时仅为 40nA。该模式类似于待机模式,但没有任何电源监视:禁止断电复位,并且在断电模式下不支持切换到 V_{BAT}。在这种模式下,禁止监视电源电压,并且在电源电压下降的情况下,不能保证产品的行为(性能)。

当器件退出断电模式时,将产生电源复位:复位所有寄存器(备份域中的寄存器除外),并且在芯片的焊盘上产生一个复位信号。在断电模式下,会保持 20 字节的备份寄存器。

从断电模式唤醒的唤醒源包括 5 个唤醒引脚以及包含篡改在内的 RTC 事件。当退出断电模式时,系统时钟为 16MHz 的 HSI 振荡器时钟。通常,唤醒时间为 $250\mu s$。

7. 不同电源状态的转换

低功耗状态下的状态转换,如图 9.7 所示。可以看到,在运行模式下,可以访问除低功耗休眠模式外的所有低功耗模式。为了进入低功耗休眠模式,要求首先进入低功耗运行模式,并且在电源管理器为低功耗管理器时执行 WFI 或 WFE 指令。

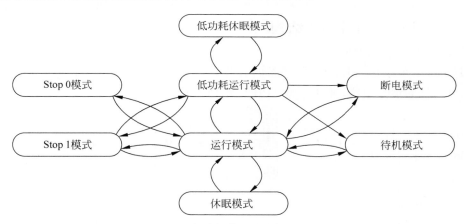

图 9.7 低功耗模式状态转移过程

另一方面,当退出低功耗休眠模式时,STM32G0 处于低功耗运行模式。

当器件处于低功耗运行模式时,可以转换到除休眠和 Stop 0 模式以外的所有低功耗模式。只能从运行模式进入 Stop 0 模式。如果器件从低功耗运行模式进入 Stop 1 模式,那么它将退出低功耗运行模式。

如果器件进入待机或者断电模式,那么它将在运行模式下退出。

8. 低功耗模式下的调试

微控制器集成了特殊的方法以允许用户在低功耗模式下调试软件。在调试控制寄存器

(DBGMCU_CR)中有两位可用于允许在停止、待机和断电模式下进行调试。当设置相关的位时,电源管理器保持在待机和断电模式,由内部 RC 振荡器提供 HCLK 和 FCLK 时钟,即:

（1）DBG_STANDBY——当设置该位时,在待机和断电模式下数字部分没有断电,且 HCLK 和 FCLK 保持有效。

（2）DBG_STOP——当设置该位时,在 Stop 模式下 HCLK 和 FCLK 保持有效。

当这两位都设置时,在低功耗模式下,保持调试器的连接。

这样,可以在低功耗模式下维持与调试器的连接,并且在唤醒后继续调试。

注：当微控制器未处于调试状态时,应清除这些位,因为在低功耗模式下会增加功耗。

9.2 RCC 中的时钟管理功能

视频讲解

本节详细介绍 RCC 中提供的时钟管理功能。包括 RCC 中的时钟源和 RCC 中的时钟树结构。

9.2.1 RCC 中的时钟源

STM32G0 MCU 中 RCC 提供的时钟资源包括:

（1）嵌入两个内部振荡器。

① 高速内部 16MHz（High-Speed Internal 16MHz,HSI16）RC 振荡器。

② 低速内部（Low-Speed Internal,LSI）32kHz RC 振荡器。

（2）两个外部有源和无源晶振的振荡器。

① 高速外部（High-Speed External,HSE）振荡器（频率范围为 4～48MHz）,带时钟安全系统。

② 低速外部（Low-Speed External,LSE）振荡器（频率为 32.768kHz）,带时钟安全系统。

（3）一个相位锁相环（Phase Locked Loop,PLL）,它可提供 3 个独立的输出。

9.2.2 RCC 中的时钟树结构

RCC 中的时钟树结构如图 9.8 所示。可以看到,系统始终可以来自 HSI16、HSE、LSI 或 LSE。AHB 时钟称为 HCLK,通过将系统时钟除以可编程分频器得到该时钟。通过将 AHB 时钟除以可编程的预分频器,可以生成 APB 时钟 PCLK。

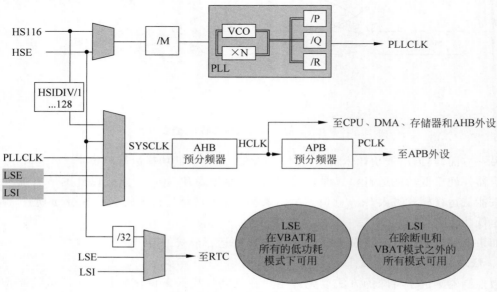

图 9.8 RCC 中的时钟树架构

1. HSI16 时钟

Stop(停止)模式(Stop 0 和 Stop 1)停止 V_{CORE} 域中的所有时钟,并禁止 PLL 以及 HSI16 和 HSE 振荡器。

HSI16 是 16MHz 的 RC 振荡器,可提供 1% 的精度和快速的唤醒速度。在生产测试期间,HSI16 进行了修正,此外用户也可以修正它。

从 Stop 0 模式或 Stop 1 模式唤醒时,将 HSISYS 时钟(即 HSI16 时钟除以 HSIDIV)作为时钟。

如果时钟安全系统(Clock Security System,CSS)检测到 HSE 晶体振荡器发生故障,则 HSI16 可以用作备份时钟源(辅助时钟),如图 9.9 所示。

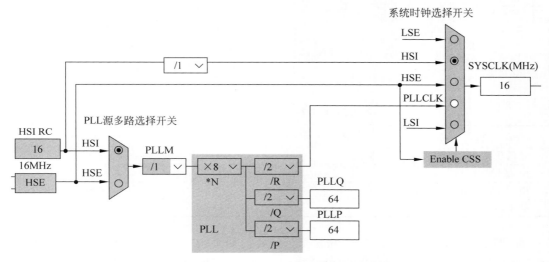

图 9.9　CSS 监视 HSE,根据 HSE 状态控制系统时钟选择开关

即使 MCU 处于停止模式(如果将 HSI16 选择为该外设的时钟源),USART1、USART2、LPUART1、CEC、UCPD 和 I2C1 外设也可以使能 HSI16 振荡器。

通过执行一个修正过程,可以提高 HSI16 精度。具体方法是:通过使用 HSI 时钟驱动定时器 TIM14、TIM16 或 TIM17 来测量它的频率,并在 HSE/32、RTCCLK 或 LSE 的通道 1 输入捕获上提供精确的时钟参考。

HSI 时钟的启动时间通常为 $1\mu s$,而 HSE 时钟的启动时间通常为 2ms。

2. HSE 时钟

高速外部振荡器可以提供安全的晶体系统时钟。HSE 支持频率范围为 $4\sim48MHz$ 的外部有源和无源晶体振荡器,以及旁路模式的外部源。在图 9.9 中,CSS 可自动检测 HSE 故障。在这种情况下,将产生一个不可屏蔽中断 NMI,并且中断可以发送到定时器,为了将一些诸如电机控制之类的关键应用置于安全状态。当检测到 HSE 故障后,会自动禁止 HSE 振荡器。

如果直接或间接选择 HSE(为 SYSCLK 选择了 PLLRCLK 并将 PLL 输入作为 HSE)作为系统时钟,并且检测到 HSE 时钟发生故障,则系统时钟将自动切换到 HSISYS,因此在晶体振荡器出现故障的情况下应用软件不会停止。

在外部源模式(也称为 HSE 旁路模式)下,必须提供外部时钟源。该时钟源的频率最高可达到 48MHz。

具有 $40\%\sim60\%$ 占空比(取决于频率)的外部时钟信号(方波、正弦波或三角波)必须驱动 OSC_IN 引脚。OSC_OUT 引脚可以用作 GPIO,也可以配置为 OSC_EN 备用功能,以提供一个信号,使器件进入低功耗模式时能够停止外部时钟合成器。

3. LSI 时钟

STM32G0 MCU 内嵌入了超低功耗精度为 $+6.3\%/-7.8\%$ 的 32kHz RC 振荡器。在除关机和 VBAT 模式以外的其他任何情况下均可使用该时钟。

LSI 可驱动 RTC、低功耗定时器和独立看门狗。典型地,LSI 功耗为 110nW。

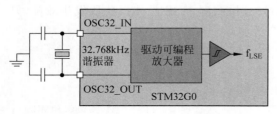

图 9.10　LSE 的驱动结构

4. LSE 时钟

32.768kHz 的 LSE 可以与外部的石英或谐振器一起使用,也可以与旁路模式下的外部时钟源一起使用。如图 9.10 所示,通过编程来控制振荡器的驱动能力。共有 4 种模式可用,从仅消耗 250nA 的超低功耗模式到高驱动模式,如表 9.3 所示。

表 9.3　LSE 在不同模式下的驱动能力

模　式	最大临界晶体跨导 $g_m(\mu A/V)$	功耗(nW)
超低功耗	0.5	250
中-低(Medium-low)驱动	0.75	315
中-高(Medium-high)驱动	1.7	500
高驱动	2.7	630

如图 9.11 所示,CSS 监控 LSE 振荡器的故障。如果将 LSE 用作系统时钟,并且检测到 LSE 时钟发生故障,则系统时钟将自动切换到 LSI。除了断电和 VBAT 模式外,其他模式下均可使用。在复位时也可以工作。

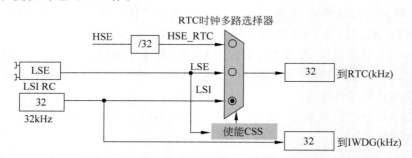

图 9.11　CSS 监视 LSE,根据 LSE 状态控制 RTC Clock Mux

LSE 可用于为 RTC、CEC、USART 或低功耗 UART 外设以及低功耗定时器提供时钟。

5. PLL 时钟

STM32G0 器件内嵌了一个锁相环,每个环具有 3 个独立的输出,如图 9.9 所示。从图中可知,允许在 HSI16 和 HSE 之间选择 PLL 的输入时钟。

(1) PLLQCLK 可用于驱动随机数发生器(Random Number Generator,RNG)以及定时器 TIM1 和 TIM15。

(2) PLLPCLK 可用于驱动 I^2S1 和 ADC。

（3）PLLRCLK 可选作系统时钟 SYCCLK，它是 AHB 和 APB 时钟域的根时钟，如图 9.8 所示。

PLLQCLK 和 PLLPCK 的最高时钟频率比 SYSCLK 的时钟频率高。其中：

（1）对于 PLLPCLK 来说，在范围 1 时，频率可达到 122MHz；在范围 2 时，频率可达到 40MHz；

（2）对于 PLLQCLK 来说，在范围 1 时，频率可达到 128MHz；在范围 2 时，频率可达到 32MHz；

（3）对于 PLLRCLK 来说，在范围 1 时，频率可达到 64MHz；在范围 2 时，频率可达到 16MHz。

注：范围 1 和范围 2 是两个不同的功率范围，可以在主调节器中进行编程，以便根据系统的最高工作频率来优化功耗。

6. 系统时钟

如图 9.9 所示，可以在 HSI、HSE、LSI、LSE 和 PLLCLK 之间选择其中一个作为系统时钟 SYSCLK，系统时钟的最高工作频率为 64MHz。APB1 和 APB2 的时钟域如图 9.12 所示，APB1 和 APB2 总线频率最高可达 64MHz。

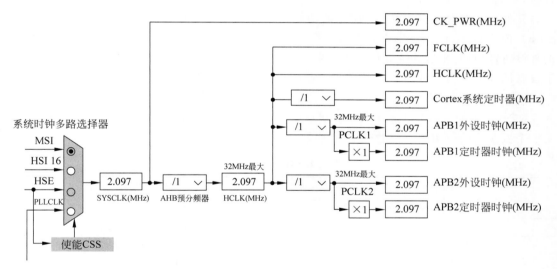

图 9.12 系统时钟驱动 APB1 和 APB2 时钟域

最高的时钟频率取决于电压缩放和功率模式。系统时钟的限制为：

（1）在范围 1 时，最高时钟频率为 64MHz；

（2）在范围 2 时，最高时钟频率为 16MHz；

（3）在低功耗运行/低功耗休眠模式时，最高时钟频率为 2MHz。

7. 输出时钟

各种时钟都可以在 I/O 引脚输出。微控制器时钟输出功能允许在 MCU 引脚上输出这 6 个时钟的其中一个时钟，即 HSI16、HSE、LSI、LSE、SYSCLK 和 PLLCLK 之一，如图 9.13 所示。

低速时钟输出（Low Speed Clock Output，LSCO）功能允许在引脚上输出 LSI 或 LSE 时钟，如图 9.14 所示。在 Stop 0、Stop 1、待机和断电模式下，LCSO 仍然可用。可以看到，通过

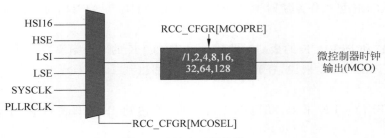

图 9.13　输出时钟结构(1)

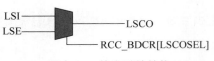

图 9.14　输出时钟结构(2)

设置 RCC_BDCR 寄存器中的 LSCOEN 位使能该功能。

注：在关机模式下，LSI 不可用。

8. 外设时钟门控

通过使用外设时钟门控来优化动态功耗。在运行和低功耗运行模式下，可以打开/关闭每个时钟。

默认情况下，除了闪存时钟外，外设时钟均处于禁止状态。需要特别注意，当禁止外设时钟时，不能读写外设寄存器。

其他寄存器允许在停止、休眠和低功耗休眠模式下配置外设时钟。这也会影响外设的 Stop 0 模式和 Stop 1 模式，并且在停止模式下有独立的时钟处于活动状态。如果清除了相应的外设时钟使能，则这些控制位无效。默认情况下，在停止模式、休眠模式和低功耗休眠模式下没有活动的外设时钟门控。当不再需要外设时，应清除其时钟使能位以降低功耗。

9. RCC 中断

RCC 产生的中断如表 9.4 所示。可以看到，LSE 和 HSE 时钟安全系统、PLL 就绪以及所有 5 个振荡器的就绪信号都能产生中断。

表 9.4　RCC 中断及功能

中 断 事 件	描　　述
LSE 时钟安全系统	当检测到 LSE 振荡器故障时，设置
HSE 时钟安全系统	当检测到 HSE 振荡器故障时，设置
PLL 就绪中断标志	PLL 锁定引起的时钟就绪
HSE 就绪	HSE 振荡器时钟就绪
HSI16 就绪	HSI16 振荡器时钟就绪
LSE 就绪	LSE 振荡器时钟就绪
LSI 就绪	LSI 振荡器时钟就绪

视频讲解

9.3　RCC 中的复位管理功能

RCC 也负责管理存在于器件中的各种复位。在 STM32 G0 系列 MCU 中有 3 种类型的复位，包括系统复位、电源复位和 RTC 域复位。

9.3.1　电源复位

当出现下面的事件时，会产生电源复位，包括：

(1) 上电复位(Power-On Reset，POR)或欠压复位(Brown-Out Reset，BOR)。

除 RTC 域寄存器外，电源和欠压复位将其他所有寄存器设置到它们的复位值。

（2）从待机(Standby)模式退出。

当从待机模式退出时，将 V_{CORE} 域中的所有寄存器设置为它们的复位值。在 V_{CORE} 域外的寄存器(RTC、WKUP、IWDG 和待机/断电模式控制)不受影响。

（3）从断电(Shutdown)模式退出。

当从断电模式退出时，产生欠压复位，这会复位除 RTC 域以外的所有寄存器。

9.3.2 系统复位

除时钟控制和状态寄存器(RCC_CSR)中的复位标志和 RTC 域中的寄存器外，系统复位将所有寄存器设置为它们的复位值。系统复位源包括：

（1）NRST 引脚上的低电平(外部复位)。

通过指定的选项位，将 NRST 引脚配置为：

① 复位输入/输出(在器件交付时的默认设置)。

如图 9.15 所示，引脚上的有效复位信号将传播到内部逻辑，每个内部复位源均被引到脉冲发生器，该脉冲发生器的输出驱动该引脚。GPIO 功能(PF2)不可用。脉冲发生器保证了每个内部复位源在 NRST 引脚上输出的最小复位脉冲持续时间为 $20\mu s$。如果在选项字节中使能了内部复位保持器选项，则可以确保将引脚拉低，直到其电压达到阈值 V_{IL} 为止。当线路面对一个较大的电容负载时，该功能允许通过外部器件来检测内部复位源。

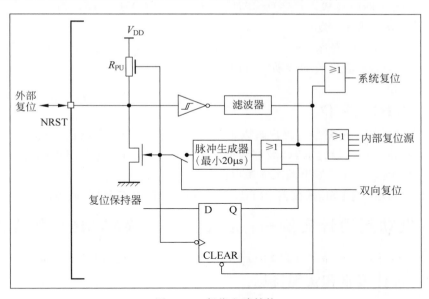

图 9.15　复位电路结构

② 复位输入。

在该模式下，在 NRST 引脚上任何有效的复位信号都会传播到器件的内部逻辑，但是在该引脚上无法看到由器件内部产生的复位。在该配置中，GPIO 功能(PF2)不可用。

③ GPIO。

在该模式下，该引脚用作 PF2 标准 GPIO。不可使用该引脚的复位功能。只能从器件内部复位源进行复位，并且不会传播到该引脚。

注：上电复位或者从断电模式唤醒时，将 NRST 引脚配置为复位输入/输出，并由系统驱动为低电平，直到在加载选项字节时将其重新配置为所期望的模式为止。

（2）窗口看门狗事件（WWDG 复位）。

（3）独立看门狗事件（IWDG 复位）。

（4）软件复位请求（SW 复位）。

将 Cortex-M0＋应用中断和复位控制寄存器中的 SYSRESETREQ 位设置为 1,以强制在器件上进行软件复位。

（5）低功耗模式安全复位。

为防止关键应用程序错误地进入低功耗模式,提供了 3 种低功耗模式安全复位。如果在选项字节中使能,那么在下面的条件下将生成复位：

① 进入待机模式。

通过复位用户选项字节中的 nRST_STDBY 位,可以使能这种类型的复位。在这种情况下,只要成功执行了待机模式入口序列,器件就会复位,而不是进入待机模式。

② 进入停止模式。

通过复位用户选项字节中的 nRST_STOP 位,可以使能这种类型的复位。在这种情况下,只要成功执行了停止模式入口序列,器件就会复位,而不是进入停止模式。

③ 进入断电模式。

通过复位用户选项字节中的 nRST_SHDW 位,可以使能这种类型的复位。在这种情况下,只要成功执行了断电模式入口序列,器件就会复位,而不是进入断电模式。

（6）选项字节加载程序复位。

当设置 FLASH_CR 寄存器中的 OBL_LAUNCH 位（第 27 位）时,产生选项字节加载程序复位。该位用于通过软件启动选项字节加载。

（7）上电复位。

9.3.3　RTC 域复位

RTC 域有两种特定的复位。当出现以下条件时,产生 RTC 域复位：

（1）软件复位。通过设置 RTC 域控制寄存器（RCC_BDCR）中的 BDRST 位。

（2）V_{DD} 或 V_{BAT} 上电（如果两个电源以前都断电）。

RTC 域复位仅影响 LSE 振荡器、RTC、备份寄存器和 RCC RTC 域控制寄存器。

9.4　低功耗设计实例一：从停止模式唤醒 MCU 的实现

视频讲解

在该设计中,将微控制器设置为 Stop 1 低功耗模式,并通过 RTC 或外部按键中断唤醒。

9.4.1　设计策略和实现目标

在具体实现上,采用下面的两种唤醒策略：

（1）将 RTC 设置为每隔 5 秒唤醒一次 STM32G071 MCU。当唤醒 STM32G071 MCU 时,驱动 PA5 引脚为高电平,持续时间为 1 秒。这样,使 NUCLEO-G071RB 开发板上标记为 LD4 的 LED 灯处于"亮"状态时间为 1 秒,然后重新返回到 Stop 1 模式。

（2）使用 NUCLEO-G071RB 开发板上标记为 USER 的外部按键,该按键连接到 STM32G071 MCU 的 PC13 引脚。在该设计实例中,将 PC13 引脚设置为"外部中断"。这样,当按下按键触发外部中断时,也可以将 STM32G071 MCU 从 Stop 1 低功耗模式唤醒。

9.4.2　程序设计和实现

本节将介绍从停止模式唤醒 MCU 的具体实现过程,主要步骤包括：

（1）启动 STM32CubeMX 集成开发环境（以下简称 STM32CubeMX），按本书前面介绍的方法选择正确的 MCU 器件。

（2）在 STM32CubeMX 的 Pinout & Configuration 标签界面中，将 PA5 引脚的模式设置为 GPIO_Output，将 PC13 引脚的模式设置为中断工作模式 GPIO_EXTI13。

（3）如图 9.16 所示，在 Pinout & Configuration 标签界面的右侧窗口中，单击 System View 按钮。右下侧窗口左边按列排列着名字为 DMA、GPIO、NVIC、RCC、SYS 的蓝色按钮。

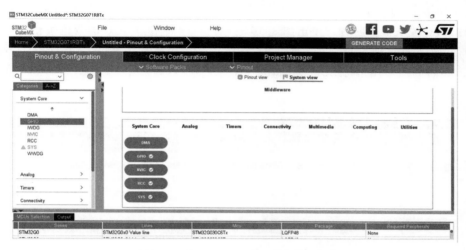

图 9.16　GPIO 和 NVIC 的设置入口

（4）单击图 9.16 左侧窗口的 GPIO 按钮。

（5）在如图 9.17 界面右侧的窗口中，单击 Pin Name 为 PC13 的一行。在下面的窗口中，通过 GPIO mode 右侧的下拉列表框将 GPIO mode 设置为 External Interrupt Mode with Falling edge trigger detection。

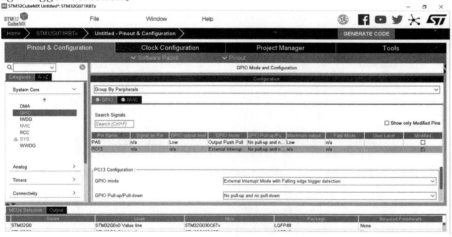

图 9.17　GPIO 设置界面

（6）如图 9.18 所示，单击 NVIC 标签，选中 EXTI line 4 to 15 interrupts 一行和 Enabled 一列相交位置的复选框，使能中断。

（7）从本书配套资源给出的开发板电路原理图可知，在 STM32G071 MCU 的 PC14 和

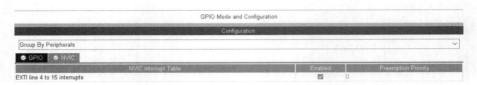

图 9.18　使能中断选项界面

PC15 之间连接了频率为 32.768kHz 无源晶体振荡器。该晶体振荡器为 STM32G071 MCU
内集成的 RTC 模块提供时钟。单击图 9.16 右侧窗口中名字为 RCC 的蓝色按钮。

（8）出现低速时钟设置界面，如图 9.19 所示。在该界面右侧窗口中，通过 Low Speed
Clock(LSE)右侧的下拉框将 Low Speed Clock(LSE)设置为 Crystal/Ceramic Resonator。

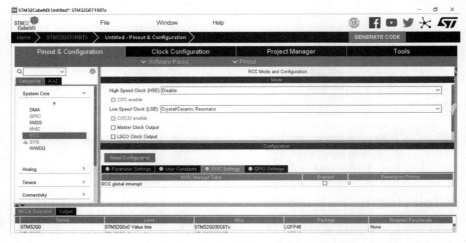

图 9.19　设置低速时钟

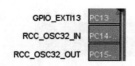

图 9.20　设计完成后的引脚
（局部视图）

设置完成后将选择 PC14 和 PC15 引脚（已经为其配置了
OSC32 输入和输出），如图 9.20 所示。

（9）如图 9.21 所示，在 Pinout & Configuration 标签界面左侧
窗口中，找到并展开 Timers。在展开项中，找到并选中 RTC 项。
在右侧窗口中，选中 Activate Clock Source 复选框。通过 WakeUP
右侧的下拉列表框，将 WakeUp 设置为 Internal WakeUp。

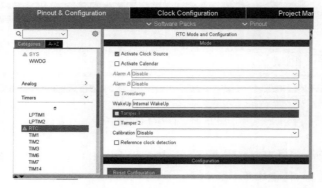

图 9.21　设置 RTC 参数

（10）在 STM32CubeMX 中，单击 Clock Configuration 标签。在该标签界面中，单击 LSE 右侧的单选按钮框，使得能够将外部输入的 32.768kHz 的 LSE 时钟通过 RTC Clock Mux 送给 STM32G071 内的 RTC，如图 9.22 所示。

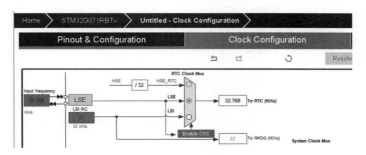

图 9.22 设置 RTC 时钟输入源界面

（11）现在配置 RTC。在该设计中，需要的唤醒时间间隔为 5s，因此要将唤醒计数器设置为 10246。在将 RTC 设置为 16 分频的情况下，其计算过程如下：

```
Wakeup Time Base = RTC_PRESCALER / LSE = 16 / (32.768kHz) = 0.488ms
Wakeup Time = Wakeup Time Base × Wakeup Counter = 0.488ms × Wakeup Counter
```

因此，Wakeup Counter＝5s/0.488ms＝10246。

（12）再次返回到 RTC 设置界面，如图 9.23 所示。在该界面右侧窗口中，通过 Wake Up Clock 右侧的下拉列表框，将 Wake Up Clock 设置为 RTCCLK/16。在 Wake Up Counter 右侧的文本框中输入 10246。

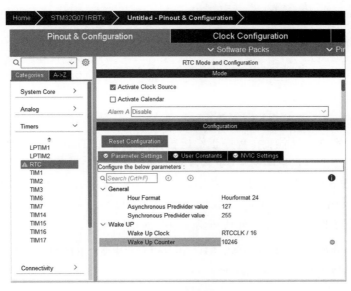

图 9.23 设置唤醒参数界面

（13）再次进入 NVIC 参数设置界面，如图 9.24 所示。在该界面右侧窗口中，选中 RTC and TAMP interrupts through EXTI lines 19 and 21 复选框，并确保已经选中了 EXTI line 4 to 15 interrupts 复选框。

（14）生成并导出名字为 LowPowerDesign 的设计工程。

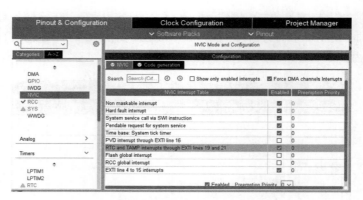

图 9.24 设置 RTC 中断

（15）启动 Keil μVision 集成开发环境（以下简称 Keil）。将路径定位到 STM32G0_example\example_9_1\MDK-ARM。在该路径下，打开名字为 LowPowerDesign. uvprojx 的工程文件。

（16）在 Keil 主界面左侧窗口中，找到并双击 main. c，打开该设计文件。在该文件的while(1)循环中添加设计代码，如代码清单 9-1 所示。

代码清单 9-1　在 while(1)循环中添加设计代码

```
while (1)
{
    /* USER CODE END WHILE */
    HAL_GPIO_WritePin(GPIOA,GPIO_PIN_5,GPIO_PIN_SET);     //设置输出引脚,驱动为高
    HAL_Delay(1000);
    HAL_GPIO_WritePin(GPIOA,GPIO_PIN_5,GPIO_PIN_RESET); //设置输出引脚,输出为低
    //进入停止模式
    HAL_PWR_EnterSTOPMode(PWR_LOWPOWERREGULATOR_ON,PWR_STOPENTRY_WFI);
    SystemClock_Config();                              //重新配置系统时钟
    /* USER CODE BEGIN 3 */
    }
    /* USER CODE END 3 */
}
```

添加的代码所实现的功能：在程序正常运行模式下将 LED 灯点亮 1 秒，然后进入停止模式。当 MCU 处于停止模式被唤醒后，重新配置时钟。

（17）在之前的 STM32CubeMX 版本中，需要使能一个时钟才能让 RTC 代码正常运行。因此必须确认在 stm32g0xx_hal_msp. c 文件中的 HAL_RTC_MspInit 函数中使能了RTCAPB 时钟（使用下划线标注），如代码清单 9-2 所示。

代码清单 9-2　在 HAL_RTC_MspInit 函数中使能 RTCAPB 时钟

```
void HAL_RTC_MspInit(RTC_HandleTypeDef * hrtc)
{
  if(hrtc -> Instance == RTC)
  {
  /* USER CODE BEGIN RTC_MspInit 0 */

  /* USER CODE END RTC_MspInit 0 */
   /* Peripheral clock enable */
    __HAL_RCC_RTC_ENABLE();
```

```
    __HAL_RCC_RTCAPB_CLK_ENABLE();        //必须包含该行代码,如果没有则要手动添加
    /* RTC interrupt Init */
    HAL_NVIC_SetPriority(RTC_TAMP_IRQn, 0, 0);
    HAL_NVIC_EnableIRQ(RTC_TAMP_IRQn);
  /* USER CODE BEGIN RTC_MspInit 1 */

  /* USER CODE END RTC_MspInit 1 */
  }

}
```

（18）保存设计文件。

（19）在 Keil 主界面菜单中选择 Project→Build Target 命令,对整个工程文件进行编译和链接,并生成可以下载到 STM32G071 MCU 内 Flash 存储器的文件格式。

（20）通过 USB 电缆,将意法半导体公司提供的 NUCLEO-G071RB 开发板的 USB 接口与 PC/笔记本计算机的 USB 接口进行正确连接。

（21）在 Keil 主界面菜单中选择 Flash→Download 命令,将设计代码下载到开发板上 STM32G071 MCU 的片内 Flash 存储器中。

（22）在加载代码后,按下开发板上标记为 Reset 的按键,使设计代码开始正常运行。

思考与练习 9-1：观察开发板上标记为 LD4 的 LED 的变化情况（小提示：程序以 Run 模式运行 1 秒钟,然后以 Stop 1 模式运行 5 秒,并通过 RTC 唤醒 STM32G071 MCU；此外,在微控制器处于 Stop 1 模式时,可以按下开发板上标记为 User 的按键,从 Stop 1 模式唤醒 STM32G071 MCU,并同时点亮开发板上标记为 LD4 的 LED 灯。

思考与练习 9-2：根据 RTC 和外部按键唤醒的原理,分析该设计实例中相关部分代码的实现方法。

9.5 低功耗设计实例二：定时器唤醒功耗分析

视频讲解

本节将在设计实例一的基础上,使用 STM32CubeMX 中的功耗工具,估算设计实例一中采用定时器唤醒的 STM32G071 MCU 的平均功耗。主要步骤如下：

（1）在 STM32CubeMX 工具界面中,单击 Tools 标签,出现 Tools 标签界面,如图 9.25 所示。在左侧窗口中,确认 V_{DD} 设置为 3.0V。

（2）如图 9.26 所示,单击 Change 按钮,修改所使用的电池。

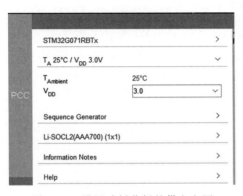

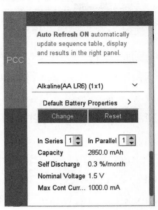

图 9.25　设置功耗分析的供电电压　　　　图 9.26　设置电池配置入口

（3）弹出 STM32CubeMX PCC：Battery Database Management 对话框，如图 9.27 所示。在该对话框中，选中第一行（Name 为 Alkaline(AA LR6)）。

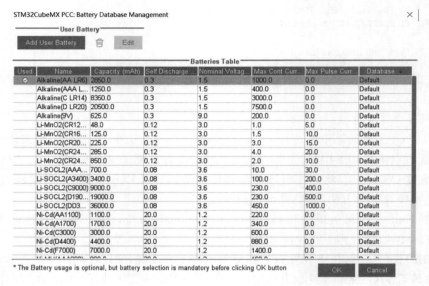

图 9.27　选择电池类型

（4）单击 OK 按钮，退出该对话框。

（5）如图 9.28 所示，通过 In Series 右侧的滚动条，将 In Series 设置为 2，该设置表示串联两个电池，获取 3V 的标准电压。

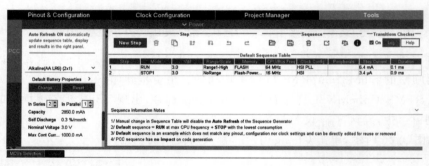

图 9.28　修改电池连接参数

（6）添加"运行"模式。双击图 9.28 右侧窗口中 Mode 为 RUN 的一行。

（7）弹出 Edit Step 对话框，如图 9.29 所示。在该对话框中，参数设置如下：

① Power Range——Range2-Medium；

② Memory Fetch Type——FLASH；

③ V_{DD}——3.0；

④ Voltage Source——Battery；

⑤ CPU Frequency——16MHz；

⑥ Clock Configuration——HSI；

⑦ Step Duration——1s。

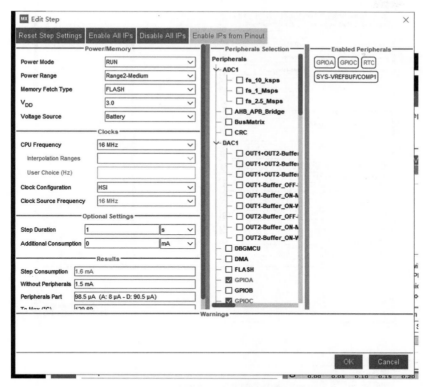

图 9.29 修改 RUN 模式参数

注:"电压范围"为"范围 2-中等",然后从闪存运行,V_{DD} 为 3V,"电源"为电池。将以 HSI 提供的 16MHz 时钟频率运行。并使能引脚布局中涉及的所有 IP,将导入之前的项目中使用的所有不同 IP 或外设。然后持续时间选择为 1s,实际上就是之前实现的"运行"模式闪烁或 LED 点亮时间为 1s。

当设置完上面的参数后,图 9.29 中 Result 标题栏窗口下的 Step Consumption 右侧的文本框显示 1.6mA,即电流消耗应为 1.6mA,也就是具有这些特性的运行模式下的功耗,该参数符合预期结果。

(8) 添加"Stop 1"模式。双击图 9.28 右侧窗口中 Mode 为 RUN 的一行。

(9) 弹出 Edit Step 对话框,如图 9.30 所示。在该对话框中,参数设置如下:

① Memory Fetch Type——Flash-PowerDown;

② V_{DD}——3.0;

③ Voltage Source——Battery;

④ CPU Frequency——16MHz;

⑤ Clock Configuration——HSI。

设置完这些参数之后,在 Results 标题窗口的 Step Consumption(电流消耗)显示为 3.4μA,就是具有这些特性的运行模式下的功耗,该值符合预期结果。

(10) 添加"从 Stop 1 唤醒"模式。单击图 9.28 右侧窗口左上角的 New Step 按钮。弹出 New Step 对话框,如图 9.31 所示。在该对话框中,参数设置如下:

① Power Mode——WU_FROM_STOP1;

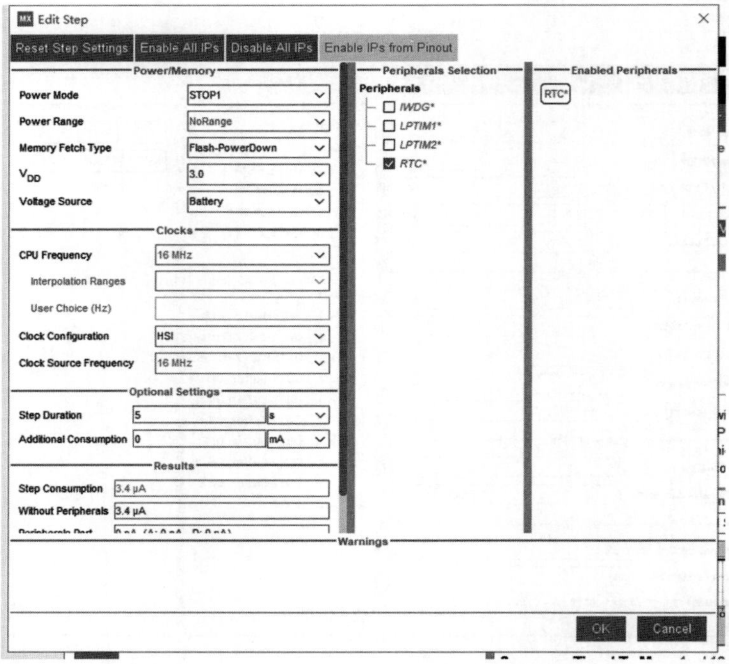

图 9.30　修改 Stop 1 模式参数

图 9.31　添加从 Stop 1 唤醒模式参数

② V_{DD}——3.0；

③ Voltage Source——Battery；

④ Wakeup time——9.0μs。

设置完这些参数之后，在 Results 标题窗口的 Step Consumption（电流消耗）显示为

1.21mA,该值符合预期结果。

（11）Tools 标签界面底部提供了该应用的平均电流消耗，如图 9.32 所示。

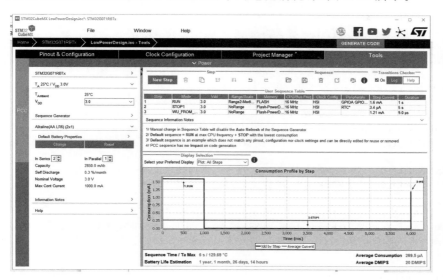

图 9.32　Consumption Profile by Steps 界面

从图 9.32 中的电流消耗曲线，可以看出该应用的平均电流消耗为 $269.5\mu A$，由于在该设计中选择了 AA 电池，因此可以估算出电池寿命为 1 年 1 个月 26 天 14 小时。

视频讲解

9.6　低功耗设计实例三：运行模式和低功耗模式状态的显示

在该设计实例中，将在设计实例一的基础上，加入 1602 字符型 LCD，在 LCD1602 上显示 STM32G071 MCU 当前所处的状态。

9.6.1　第一种设计实现方法

本节首先介绍第一种设计实现方法。主要步骤包括：

（1）在 STM32CubeMX 集成开发环境中，参考本章设计实例一，配置低功耗模式端口。

（2）在 STM32CubeMX 集成开发环境中，参考 7.12.4 节内容，配置 1602 字符型 LCD 所使用的 GPIO 端口。

（3）导出名字为 LowPowerDesignLCD1602 的工程，将该工程保存在 E:\STM32G0_example\example_9_2 目录下。

（4）启动 Keil μVision 集成开发环境（以下简称 Keil）。在 Keil 中，将路径定位到下面的路径 E:\STM32G0_example\example_9_2\MDK-ARM\，在该路径下，打开名字为 LowPowerDesignLCD1602.uvprojx 的工程文件。

（5）在 Keil 左侧的 Project 窗口中，找到并双击 main.c 文件。在该文件中，添加下面的设计代码，如代码清单 9-3 所示。

代码清单 9-3　添加设计代码（片段）

```
;与 1602 字符型 LCD 相关的子函数声明
void delay(void);
void lcdwritecmd(unsigned char cmd);
void lcdwritedata(unsigned char dat);
void lcdinit(void);
```

```c
void lcdsetcursor(unsigned char x, unsigned char y);
void lcdshowstr(unsigned char x, unsigned char y, unsigned char * str);

int main(void)
{
    lcdinit();                               //初始化 1602 字符型 LCD 的代码
    delay();                                 //延迟函数

    while(1)
    {
        lcdshowstr(0,0,"Welcome To");        //显示字符串"Welcome To"
        lcdshowstr(0,1,"Run Mode ");         //显示字符串"Run Mode"
        HAL_Delay(2000);                     //延时两秒

        lcdshowstr(0,0,"Welcome To");        //进入低功耗模式前一刻,改变输出
        lcdshowstr(0,1,"Low Power Mode");    //显示字符串"Low Power Mode"

        /* 进入停止模式,低功耗模式下不改变 1602 的输出 */
        HAL_PWR_EnterSTOPMode(PWR_LOWPOWERREGULATOR_ON,PWR_STOPENTRY_WFI);
        SystemClock_Config();                //重新配置系统时钟
    }
```

(6) 保存设计代码。

(7) 在 Keil 主界面菜单中选择 Project→Build Target 命令,对整个工程的设计文件进行编译和连接,并生成可以下载到 STM32G071 MCU 内闪存的文件格式。

(8) 通过开发板 NUCLEO-G071RB 上的连接器,将 1602 字符型 LCD 与 STM32G071 MCU 的引脚进行正确的连接。

(9) 通过 USB 电缆,将开发板 NUCLEO-G071RB 上的 USB 接口与 PC/笔记本计算机的 USB 接口进行连接。

(10) 在 Keil 主界面菜单中选择 Flash→Download 命令,将代码下载到 STM32G071 MCU 内的 Flash 存储器中。

(11) 按下复位按键后,开始执行主函数,先初始化 HAL、Clock、GPIO、RTC 以及 LCD,之后进入循环 while(1)。如图 9.33 所示,在运行模式下,在 1602 字符型 LCD 上输出 Run Mode 信息,持续两秒后,在进入低功耗模式的前一刻,1602 字符型 LCD 上的输出变为 Low Power Mode 信息。进入低功耗模式后,由于禁止除 RTC 外的其他所有外设,所以不会给 1602 字符型 LCD 发送新的数据/命令信号,可以看到在 1602 字符型 LCD 上仍然显示 Low Power Mode 信息。5 秒后,由 RTC 唤醒 STM32G071 MCU,重新进入运行模式。当然,也可以像设计实例一那样,通过按下开发板上标记为 User 的外部按键来唤醒 MCU。

(a) 系统处于运行模式   (b) 系统处于低功耗模式

图 9.33　系统运行效果展示

9.6.2　第二种设计实现方法

在第一种设计实现方法的基础上,进一步做出假设,如果 1602 字符型 LCD 的输出变为 Low Power Mode 是在 STM32G071 MCU 进入低功耗模式之后,会出现什么情况呢? 为了得到确定的答案,修改第一种设计实现方法的代码,如代码清单 9-4 所示。

代码清单 9-4　修改后的设计代码片段

```
while(1)
{
  lcdshowstr(0,0,"Welcome To");         //在 1602 字符型 LCD 第一行上显示信息
  lcdshowstr(0,1,"Run Mode        ");   //在 1602 字符型 LCD 第二行上显示信息
  HAL_Delay(2000);

                                        //进入 Stop 模式
  HAL_PWR_EnterSTOPMode(PWR_LOWPOWERREGULATOR_ON,PWR_STOPENTRY_WFI);
  lcdshowstr(0,0,"Welcome To");         //在 1602 字符型 LCD 第一行上显示信息
  lcdshowstr(0,1,"Low Power Mode");     //在 1602 字符型 LCD 第二行上显示信息
  SystemClock_Config();                 //重新配置系统时钟
```

在修改完设计设计代码后,对设计代码进行编译和链接,然后下载到 STM32G071 MCU 内的闪存中。

思考与练习 9-3:按下 NUCLEO-G071RB 开发板上标记为 RESET 的按键,使程序正常运行,观察程序运行结果。(小提示:1602 字符型 LCD 将一直显示 Run Mode,所以在低功耗的 Stop 1 模式下,MCD 不会通过 GPIO 端口向 1602 字符型 LCD 发送命令,GPIO 端口使能被禁止。)

第10章

看门狗原理及应用

STM32G0 系列的 MCU 中集成了功能强大的看门狗资源。看门狗本质上也是由定时器机制实现的,因此看门狗也称为看门狗定时器。但是与第 11 章介绍的定时器不同,看门狗用于在一些恶劣工作条件(比如极端温度环境,强噪声环境)下保证嵌入式系统的可靠运行。

简单地说,在开启看门狗定时器的情况下,如果 STM32G0 系列 MCU 工作正常,则应用软件每隔一个固定的时间间隔,就应该访问一次看门狗定时器。每当访问看门狗定时器(俗称"喂狗")时,就会使看门狗定时器重新开始计数,这样看门狗定时器就不会出现溢出;如果应用软件在规定的时间间隔内没有访问看门狗定时器,则看门狗定时器会出现溢出,表明 MCU 中当前正在运行的应用软件出现异常情况,则看门狗定时器会自动复位 MCU,使得 MCU 中的应用软件重新开始运行。

本章介绍了独立看门狗的原理和功能,并通过一个独立看门狗的设计实例说明使用看门狗定时器的方法。

10.1 独立看门狗原理和功能

视频讲解

在 STM32G0 系列 MCU 中嵌入了看门狗外设,该看门狗具有高安全级别、高定时精度和使用灵活的优点。独立看门狗外设检测并解决由于软件失效引起的故障,并在计数器到达给定的超时值时触发系统复位。

独立看门狗(Independent WatchDoG,IWDG)由自己的专用低速时钟 LSI 提供时钟源,因此即使主时钟发生故障,IWDG 也可保持活动状态。

IWDG 最适合要求看门狗在主应用程序之外作为完全独立的进程运行,但时序精度约束较低的应用程序。

10.1.1 IWDG 的结构

IWDG 的内部结构如图 10.1 所示。可以看到,IWDG 中的寄存器位于核电压域 V_{CORE} 中,而它的功能位于 V_{DD} 电压域中。很明显,IWDG 中的寄存器连接到 APB 总线。通过该总线,ARM Cortex-M0+访问 IWDG 中这些寄存器资源。

可以看到,在 IWDG 中需要两个时钟资源,包括:

(1) APB 总线中的时钟 pclk,该时钟用于提供 APB 总线访问 IWDG 中寄存器的时钟信号。

(2) LSI 时钟用于 IWDG 中的功能区。

在 IWDG 功能区中的 8 位预分频器用于对 LSI 振荡器时钟进行分频。12 位递减(向下)计数器定义了超时值。当向下计数器中的值达到零时,将产生看门狗复位信号。

这种结构使得 IWDG 在停止模式、待机模式和关机模式下也可以保持活动状态。

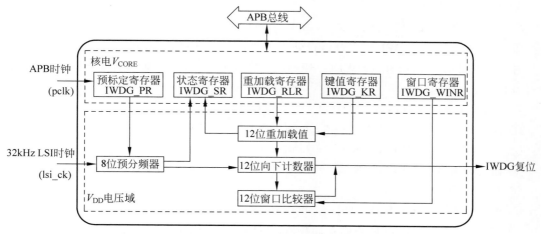

图 10.1 独立看门狗的内部结构

思考与练习 10-1：根据图 10.1 给出的 IWDG 的结构，简要分析该模块的工作原理。

10.1.2 IWDG 的工作原理

通过在 IWDG 键值寄存器(IWDG_KR)寄存器中写入值 0x0000CCCC 来启动独立看门狗时，计数器将从复位值 0xFFF 开始向下计数。当达到计数值 0x000 时，将产生一个复位信号(IWDG 复位)。

每当把键值 0x0000AAAA 写到 IWDG 键值寄存器(IWDG_KR)时，都会将 IWDG_RLR 值重新加载到计数器中，以阻止看门狗复位。特别要注意，一旦 IWDG 开始运行，就无法停止它。

需要注意，对寄存器 IWDG_PR、IWDG_RLR 和 IWDG_WINR 的写访问受到保护。要通过写访问来修改这些寄存器的内容时，应先给 IWDG_KR 寄存器写入 0x00005555。用不同的值写该寄存器将中断序列，并再次保护寄存器访问。

通过在寄存器 IWDG_WINR 中设置合适的窗口，IWDG 也可以作为窗口看门狗使用。如果向下计数器的值大于保存在寄存器 IWDG_WINR 的值时，执行了重加载操作，则产生复位。IWDG_WINR 中默认的值为 0x00000FFF，因此如果没有更新该值，则禁止窗口选项。只要窗口的值发生变化，就执行重加载操作，用于将向下计数器的值复位到 IWDG_RLR 中的值，并且简化周期数计算以生成下一次重加载。

为了阻止看门狗复位，在向下计数器中的值不为零且比时间窗口值小的时候，执行对看门狗寄存器的刷新操作。

注：(1) 如果使能独立看门狗硬件模式时，在每个系统复位后，看门狗用 0xFFF 自动加载向下计数器，并向下计数。

(2) 当器件进入调试模式(内核停止)，IWDG 计数器继续正常工作或者停止工作，这取决于 DBGMCU 的冻结寄存器中相应位的设置。

(1) 当使能窗口选项时，配置 IWDG 的步骤包括：

① 通过给寄存器 IWDG_KR 写 0x0000CCCC，使能 IWDG。

② 通过给寄存器 IWDG_KR 写 0x00005555，使能寄存器访问。

③ 通过给寄存器 IWDG_PR 写 0～7 的数据,编程 IWDG 预标定(分频)器。

④ 写寄存器 IWDG_RLR。

⑤ 等待更新寄存器(IWDG_SR＝0x0000 0000)。

⑥ 写寄存器 IWDG_WINR。这将自动刷新寄存器 IWDG_RLR 中的计数值。

注：当 IWDG 状态寄存器(IWDG_SR)设置为 0x00000000 时,写入的窗口值允许 RLR 刷新计数器值。

(2) 当禁止窗口选项时,配置 IWDG 的步骤包括：

① 通过给寄存器 IWDG_KR 写 0x0000CCCC,使能 IWDG。

② 通过给寄存器 IWDG_KR 写 0x00005555,使能寄存器访问。

③ 通过给寄存器 IWDG_PR 写 0～7 的数据,编程 IWDG 预标定(分频)器。

④ 写寄存器 IWDG_RLR。

⑤ 等待更新寄存器(IWDG_SR＝0x0000 0000)。

⑥ 写寄存器 IWDG_RLR 来刷新计数值(IWDG_KR＝0x0000AAAA)。

注：(1) IWDG 内寄存器的基地址为 0x4000 3000,为 IWDG 分配的地址空间的范围为 0x4000 3000～0x4000 33FF,该地址空间的大小为 1KB。

(2) 关于该模块寄存器的详细信息,请参见《RM0444 Reference manual—STM32G0x1 advanced ARM-Based 32-bit MCU》的 29.5 节。

10.1.3　IWDG 时钟基准和超时的设置

由图 10.1 可知,IWDG 时钟基准是由 32kHz 的 LSI 时钟预标定(分频)得到的。IWDG_PR 预分频寄存器可以对 LSI 时钟进行分频,分频范围为 4～256。看门狗计数器重新加载的值是写入 IWDG_RLR 寄存器中的 12 位值。

IWDG 超时值可以用下面的公式计算：

$$t_{IWDG} = t_{LSI} \times 4 \times 2^{PR} \times (RL+1)$$

式中,$t_{LSI} = 1/32000 = 31.25\mu s$,PR 和 RL 是 IWDG 中的寄存器设置。

注：可以通过 RCC 中的寄存器识别 IWDG 复位。通过这种方法,启动程序就能检查是否有由 IWDG 引起的复位。

10.2　独立看门狗设计实例：实现与分析

视频讲解

本节将基于 STM32CubeMX 集成开发环境(以下简称 STM32CubeMX)以及 Keil μVision 集成开发环境(以下简称 Keil),实现独立看门狗的设计和验证。

10.2.1　生成工程框架

本节将在 STM32CubeMX 中配置 STM32G071 MCU,并生成用于 Keil 的工程。主要步骤包括：

(1) 启动 STM32CubeMX。在 STM32CubeMX 主界面中,找到并单击 ACCESS TO MCU SELECTOR 按钮。

(2) 弹出 Download selected Files 界面,将自动下载和更新器件信息。

(3) 更新完成后,弹出 New Project from a MCU/MPU 页面。为了加快搜索速度,在该页面左侧窗口中,选中 ARM Cortex-M0＋复选框。在右侧窗口中,找到并双击 STM32G071RBTx 项。

（4）弹出新的 STM32CubeMX Untitled：STM32G071RBTx 页面。在该页面中，单击 Pinout & Configuration 标签。在该标签页面的右侧窗口中，将 STM32G071 MCU 的 PA5 引脚设置为 GPIO_Output，PC13 引脚设置为 GPIO_EXTI13。

（5）在右侧窗口中，找到并单击 System view 按钮。在下面的窗口中，有一列蓝色的按钮，单击 GPIO 按钮，如图 10.2 所示。

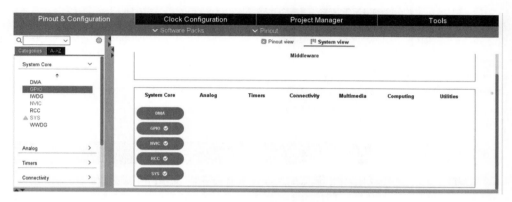

图 10.2 GPIO 设置入口界面

（6）在左侧的窗口中，单击 GPIO 按钮。在右侧窗口中，找到并单击 Pin Name（引脚名字）为 PA5 的一行，如图 10.3 所示。在该界面下方的窗口中，找到 User Label 标题，在其右侧文本框中输入 LED4。

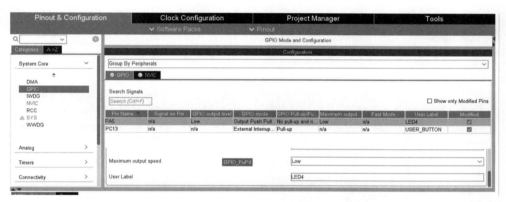

图 10.3 设置 PA5 引脚的参数

（7）找到并单击 Pin Name 为 PC13 的一行，在图 10.4 给出的窗口中，设置参数如下：

① GPIO mode——External Interrupt Mode with Falling edge trigger detection（通过下拉列表框）；

② GPIO Pull-up/Pull-down——Pull-up（通过下拉列表框）；

③ User Label——USER_BUTTON（通过在文本框中输入）。

（8）如图 10.5 所示，在左侧窗口中，单击 NVIC 按钮。在右侧窗口中，选中 EXTI line 4 to 15 interrupts 行和 Enabled 列所对应的复选框，表示使能 EXTI line 4 to 15 interrupt。

（9）如图 10.6 所示，在该界面的左侧窗口中，找到并单击 RCC 按钮。在右侧下面的子窗口中，找到并展开 Peripherals Clock Configuration，再将 Generate the peripherals clock

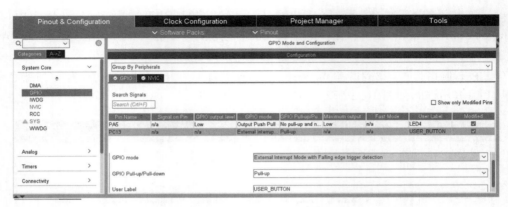

图 10.4　设置 PC13 引脚的参数

图 10.5　设置 NVIC 的参数

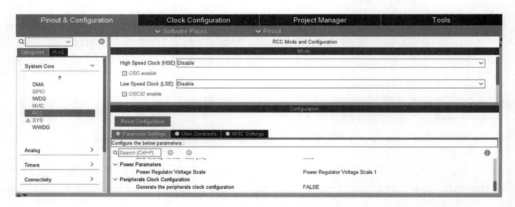

图 10.6　设置 RCC 的参数

configuration 设置为 FALSE。

（10）单击 Project Manager 标签。在该标签界面左侧，找到并单击 Advanced Settings 按钮。如图 10.7 所示，在右侧窗口中，将 GPIO 设置为 LL，并将 RCC 设置为 LL，表示生成 LL 形式的驱动。在右下方的 Generated Function Calls 窗口中，选中行右侧 Visibility(Static)一列的所有复选框。

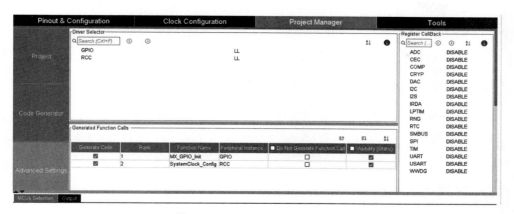

图 10.7　Project Manager 界面

（11）单击图 10.7 左侧窗口中的 Project 按钮，修改导出工程的参数配置：

① Project Name——IWDG_LL；

② Project Location——E：\STM32G0_example\example_10_1；

③ Application Structure——Basic；

④ Toolchain/IDE——MDK-ARM；

⑤ Min Version——V5。

（12）单击 STM32CubeMX 主界面右上角的 GENERATE CODE 按钮，导出生成的工程。

10.2.2　添加设计代码

本节将在导出的工程文件中添加设计代码，主要步骤包括：

（1）启动 Keil μVision 集成开发环境（以下简称 Keil）。将路径定位到 E：\STM32G0_example\example_10_1\MDK-ARM\，在该路径中打开名字为 IWDG_LL.uvprojx 的工程文件。

（2）在 Keil 主界面左侧窗口中，找到并双击 main.c，打开该文件。在该文件中添加设计代码，如代码清单 10-1 所示。

代码清单 10-1　添加的设计代码片段

```
//定义外部复位按键标志位(0 即没有按下按键,当前无复位请求)
static volatile uint8_t ubKeyPressed = 0;
void Check_IWDG_Reset(void);                        //声明函数,用于检测独立看门狗复位
void LED_On(void);                                  //声明函数,点亮 LED 灯

int main(void)
{
  LL_APB2_GRP1_EnableClock(LL_APB2_GRP1_PERIPH_SYSCFG);   //APB 总线系统时钟使能
  LL_APB1_GRP1_EnableClock(LL_APB1_GRP1_PERIPH_PWR);      //APB 总线 PWR 时钟使能

  LL_SYSCFG_DisableDBATT(LL_SYSCFG_UCPD1_STROBE | LL_SYSCFG_UCPD2_STROBE);

  SystemClock_Config();                             //系统时钟初始化
  MX_GPIO_Init();                                   //GPIO 初始化
  MX_IWDG_Init();                                   //看门狗初始化
  Check_IWDG_Reset();                               //检测独立看门狗复位
  while (1)
```

```
    {
        if (1 != ubKeyPressed)                                //如果没有外部复位请求
        {
            //重新加载看门狗向下计数器(更新)"喂狗"
            LL_IWDG_ReloadCounter(IWDG);
            LL_GPIO_TogglePin(LED4_GPIO_Port, LED4_Pin);
                                                               //LED4 状态切换——闪烁
            LL_mDelay(200);                                    //延时
        }
    }
}


//定义子函数 Check_IWDG_Reset
void Check_IWDG_Reset(void)
{
    if (LL_RCC_IsActiveFlag_IWDGRST())                        //如果 RCC 时钟计数到了预设的复位值
    {
        LL_RCC_ClearResetFlags();                             //清除 RCC 复位标志
        LED_On();                                             //让 LED4 灯点亮
        while(ubKeyPressed != 1)                              //外部复位按键标志位是 0,即没有复
                                                               //位请求,则 LED4 常亮

        {
        }
        ubKeyPressed = 0;                                     //清空外部复位按键标志位
    }
}

void LED_On(void)
{
    LL_GPIO_SetOutputPin(LED4_GPIO_Port, LED4_Pin);          //设置 LED4 的输出为高电平
}

void UserButton_Callback(void)                               //中断回调函数,生成外部中断复位
                                                             //请求
{
    ubKeyPressed = 1;
}
```

注：在 stm32g0xx_it.c 文件下的中断函数 EXTI4_15_IRQHandler 下调用中断的回调函数 UserButton_Callback()。

（3）保存设计代码。

（4）在 Keil 主界面菜单中选择 Project→Build Target 命令,对设计代码进行编译和链接,生成可以下载到 STM32G071 MCU 内 Flash 存储器的文件格式。

思考与练习 10-3：根据设计给出的代码,分析独立看门狗的运行机制。

10.2.3 设计下载和分析

本节将设计代码下载到 STM32G071 MCU 内的闪存中,并运行设计代码,然后对设计代码进行进一步的分析。主要步骤包括:

（1）通过 USB 电缆,将 NUCLEO-G071RB 开发板的 USB 接口连接到 PC/笔记本计算机的 USB 接口。

（2）按下开发板上标记为 RESET 的按键,此时开发板上标记为 LED4 的 LED 灯开始

闪烁。

（3）当第一次按下开发板上标记为 USER 的按键后，LED4 保持常亮；然后，第二次按下开发板上标记为 USER 的按键后，LED4 恢复闪烁。

当观察到现象后，再对设计进行更详细的分析，以进一步帮助读者理解和掌握独立看门狗的工作原理。

（1）按下开发板上标记为 RESET 的按键（复位后）。

先执行启动引导代码，然后跳转到 main.c 文件中的 main() 主函数。进入 main() 主函数之后执行一系列初始化配置，包括使能 APB 总线上相关设备的时钟、初始化系统时钟、初始化 GPIO、初始化独立看门狗初。进而调用 Check_IWDG_Reset() 函数检测独立看门狗复位，此时不满足锁死条件。然后，程序进入 while(1) 循环，此时还是没有外部复位请求，正常访问看门狗定时器，即"喂狗"，LED4 闪烁。

（2）第一次按下开发板上标记为 USER 的按键后。

触发 13 号外部中断，执行其中断回调函数，将外部复位请求标志位设置为 1。执行完中断程序后，跳转回主函数的 while(1) 循环之中。若不满足 ubKeyPressed!=1 的条件，则不会重新加载看门狗向下计数器，即不会"喂狗"。但是还在 while(1) 循环内，看门狗还在计数，当看门狗溢出后复位（注：与按下复位按键不同），重新执行 main() 主函数。但是现在将 ubKeyPressed 置为 1，当执行到 Check_IWDG_Reset() 函数检测独立看门狗复位时，将开发板上标记为 LD4 的 LED 灯点亮，并一直处于 while(ubKeyPressed!=1) 循环中，因此 LED 灯常亮。

（3）第二次按下开发板上标记为 USER 的按键后。

触发 13 号外部中断，执行其中断回调函数，将外部复位请求标志位置 1。执行完中断程序后，跳转回子函数 Check_IWDG_Reset() 的 while(ubKeyPressed!=1) 循环之中，不满足循环条件，跳出此循环。之后，在该子函数最后将 ubKeyPressed 标志位清零。返回 main() 主函数，又进入 while(1) 循环，正常"喂狗"。

第11章

定时器的原理及应用

STM32G071 MCU 的一大优势就是片内集成了大量功能丰富的定时器资源,可满足不同的应用场景需求。

本章将使用 STM32G071 MCU 内集成的定时器资源,实现对直流风扇的驱动和控制,以及通过定时器资源获取直流风扇的转速信号。本章主要包括脉冲宽度调制的原理、直流风扇的驱动原理、通用定时器的结构和功能,以及直流风扇驱动和测速的设计与实现。

通过本章理论和实验案例的详细讲解,读者可深入理解并掌握 STM32G071 MCU 内通用定时器的基本原理,以及通用定时器在直流电机驱动领域的应用。

视频讲解

11.1 脉冲宽度调制的原理

使用 MCU 来控制直流电机的速度,通常使用脉冲宽度调制(Pulse Width Modulation, PWM)。PWM 的特点是脉冲周期保持恒定,而脉冲的高电平时间(称为占空)可变,如图 11.1 所示。占空比表示为

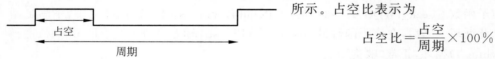

图 11.1 PWM 信号波形

$$占空比 = \frac{占空}{周期} \times 100\%$$

当增加占空时(即增加脉冲的高电平时间,减少脉冲的低电平时间,总的周期保持不变),占空比的值将增加,在给定周期内隐含的直流信号分量的值(平均值)增加;当减少占空时(即减少脉冲的高电平时间,增加脉冲的低电平时间,总的周期保持不变),占空比的值将减少,在给定周期内隐含的直流信号分量的值(平均值)减少。

思考与练习 11-1:说明脉冲宽度信号中占空比的含义,以及它与直流分量之间的关系。

11.2 直流风扇的驱动原理

视频讲解

本章的设计使用了日本山羊电气株式会社(SANYO DENKI)的 SanAce40 9GA0405P6F001 直流散热风扇。本节将对该直流散热风扇的驱动原理进行介绍。

11.2.1 直流风扇的规范和连线

直流散热风扇的外观如图 11.2 所示,该直流风扇的主要机械和电气规范,如表 11.1 所示。

图 11.2 直流风扇的外观

表 11.1　直流风扇主要的电气和机械规范

规 格 参 数	值
风扇制造商	日本山羊电气株式会社
模型型号	9GA0405P6F001
尺寸(mm)	$40 \times 40 \times 20$
额定电压	5V 直流
工作电压范围(V)	$4.5 \sim 5.5$
额定电流(A)	0.18
额定输入(W)	0.9
额定转速(RPM)	8000
最大空气流量($\mathrm{m}^3/\mathrm{min}$)	0.21
最大空气流量(CFM)	7.4
噪声(dBA)	28
PWM 控制	有
传感器类型	脉冲传感器
工作温度(℃)	$-20 \sim +70$
外壳材料	塑料
质量(g)	35

风扇单元的导线以规定的电压连接到直流电源。红线为"＋",黑色或蓝色原则上为"－"(GND)。

(1) 传感器线。

在直流风扇传感器输出规范的情况下,连接了黄色导线。将该黄色导线连接到传感器的接收电路。传感器的规格会因风扇的型号而不同。不要让超过默认值的电流流过传感器的导线,否则可能会损坏风扇。

(2) 控制线。

对于具有 PWM 速度控制功能的风扇,需要连接棕色导线。使用棕色导线进行控制。

11.2.2　PWM 速度控制功能

PWM 速度控制是指通过改变控制端子和 GND 之间的输入脉冲信号的占空比从外部控制风扇转速。对于本节所使用的直流风扇来说,PWM 与转速之间的关系如图 11.3 所示。MCU 与直流风扇的连接原理如图 11.4 所示。

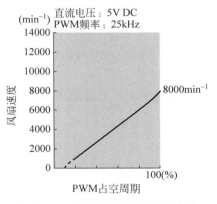

图 11.3　PWM 与转速之间的关系

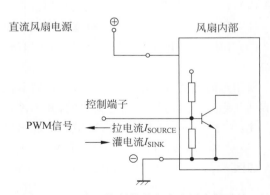

图 11.4　PWM 控制信号与直流风扇的连接

思考与练习 11-2：根据图 11.3 给出的转速和占空比之间的关系，通过拟合算法，用公式表示占空比和直流风扇转速之间的关系。

11.2.3 脉冲传感器（转速输出类型）

风扇每旋转一圈，脉冲传感器就会输出两个脉冲波形，这对于检测风扇速度非常有利。脉冲传感器可以集成在各种无刷直流电机（BrushLess Direct Current motor，BLDC）风扇中。

注：风扇内部或外部设备的噪声可能会影响传感器的输出。

脉冲传感器电路如图 11.5 所示。可以看到，脉冲传感器的输出采用了集电极开漏的模式，因此需要在脉冲传感器输出端口（测速线）上拉一个电阻到电源上。

当直流风扇稳定运行时脉冲传感器的输出波形（需要上拉电阻），如图 11.6 所示。该输出波形满足以下几个条件：

$$T_1 \approx T_2 \approx T_3 \approx T_4 \approx 60/4N(\text{s})$$

其中，N 为风扇的速度（min^{-1}）。

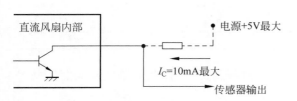

图 11.5　脉冲传感器的输出电路

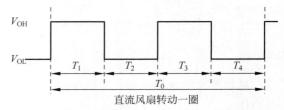

图 11.6　直流风扇稳定运行时脉冲传感器的输出波形

视频讲解

11.3　通用定时器的结构和主要功能

在 STM32G0 系列 MCU 内，集成的通用定时器包括 TIM2、TIM3、TIM4、TIM14、TIM15、TIM16 和 TIM17。其中：

（1）TIM2/TIM3/TIM4 是由可编程预分频器驱动的 16 位/32 位自动重加载计数器。

（2）TIM14 是由可编程预分频器驱动的 16 位自动重加载计数器。

（3）CTIM15/TIM16/TIM17 是由可编程预分频器驱动的 16 位自动重加载计数器。

这些通用定时器可用于多个目的，包括测量输入信号的脉冲长度（输入捕获）或产生输出波形。其中：

（1）TIM2/TIM3/TIM4 生成的输出波形（输出比较、PWM）。

（2）TIM14 生成的输出波形（输出比较、PWM）。

（3）TIM15/TIM16/TIM17 生成的输出波形（输出比较、PWM、具有死区插入功能的互补PWM）。

使用定时器预分频器和 RCC 时钟控制器预分频器，可以将脉冲长度和波形周期从几微秒调节到几毫秒。定时器是完全独立的，并不需要共享任何资源。

注：（1）TIM4 仅在 STM32G0B1xx 和 STM32G0C1xx 器件上可用。

（2）本章仅介绍 TIM2/TIM3/TIM4 定时器模块。

如图 11.7 所示，TIM2/TIM3/TIM4 的主要功能包括：

（1）16 位（TIM3 和 TIM4）或 32 位（TIM2）递增、递减、递增/递减自动重加载计数器。

（2）16 位的可编程预分频器，用于将计数器时钟频率除以 1～65535 之间的分频因子。

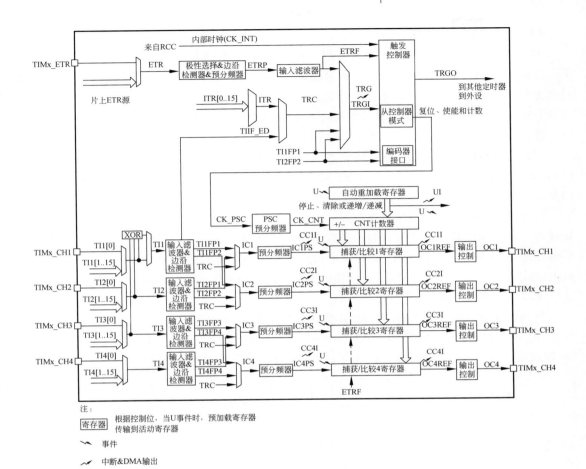

图 11.7　TIM2/TIM3/TIM4 的内部结构

（3）最多 4 个独立通道,用于输入捕获、输出比较、PWM 生成(边沿和中心对齐模式)以及单脉冲模式输出。

（4）同步电路,用于通过外部信号控制定时器并互联多个定时器。

（5）发生以下事件时产生中断/DMA。

① 更新:计数器上溢/下溢,计数器初始化(通过软件或内部/外部触发);

② 触发事件(计数器开始、停止、初始化或由内部/外部触发的计数);

③ 输入捕获;

④ 输出比较。

（6）支持增量(正交)编码器和霍尔传感器电路以进行定位。

（7）触发输入,用于外部时钟或按周期电流管理。

注:(1) 本节仅介绍定时器最基本的功能,关于 TIM2/TIM3/TIM4 功能的详细信息,参见《RM0444 Reference manual—STM32G0x1 advanced ARM-based 32-bit MCUs》的22.2 节。

（2） 关于 TIM2/TIM3/TIM4 寄存器的详细信息,参见《RM0444 Reference manual—STM32G0x1 advanced ARM-based 32-bit MCUs》的 22.4 节。

思考与练习 11-3:根据图 11.7 给出的定时器内部结构,分析定时器所提供的功能。

11.3.1 时基单元

可编程定时器内的主要模块是包含自动重加载寄存器的 16 位/32 位计数器。计数器不但可以向上、向下或向上和向下计数，而且能向下或向上和向下计数。该计数器的时钟可以通过预分频器进行分频。软件可以读写计数器（TIMx_CNT）、自动重加载寄存器（TIMx_ARR）和预分频寄存器（TIMx_PSC），在计数器正在运行时也可执行这样的操作。

注：这里的 x 表示 2、3 或 4，即 TIM2、TIM3 或 TIM4。

当设置 TIMx_CR1 寄存器的计数器使能位（CEN）时，计数器由预分频器的输出 CK_CNT 驱动。需要注意，当在 TIMx_CR1 寄存器中设置 CEN 位后，计数器启动计数一个时钟周期。

预加载操作会自动重新加载寄存器。对自动重加载寄存器的写入和读取操作，将访问预加载寄存器。预加载寄存器的内容永久或在每个更新事件（Update EVent, UEV）时传输到影子寄存器，这取决于 TIMx_CR1 寄存器中的自动重加载预加载使能位（ARPE）。当计数器达到上溢或下溢时发送更新事件，并且 TIMx_CR1 寄存器中的 UDIS 位为 0 时，发送更新事件。这也可以通过软件产生。

预分频器可以对计数器的时钟频率进行分频，分频因子的范围为 1～65536。它基于通过 16 位/32 位寄存器（在 TIMx_PSC 寄存器中）控制的 16 位计数器。由于该控制寄存器已经被缓冲，因此可以对其进行即时更改。在下一个更新事件中将考虑新的预分频值，如图 11.8 所示。

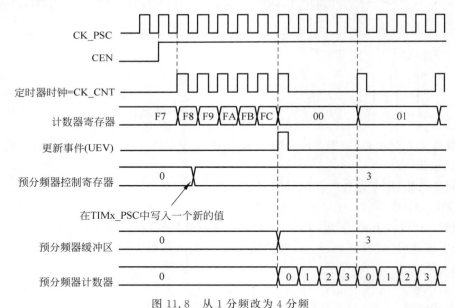

图 11.8 从 1 分频改为 4 分频

11.3.2 计数器模式

计数器支持向上计数模式、向下计数模式和中心对齐模式，本节仅介绍向上计数模式。

在向上计数模式中，计数器从 0 一直计数到自动重加载的值（TIMx_ARR 寄存器的内容），然后从 0 重新开始，并产生一个计数器上溢事件。

在每个计时器的向上溢出（以下简称上溢）或设置 TIMx_EGR 寄存器中的 UG 位（通过软件或使用从模式控制器），将生成一个更新事件。

通过软件设置 TIMx_CR1 寄存器中的 UDIS 位,可以禁止 UEV 事件。这是为了避免将新的值写入预加载寄存器时更新影子寄存器。然后,直到将 UDIS 位写成 0 时,才产生更新事件。但是,计数器和预分频的计数器都从 0 重新开始(但是预分频率不变)。此外,如果设置了 TIMx_CR1 中的更新请求选择(Update Request Selection,URS)位,则设置 UG 位将产生一个更新事件(UEV)但是不设置 UIF 标志(因此不会发送中断或 DMA 请求)。当在捕获事件上清除计数器时,可以避免产生所有更新和捕获中断。

当发生更新事件时,更新所有寄存器并且设置更新标志(TIMx_SR 寄存器中的 UIF 位)(取决于 URS 位):

(1) 用预加载值(TIMx_ARR)更新自动重加载影子寄存器。

(2) 用预加载值(TIMx_PSC)重加载预分频器缓冲区。

图 11.9～图 11.11 给出了当 TIMx_ARR＝0x36 时不同时钟频率的计数器行为。

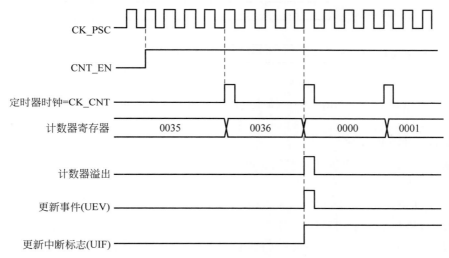

图 11.9　内部时钟 4 分频的计数器时序(TIMx_ARR＝0x36)

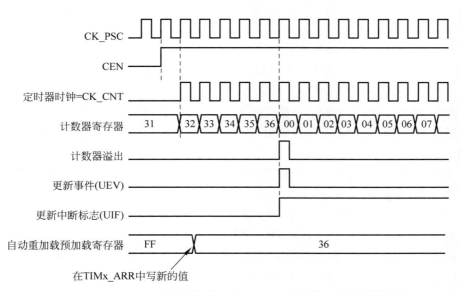

图 11.10　ARPE＝0(没有预加载 TIMx_ARR 寄存器)时的计数器时序

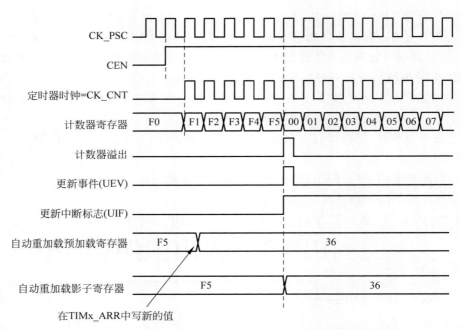

图 11.11　ARPE＝1(预加载 TIMx_ARR 寄存器)时的计数器时序

11.3.3　时钟选择

可以通过下面的方式提供计数器的时钟。

1) 内部时钟

如果禁止从模式控制器(TIMx_SMCR 寄存器中 SMS＝000)，则 CEN、DIR(在 TIMx_CR1 寄存器中)和 UG 位(在 TIMx_EGR 寄存器中)是实际的控制位，并且只能由软件进行修改(除了 UG 保持自动清除以外)。一旦将 CEN 位写入 1，预分频器就由内部时钟 CK_INT 驱动。

2) 外部时钟源模式 1

当在 TIMx_SMCR 寄存器中将 SMS 设置为"111"时，选择该模式。计数器在一个所选择输入的上升沿或下降沿计数。

注：保留 01000～11111 的编码。

如图 11.12 所示，要配置向上计数器以响应 TI2 输入的上升沿进行计数，需要遵循下面的步骤：

(1) 使用 TIMx_TISEL 寄存器中的 TI2SEL[3:0]字段选择正确的 TI2x 源(内部或外部)。

(2) 通过在 TIMx_CCMR1 寄存器中写入 CC2S＝"01"，将通道 2 配置为检测 TI2 输入上的上升沿。

(3) 通过写 TIMx_CCMR1 寄存器中的 IC2F[3:0]字段来配置输入滤波器的持续时间(如果不需要滤波器，则保持 IC2F＝"0000")。

(4) 通过写 TIMx_CCER 寄存器中的 CC2P＝"0"和 CC2NP＝"0"，选择上升沿极性。

(5) 通过写 TIMx_SMCR 寄存器中的 SMS＝"111"，将定时器配置为外部时钟模式 1。

(6) 通过在 TIMx_SMCR 寄存器中写入 TS＝"00110"，选择 TI2 作为触发输入源。

(7) 通过写 TIMx_CR1 寄存器中的 CEN＝1，使能计数器。

注：捕获预分频器不能用于触发，因此用户不需要配置它。

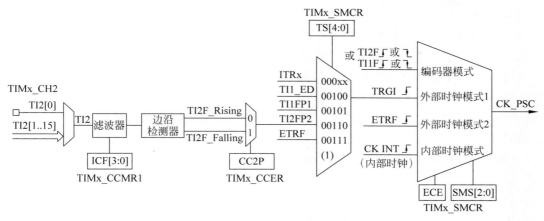

图 11.12 TI2 外部时钟连接的例子

当在 TI2 上出现上升沿时,计数器计数一次,并设置 TIF 标志。在 TI2 上升沿和计数器实际时钟之间的延迟归结为在 TI2 输入上的重同步电路。

3) 外部时钟源模式 2

通过在 TIMx_SMCR 寄存器中写入 ECE＝1 来选择该模式。计数器可以在外部触发输入 ETR 的每个上升沿或下降沿计数。外部触发器输入块结构,如图 11.13 所示。

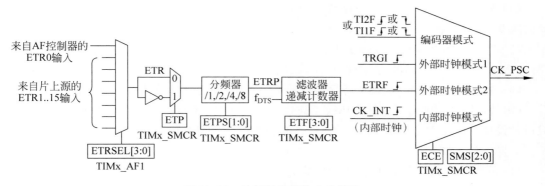

图 11.13 外部触发器输入块结构

要配置向上计数器以对 ETR 上的每两个上升沿进行计数,具体过程如下:

(1) 在 TIMx_AF1 寄存器中的 ETRSEL[3:0]字段选择正确的 ETR 源(内部或外部)。

(2) 由于在该例子中不需要滤波器,因此在 TIMx_SMCR 寄存器中写入 ETF[3:0]="0000"。

(3) 通过在 TIMx_SMCR 寄存器中写入 ETPS[1:0]="01"来设置预分频器。

(4) 通过在 TIMx_SMCR 寄存器中写入 ETP=0,选择在 ETR 引脚上检测上升沿。

(5) 通过在 TIMx_SMCR 寄存器中写入 ECE=1,使能外部时钟模式 2。

(6) 通过在 TIMx_CR1 寄存器中写 CEN=1,使能计数器。

ETR 上的上升沿和实际时钟之间的延迟是由 ETRP 信号上的重同步电路引起的。因此计数器可以正确捕获信号的最高频率最多为 TIMxCLK 频率的 1/4。当 ETRP 信号变化较快时,用户应该通过正确的 ETPS 预分频器设置对外部信号进行分频。

11.3.4　输入捕获模式

在输入捕获模式下，捕获/比较寄存器(TIMx_CCRx)用于在相应的 ICx 信号检测到跳变之后锁寄存器的值。当发生一个捕获时，设置 TIMx_SR 寄存器相应的 CCxIF 标志。如果使能，则可以发送中断或 DMA 请求。如果发生捕获，同时 CCxIF 标志已经为高，然后设置 TIMx_SR 寄存器中的已经捕获(over-capture)标志 CCxOF。可以通过软件清除 CCxIF，具体方法是给该标志写 0，或者读取保存在 TIMx_CCRx 寄存器中的捕获数据。当给 CCxOF 写 0时，清除该位。

下面的例子给出在 TI1 输入上升沿捕获 TIMx_CCR1 中计数器值的方法，步骤包括：

(1) 通过 TIMx_TISEL 寄存器中的 TI1SEL[3:0]字段选择正确的 TI1x 源(内部或外部)。

(2) 选择活动的输入。TIMx_CCR1 必须连接到 TI1 输入，这样将 TIMx_CCMR1 寄存器中的 CC1S 字段写成"01"。一旦 CC1S 不为"00"，通道就配置为输入，且 TIMx_CCR1 寄存器变成只读。

(3) 根据与定时器连接的信号(当输入是 TIx 的其中之一，TIMx_CCMRx 寄存器的 ICxF位)，编程设置合适的输入滤波器长度。假设在切换时，在必需的 5 个内部时钟周期内，输入信号是不稳定的，则必须编程设置滤波器的长度大于 5 个时钟周期。当检测到连续 8 个具有新电平的采样(以 f_{DTS} 频率采样)时，可以确认 TI1 的跳变。然后在 TIMx_CCMR1 寄存器中将"0011"写入 ICIF 字段。

(4) 通过对 TIMx_CCER 寄存器中的 CCIP 和 CCINP 位写入"000"，选择 TI1 通道上活动的跳变沿(在这种情况下为上升沿)。

(5) 对预分频器编程。在例子中，希望在每个有效的跳变中执行捕获，因此禁止了分频器(将 TIMx_CCMR1 寄存器的 IC1PSC 字段设置为"00")。

(6) 通过设置 TIMx_CCER 寄存器中的 CC1E 位，使能从计数器到捕获寄存器的捕获。

(7) 如果需要，则通过设置 TIMx_DIER 寄存器中的 CC1IE 位来使能相关中断请求，和/或通过设置 TIMx_DIER 寄存器中的 CC1DE 位来使能 DMA 请求。

当发生输入捕获时：

(1) 在活动的跳变沿，TIMx_CCR1 寄存器获取计数器的值。

(2) 设置 CC1IF 标志(中断标志)。如果至少发生两次连续捕获而没有清除标志，则设置 CC1OF 标志。

(3) 根据 CC1IE 位产生中断。

(4) 根据 CC1DE 位产生 DMA 请求。

为了处理已经出现的捕获，建议在已经出现捕获(overcapture)标志之前读取数据。这是为了避免丢失可能在读取标志之后和数据之前发生已经出现的捕获。

注：通过软件设置 TIMx_EGR 寄存器中相应的 CCxG 位来产生 IC 中断和/或 DMA 请求。

思考与练习 11-4：说明捕获和比较的原理以及实现方法。

11.3.5　PWM 模式

脉冲宽度调制(Pulse Width Modulation，PWM)模式允许通过 TIMx_ARR 寄存器的值确定生成信号的频率以及通过 TIMx_CCRx 寄存器的值确定生成信号的占空比。

通过将 TIMx_CCMRx 寄存器的 OCxM 字段设置为"110"(PWM 模式 1)或"111"(PWM

模式 2),使能在每个通道上独立选择 PWM 模式(每个 OCx 输出一个 PWM)。通过设置 TIMx_CCMRx 寄存器中的 OCxPE 位来使能相应的预加载寄存器,最后通过设置 TIMx_CR1 寄存器中的 ARPE 位来自动重加载预加载寄存器(在向上计数或中心对齐模式下)。

由于仅在发生更新事件时才将预加载寄存器的内容传输到影子寄存器,因此在启动计数器之前,必须通过设置 TIMx_EGR 寄存器中的 UG 位来初始化所有寄存器。

通过 TIMx_CCER 寄存器中的 CCxP 位,对 OCx 的极性进行软件编程。可以将其编程为高电平或低电平有效。通过设置 TIMx_CCER 寄存器中的 CCxE 位,使能 OCx 输出。

在 PWM 模式(1 或 2),始终将 TIMx_CNT 和 TIMx_CCRx 进行比较,以确定 TIMx_CCRx≤TIMx_CNT 还是 TIMx_CNT≤TIMx_CCRx(取决于计数器的方向)。但是,为了实现 OCREF_CLR 功能(外部事件通过 ETR 信号清除 OCREF,直到下一个 PWM 周期为止),只在下面情况下,OCREF 信号有效。

(1) 比较结果;

(2) 当输出比较模式(TIMx_CCMRx 寄存器中 OCxM 字段)从"冻结"配置(没有比较,OCxM="000")切换到 PWM 模式之一(OCxM="110"或"111")时。这会在定时器运行时通过软件强制切换到 PWM 模式。

根据 TIMx_CR1 寄存器中的 CMS 位,定时器能够在边沿对齐模式或中心对齐模式下生成 PWM。

1) PWM 边沿对齐模式

(1) 向上计数配置。当 TIMx_CR1 寄存器中的 DIR 位为 0 时,向上计数有效。如图 11.14 所示,考虑 PWM 模式 1。只要 TIMx_CNT<TIMx_CCRx,参考 PWM 信号 OCxREF 就会变为高电平,否则它将变为低电平。如果 TIMx_CCRx 中的比较值大于自动重加载值(TIMx_ARR 中),则 OCxREF 保持为 1。如果比较值为 0,则 OCxREF 保持为 0。

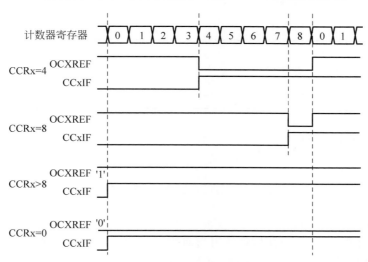

图 11.14 边沿对齐 PWM 波形(ARR=8)

如图 11.14 所示,给出了 TIMx_ARR=8 的一些边沿对齐的 PWM 波形。

(2) 递减配置。当 TIM1_CR1 寄存器中的 DIR 位为 1 时,向下计数有效。

在 PWM 模式 1 中,只要 TIMx_CNT>TIMx_CCRx,参考信号 OCxRef 就会为低电平,否则它将变为高电平。如果 TIMx_CCRx 中的比较值大于 TIMx_ARR 中的自动重加载值,则 OCxREF 保持为 100%。在该模式下，无法使用 PWM。

2) PWM 中心对齐模式

当 TIMx_CR1 寄存器中的 CMS 字段不等于"00"(所有剩余配置对 OCxRef/OCx 信号具有相同的影响)时，中心对齐模式有效。

当计数器向上计数或向下计数或向上/向下计数时，都将设置比较标志，具体取决于 CMS 字段的配置。硬件更新 TIMx_CR1 寄存器中的方向位(DIR)。

图 11.15 给出了中心对齐的 PWM 波形，其中：

(1) TIMx_ARR=8；

(2) PWM 模式是 PWM 模式1；

(3) 当计数器向下计数时，对应于 TIMx_CR1 寄存器中 CMS="01"时选择中心对齐模式1。

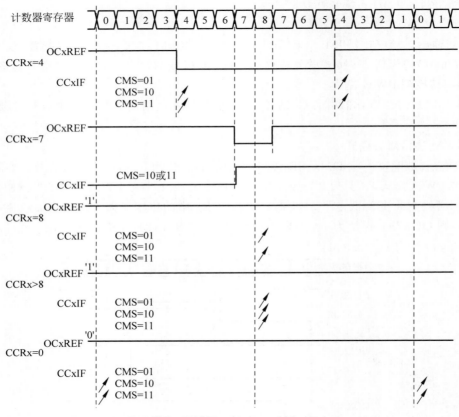

图 11.15 中心对齐 PWM 波形(ARR=8)

使用中心对齐模式的提示：

(1) 在中心对齐模式下启动时，将使用当前的上/下配置。这意味着计数器根据在 TIMx_CR1 寄存器的 DIR 位中写入的值递增/向下计数。此外，软件不能同时修改 DIR 和 CMS 字段。

(2) 不建议在中心对齐模式下运行时写入计数器，因为这会导致意外的结果。特别是：

① 如果值大于写入到计数器的重加载值(TIMx_CNT>TIMx_ARR)，则不会更新方向。例如，如果计数器正在向上计数，那么它将继续向上计数。

② 如果将 0 或者 TIMx_ARR 值写入计数器，但没有生成更新事件 UEV，则更新方向。

（3）使用中心对齐模式的最安全方法是在启动计数器之前通过软件生成更新（设置 TIMx _EGR 寄存器中的 UG 位），而不是在运行时写入计数器。

11.3.6 单脉冲模式

单脉冲模式（One-Pulse Mode,OPM）允许计数器响应激励而启动，并在可编程的延迟后生成具有可编程长度的脉冲。

通过从模式控制器，可以控制计数器的启动。在输出比较模式或 PWM 模式下，可以完成波形的产生。通过设置 TIMx_CR1 寄存器中的 OPM 位选择单脉冲模式。这样，计数器在下一个更新事件 UEV 中自动停止。

仅当比较值与计数器初始化值不同时，才能正确生成脉冲。在启动之前（当定时器等待触发时），配置必须为：

$$CNT < CCRx \leqslant ARR（尤其是 0 < CCRx）$$

一个单脉冲模式的例子如图 11.16 所示。

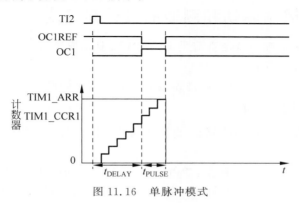

图 11.16　单脉冲模式

例如，只要在 TI2 输入引脚上检测到上升沿，在 OC1 上产生一个长度为 t_{PULSE} 的正脉冲，并且延迟 t_{DELAY} 之后。

将 TI2FP2 用作触发器 1：

（1）通过 TIMx_TISEL 寄存器中的 TI2SEL[3:0]字段，选择正确的 TI2x 源（内部或外部）。

（2）通过设置 TIMx_CCMR1 寄存器中的 CC2S 字段为"01"，将 TI2FP2 映射到 TI2。

（3）TI2FP2 必须检测一个上升沿，在 TIMx_CCER 寄存器中写 CC2P=0 和 CC2NP=0。

（4）通过设置 TIMx_SMCR 寄存器中的 TS 字段为"00110"，将 TI2FP2 配置为从模式控制器（TRGI）的触发器。

（5）通过设置 TIMx_SMCR 寄存器中的 SMS 字段为"110"（触发模式），TI2FP2 用于启动计数器。

通过写比较寄存器，定义所生成的 OPM 波形（考虑了时钟频率和计数器预分频器）。

（1）由写入 TIMx_CCR1 寄存器的值定义 t_{DELAY}。

（2）由自动重加载值和比较值的差值（TIMx_ARR-TIMx_CCR1）定义 t_{PULSE}。

（3）假设想建立一个波形，当发生比较匹配时 0 跳变到 1，当计数器到达自动重加载值时从 1 跳变到 0。为此，必须通过设置 TIMx_CCMR1 寄存器中的 OC1M 为"111"来使能 PWM模式 2。（可选）通过设置 TIMx_CCMR1 寄存器中的 OC1PE 为 1，以及设置 TIMx_CR1 寄存器中的 ARPE，使能预加载寄存器。在这种情况下，必须将比较值写入 TIMx_CCR1 寄存器，将自动重加载值写入 TIMx_ARR 寄存器,通过设置 UG 位产生更新,并且等待 TI2 上的外部触发事件。在该例子中,给 CC1P 写入 0。

在例子中,TIMx_CR1 寄存器中的 DIR 和 CMS 位应该为低。

由于仅需要 1 个脉冲(单模式),必须将 TIMx_CR1 寄存器中的 OPM 位设置为 1,用于在下一个更新事件(当计数器从自动重加载值返回到 0)时停止计数器。当 TIMx_CR1 寄存器中的 OPM 位设置为 0 时,将选择重复模式。

特殊情况考虑 OCx 的快速使能,即在单脉冲模式下,TIx 输入的边沿检测将设置 CEN 位,该位用于使能计数器。然后,在计数值和比较值之间的比较使得输出切换。但是,这些操作需要几个时钟周期,并且它限制了可以获得的最小延迟 t_{DELAY}。

如果要以最小的延迟输出波形,则可以设置 TIMx_CCMRx 寄存器中的 OCxFE 位。然后强制 OCxRef(和 OCx)响应激励,而不考虑比较。它的新电平与发生比较匹配时的情况相同。仅当通道配置为 PWM1 或 PWM2 模式时,OCxFE 才起作用。

11.4 直流风扇驱动和测速的设计与实现

视频讲解

该直流风扇驱动和测速系统由直流风扇的 PWM 驱动模块、直流风扇速度信号获取模块,以及直流风扇速度显示模块构成。

本节将介绍系统设计策略、系统硬件连接以及应用程序的设计。

11.4.1 系统设计策略

系统设计策略包括直流风扇的驱动、直流风扇的测速以及系统的设计优化。

1. 直流风扇的驱动

风扇的驱动信号由定时器 2 通道 1 产生。当每次按下 NUCLEO-G071RB 开发板上标记为 USER 的按键(该按键作为调速触发按键)时,触发 STM32G071 MCU 的第 13 号外部中断。在外部中断服务程序中,修改全局整型变量 mode 的值(初始值设置为 1)。每当进入外部中断服务程序中时,使变量 mode 递增。当变量 mode 的值递增到 5 时,重新将 mode 的值设置为 1。这样,就使得变量 mode 在 1～5 的范围内依次变化。

变量 mode 值的变化会改变定时器 2 的工作模式。首先关闭定时器 2 的通道 1,然后重新初始化定时器 2。在重新初始化定时器 2 时,计数周期保持不变,但是改变了高电平的计数值,因此就会改变信号的占空比,即产生具有不同占空比的 PWM 信号。该信号连接到直流调速风扇的 PWM 信号输入端,这样就可以调整直流风扇的转速了。

2. 直流风扇测速信号的获取

获取直流风扇测速信号的过程包括：

(1) 由于直流风扇测速信号的输出采用的是集电极开漏模式,因此需要将直流风扇的测速信号线通过上拉电阻(阻值范围为 1～10kΩ)连接到 NUCLEO-G071RB 开发板的 3.3V 电源引脚。

(2) 同时,将直流风扇的测速信号连接到 NUCLEO-G071RB 开发板的 PC9 端口,用于触发 STM32G071 MCU 的第 9 号外部中断,每当触发外部中断(即在测速输出信号的下降沿触发外部中断)时,递增/累计脉冲的个数。

(3) 使用定时器 3 通道 1 产生频率为 1Hz(周期为 1s)的信号,并将该信号送到 NUCLEO-G071RB 开发板的 PC8 端口,用于触发 STM32G071 MCU 的第 8 号外部中断。每当中断到来时,当前的计数值就代表测速信号线的频率 f。

3. 系统的设计优化

PWM 调速时采用以下方法,即:

(1) 修改 mode 值,关闭定时器 2 通道 1,调用自定义的定时器初始化函数根据 mode 值重新配置定时器 2,以改变定时器驱动信号占空比。

(2) 在定时器 3 下降沿触发清零时全局整型变量 number_old 的设置。如果更新后的计数值 number 还等于原来的计数值,则不需要刷新 1602 字符型 LCD,显示屏保持上一显示状态产生。在不影响测速结果精度的前提下,减少刷新 1602 字符型 LCD 的次数,以提高 STM32G071 MCU 的运行效率,降低 MCU 的运行负载。

(3) 当定时器 3 下降沿时,首先关闭定时器 3 的通道 1,等待刷新 1602 字符型 LCD 显示后再重新打开定时器 3 的通道 1。然后,将直流风扇测速信号的计数值重新清零以开始新的计数周期。

上面介绍的设计思路,使得不论如何刷新 1602 字符型 LCD,都不会影响用于测速信号的计数周期,从而消除了因刷新 1602 字符型 LCD 对累计测速信号脉冲个数产生的影响,确保了脉冲累计个数的准确性。

11.4.2　系统硬件连接

该系统的硬件电路连接包括:

(1) 将直流风扇的电源线连接到外部的 +5V 电源,直流风扇的地线连接到外部电源的地线。当使用外部电源时,外部电源应能够输出足够大的电流,使得直流风扇可以达到额定转速。

(2) 直流风扇的 PWM 输入线连接到 NUCLEO-G071RB 开发板连接器的 CN7_17 引脚,该连接器引脚在开发板内部连接到 STM32G071 MCU 的 PA15 引脚。通过该引脚,定时器 2 通道 1 输出 PWM 信号。

(3) 直流风扇的测速输出线除了需要通过电阻上拉到 +3.3V 电源外,还需要连接到 NUCLEO-G071RB 开发板连接器的 CN10_1 引脚,该引脚通过电路板内部连接到 STM32G071 MCU 的 PC9 引脚,该引脚用于 STM32G071 MCU 的第 9 号中断。

(4) 1602 字符型 LCD 与 NUCLEO-G071RB 开发板的连接关系如表 11.2 所示。

表 11.2　1602 字符与 NUCLEO-G071RB 开发板的连接关系

1602 字符型 LCD 的引脚	NUCLEO-G071RB 开发板上的引脚位置	STM32G071 MCU 上对应的引脚位置
D0	CN8_1	PA0
D1	CN8_2	PA1
D2	CN10_34	PA2
D3	CN10_6	PA3
D4	CN8_3	PA4
D5	CN5_6	PA5
D6	CN5_5	PA6
D7	CN5_4	PA7
RS	CN5_3	PB0
RW	CN8_44	PB1
E	CN10_22	PB2

11.4.3　应用程序的设计

应用程序的设计包括在 STM32CubeMX 内初始化 STM32G071 MCU 并生成 Keil

μVision(以下简称 Keil)格式的工程,以及在 Keil 集成开发环境下添加设计代码。

1. 在 STM32CubeMX 中建立设计工程

本节将在 STM32CubeMX 软件工具内通过图形化界面初始化 STM32G071 MCU,并生成和导出 Keil 格式的工程文件。

(1) 启动 STM32CubeMX 软件工具。

(2) 器件类型选择 STM32G071RB MCU。

(3) 进入 STM32CubeMX Untiled：STM32G071RBTx 页面。在该页面中单击 Clock Configuration 标签。

(4) 在 Clock Configuration 标签界面中,在 System Clock Mux 标题下面的多路选择器符号中选中 HIS 对应的复选框,默认将 SYSCLK(MHz)设置为 16MHz,将 AHB Prescaler 设置为/1,因此 HCLK(MHz)为 16,如图 11.17 所示。

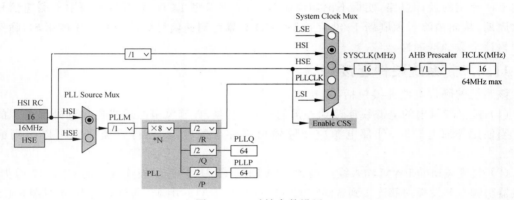

图 11.17 时钟参数设置

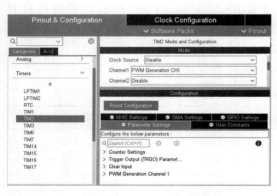

图 11.18 TIM2 参数设置

(5) 单击 Pinout & Configuration 标签,进入 Pinout & Configuration 标签界面。如图 11.18 所示,在该界面左侧窗口中,找到并展开 Timers。在展开项中,选中 TIM2 项。在右侧的 TIM2 Mode and Configuration 窗口中,配置参数如下：在 Mode 子窗口中,通过 Channel1 右侧的下拉列表框将 Channel1 设置为 PWM Generation CH1。

(6) 在 Configuration 子窗口中,设置参数如下：

① 找到并展开 Counter Settings。在展开项中,将 Prescaler(PSC-16 bits value)设置为 7(实现 8 分频),Counter Period(Auto Reload Register-32 bits value)设置为 1000。

② 找到并展开 PWM Generation Channel 1。在展开项中,将 Pulse(32 bits value)设置为 500(即持续高电平的计数值)。

通过上面的设置,使得定时器 2 通道 1 产生占空比为 50%,频率为 8M/8/1000＝1kHz 的直流风扇驱动信号。

(7) 在 Pinout view 视图界面中,单击 STM32G071 MCU 器件封装上的 PA15 引脚,出现

浮动菜单。在浮动菜单内,选择 TIM2_CH1 条项,使得能够在 PA15 引脚上输出定时器 2 通道 1 的信号。

（8）单击 Pinout & Configuration 标签,进入 Pinout & Configuration 标签界面。在该界面左侧窗口中,找到并展开 Timers。在展开项中,选中 TIM3 项。在右侧的 TIM3 Mode and Configuration 窗口中,配置参数如下:

在 Mode 子窗口中,通过 Channel1 右侧的下拉框将 Channel1 设置为 PWM Generation CH1。

在 Configuration 子窗口中,设置参数如下:

① 找到并展开 Counter Settings。在展开项中,将 Prescaler（PSC-16 bits value）设置为 127（实现 128 分频）,Counter Period（AutoReload Register-32 bits value）设置为 62500。

② 找到并展开 PWM Generation Channel 1。在展开项中,将 Pulse（32 bits value）设置为 31250。

上面的设置,使得定时器 3 通道 1 能够产生占空比为 50%,频率为 8M/128/62500＝1Hz 的定时信号。

（9）在 Pinout view 视图界面中,单击 STM32G071 MCU 器件封装上的 PC6 引脚,出现浮动菜单。在浮动菜单内,选择 TIM3_CH1 条项,使得能够在 PC6 引脚上输出定时器 3 通道 1 的信号。

（10）在 Pinout view 视图界面中,单击 STM32G071 MCU 器件封装上的 PC8 引脚,出现浮动菜单。在浮动菜单内,选择 GPIO_EXTI8 项。

（11）在 Pinout view 视图界面中,单击 STM32G071 MCU 器件封装上的 PC9 引脚,出现浮动菜单。在浮动菜单内,选择 GPIO_EXTI9 项。

（12）在 Pinout view 视图界面中,单击 STM32G071 MCU 器件封装上的 PC13 引脚,出现浮动菜单。在浮动菜单内,选择 GPIO_EXTI13 项。

（13）在 Pinout view 视图界面中,分别单击 STM32G071 MCU 器件封装上的 PA0～PA7 引脚,出现浮动菜单。在浮动菜单内,选择 GPIO_Output 项。

（14）在 Pinout view 视图界面中,分别单击 STM32G071 MCU 器件封装上的 PB0 和 PB2 引脚,出现浮动菜单。在浮动菜单内,选择 GPIO_Output 项。

（15）单击 Pinout & Configuration 标签。在该标签界面左侧窗口中,展开 System Core 项,再选中 GPIO 项,如图 11.19 所示。在右侧的 GPIO Mode and Configuration 窗口下面找到 PC8 这一行。在 PC8 Configuration 选项区域,通过 GPIO mode 右侧的下拉列表框,将 GPIO mode 设置为 External Interrupt Mode with Falling edge trigger detection。

（16）类似地,在 GPIO Mode and Configuration 窗口下面找到 PC9 这一行。在 PC9 Configuration 选项区域,通过 GPIO mode 右侧的下拉列表框,将 GPIO mode 设置为 External Interrupt Mode with Falling edge trigger detection。

（17）类似地,在 GPIO Mode and Configuration 窗口下面找到 PC13 这一行。在 PC13 Configuration 选项区域,通过 GPIO mode 右侧的下拉列表框,将 GPIO mode 设置为 External Interrupt Mode with Falling edge trigger detection。

（18）单击 Pinout & Configuration 标签。在该标签界面中,展开 System Core 项,再选中 NVIC 项,如图 11.20 所示。在右侧的 NVIC Mode and Configuration 窗口的 NVIC Interrupt Table 中,选中 EXTI line 4 to 15 interrupts 右侧的复选框,以使能中断。

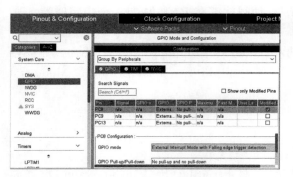

图 11.19　GPIO 参数设置

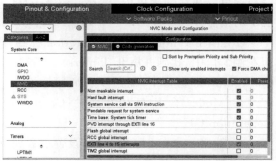

图 11.20　NVIC 参数设置

（19）生成并导出 Keil 格式的设计工程。

2. Keil μVision 中添加设计代码

本节将在 Keil μVision 集成开发环境（以下简称 Keil）中，打开设计工程，并添加设计代码。主要步骤包括：

（1）启动 Keil 集成开发环境。

（2）在 Keil 主界面菜单中选择 Project→Open Project 命令。

（3）弹出 Select Project File 对话框。在该对话框中，定位到 E：\STM32G0＿example\example_11_1\MDK-ARM，在该路径中，选择 FS_SX_TEST1. uvprojx 工程文件名。

（4）单击"打开"按钮，退出 Select Project File 对话框，自动打开该工程。

（5）在 Keil 主界面左侧的 Project 窗口中，找到并双击 main. c 文件。在右侧的 main. c 标签界面中，添加设计代码。

① 添加变量定义及函数声明，如代码清单 11-1 所示。

代码清单 11-1　添加变量定义及函数声明

```
# define u8 unsigned char                        //定义数据类型
# define u16 unsigned int

int mode = 1;                                     //调速模式
int number = 0;                                   //下降沿计数
int number_f = 0;                                 //每分钟转速
int number_old = 0;                               //下降沿计数寄存值
unsigned char tstr[5];                            //显示器字符串

/ * LCD1602 相关函数的声明,详见设计文件 * /
void MX_TIM2_Init_NEW(int i);                     //自定义新的定时器初始化函数
```

② 添加定时器和其他初始化代码，如代码清单 11-2 所示。

代码清单 11-2　添加定时器和其他初始化代码

```
HAL_TIM_PWM_Start(&htim2,TIM_CHANNEL_1);          //打开定时器 2 通道 1
HAL_TIM_PWM_Start(&htim3,TIM_CHANNEL_1);          //打开定时器 3 通道 1
lcdinit();                                        //LCD1602 初始化
delay();
lcdshowstr(0,0,"Speed");                          //在 LCD1602 输出起始提示字符
lcdshowstr(6,0,"0            ");
```

③ 在 while()循环中添加设计代码,如代码清单 11-3 所示。

代码清单 11-3   在 while()循环中添加设计代码

```
while (1)
{
    HAL_Delay(100);
}
```

④ 编写与 1602 字符 LCD 显示相关函数,详见设计文件。

⑤ 编写中断服务程序,如代码清单 11-4 所示。

代码清单 11-4   中断服务程序代码

```
void HAL_GPIO_EXTI_Falling_Callback(uint16_t GPIO_Pin)
{
    if(GPIO_Pin == 0x2000)                              //判断是否 PC13 引脚
    {
        if(mode < 5)                                    //mode 在 1~ 5 变化
            mode++;
        else
            mode = 1;                                   //超出范围,重新置为 1
        HAL_TIM_PWM_Stop(&htim2,TIM_CHANNEL_1);         //关闭定时器 2 通道 1
        MX_TIM2_Init_NEW(mode);                         //重新配置定时器 2
        HAL_TIM_PWM_Start(&htim2,TIM_CHANNEL_1);        //启动定时器 2 通道 1
    }
    else if(GPIO_Pin == 0x0100)                         //判断是否是 PC8 引脚
    {
        HAL_TIM_PWM_Stop(&htim3,TIM_CHANNEL_1);         //打开定时器 3 通道 1
        if(number != number_old)                        //降低 LCD1602 刷新速度
        {
            number_f = number * 30;
            lcdshowstr(6,0," ");                        //清除原来的数据(显存)
            sprintf(tstr,"%d",number_f);                //数据类型转换
            lcdshowstr(6,0,tstr);                       //输出 number_f 每分钟转速
            number_old = number;                        //刷新 number_old 值
        }
        HAL_TIM_PWM_Start(&htim3,TIM_CHANNEL_1);        //打开定时器 3 通道 1
        number = 0;
    }
    else if(GPIO_Pin == 0x0200)                         //判断 PC9 引脚
    {
        number++;                                       //累计脉冲个数
    }
    else ;
}
```

⑥ 自定义新的定时器初始化函数,如代码清单 11-5 所示。

代码清单 11-5   自定义新的定时器初始化函数

```
void MX_TIM2_Init_NEW(int i)                            //自定义新的定时器初始化函数
{
    TIM_MasterConfigTypeDef sMasterConfig = {0};
    TIM_OC_InitTypeDef sConfigOC = {0};
    htim2.Instance = TIM2;
```

```
htim2.Init.Prescaler = 7;
htim2.Init.CounterMode = TIM_COUNTERMODE_UP;
htim2.Init.Period = 1000;
htim2.Init.ClockDivision = TIM_CLOCKDIVISION_DIV1;
htim2.Init.AutoReloadPreload = TIM_AUTORELOAD_PRELOAD_DISABLE;
if (HAL_TIM_PWM_Init(&htim2) != HAL_OK)
{
  Error_Handler();
}
sMasterConfig.MasterOutputTrigger = TIM_TRGO_RESET;
sMasterConfig.MasterSlaveMode = TIM_MASTERSLAVEMODE_DISABLE;
if (HAL_TIMEx_MasterConfigSynchronization(&htim2, &sMasterConfig) != HAL_OK)
{
  Error_Handler();
}
sConfigOC.OCMode = TIM_OCMODE_PWM1;
sConfigOC.Pulse = 200 * i; //500
sConfigOC.OCPolarity = TIM_OCPOLARITY_HIGH;
sConfigOC.OCFastMode = TIM_OCFAST_DISABLE;
if (HAL_TIM_PWM_ConfigChannel(&htim2, &sConfigOC, TIM_CHANNEL_1) != HAL_OK)
{
  Error_Handler();
}
HAL_TIM_MspPostInit(&htim2);
}
```

（6）保存设计代码。

3. 设计处理和下载

本节将对设计代码进行编译和连接，并将生成的代码下载到 STM32G071 MCU 内的闪存中。主要步骤包括：

（1）在 Keil 主界面菜单中选择 Project→Build Target 命令，对设计代码进行编译和链接，最后生成可以下载到 STM32G071 MCU 内 Flash 存储器的文件格式。

（2）通过 USB 电缆，将计算机/笔记本计算机的 USB 接口连接到 NUCLEO-G071RB 开发板的 USB 接口。

（3）在 Keil 主界面菜单中选择 Flash→Download 命令，将生成的 Flash 存储器文件格式下载到 STM32G071 MCU 内的闪存中。

（4）按下 NUCLEO-G071RB 开发板上标记为 RESET 的按键，使程序正常运行。

思考与练习 11-5：按下 NUCLEO-G071RB 开发板上标记为 USER 的按键，调整输出的 PWM 信号，感受直流风扇速度的变化，观察在 1602 字符型 LCD 上所显示的直流风扇的转速。

思考与练习 11-6：以图 11.21 为例，将直流风扇的测速信号连接到示波器的输入端，并调整示波器的参数设置，使测速信号能直观地显示在示波器上。根据示波器上给出的测速信号脉冲的频率和 11.2.3 节给出的直流电机的转速计算公式，验证 1602 字符型 LCD 上显示的转速值的正确性。

思考与练习 11-7：根据本章介绍的定时器原理和定时器的配置过程，说明使用定时器产生 PWM 信号的原理以及实现方法。

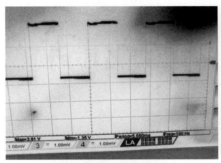

(a) 示波器显示的转速信号　　　　　　(b) 1602字符型LCD上显示的转速值

图 11.21　示波器显示的转速信号与 1602 字符型 LCD 上显示的转速值

第12章

异步和同步串行接口的原理及应用

在 STM32G071 MCU 中集成了 1 个低功耗的通用异步收发器（Low-Power Universal Asynchronous Receiver Transmitter，LPUART）模块和 4 个通用同步异步收发器（Universal Synchronous Asynchronous Receiver Transmitter，USART）模块，使得可以使用这种低成本的通信方式实现多个外设的数据传输。

本章首先详细介绍了低功耗通用异步收发器的原理，然后通过红外串口通信的实例来介绍 LPUART 以及定时器的高级使用方法。

视频讲解

12.1 低功耗通用异步收发器的原理

当使用低速外部 32.768kHz 振荡器（Low Speed External，LSE）为低功耗通用异步收发器提供时钟时，LPUART 可以在 9600bps 的波特率下提供完整的 UART 通信。

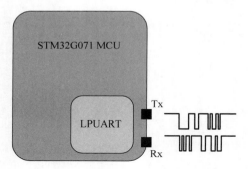

图 12.1 LPUART 的引脚及信号波形

当使用不同于 LSE 时钟的时钟源作为驱动时钟时，可以达到更高的波特率。设备之间仅需要几个引脚，就可以很轻松地进行连接，并且开销很少，从而使应用受益，如图 12.1 所示。此外，LPUART 外设还可以处于低功耗运行模式。它带有发送和接收先进先出（First Input and First Output，FIFO）缓冲区，具有在停止模式下发送和接收数据的功能。

LPUART 是一个完全可编程的串行接口，具有可配置的功能，例如数据长度、自动生成和检查的奇偶校验、停止位个数、数据顺序、用于发送和接收的信号的极性，以及波特率发生器。LPUART 可以在 FIFO 模式下运行，并且带有发送 FIFO 和接收 FIFO。它支持 RS-232 和 RS-485 硬件流量控制选项。

12.1.1 模块结构

LPUART 的内部结构如图 12.2 所示。可以看到，LPUART 内部存在两个独立的时钟域。

1. lpuart_pclk 时钟域

lpuart_pclk 时钟信号馈入外设总线接口。当需要访问 LPUART 寄存器时，该信号必须处于活动状态。

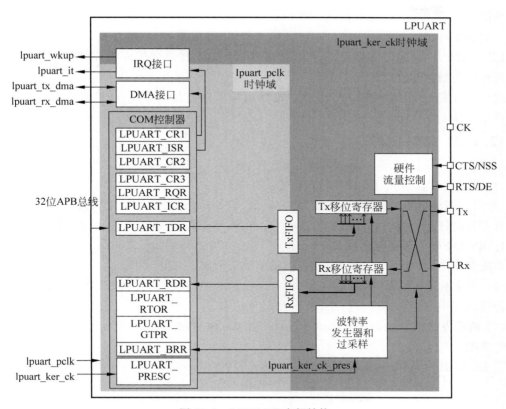

图 12.2 LPUART 内部结构

2. lpuart_ker_ck 内核时钟域

lpuart_ker_ck 是 LPUART 的时钟源,由 RCC 提供。因此,即使 lpuart_ker_ck 停止,也可以写入/读取 LPUART 寄存器。

当禁止双时钟域功能时,lpuart_ker_ck 与 lpuart_pclk 时钟相同。lpuart_pclk 和 lpuart_ker_ck 之间没有任何限制,lpuart_ker_ck 可以比 lpuart_pclk 更快或更慢。

如图 12.3 所示,LPUART 时钟源(lpuart_ker_ck)包括外设时钟(APB 时钟 PCLK)、SYSCLK、高速内部 16MHz 振荡器(HSI)或低速外部振荡器(LSE)。LPUART 时钟源由 LPUART_PRESC 寄存器中的可编程因子进行分频,分频因子范围为 1~256。

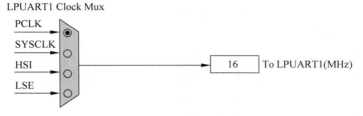

图 12.3 lpuart_ker_ck 的时钟源

由图 12.2 可知,Tx 和 Rx 引脚分别用于发送和接收数据,CTS 和 RTS 引脚用于 RS-232 硬件流量控制。此外,在 RS-485 模式下使用与 RTS 相同的 I/O 上的驱动器使能引脚(Driver Enable pin,DE)。

由图 12.2 可知，为了将数据从一个时钟域传递到另一个时钟域，可使用 8 个数据 FIFO 或单个数据缓冲区。

LPUART 块是 APB 的从设备，可以依赖 DMA 请求将数据传输到存储器缓冲区或从存储器缓冲区传输数据。

此外，Tx 和 Rx 引脚功能可以互换。这样就可以在与另一个 UART 进行跨线连接的情况下正常工作。

12.1.2　接口信号

LPUART 双向通信至少需要两个引脚：

（1）Rx（接收数据）。Rx 是串行数据输入。

（2）Tx（发送数据）。当禁止发送器后，该输出引脚将返回其 I/O 端口配置。当使能发送器并且不发送任何内容时，Tx 引脚为高电平。在单线模式下，该 I/O 用于发送和接收数据。

1. RS-232 硬件流量控制模式

当需要使用 RS-232 硬件流量控制时，需要以下引脚：

（1）清除发送（Clear To Send，CTS）。当驱动为高电平时，该信号在当前传输结束时阻止数据传输。

（2）请求发送（Request To Send，RTS）。当为低电平时，该信号表示 LPUART 已经准备好接收数据。

图 12.4 给出了信号的连接方法。

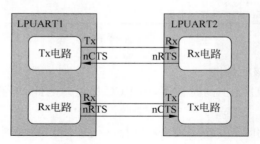

图 12.4　LPUART 的信号连接

2. RS-485 硬件流量控制模式

当需要使用 RS-485 硬件控制模式时，需要驱动器使能（Driver Enable，DE）引脚。该信号激活外部收发器的传输模式。对于串行半双工协议（如 RS-485），主设备需要一个方向信号来控制收发器（物理层）。该信号通知物理层是否必须在发送或接收模式下运行。

12.1.3　数据格式

如图 12.5 所示，RS-232 协议使用的帧格式除了用于同步的位以及用于错误检查的奇偶校验位（可选）之外，还包括一组数据位。一个数据帧以一个起始位（s）开始。在该起始位，将 Tx 线驱动为低电平。这表示一帧的开始，并用于同步数据的传输。

数据长度可以是 9 位、8 位或 7 位，其中奇偶校验位已经计算在内。数据帧的最后 1 个或 2 个停止位（将 Tx 驱动为高电平）表示帧的结束。

由图 12.5 可知，将空闲字符理解为整个帧都为 1。1 的个数也将包含停止位的个数。由图 12.5 可知，将间隔字符理解为在一个帧周期内接收到所有的 0。在间隔帧的末尾，插入了 2 个停止位。

前面提到数据长度可以是 7 位、8 位或 9 位，这是通过编程 LPUART_CR1 寄存器中的 M

字段(M0：位 12 和 M1：位 28)实现。当 M[1:0]＝"10"时，数据长度为 7 位；当 M[1:0]＝"00"时，数据长度为 8 位；当 M[1:0]＝"01"时，数据长度为 9 位。

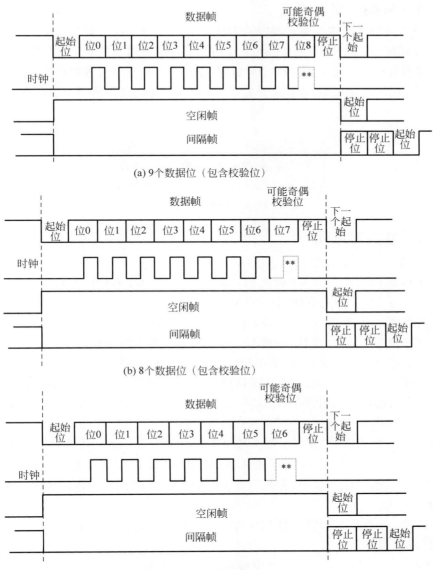

(a) 9个数据位（包含校验位）

(b) 8个数据位（包含校验位）

(c) 7个数据位（包含校验位）

图 12.5　串行通信的数据格式

12.1.4　FIFO 模式

　　LPUART 可以在由软件使能/禁止的 FIFO 模式下运行。默认情况下，禁用 FIFO 模式。由图 12.2 可知，LPUART 包含一个发送 FIFO(TxFIFO)和一个接收 FIFO(RxFIFO)，每个深度为 8 个数据。其中，TxFIFO 为 9 位宽度，RxFIFO 默认宽度为 12 位。这是因为以下事实：接收器不仅将数据保存在 FIFO 中，而且保存了与每个字符相关的错误标志(奇偶校验错误、噪声错误和成帧错误标志)。

　　假设由内核时钟为 FIFO 提供时钟，则即使在停止模式下也可以有发送和接收时钟。此外，可以配置 TXFIFO 和 RXFIFO 阈值，主要用于避免在从停止模式唤醒时发生欠载/溢出问题。

12.1.5　单线半双工模式

通过设置 LPUART_CR3 寄存器中的 HDSEL 位，选择单线半双工模式。LPUART 还可以配置为内部连接 Tx 和 Rx 线的单线半双工协议。在这种通信模式下，仅 Tx 引脚用于发送和接收。当没有数据传输时，始终释放 Tx 引脚。因此，它在空闲或接收状态下充当标准 I/O。对于这种用法，必须使用交替的漏极开路模式和外部上拉电阻将 Tx 引脚配置为 I/O，如图 12.6 所示。

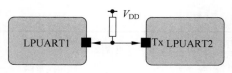

图 12.6　单线半双工模式

12.1.6　发送器原理

下面以发送字符为例，发送过程包括：

(1) 在寄存器 LPUART_CR1 设置 M 字段（由 M1 和 M2 两位构成）；

(2) 在寄存器 LPUART_BRR 中设置期望的波特率；

(3) 在寄存器 LPUART_CR2 中设置停止位的个数；

(4) 在寄存器 LPUART_CR1 中将 UE 位置为 1，使能 LPUART；

(5) 如果要进行多缓冲区通信，则在寄存器 LPUART_CR3 中设置 DMA 使能（DMAT）；

(6) 在 LPUART_CR1 中设置 TE 位，以发送空闲帧作为首次发送的数据；

(7) 把要发送的数据写到寄存器 LPUART_TDR 中。如果是单个缓冲区，则对要传输的每个数据重复该操作。

① 当禁止 FIFO 模式时，在寄存器 LPUART_TDR 中写入数据将清除 TxE 标志；

② 当使能 FIFO 模式时，在寄存器 LPUART_TDR 中写入数据，会将该数据添加到 TxFIFO。当设置 TxFNF 标志时，将执行对 LPUART_TDR 的写操作。该标志保持置位，直到 TxFIFO 满为止。

(8) 当最后一个数据写入寄存器 LPUART_TDR 时，等待直到 TC=1。这表示已经完成最后一帧的传输。

① 当禁止 FIFO 模式时，表示已经完成最后一帧的传输。

② 当使能 FIFO 模式时，这表明 TxFIFO 和移位寄存器均为空。

要求进行该检查，以避免在禁止 LPUART 或进入停止模式后破坏最后一个传输。

图 12.7 给出了发送时的 Tx/TxE 行为描述。其中：

(1) TC 为 LPUART_ISR 寄存器中的发送完成标志位。当发送完包含数据的帧，并且设置 TxE 时，由硬件设置该位。

(2) TxE 为发送数据寄存器空/TxFIFO 未满标志（0 表示满，1 表示不满）。当把 LPUART_TDR 寄存器的数据传输到移位寄存器中时，设置 TxE。对 LPUART_TDR 寄存器的写入操作将清除该位。

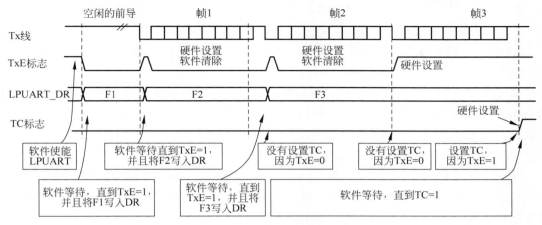

图 12.7　当发送时的 TC/TXE 行为

12.1.7　接收器原理

LPUART 可以接收 7 位、8 位或 9 位数字,具体取决于 LPUART_CR1 寄存器中的 M 字段。

1. 起始位的检测

在 LPUART 中,当 Rx 线上出现下降沿时检测到起始位,然后在起始位进行采样以确认其仍然为 0。如果起始的样本为 1,则设置噪声错误标志(Noise Error flag,NE),然后丢弃起始位,接收器等待新的起始位;否则,接收器将继续对所有输入位正常采样。

2. 接收字符

在 LPUART 接收期间,通过 Rx 引脚,数据首先以最低有效位移位(默认配置)。在这种模式下,LPUART_RDR 寄存器由内部总线和接收到的移位寄存器之间的缓冲区构成(RDR)。

接收字符的过程需要遵循以下顺序:

(1) 通过编程 LPUART_CR1 的 M 字段来定义字长。

(2) 通过波特率寄存器 LPUART_BRR 选择所需要的波特率。

(3) 通过 LPUART_CR2 寄存器设置停止位数。

(4) 将 LPUART_CR1 寄存器中的 UE 位置 1,使能 LPUART。

(5) 如果要进行多缓冲区通信,需要在 LPUART_CR3 寄存器中设置 DMA 使能(DMAR)。

(6) 设置 LPUART_CR1 寄存器的 RE 位,这使得接收器开始搜索起始位。

当接收到一个字符时:

(1) 若禁用 FIFO,则设置 RxNE 位(读数据寄存器不为空标志)。它指示已经将移位寄存器的内容传输到 RDR。换句话说,已经接收到数据并可以读取(以及相关的错误)。

(2) 若使能 FIFO,则设置 RxFNE 位(RxFIFO 不为空标志),表示 RxFIFO 不为空。读取 LPUART_RDR 寄存器将返回最早进入 RxFIFO 的数据。当接收到数据时,它将与相应的错误位一起保存在 RxFIFO 中。

(3) 如果设置 RxNEIE(在 FIFO 模式下为 RxFNEIE)位,则产生中断。

（4）如果在接收过程中检测到帧错误、噪声或溢出错误，则设置错误标志。

（5）在多缓冲区通信模式下，

① 若禁止 FIFO，则在接收到每个字节之后设置 RxNE 标志，并通过 DMA 读取接收数据寄存器并将其清除。

② 若使能 FIFO，则当 RxFIFO 不为空时，将设置 RxFNE 标志。在每个 DMA 请求之后，都会从 RxFIFO 中检索数据。由 RxFIFO 不为空条件触发 DMA 请求，即将要读取 RxFIFO 中的一个数据。

（6）在单缓冲区模式下，

① 若禁止 FIFO，则软件通过读取 LPUART_RDR 寄存器来清除 RxNE 标志。通过将 LPUART_RQR 寄存器中的 RxFRQ 设置为 1，也可以清除 RxNE 标志。必须在接收下一个字符结束之前清除 RxNE 位，以避免溢出错误。

② 若使能 FIFO，则当 RxFIFO 不为空时，将设置 RxFNE 标志。每次读取 LPUART_RDR 寄存器后，都会从 RxFIFO 中检索数据。当 RxFIFO 为空时，清除 RxFNE 标志。也可以通过设置 LPUART_RQR 寄存器中的 RxFRQ 位来清除 RxFNE 标志。当 RxFIFO 已满时，必须在接收下一个字符结束之前读取 RxFIFO 中的第一个入口，以避免溢出错误。如果设置了 RxFNEIE 位，则 RxFNE 标志产生一个中断。

或者，当达到 RxFIFO 阈值时，可以生成中断并可以从 RxFIFO 读取数据。在这种情况下，CPU 可以读取由编程确定的阈值定义的数据块。

12.1.8　波特率发生器

接收器和发送器的波特率（Rx 和 Tx）均设置为 LPUART_BRR 寄存器中的编程的值。计算公式为：

$$\text{Tx 或 Rx 波特率} = \frac{256 \times \text{lpuartckpres}}{\text{LPUARTDIV}}$$

式中，在 LPURAT_BRR 寄存器中定义 LPUARTDIV。

注：对 LPUART_BRR 进行写操作后，波特率计数器将更新为波特率寄存器中的新值。因此，在通信过程中不应该更改波特率的值。禁止在 LPUART_BRR 寄存器中写入小于 0x300 的值。f_{CK} 的范围必须是 3～4096 倍的波特率。

当 LPUART 时钟源为 LSE 时，最大的波特率为 9600bps。当 LPUART 由其他时钟源驱动时，可以达到更高的波特率。例如，如果 LPUART 的时钟源频率为 100MHz，则可以达到的最大波特率为 33Mbps。

12.1.9　唤醒和中断事件

当 LPUART 的时钟源为 HSI 或 LSE 时钟时，LPUART 块能够将 MCU 从停止模式唤醒。唤醒源可以是：

（1）由起始位或地址匹配或任何接收到的数据触发的特定唤醒事件。

（2）禁止 FIFO 管理时的 RXNE 中断，或者是使能 FIFO 管理时的 FIFO 事件中断。

LPUART 中断事件请求如表 12.1 所示。

表 12.1 LPUART 中断事件请求

中断事件	事件标志	使能控制位	清除中断方法	从休眠模式退出	从停止模式退出	从待机模式退出
发送数据寄存器空	TXE	TXEIE	写 TDR	是	否	否
发送 FIFO 非空	TXFNF	TXFNF	TXFIFO 满		否	
发送 FIFO 空	TXFE	TXFEIE	写 TDR 或给 TXFRQ 写 1		是	
到达发送 FIFO 阈值	TXFT	TXFTIE	写 TDR		是	
CTS 中断	CTSIF	CTSIE	给 CTSCF 写 1		否	
发送完成	TC	TCIE	写 TDR 或给 TCCF 写 1		否	
接收数据寄存器非空(准备读取数据)	RXNE	RXNEIE	读 RDR 或给 RXFRQ 写 1		是	
接收 FIFO 非空	RXFNE	RXFNEIE	读 RDR, 直到 RXFIFO 为空或给 RXFRQ 写 1		是	
接收 FIFO 满	RXFF	RXFFIE	读 RDR		是	
达到接收 FIFO 阈值	RXFT	RXFTIE	读 RDR		是	
检测到溢出错误	ORE	RX_NEIE/RX FNEIE	给 ORECF 写 1		否	
检测到空闲线路	IDLE	IDLEIE	给 IDLECF 写 1	是	否	
奇偶错误	PE	PEIE	给 PECF 写 1		否	
在多缓冲区通信的噪声错误	NE		给 NECF 写 1		否	
在多缓冲区通信的溢出错误	ORE	EIE	给 ORECF 写 1		否	
在多缓冲区通信的组帧错误	FE		给 FECF 写 1		否	
字符匹配	CMF	CMIE	给 CMCF 写 1		否	
从低功耗模式唤醒	WUF	WUFIE	给 WUC 写 1		是	

12.2 设计实例：基于 LPUART 和红外接口的串行通信的实现

本节将基于 LPUART 串口和红外接口实现两台计算机/笔记本计算机之间的数据通信。

视频讲解

12.2.1 红外串行通信设计思路

图 12.8 给出了使用 LPUART 和红外接口实现两个计算机之间异步串行通信的结构。在该结构中,发送端一侧的原理如下:

(1) 通过 USB 电缆,将发送端计算机/笔记本计算机的 USB 接口与 NUCLEO-G071RB 开发板的 USB 接口进行连接。这样,就可以在发送端计算机/笔记本计算机上虚拟出一个串口。发送端计算机/笔记本计算机就可以通过所安装的串口调试助手软件工具,将要发送的数据写入到虚拟出的串口中。

(2) NUCLEO-G071RB 开发板提供了 USB-UART 的接口。这样,通过在开发板的 STM32G071 MCU 内集成的 LPUART 模块,就可以将写入计算机虚拟串口的发送数据发送到 STM32G071 MCU 的接收数据线上。

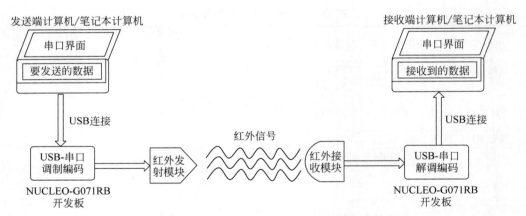

图 12.8　基于 LPUART 和红外接口串行通信的系统结构

（3）发送一侧的 STM32G071 MCU 接收到该数据后，就通过软件和硬件电路对数据进行编码和调制，然后通过与开发板上连接的红外发射模块将数据通过红外线发射出去。

在该结构中，接收端一侧的原理如下：

（1）通过 USB 电缆，将接收端计算机/笔记本计算机的 USB 接口与另一块 NUCLEO-G071RB 开发板的 USB 接口进行连接。这样，就可以在接收端计算机/笔记本计算机上虚拟出一个串口。通过虚拟串口，接收端计算机/笔记本计算机就可以将所接收到的数据显示在串口调试助手软件工具的界面中。

（2）接收一侧的红外接收模块在接收到通过红外传输的数据后，对该数据进行解调。然后，将解调后的数据写到接收端开发板的 STM32G071 MCU 接收数据引脚，由 STM32G071 MCU 对其进行解码。然后，通过 STM32G071 MCU 内集成的 LPUART 模块，将解码后的数据放到 LPUART 的发送数据引脚上。

（3）同样，在接收端的 NUCLEO-G071RB 开发板上，提供了 UART-USB 的接口。这样，就可以将 LPUART 发送数据引脚上的串行数据通过 USB 接口传输到接收端计算机或笔记本计算机的虚拟串口上，最后通过接收端安装的串口调试助手软件工具来显示所接收到的数据。

12.2.2　串口的通信参数配置规则

在该设计中，发送端一侧和接收端一侧都使用了 STM32G071 MCU 内集成的 LPUART1 模块。在实现时，将 LPUART1 模块的异步串行通信参数设置为：

（1）使能异步串行通信模式；

（2）波特率（bps）：115200；

（3）数据位（比特）：8；

（4）奇偶校验：无；

（5）停止位（比特）：1；

（6）将 LPUART1 模块的串口发送引脚映射到 PA2；

（7）将 LPUART1 模块的串口接收引脚映射到 PA3。

发送和接收引脚映射之后，STM32G071 MCU 本身的发送引脚和接收引脚与开发板上 USB-串口芯片（通过 USB 连接到计算机/笔记本计算机的 USB 接口，并在计算机/笔记本计算机上虚拟出串口设备）的发送引脚和接收引脚在内部是交叉连接的，即 LPUART1 的 Tx 引脚连接到 USB-串口芯片的 Rx 引脚,LPUART1 的 Rx 引脚连接到 USB-串口芯片的 Tx 引脚。

注:(1) 如果没有进行映射,设置保持在其默认引脚时,需要单独用杜邦线连接对应的引脚。

(2) 在软件代码部分对 LPUART 进行重定向后方可使用。

12.2.3 红外发射和接收电路的设计

本节介绍红外发射电路和红外接收电路的设计过程。

1. 红外发射电路的设计

如图 12.9(a)所示,当 NPN 型晶体管的基极输入高电平时,晶体管处于饱和导通状态,晶体管的集电极为低电平,集电极电流流过红外二极管;当 NPN 型晶体管的基极输入低电平时,晶体管处于截止状态,晶体管的集电极为高电平,无集电极电流流过红外二极管。红外发射电路的实物如图 12.9(b)所示。

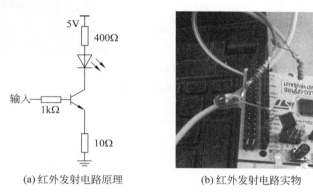

(a)红外发射电路原理　　　　　(b)红外发射电路实物

图 12.9　红外发射电路原理及电路实物

如图 12.10 所示,示波器界面上给出了测量的 4 路信号,其中第 2 路信号(从上往下的顺序)对应于 NPN 型晶体管的输入端,第 3 路信号(从上往下的顺序)对应于 NPN 型晶体管的集电极的输出端。很明显,这两路信号互为反相信号。

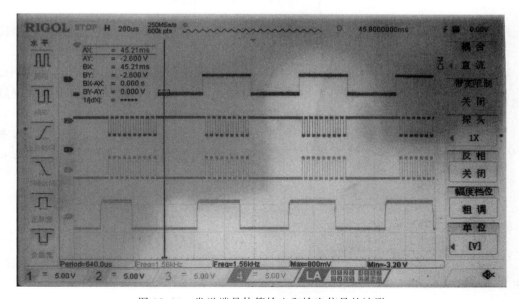

图 12.10　发送端晶体管输入和输出信号的波形

2. 红外接收电路的设计

在该设计中,使用了 HS0038BD 红外接收器模块,该模块的外观如图 12.11(a)所示,基于该模块构成的电路实物如图 12.11(b)所示。在该设计中选择 R1 的值为 100Ω,C1 的值为 $10\mu F$。HS0038BD 的内部结构如图 12.12 所示。

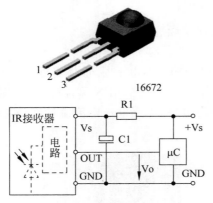

(a) 红外接收模块外观及接收电路原理　　　　(b) 红外接收电路实物

图 12.11　红外接收模块电路原理及接收电路实物

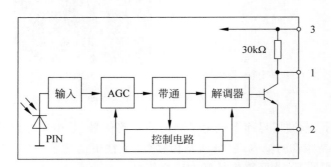

图 12.12　红外接收模块的内部结构

HS0038BD 是用于红外遥控系统的小型接收器。PIN 二极管和前置放大器组装在引线框架上,环氧树脂封装用作 IR 滤镜。

解调后的输出信号可以由 STM32G071 MCU 直接解码。HS0038BD 与所有常见的 IR 遥控数据格式兼容,并且可以抑制来自节能荧光灯的几乎所有杂散脉冲。

注：PIN 型二极管是在 P 区和 N 区之间夹一层本征半导体(或低浓度杂质的半导体)构造的晶体二极管。

红外接收模块的输入和输出特性如图 12.13 所示。

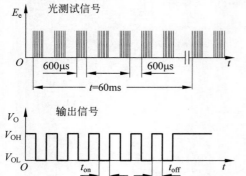

图 12.13　红外接收模块的输入和输出特性

12.2.4　红外接口的原理

STM32G071 MCU 上提供了用于远程控制的红外定时器(InfRared Timer,IRTIM)。它可与红外 LED 一起使用以执行远程控制功能。

IRTIM 使用与 USART1、USART4(在 STM32G071/81/B1/C1xx)或 USART2(STM32G031/41/51/61xx),TIM16 和 TIM17 的内部连接,如图 12.14 所示。

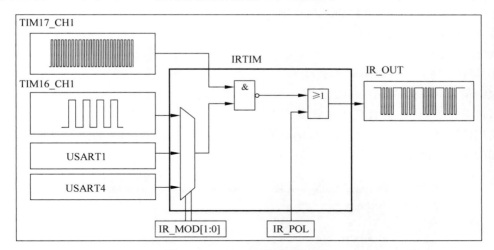

图 12.14　IRTIM 内部硬件连接

要生成远程控制信号,必须使能红外接口并正确配置 TIM16 通道 1(TIM16_OC1)和 TIM17 通道 1(TIM17_OC1),以生成正确的波形。由图 12.14 可知,IR_MOD[1:0]字段与 IR_POL 位分别控制多路数据选择器与反相输出的设置。

通过定时器提供的基本的输入捕获模式,可以轻松实现红外接收器。

通过对两个定时器输出比较通道编程,可以得到所有标准的 IR 脉冲调制模式。TIM17 用于生成高频的载波信号,而 TIM16/USART1/USART4 根据 SYSCFG_CFGR1 寄存器中的 IR_MOD[1:0]的设置生成调制包络。在该设计中,选择定时器 16 通道 1,两路信号经过与非门后调制成功,后边的异或门可以将生成的信号反相输出,在该设计中不需要使用反相功能。

通过使能 GPIOx_AFRx 寄存器相关的可替换功能位,使得可以在 IR_OUT 引脚上输出红外功能。

通过 SYSCFG_CFGR1 寄存器的 I2C_PB9_FMP 位,使能高灌电流 LED 驱动器能力(仅在 PB9 引脚上可用),用于给需要直接控制的红外 LED 灯提供大的灌电流。

下面对与非门电路的工作原理进行简要分析。包络(定时器 16)为高电平,其调制输出端口信号 IR_OUT 为载波信号反相;包络为低电平,其调制输出端口信号 IR_OUT 为高电平。

从前面介绍的红外接收模块的参数可知,接收模块接收载波频率为 38kHz 的红外调制信号。因此,在该设计中:

(1) 将 STM32G071 MCU 的系统时钟频率设置为最高的 64MHz;

(2) 用于产生载波的定时器 17 参数设置为:

① 工作在"通道 1 生成 PWM"模式下;

② 时钟预分频系数:128;

③ 计数周期:16;

④ 翻转:8(计数周期的一半)。

载波信号频率为 $64/128/16 = 31.25\mathrm{kHz}$ (接近 $38\mathrm{kHz}$)，周期为 $1/(31.25 \times 10^3) = 32 \times 10^{-3}\mathrm{s} = 32\mu\mathrm{s}$，占空比为 50%，因此可用作红外发射管的载波频率。

（3）产生信号包络的定时器 16 的参数设置为：

① 工作在"通道 1 生成 PWM"模式下；

② 时钟预分频系数：128；

③ 计数周期：320；

④ 翻转：160(计数周期的一半)。

包络信号频率为 $64\mathrm{MHz}/128/320 = 1.56\mathrm{kHz}$，周期为 $1/(1.56 \times 10^3) = 0.641 \times 10^{-3}\mathrm{s} = 641\mu\mathrm{s}$，占空比为 50%，因此便于接收端检测。

使用四通道示波器对定时器生成的载波信号、包络信号和调制信号进行测量，得到的信号波形如图 12.15 所示。

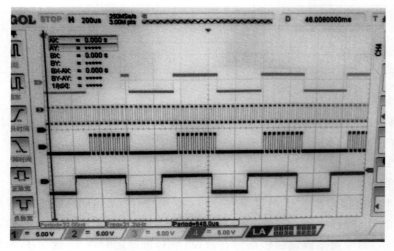

图 12.15　示波器测量得到的包络信号和载波信号波形

图 12.15 中的信号波形从上到下依次表示为：

（1）定时器 16 产生的包络信号；

（2）定时器 17 产生的载波信号；

（3）红外发射管发射信号；

（4）红外接模块输出的信号。

由图 12.15 可知，其周期、频率接近理论计算值。红外发射管发射信号经过 IRTIM 与发送端红外驱动电路中的三极管两次反相，所以其包络就是定时器 16 产生的信号，并且相位相同。

12.2.5　信号的编码与解码

本节介绍信号的编码和解码设计原理。

1. 编码原理

通过控制定时器打开关闭的时间间隔来控制发送的脉冲个数。在该设计中，对数字 1~9 进行编码，需要发送的数据定义为 INPUT。首先，启动定时器 16，延迟 INPUT×5ms；然后，关闭定时器 16，延时为 200ms−INPUT×5ms。

由上面的规则可知，发送一个数据，总共需要 200ms，其中定时器工作时间为 INPUT×

5ms。例如,要发送数字 1,启动定时器 16 工作 5ms,即 5ms/641μs=7.8 个周期,约为 8 个周期(定时器 16 产生 8 个脉冲)。

2. 译码原理

译码端的系统时钟频率设置为 64MHz,解码时用到定时器 2 产生接收复位信号,该定时器的参数设置如下:

(1) 工作在"通道 1 生成 PWM"模式下;

(2) 时钟预分频系数:1024;

(3) 计数周期:62500;

(4) 翻转:31250(计数周期的一半)。

接收复位信号频率为 64MHz/1024/62500=1Hz,周期为 1s,占空比为 50%。

当收到发送端发出信号的那一刻,启动定时器 2,并记录接收到信号的下降沿个数,即高电平个数。定时器 2 开始工作 500ms 后产生第一个下降沿触发中断,先根据记录的高电平的个数解码输出,再执行接收复位并关闭它自己,直到发送端通过红外发射管发来红外调制信号为止。

译码算法的规则是:加 4 除 8 后赋值给整型数 data(自动取整)。例如,在编码原理部分提到要通过红外发射管发送数字 1,要求定时器 16 工作 5ms,产生 8 个脉冲。在收到信号中,进行下面的处理,即(8+4)/8=1.5,对 1.5 执行取整操作,即[1.5]=1,成功解码。

12.2.6 红外通信系统的抗干扰设计

为了保证红外通信系统的可靠运行,在设计时加入了一些额外的设计策略,以提高系统的抗干扰能力。

1. 发送端串口通信与发送端红外信号时序

发送端的 STM32G071 MCU 在接收到计算机发送的串口数据后,先延时 100ms 再对定时器 16 进行操作,此过程持续 200ms,即编码中提到的发送一个数据所需时间,这样可以保证每个数据顺利发送。最后,提示发送端可以发送下一个数据,避免了上一个数据还没成功发送完毕,又更新了串口数据内容,而出现数据覆盖的错误。

2. 红外发射管接收管工作时序

根据前面的设计规则可知,发送一个数据,红外发射管需要工作的时间为 200ms,而接收一侧的红外接收管的复位时间为 500ms,该时间大于发射管需要的工作时间,这样可保证接收一侧的红外接收管能完整接收到红外发射管发出的调制信号。

3. 解码策略的处理

解码时不是一一对应而是采用加 4 除 8 的方式,极大地降低了误码率,例如,收到 4~11 个脉冲,都可以解码为 1,即便发送端没有准确地发出 8 个脉冲而是小范围波动依旧可以正确解码。另外,此解码算法确保了每次发送数据的标准脉冲个数都在该接收区间的正中央(例如 8 在 4~11 的正中央,16 在 12~19 正中央,……);还避免了红外发射管的误触发造成的影响,收到 1、2 或 3 个脉冲时,加 4 除 8 取整后为 0,即没接收到任何数据。

12.2.7 发送端应用程序的设计与实现

该红外异步串行通信系统的应用程序开发包括发送端一侧的 STM32G071 MCU 的应用程序开发和接收端一侧的 STM32G071 MCU 的应用程序开发。本节介绍发送端一侧 STM32G071 MCU 的应用程序开发。

1. STM32CubeMX 工程的建立

本节将建立新的设计工程，主要步骤包括：

(1) 启动 STM32CubeMX 集成开发环境。

(2) 选择器件 STM32G071RBTx。

(3) 进入 STM32CubeMX untitled：STM32G071RBTx 主界面。在该界面中，单击 Clock Configuration(时钟配置)标签。

(4) 在 Clock Configuration 标签界面中，配置参数如下：

① 在 System Clock Mux 标题下的多路选择器符号中，选中 PLLCLK 对应的复选框。

② 确保 SYSCLK(MHz)设置为 64(如果不是，则调整前面 PLL 的参数设置)。

③ AHB Prescaler：/1(通过下拉列表框选择)。

④ APB Prescaler：/1(通过下拉列表框选择)。

⑤ 如图 12.16 所示，在 LPUART1 Clock Mux 标题下的多路复用器符号中，选中 PCLK 所对应的单选按钮，并在单选按钮输出后面的文本框中输入 64，表示 LPUART1 的驱动时钟为 64MHz。

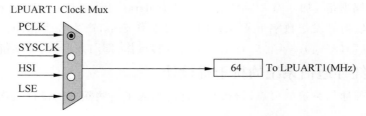

图 12.16　LPUART1 的时钟参数设置

注：只有当使能 LPUART1 的时候，才能执行 LPUART1 的时钟参数设置。因此，建议读者在设置完 LPUART1 的参数后，再设置 LPUART1 的时钟参数。

(5) 如图 12.17 所示，单击 Pinout & Configuration 标签。在该标签界面的左侧窗口中，找到并展开 Timers。在展开项中，找到并单击 TIM16 项。在中间的 TIM16 Mode and Configuration 窗口中，分别设置参数。

在 Mode 子窗口中，设置参数如下：

① 选中 Activated 前面的复选框，表示使能 TIM16 定时器。

② 通过 Channel1 右侧的下拉列表框将 Channel1 设置为 PWM Generation CH1。

在 Configuration 子窗口中，设置参数如下：

① 展开 Counter Settings。在展开项中，将 Prescaler(PSC-16 bits value)设置为 127，Counter Period(AutoReload Register-16 bits value)设置为 320。

② 展开 PWM Generation Channel 1。在展开项中，将 Pulse(16 bits value)设置为 160。

(6) 如图 12.18 所示，单击 Pinout & Configuration 标签。在该标签界面左侧窗口中，找到并展开 Timers。在展开项中，找到并单击 TIM17 项。在中间的 TIM17 Mode and Configuration 窗口中，分别设置参数。

在 Mode 子窗口中，设置参数如下：

① 选中 Activated 前面的复选框，表示使能 TIM17 定时器。

② 通过 Channel1 右侧的下拉列表框将 Channel1 设置为 PWM Generation CH1。

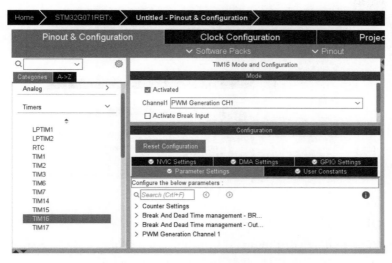

图 12.17　TIM16 参数设置

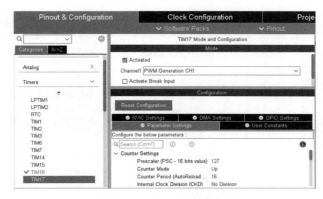

图 12.18　TIM17 参数设置

在 Configuration 子窗口中,设置参数如下:

① 展开 Counter Settings。在展开项中,将 Prescaler(PSC-16 bits value)设置为 127,Counter Period(AutoReload Register-16 bits value)设置为 16。

② 展开 PWM Generation Channel 1。在展开项中,将 Pulse(16 bits value)设置为 8。

(7) 如图 12.19 所示,单击 Pinout & Configuration 标签。在该标签界面左侧窗口中,找到并展开 Connectivity。在展开项中,找到并单击 IRTIM 项。在中间的 IRTIM Mode and Configuration 窗口中,分别设置参数。

在 Mode 子窗口中,选中 Activate 前面的复选框,表示使能 IRTIM。

在 Configuration 子窗口中,设置参数如下:

① Output Polarity——Polarity not inverted。

② IR Modulation Envelope signal selection——TIM16。

(8) 在器件引脚封装图上,单击 Rotate 90° clockwise 按钮 ,将器件封装视图旋转到合适的位置。

(9) 如图 12.20 所示,单击器件封装视图上的 PB9 引脚,出现浮动菜单,选择 IR_OUT,将

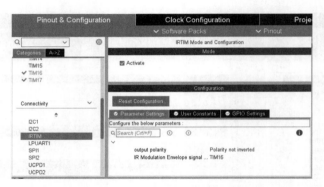

图 12.19　IRTIM 参数设置

PB9 设置为 IR_OUT 模式。

　　（10）如图 12.21 所示，单击 Pinout & Configuration 标签。在该标签界面左侧窗口中，找到并展开 Connectivity。在展开项中，找到并单击 LPUART1 项。在中间的 LPUART1 Mode and Configuration 窗口中，分别设置参数。

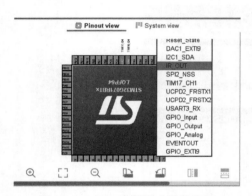

图 12.20　PB9 引脚模式设置界面

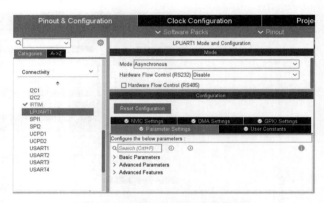

图 12.21　LPUART1 参数设置

　　在 Mode 子窗口中，通过 Mode 右侧的下拉列表框将 Mode 设置为 Asynchronous。

　　在 Configuration 子窗口中，找到并展开 Basic Parameters。在展开项中，设置参数如下：

　　① Baud Rate——115200Bits/s；

　　② Word Length——8Bits(including Parity)；

　　③ Parity——None；

　　④ Stop Bits——1。

　　（11）在器件封装视图上，将 PA2 引脚设置为 LPUART1_TX，将 PA3 引脚设置为 LPUART_RX。

　　（12）导出设计工程。

2. 在 Keil μVision 中添加设计代码

本节将在生成的 Keil 工程框架中添加设计代码，主要步骤包括：

　　（1）启动 Keil μVision 集成开发环境。

　　（2）将工程路径定位到 E:\STM32G0_example\example_12_1\HY_TEST_SYSTEM_TX\MDK-ARM，在该路径下打开名字为 HY_TEST_SYSTEM_TX.uvprojx 的工程文件。

（3）在 Keil 主界面左侧 Project 窗口中，找到并打开 main.c 文件。在该文件中，添加设计代码。

（4）添加头文件、串口重定向声明语句，如代码清单 12-1 所示。

代码清单 12-1 添加设计代码片段

```
# include "stdio.h"
# include "string.h"
# define unit8_t unsigned char
# define PUTCHAR_PROTOTYPE int fputc(int ch,FILE * f)
# define GETCHAR_PROTOTYPE int fgetc(FILE * f)
# define BACKSPACE_PROTOTYPE int _backspace(FILE * f)
```

（5）在 main()函数中添加设计代码。

① 添加下面一行设计代码。

```
HAL_TIM_PWM_Start(&htim17,TIM_CHANNEL_1);                //使能定时器 17
```

② 在 while 循环中添加设计代码，如代码清单 12-2 所示。

代码清单 12-2 while 循环中添加设计代码

```
while (1)
{
    printf("\r\n 请输入需要发送的数据：");      //提示输入要发送的串口数据
    scanf("% d",&INPUT);                        //输入发送的数
    HAL_Delay(100);

    if(INPUT > 0&&INPUT < 10)                   //如果发送的数据有效
    {
        HAL_TIM_PWM_Start(&htim16,TIM_CHANNEL_1);   //启动定时器 16
        HAL_Delay(INPUT * 5);                       //延时 INPUT×5
        HAL_TIM_PWM_Stop(&htim16,TIM_CHANNEL_1);    //停止定时器 16
        HAL_Delay(200 - INPUT * 5);                 //延时 200 - INPUT×5
    }
}
```

（6）添加重定向函数代码，如代码清单 12-3 所示。

代码清单 12-3 添加输出重定向函数

```
PUTCHAR_PROTOTYPE                                //重定向 fputc()函数
{
    HAL_UART_Transmit(&hlpuart1,(uint8_t * ) &ch,1,0xFFFF);    //调用串口发送函数
    return ch;                                   //返回发送的字符
}
```

（7）添加输入重定向函数代码，如代码清单 12-4 所示。

代码清单 12-4 添加输入重定向函数

```
GETCHAR_PROTOTYPE                                //重定向 fgetc()函数
{
    uint8_t value;                               //定义变量 value
    while((LPUART1 -> ISR & 0x00000020) == 0){}  //判断串口是否接收到字符
    value = (uint8_t)LPUART1 -> RDR;             //读取串口接收到的字符
    HAL_UART_Transmit(&hlpuart1,(uint8_t * )&value,1,0x1000);
                                                 //回显接收到的字符
```

```
        return value;                                    //返回接收到的值 value
    }
```

（8）添加退回键重定向函数代码，如代码清单 12-5 所示。

代码清单 12-5　添加退回键重定向函数

```
BACKSPACE_PROTOTYPE                                      //重定向__backspace 函数
{
    return 0;
}
```

（9）保存设计代码。

3. 设计处理和下载

本节将对设计执行编译和链接，并将文件下载到 STM32G071 MCU 内的闪存中，然后运行设计。主要步骤包括：

（1）通过 USB 电缆，将计算机/笔记本计算机的 USB 接口连接到下载设计到 NUCLEO-G071RB 开发板的 USB 接口。

（2）在 Keil 主界面菜单中选择 Project→Build Target 命令，对设计进行编译和链接。

（3）在 Keil 主界面菜单中选择 Flash→Download 命令，将生成的 Flash 存储器格式文件下载到 STM32G071 MCU 中的闪存中。

（4）按一下 NUCLEO-G071RB 开发板上标记为 RESET 的按键，使程序正常运行。

12.2.8　接收端应用程序的设计与实现

本节介绍发送端一侧 STM32G071 MCU 的应用程序开发。

1. STM32CubeMX 工程的建立

本节将建立新的设计工程，主要步骤包括：

（1）启动 STM32CubeMX 集成开发环境。

（2）选择器件 STM32G071RBTx。

（3）进入 STM32CubeMX untitled：STM32G071RBTx 主界面。在该界面中，单击 Clock Configuration（时钟配置）标签。

（4）在 Clock Configuration 标签界面中，设置参数如下：

① 在 System Clock Mux 标题下的多路选择器符号中，选中 PLLCLK 对应的单选按钮；

② 确保 SYSCLK（MHz）设置为 64（如果不是，则调整前面 PLL 的参数设置）；

③ AHB Prescaler：/1（通过下拉列表框选择）；

④ APB Prescaler：/1（通过下拉列表框选择）；

⑤ 在 LPUART1 Clock Mux 标题下的多路复用器符号中，选中 PCLK 所对应的单选按钮，并在单选按钮输出后面的文本框中输入 64，表示 LPUART1 的驱动时钟为 64MHz。

注：只有当使能 LPUART1 的时候，才能执行 LPUART1 的时钟参数设置。因此，建议读者在设置完 LPUART1 的参数后，再设置 LPUART1 的时钟参数。

（5）如图 12.22 所示，单击 Pinout & Configuration 标签。在该标签界面左侧窗口中，找到并展开 Timers。在展开项中，找到并单击 TIM2 项。在中间的 TIM2 Mode and Configuration 窗口中，分别设置参数。

在 Mode 子窗口中，通过 Channel1 右侧的下拉列表框将 Channel1 设置为 PWM Generation CH1。

在 Configuration 子窗口中,设置参数如下:

① 展开 Counter Settings。在展开项中,将 Prescaler(PSC-16 bits value)设置为 1023,Counter Period(AutoReload Register-32 bits)设置为 62500。

② 展开 PWM Generation Channel 1。在展开项中,将 Pulse(32 bits value)设置为 31250,计数周期为 62500,脉冲为 31250。

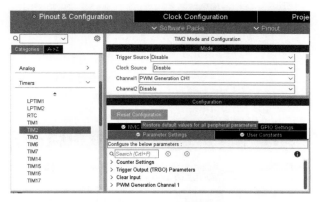

图 12.22 TIM2 参数设置

(6) 单击 Pinout & Configuration 标签。在该标签界面左侧窗口中,找到并展开 Connectivity。在展开项中,找到并选中 LPUART1 项。然后在 LPUART1 Mode and Configuration 窗口中为 LPUART1 设置参数。这些参数与发送端的 LPUART1 的参数设置完全相同。

(7) 在 Pinout view 界面中,单击 PC4 引脚,出现浮动菜单。在浮动菜单内,选择 GPIO_EXTI4。

(8) 在 Pinout view 界面中,单击 PC5 引脚,出现浮动菜单。在浮动菜单内,选择 GPIO_EXTI5。

(9) 单击 Pinout & Configuration 标签。在该标签界面左侧窗口中,找到并展开 System Core。在展开项中,找到并选中 GPIO 项。如图 12.23 所示,在右侧的 GPIO Mode and Configuration 窗口中,设置参数如下:

① 选中 Pin name 为 PC4 的行。在下面的 PC4 Configuration 标题栏窗口中,通过 GPIO mode 右侧的下拉列表框将 GPIO mode 设置为 External Interrupt Mode with Falling edge trigger detection。

② 选中 Pin name 为 PC5 的行。在下面的 PC5 Configuration 标题栏窗口中,通过 GPIO mode 右侧的下拉列表框将 GPIO mode 设置为 External Interrupt Mode with Falling edge trigger detection。

(10) 单击 Pinout & Configuration 标签。在该标签界面左侧窗口中,找到并展开 System Core。如图 12.24 所示,在展开项中,找到并选中 NVIC 项。在右侧的 NVIC Mode and Configuration 窗口中,选中 EXTI line 4 to 15 interrupts 一行后面的复选框,表示使能 EXTI line 4 to 15 中断。

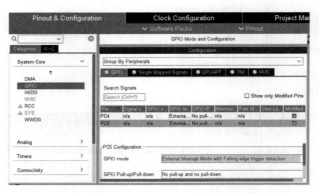

图 12.23 GPIO 参数设置

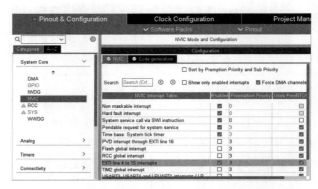

图 12.24 NVIC 参数设置

（11）导出设计工程。

注：接收端的硬件电路连接规则，定时器输出引脚 PA0 连接外部中断引脚 PC4，红外接收模块反馈信号线接外部中断引脚 PC5，并将红外接收模块的 VCC 与开发板上的 5V 引脚连接，将红外接收模块的 GND 与开发板上的 GND 引脚连接。

2. Keil μVision 中添加设计代码

本节将在生成的 Keil 工程框架中添加设计代码，主要步骤包括：

（1）启动 Keil μVision 集成开发环境。

（2）将工程路径定位到 E:\STM32G0_example\example_12_1\HY_TEST_SYSTEM_RX\MDK-ARM，在该路径下打开名字为 HY_TEST_SYSTEM_RX. uvprojx 的工程文件。

（3）在 Keil 主界面左侧 Project 窗口中，找到并打开 main. c 文件。在该文件中，添加设计代码。

（4）添加头文件、串口重定向声明、定义变量，如代码清单 12-6 所示。

代码清单 12-6 添加设计代码片段

```
# include "stdio. h"
# include "string. h"
# define uint8_t unsigned char
# define PUTCHAR_PROTOTYPE int fputc(int ch,FILE * f)
# define GETCHAR_PROTOTYPE int fgetc(FILE * f)
# define BACKSPACE_PROTOTYPE int _backspace(FILE * f)
volatile int number = 0;                    //收到的脉冲个数
```

```
int data = 0;                               //解码出的数据
int flag_TIM2 = 0;                          //定时器 2 通道 1 标志位, = 1,打开; = 0,关闭
```

（5）在 main()函数中添加设计代码，如代码清单 12-7 所示。

代码 12-7　在 main()函数中添加设计代码
```
printf("开始接收 \r\n");                      //提示准备接收信息
while (1)
{
    HAL_Delay(10);
}
```

（6）重定向输出函数 fputc()，如代码清单 12-8 所示。

代码 12-8　重定向函数 fput()的设计代码
```
PUTCHAR_PROTOTYPE                            //重定向 fputc()函数
{
    HAL_UART_Transmit(&hlpuart1,(uint8_t * ) &ch,1,0xFFFF);    //调用串口发送函数
    return ch;                               //返回发送的字符
}
```

（7）重定向输入函数 fgetc()，如代码清单 12-9 所示。

代码清单 12-9　重定向函数 fgetc()的设计代码
```
GETCHAR_PROTOTYPE                            //重定向 fgetc()函数
{
    uint8_t value;                           //定义无符号字符型变量 value
    while((LPUART1 -> ISR & 0x00000020) == 0){}  //判断串口是否接收到字符
    value = (uint8_t)LPUART1 -> RDR;         //读取串口接收到的字符
    HAL_UART_Transmit(&hlpuart1,(uint8_t * )&value,1,0x1000);//回显接收的字符
    return value;                            //返回接收到的值 value
}
```

（8）重定向 backspace()函数，如代码清单 12-10 所示。

代码清单 12-10　添加重定向函数 backspace()函数的代码
```
BACKSPACE_PROTOTYPE                          //重定向__backspace 函数
{
    return 0;
}
```

（9）编写中断回调函数，如代码清单 12-11 所示。

代码清单 12-11　编写中断回调函数
```
void HAL_GPIO_EXTI_Falling_Callback(uint16_t GPIO_Pin)
{
    if(GPIO_Pin == 0x0010)                   //PC4 定时器中断触发 ----- 输出 + 清零
    {
        //计时结束关闭定时器 2 通道 1,并更新定时器 2 标志位
        HAL_TIM_PWM_Stop(&htim2,TIM_CHANNEL_1);
        flag_TIM2 = 0;
        data = (number + 4)/8;               //根据脉冲个数解码出数据
        //数据为 0 说明:发送数据或红外干扰不输出忽视即可
        if(data!= 0)
            printf(" 收到数据  % d \r\n",data);
                                             //否则通过串口显示在接收端计算机
```

```
        number = 0;                                    //脉冲计数清零准备新一轮接收
    }
    else if(GPIO_Pin == 0x0020)                        //PC5 红外所接收中断触发
    {
        if(flag_TIM2 == 0)                             //如果定时器处于关闭,则将其打开
        {                                              //如果定时器已经打开,则不进行操作
            HAL_TIM_PWM_Start(&htim2,TIM_CHANNEL_1);
            flag_TIM2 = 1;
        }
        //PC5 中断每触发一次说明接收到一个脉冲,脉冲计数加一
        number++;
    }
}
```

（10）保存设计代码。

3. 设计处理和下载

本节将对设计执行编译和链接,并将文件下载到 STM32G071 MCU 内的闪存中,然后运行设计。主要步骤包括:

（1）通过 USB 电缆,将计算机/笔记本计算机的 USB 接口连接到下载设计到 NUCLEO-G071RB 开发板的 USB 接口。

（2）在 Keil 主界面菜单中选择 Project→Build Target,对设计进行编译和链接。

（3）在 Keil 主界面菜单中选择 Flash→Download,将生成的 Flash 存储器格式文件下载到 STM32G071 MCU 中的闪存中。

（4）按一下 NUCLEO-G071RB 开发板上标记为 RESET 的按键,使程序正常运行。

思考与练习 12-1：在发送端和发送端计算机/笔记本计算机的串口调试助手工具中,找到虚拟出的串口,并正确设置串行通信的参数,然后打开发送端和接收端的虚拟串口。在发送端的串口调试助手的输入窗口中输入要发送的数字,然后在接收端的串口调试助手界面的接收窗口中观察接收到的字符,验证设计的正确性。

人机交互游戏的设计与实现

本章将实现一个人机交互游戏——贪吃蛇。在该设计中,使用了意法半导体公司的 NUCLEO-G071RB 开发板、3.2 英寸 TFT 彩色触摸屏模块以及外部按键等硬件资源。

本章内容主要包括彩色触摸屏模块的信号定义、STM32G071 MCU 对彩屏的访问控制、STM32G071 MCU 对彩屏的初始化,以及贪吃蛇游戏的设计与实现。

13.1 彩色触摸屏模块的信号定义

在贪吃蛇游戏中,使用了 3.2 英寸 TFT 触摸屏 Z320IT002(也称为"裸屏"),它由 ILI9341 芯片驱动,其分辨率达到 320×240 像素。该裸屏以柔性 PCB 连接器的形式提供了与外部设备的接口信号,如图 13.1 所示。此外,该裸屏表面集成了一块四线电阻触摸板,电阻触摸板的信号以另一组柔性 PCB 连接器的形式提供。

基于这个裸屏,本书作者设计了 3.2 英寸 TFT 触摸彩屏模块,如图 13.2 所示。通过该模块,将柔性 PCB 连接器转换为插针连接器。此外,在该模块上搭载了一个触摸芯片,通过该触摸芯片将电阻触摸板的电阻信号转换为 SPI 接口信号。

图 13.1　3.2 英寸 TFT 彩色触摸屏("裸屏")

图 13.2　3.2 英寸 TFT 触摸彩屏模块外观

注：(1) 该设计未使用触摸功能。

(2) 裸屏的背光信号在内部分别连接到触摸彩屏模块上的 VCC3V3 和 DGND 引脚，因此无须额外连接裸屏的背光信号。

该彩色触摸屏模块提供了一个连接器，该连接器包含 40 个插针引脚，每个引脚的定义如表 13.1 所示。

表 13.1　彩色触摸屏模块的插针引脚定义

引脚号	描　述	引脚号	描　述
1	DGND(信号地)	40	DGND(信号地)
2	VCC3V3(3.3V 电源)	39	VCC3V3(3.3V 电源)
3	N.C(空)	38	N.C(空)
4	TFT_RS(用于选择数据或命令)	37	TFT_RS(用于选择数据或命令)
5	TFT_RD(读信号)	36	TFT_RD(读信号)
6	TFT_WR(写信号)	35	TFT_WR(写信号)
7	TFT_DB0(接裸屏数据信号第 8 位)	34	TFT_DB0(接裸屏数据信号第 8 位)
8	TFT_DB1(接裸屏数据信号第 9 位)	33	TFT_DB1(接裸屏数据信号第 9 位)
9	TFT_DB2(接裸屏数据信号第 10 位)	32	TFT_DB2(接裸屏数据信号第 10 位)
10	TFT_DB3(接裸屏数据信号第 11 位)	31	TFT_DB3(接裸屏数据信号第 11 位)
11	TFT_DB4(接裸屏数据信号第 12 位)	30	TFT_DB4(接裸屏数据信号第 12 位)
12	TFT_DB5(接裸屏数据信号第 13 位)	29	TFT_DB5(接裸屏数据信号第 13 位)
13	TFT_DB6(接裸屏数据信号第 14 位)	28	TFT_DB6(接裸屏数据信号第 14 位)
14	TFT_DB7(接裸屏数据信号第 15 位)	27	TFT_DB7(接裸屏数据信号第 15 位)
15	VCC3V3(3.3V 电源)	26	TFT_CS(触摸屏驱动芯片选择信号)
16	DGND(信号地)	25	TOUCH_PENIRQ(触摸芯片中断输出)
17	TOUCH_DOUT(触摸芯片数据输出)	24	TFT_RST(触摸屏复位)
18	TOUCH_DIN(触摸芯片数据输入)	23	N.C(空)
19	TOUCH_CS(触摸芯片选择)	22	VCC3V3(3.3V 电源)
20	TOUCH_DCLK(触摸芯片时钟输入)	21	DGND(信号地)

彩色触摸屏模块提供了连接器（使用双排插针），意法半导体公司的 NUCLEO-G071RB 开发板也提供了扩展连接器。通过杜邦线和连接器，将彩色触摸屏模块与 NUCLEO-G071RB 开发板相连，连接关系如表 13.2 所示。

表 13.2　彩色触摸屏模块与 NUCLEO-G071RB 开发板的连接关系

彩色触摸屏引脚	NUCLEO-G071RB 开发板引脚	描　述
DGND	GND	接地引脚
VCC3V3	3V3	3.3V 电源引脚
TFT_RS	PB0(CN5_3)	在并口模式下，该信号用于选择数据或命令。当 TFT_RS 为 1 时，选择数据；当 TFT_RS 为 0 时，选择命令
TFT_RD	PB1(CN8_4)	在并口模式下，由 STC 单片机给出的读控制信号
TFT_WR	PB2(CN10_22)	在并口模式下，由 STC 单片机给出的写控制信号
TFT_RST	PB3(CN9_4)	由 STC 单片机给出的触摸屏复位信号，低电平有效
TFT_CS	PB4(CN9_4)	触摸屏驱动芯片片选信号，低电平有效

续表

彩色触摸屏引脚	NUCLEO-G071RB 开发板引脚	描　　述
TFT_DB0	PA0(CN8_1)	裸屏第 8 位数据
TFT_DB1	PA1(CN8_2)	裸屏第 9 位数据
TFT_DB2	PA2(CN10_34)	裸屏第 10 位数据
TFT_DB3	PA3(CN10_6)	裸屏第 11 位数据
TFT_DB4	PA4(CN8_3)	裸屏第 12 位数据
TFT_DB5	PA5(CN10_11)	裸屏第 13 位数据
TFT_DB6	PA6(CN10_13)	裸屏第 14 位数据
TFT_DB7	PA7(CN10_15)	裸屏第 15 位数据

视频讲解

13.2　STM32G071 MCU 对彩屏的访问控制

实际上,STM32G071 MCU 对彩屏的控制是 STM32G071 MCU 通过对触摸屏驱动芯片 ILI9341 的控制来实现的。这里涉及两方面的问题:一个是 STM32G071 MCU 提供给触摸屏 的读写控制信号的时序,另一个是 ILI9341 读写命令的格式。

13.2.1　STM32G071 MCU 提供给彩屏的写控制信号

在写周期内,TFT_WR 信号先从逻辑高变化到逻辑低,然后再返回到逻辑高,如图 13.3 所示。在写周期内,STM32G071 MCU 提供信息。然后在 TFT_WR 信号的上升沿显示屏模 块捕获 STM32G071 MCU 提供的信息。当 STM32G071 MCU 将 TFT_RS 驱动为逻辑低时, 显示屏模块将 TFT_DB[0:7]上的输入数据理解为命令信息;而将 TFT_RS 驱动为逻辑高 时,TFT_DB[0:7]上的输入数据是 RAM 数据或者是命令的参数。

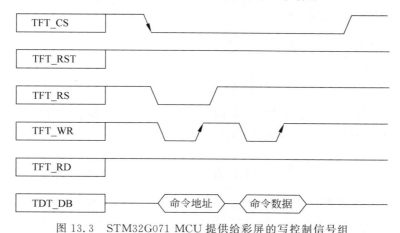

图 13.3　STM32G071 MCU 提供给彩屏的写控制信号组

13.2.2　STM32G071 MCU 提供给触摸屏的读控制信号

在读周期内,将 STM32G071 MCU 将 TFT_RD 信号先从逻辑高转换为逻辑低,然后再变 为逻辑高,如图 13.4 所示。在读周期内,TFT 显示模块给 STM32G071 MCU 提供信息。在 读周期内,当 TFT_RD 信号上升沿时,STM32G071 MCU 读取显示模块的信息。当 STM32G071 MCU 将 TFT_RS 驱动为逻辑低时,STM32G071 MCU 将 TFT_DB[0:7]上的输入数据理解为命令信息；而将 TFT_RS 驱动为逻辑高时，TFT_DB[0:7]上的输入数据是 RAM 数据或者是命令的参数。

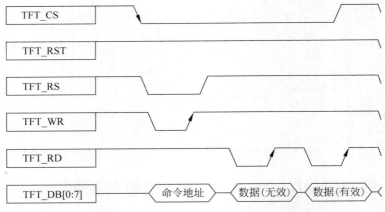

图 13.4　STM32G071 MCU 提供给触摸屏的读控制信号组

13.2.3　ILI9341 读写命令/数据格式

ILI9341 驱动芯片，提供了大量的控制寄存器和状态寄存器。通过这些寄存器，实现 STM32G071 MCU 对 3.2 英寸彩屏的控制。STM32G071 MCU 读写 ILI9341 内寄存器的格式，就是先发命令，然后再提供该命令的参数。

命令实际就是要读写命令存储空间的地址，地址为 8 位。这个过程需要将 TFT_RS 信号拉低，表示 STM32G071 MCU 给 ILI9341 提供命令，如代码清单 13-1 所示。

代码清单 13-1　STM32G071 MCU 向显示屏发送命令格式

```
void comm_out(unsigned char m)                      //输出命令
{
    GPIOB - > ODR = 0x0A;
    GPIOA - > ODR = m;
    GPIOB - > ODR = 0x1E;
}
```

命令参数就是写给该命令存储空间的内容。送给某命令存储空间的参数可能是一个或者多个，这要根据所提供设计资料中的 ILI9341 数据手册确定。并且这些参数可能是 8 位，也可能是 16 位的。

（1）当参数是 8 位时，可以通过 TFT_DB[0:7]的值表示，如代码清单 13-2 所示。

代码清单 13-2　STM32G071 MCU 向显示屏发送 8 位命令参数

```
void data_out(unsigned char b)                      //输出数据
{
    GPIOB - > ODR = 0x0B;
    GPIOA - > ODR = b;
    GPIOB - > ODR = 0x1E;
}
```

（2）当参数是 16 位时，需要分两次将参数放在 TFT_DB[0:7]上，一般是先送参数的高 8 位，然后再送参数的低 8 位。这个过程需要将 TFT_RS 信号拉高，表示 STM32G071 MCU 给 ILI9341 提供参数/数据信息，如代码清单 13-3 所示。

代码清单 13-3　STM32G071 MCU 向显示屏发送 16 位命令参数

```
void write_data(unsigned char i,unsigned char j)        //TFT 写颜色
{
    GPIOB－＞ODR＝0x0F;
    GPIOA－＞ODR＝i;
    GPIOB－＞ODR＝0x0B;
    GPIOB－＞ODR＝0x0F;
    GPIOA－＞ODR＝j;
    GPIOB－＞ODR＝0x0B;
    GPIOB－＞ODR＝0x1F;
}
```

注：（1）读者可在本书配套资源的\STM32G0_example\example_13_1\MDK-ARM 下，打开 TFT_TCS.uvprojx 工程，在该工程中打开 main.c 文件。

（2）关于彩屏初始化过程，详见 main.c 文件。

13.3　彩屏基本绘图流程

视频讲解

在该设计中，使用的是 3.2 英寸 TFT 显示屏，其可显示区域如图 13.5 所示。在可显示区域绘制图像的操作流程，如图 13.6 所示。

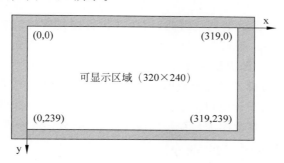

图 13.5　3.2 英寸 TFT 屏可显示区域

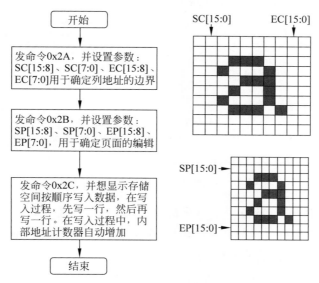

图 13.6　3.2 英寸 TFT 屏可显示区域

视频讲解

13.4　贪吃蛇游戏的设计与实现

本节将介绍贪吃蛇游戏的设计与实现过程,内容包括设计前需要考虑的问题、屏幕显示区域的划分、图形显示模式的设计、字符显示模式的设计、外部按键的连接和功能、游戏逻辑设计的关键问题、寻径算法分析,以及设计优化。

13.4.1　设计前需要考虑的问题

3.2 英寸 TFT 彩屏分辨率很高,达到 320×240 像素,因此,每个像素点非常小,不能用一个像素代表贪吃蛇的一格。因此,在显示贪吃蛇图像时需要对屏幕进行分块,每一块显示一格贪吃蛇图像。

另外,贪吃蛇行进过程中并不是每个点都在变化,如果每次刷新都要重新计算显示之后再向 TFT 发送数据,无疑会浪费 STM32G071 MCU 的处理器资源,使得其屏幕刷新率非常低,最终会导致程序运行效率很低。

本设计中的贪吃蛇算法用到了改变某个位置对应像素值的函数,以此高效率实现贪吃蛇平移,但是 TFT 原有的扫描显示明显不支持此种操作。所以,要构建一个图像显存,贪吃蛇运行时只改变图像显存的值即可,输出时根据显存的数据输出到屏幕。

此外,在该设计中还会使用字符显示一些信息。但是 TFT 彩屏并没有提供字符库,从而无法在游戏开始之前输出提示信息。因此,需要在设计应用程序时构建可用于在 3.2 英寸 TFT 彩屏上显示的字符库。难点是,当构建完成字符库后,如何通知 STM32G071 MCU 显示字符的位置? 使用类似于上面提供的设计思路,搭建字符模式的显存,同样在主函数中更改字符模式显存,之后调用字符模式显示函数即可在对应位置显示对应字符。

因此,对于屏幕显示的设计应包括字符库、图像模式显存与字符模式显存、图像模式显示函数与字符模式显示函数、修改图像显存与修改字符显存、显存清除等。

13.4.2　屏幕显示区域的划分

3.2 英寸 TFT 彩色显示屏分辨率为 240×320 像素,将 3.2 英寸 TFT 彩色显示屏划分为 20×20 块,如图 13.7(a)所示,每一块区域的分辨率为 12×16 像素,如图 13.7(b)所示。

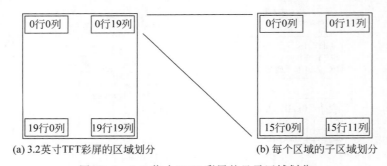

(a) 3.2英寸TFT彩屏的区域划分　　　　　　　(b) 每个区域的子区域划分

图 13.7　3.2 英寸 TFT 彩屏的显示区域划分

注：(1) 在设计代码中,H 与 L 表示块坐标,h 与 l 表示像素坐标。

(2) 图 13.7(a)中的行列坐标表示块坐标,图 13.7(b)中的行列坐标表示像素坐标。

13.4.3　图形显示模式的设计

图像模式的设计包括图像模式显存的设计、图像模式显示函数的设计,以及改变图像模式显存。

1. 图像显示模式显存的设计

图像模式显存用于保存贪吃蛇游戏的图像显示模式。对于该游戏来说,不需要显示很精细的图像,因此定义数组 TCSK[20][20]来存储 20 行×20 列的图像模式显存。该数组中存储不同的整型数据,每个不同的数值代表对应的每个 16×12 像素显示区域不同的颜色。

2. 图像模式显示函数的设计

在图像模式显示函数 display_TCS()中,首先发送相关命令,用于设置起始像素位置等参数,使得 3.2 英寸 TFT 彩屏进入游戏图形显示模式。然后,用 H、L、h 和 l 四层 for 循环实现对 3.2 英寸 TFT 彩屏可显示区域的扫描。在扫描过程中:

(1) 如果图像模式显存 TCSK[H][L]为 0,则调用函数 write_data(0x00,0x00)显示黑色;

(2) 否则,调用函数 write_data(0x00+TCSK[H][L]*20,0x00+TCSK[H][L]*20),即根据显存存储的数据改变该像素的值。

该函数的具体实现,如代码清单 13-4 所示。

代码清单 13-4　display_TCS()函数的 C 语言代码实现

```
void display_TCS(void)                          //按照贪吃蛇模式显示
{
    unsigned int H,h;                           //H 和 L 分别表示块坐标
    unsigned int L,l;                           //h 和 l 分别表示块中的点坐标
    comm_out(0x2A);
    data_out(0x00);
    data_out(0x00);
    data_out(0x00);
    data_out(0xef);
    comm_out(0x2b);
    data_out(0x00);
    data_out(0x00);
    data_out(0x01);
    data_out(0x3f);
    comm_out(0x2C);
    for(H = 0;H < 20;H++)                        //20×16 = 320
        for(h = 0;h < 16;h++)
            for(L = 0;L < 20;L++)               //20×12 = 240
                for(l = 0;l < 12;l++)
                {
                    if(TCSK[H][L]!= 0)
                        write_data(0x00 + TCSK[H][L] * 20,0x00 + TCSK[H][L] * 20);
                    else
                        write_data(0x00,0x00);
                }
}
```

3. 改变图像模式显存

此逻辑设计简单,只需给显存数组 TCSK[x][y]所对应的块坐标 x 和 y 赋值即可。

4. 图像显存清除函数的设计

图像显存清除函数的设计最容易,只需用 for 循环将图像显存二维数组清零即可,如代码清单 13-5 所示。

代码清单 13-5　图像显存清除函数

```
void clear_TCS(void)                                    //贪吃蛇显存清除
{
    for( int i = 0;i < 20;i++)
        for( int j = 0;j < 20;j++)
            TCSK[i][j] = 0;
}
```

13.4.4　字符显示模式的设计

在字符显示模式时，使用黑色作为背景色，蓝色作为字符显示的颜色。同样用 13.4.2 节给出的 3.2 英寸 TFT 彩屏显示区域的划分规则，每个字符块的大小同样设置为 12×16 像素，即 16 行 12 列。声明字符库数组 ZFK[27][16][12]，其中 27 对应于 27 个字符(包含 26 个英文字母大写和一个空格)。由于显示字符使用了单色显示模式，因此字符数组内部存储的值只有两种，即数值 0 表示黑色，数值 1 表示蓝色。大写字母 A 的字模如代码清单 13-6 所示。

代码清单 13-6　大写字母 A 的字模表示

```
{                                              //A
{0,0,0,0,0,0,0,0,0,0,0,0},
{0,0,0,0,0,0,0,0,0,0,0,0},
{0,0,0,0,0,0,0,0,0,0,0,0},
{0,0,0,0,0,0,0,0,0,0,0,0},
{0,0,0,0,0,0,0,0,0,0,0,0},
{0,0,0,0,1,1,1,0,0,0,0,0},
{0,0,0,0,1,1,1,0,0,0,0,0},
{0,0,0,1,1,0,1,1,0,0,0,0},
{0,0,0,1,0,0,0,1,0,0,0,0},
{0,0,1,1,0,0,0,1,1,0,0,0},
{0,0,1,1,1,1,1,1,1,0,0,0},
{0,1,1,1,1,1,1,1,1,1,0,0},
{0,1,1,0,0,0,0,0,1,1,0,0},
{0,1,1,0,0,0,0,0,1,1,0,0},
{0,1,1,0,0,0,0,0,1,1,0,0},
{0,0,0,0,0,0,0,0,0,0,0,0},
},
```

1. 字符显示模式显存的设计

定义数组 WZK [20][20]作为 20 行×20 列的字符模式显存。该数组中存储不同的整型数据(范围 0~26)，其中每个不同的数值对应每个 12×16 像素显示区域的不同字符。

2. 字符模式显示函数的设计

在字符模式显示函数 display_ZF()中，首先发送相关命令设置起始像素位置等信息，等待 3.2 英寸 TFT 彩屏进入字符显示模式。然后，用 H、L、h 和 l 四层 for 循环实现对 3.2 英寸 TFT 彩屏可显示区域扫描，即：

(1) 如果字符模式显存 WZK[H][L]不满足小于 27 的要求，则显示背景色(黑色)；

(2) 否则，利用字符库 ZFK[WZK[H][L]][h][l]判断该像素点是否需要点亮(显示蓝色)。

① 对应字符库的值为 1，则调用函数 write_data(0x00,0xFF)亮起(显示蓝色)；

② 否则，调用函数 write_data(0x00,0x00)显示背景色(黑色)。

该函数的具体实现，如代码清单 13-7 所示。

代码清单 13-7　display_ZF()函数的 C 语言代码实现

```c
void display_ZF(void)                               //按照字符模式显示
{
  unsigned int H,h;                                 //H 和 L 表示块坐标
  unsigned int L,l;                                 //h 和 l 表示块内的点坐标
  comm_out(0x2A);
  data_out(0x00);
  data_out(0x00);
  data_out(0x00);
  data_out(0xef);
  comm_out(0x2b);
  data_out(0x00);
  data_out(0x00);
  data_out(0x01);
  data_out(0x3f);
  comm_out(0x2C);
  for(H = 0;H < 20;H++)                              //20×16 = 320
      for(h = 0;h < 16;h++)
          for(L = 0;L < 20;L++)                      //20×12 = 240
              for(l = 0;l < 12;l++)
              {
                  if(WZK[H][L]< 27)                  //满足显示要求
                  {
                      if(ZFK[WZK[H][L]][h][l] == 1)
                          write_data(0x00,0xFF);
                      else
                          write_data(0x00,0x00);
                  }
                  else                               //显示背景色(黑色)
                      write_data(0x00,0x00);
              }
}
```

3. 改变字符模式显存

改变字符模式显存设计相对比较复杂,设计思路如下:

首先便于用户操作,必然是直接写入一个连续的字符串,比如 strcpy(tstr,"DOUBLE COOPERATION")就将需要显示的字符串写入了字符串类型的缓存数组 char tstr[20](该数组长 20,和屏幕每行 20 列的划分模式一一对应)。

其次需要用构建函数 printff(int hang,char tstr[]),通过该函数传入的参数 hang 实现定位到某一行,通过 for 循环(20 次即一行),并根据缓存字符类型数组 tstr 对应位置的字符显存给整型数据赋值(例如当 hang == 8,且 tstr[5] == 'A',则给 WZK[8][5]赋值为 1),以配合后续的显示工作。

4. 字符显存清除函数的设计

字符显存清除函数的设计最容易,只需用 for 循环将字符显存二维数组清零即可,如代码清单 13-8 所示。

代码清单 13-8　字符显存清除函数

```c
void clear_WZ(void)                                 //文字显存清除
{
    for(int i = 0;i < 20;i++)
        for(int j = 0;j < 20;j++)
            WZK[i][j] = 0;
}
```

13.4.5　外部按键的连接和功能

在贪吃蛇游戏中，使用了多个外部按键，这些按键用于模式选择和方向选择。

1. 模式选择按键

游戏模式选择按键，该按键在 STM32CubeMX 集成开发环境中设置为下降沿触发的外部中断模式，并且选择内部上拉模式。

在设计硬件电路时，外部按键一端连接 GND，另一端接 STM32G071 的中断输入引脚，模式选择按键的连接方式，如表 13.3 所示。

表 13.3　模式选择按键的连接方式

按 键 编 号	与 NUCLEO-G071RB 开发板的连接关系	与 STM32G071 MCU 引脚的连接关系	功　　能
1	CN10_4	PC6	单人模式
2	CN5_2	PC7	双人合作模式
3	CN19_2	PC8	双人对抗模式
4	CN10_1	PC9	机机对抗抢分模式
5	CN7_1	PC10	人机对抗抢分模式
6	CN7_2	PC11	双人对抗抢分模式

当用户按下按键时，该端口电平由高变低，产生下降沿跳变，这将触发外部中断。在对应的中断回调函数改变标志位 ms 的值，返回主函数后根据 ms 的值进入相应的游戏模式，具体实现方式如代码清单 13-9 所示。

代码清单 13-9　游戏模式选择代码

```
void EXTI4_15_IRQHandler(void)                       // 中断控制—改变游戏模式以及暂停
{
  if (EXTI_GetITStatus(0x0040) != 0x00)              // 0x0040 == EXTI_PIN_6
  {
      EXTI_ClearITPendingBit(0x0040);
      ms = 1;
  }
    else if (EXTI_GetITStatus(0x0080) != 0x00)       // 0x0080 == EXTI_PIN_7
  {
      EXTI_ClearITPendingBit(0x0080);
      ms = 2;
  }
    else if (EXTI_GetITStatus(0x0100) != 0x00)       // 0x0100 == EXTI_PIN_8
  {
      EXTI_ClearITPendingBit(0x0100);
      ms = 3;
  }
    else if (EXTI_GetITStatus(0x0200) != 0x00)       // 0x0200 == EXTI_PIN_9
  {
      EXTI_ClearITPendingBit(0x0200);
      ms = 4;
  }
    else if (EXTI_GetITStatus(0x0400) != 0x00)       // 0x0400 == EXTI_PIN_10
  {
      EXTI_ClearITPendingBit(0x0400);
      ms = 5;
  }
    else if (EXTI_GetITStatus(0x0800) != 0x00)       // 0x0800 == EXTI_PIN_11
```

```
        {
                EXTI_ClearITPendingBit(0x0800);
                ms = 6;
        }
            else ;

        if (EXTI_GetITStatus(0x2000) != 0x00)            // 0x2000 == GPIO_PIN_13
        {
                EXTI_ClearITPendingBit(0x2000);          //清除中断标志
                if(stop == 1) stop = 0;
                else stop = 1;
        }
        else
        {
                clear_WZ();
                clear_TCS();
                score = 0;
                food = 0;
                draw();
                mods();                                  //对应模式小蛇初始化
        }
    }
```

2. 8 个方向键

由于外部中断个数不够,所以将 8 个方向键设置为通用输入端,并且拉高。同样,外部按键的一端连接 GND,另一端接 STM32G071 MCU 的通用输入引脚。在特定时刻检测对应端口电平时,当端口电平为低表示按下相应按键,根据按下的按键改变贪吃蛇运行的方向。

8 个方向键的连接方式如表 13.4 所示。

表 13.4 8 个方向键的连接方式

分 组	与 NUCLEO-G071RB 开发板的连接关系	与 STM32G071 MCU 引脚的连接关系	功 能
玩家 1	CN7_9	PD0	方向向左
	CN7_10	PD1	方向向右
	CN7_4	PD2	方向向上
	CN7_11	PD3	方向向下
玩家 2	CN7_15	PD4	方向向左
	CN7_26	PD5	方向向右
	CN10_10	PD6	方向向上
	CN10_36	PD8	方向向下

13.4.6 游戏逻辑设计的关键问题

本节介绍在设计游戏代码中涉及的一些关键问题。

1. 数据存储

(1) 二维整型常量数组 flg[4][2]用于保存贪吃蛇蛇头位置的变化(由 4 个方向和 2 个坐标确定),即

```
const int flg[4][2] = {{1,0},{0,1},{0,-1},{-1,0}};
```

(2) 两个变量 m 和 n 用于保存可视化窗口大小,即

```
int n = 20,m = 20;
```

其中,n 和 m 是贪吃蛇的活动范围 20 行 20 列＋边框＝可视化窗口大小。

（3）在设计中声明了结构体 xcw,表示如下：

```
struct xcw{
              int x;
              int y;
              }tang[4][15],foodd[2];
```

其中：

① 结构数组变量 tang[4][15]存储每条蛇（两个玩家和两个机器共 4 个,15 表示蛇的长度,用方格数计算）在每个坐标点的位置；

② 使用结构数组变量 foodd[2]记录两个食物的坐标；

（4）整型数组变量 tot[5]用于记录蛇的长度（目前 tot[0 1 2 3]是 4 条蛇的长度）；

（5）整型数组变量 f[5]记录当前运行状态；

（6）食物存在点整型数组变量 vis[20][20]；

（7）整型变量 score 记录得分；

（8）整型变量 food 表示食物个数；

（9）整型变量 ms 表示游戏模式。

2. 随机数的产生

直接调用 stdlib. h 头文件中的 rand()函数,即可间接产生随机投喂。

3. 模式选择模块

输出提示信息,根据外部按键改变全局整型变量 ms 的值来选择不同模式。

4. 小蛇数据初始化

根据外部按键所选择的游戏模式,选择玩家一、玩家二、机器人一以及机器人二中的一条或者两条小蛇进行初始化（颜色与位置）。

5. 食物的随机投喂

判断如果其中一个食物不见了,那么生成两个随机数,根据窗口大小取余运算之后得到 X 和 Y 坐标,再检测投喂点是否为空,如果不是,则生成新坐标；如果是,则去对应位置投放食物,并更新与食物相关的数据。

6. 没有按键按下时小蛇自动运行

根据不同的小蛇设置显示颜色。如果是机器人,则先判断按下一步前进方向自动寻找路径；如果是玩家,则保持当前运行状态（例如当前向前,则下一步继续向前）。首先,根据该运行状态更新当前蛇头所在位置的坐标；然后,通过 for 循环（蛇的长度为循环次数）,依次更新蛇身每个部分所在位置的坐标；最后,去掉蛇尾当前所在位置的坐标。如果在此过程中,贪吃蛇吞掉一个食物则在蛇尾处显示方块图形"■"（该方块图形颜色与蛇身颜色相同）,并更新蛇的长度与食物数据,同时判断是否胜利。

判断条件：如果参与游戏的一方撞到蛇的身体或者墙壁则游戏结束。如果双方没有相撞,则显示贪吃蛇的蛇头。

注：为了便于识别,贪吃蛇蛇头颜色与贪吃蛇身子颜色并不相同,因此需要单独显示。

7. 游戏进入暂停

巧用循环,添加空循环。若暂停标志位为 1,则进入空循环,实现暂停；若标志位为 0 则不进入。PC13 外部中断可实现暂停标志位的反转。

8. 检查某个点是否为空

在随机投喂食物时，会判断某个点是否为空。设置布尔型变量 t，其初始值设置为 1。如果该点在边界外，则将变量 t 设置为 0；如果该点为贪吃蛇身体的一个点，也将变量 t 置为 0，然后返回变量 t 的值。当函数返回值为 1 时，则当前的点为空，可以投喂食物，具体实现过程如代码清单 13-10 所示。

代码清单 13-10　check() 函数的 C 语言实现

```
int check(int x, int y)                              //检验某一个点
{
    if(x < 1 || x > (n - 2) || y < 1 || y > (m - 2))   //边界以及边界上外返回 0
        return 0;
    int t = 1;
    if(ms!= 4)
        for(int i = 1; i <= tot[0]; i++)               //在蛇身上返回 0
            if(x == tang[0][i].x&&y == tang[0][i].y)
                {t = 0; break;}
    if(ms == 2 || ms == 3 || ms == 6)
        for(int i = 1; i <= tot[1]; i++)
            if(x == tang[1][i].x&&y == tang[1][i].y)
                {t = 0; break;}
    if(ms == 5 || ms == 4)
        for(int i = 1; i <= tot[2]; i++)
            if(x == tang[2][i].x&&y == tang[2][i].y)
                {t = 0; break;}
    if(ms == 4)
        for(int i = 1; i <= tot[3]; i++)
            if(x == tang[3][i].x&&y == tang[3][i].y)
                {t = 0; break;}
    return t;                                          //都不在这些点返回 1
}
```

9. 游戏结果模块

游戏结束方式分为"一方积分足够"或者"一方撞到障碍物"，依据不同结束方式、游戏模式以及得分显示相应的提示内容，具体实现过程如代码清单 13-11 所示。

代码清单 13-11(1)　result() 函数的 C 语言实现

```
void result(int t)                              //积分够了——胜利
{
    if(ms == 5)                                 //人机对抗——抢分
        if(t == 0)
        {
            strcpy(tstr,"      WIN        ");
            printff(10, tstr);
            display_ZF();
        }
        else
        {
            strcpy(tstr,"      LOSE       ");
            printff(10, tstr);
            display_ZF();
        }
    else if(ms == 4)                            //机机对抗——抢分
```

```
    if(t == 2)
        {
            strcpy(tstr," ROBOT ONE WIN ENOUGH      ");
            printff(10,tstr);
            display_ZF();
        }
        else
        {
            strcpy(tstr," ROBOT TWO WIN ENOUGH      ");
            printff(10,tstr);
            display_ZF();
        }
    else if(ms == 6)                              //对抗模式—抢分
     if(t == 1)
        {
            strcpy(tstr," PLAYER ONE WIN ENOUGH      ");
            printff(10,tstr);
            display_ZF();
        }
         else
        {
            strcpy(tstr," PLAYER TWO WIN ENOUGH      ");
            printff(10,tstr);
            display_ZF();
        }
    else ;
    while(1);                                     //结束
}
```

代码清单 13-11（2）　find()函数的 C 语言实现

```
void fnd( int t, int x, int y)                   //撞到障碍物——失败
{
    if(check(x,y)) return;                        //check(x,y)为 0 则相撞
    if(ms == 4)                                   //机机对抗——抢分
        if(t == 3)
        {
            strcpy(tstr," ROBOT TWO DIE      ");
            printff(10,tstr);
            display_ZF();
        }
        else
        {
            strcpy(tstr," ROBOT ONE DIE      ");
            printff(10,tstr);
            display_ZF();
        }
    else if(ms == 3 || ms == 6)                   //对抗模式 对抗模式——抢分
        if(t == 1)
        {
            strcpy(tstr," PLAYER TWO DIE      ");
            printff(10,tstr);
            display_ZF();
        }
        else
        {
```

```
                strcpy(tstr," PLAYER ONE WIN E        ");
                printff(10,tstr);
                display_ZF();
            }
        else
        {
            if(t == 2)
            {
                strcpy(tstr,"      WIN           ");
                printff(10,tstr);
                display_ZF();
            }
            else
            {
                strcpy(tstr,"      LOSE          ");
                printff(10,tstr);
                display_ZF();
            }
            //printf("\n 玩家分数：% d\n",score);
            score = 0;
        }
        while(1);                                      //结束
    }
```

10. 重新开始游戏

如果玩家还想再玩一局贪吃蛇游戏，则直接调用 main()主函数。

11. main 主函数内容

种下随机数种子，将得分、小蛇以及食物相关数据清零，模式选择，对应模式小蛇初始化，至此所有初始化未完成，进入 while(1)循环。当没有按键按下时，根据模式选择的不同，调用 change()函数实现状态刷新。如果有按键按下，则获取按键信息，根据按键与当前模式改变玩家一(玩家二)小蛇的运行方向，继续回到无按键按下时的状态刷新，具体实现过程如代码清单 13-12 所示。

代码清单 13-12　main()函数的 C 语言实现

```
int main(void)
{
  HAL_Init();
  SystemClock_Config();
  MX_GPIO_Init();
  reset_TFT();
  ini_ILI9341();
  while (1)
  {
      while(ms == 0)
      {
          strcpy(tstr,"     SELECT MOOD          ");
          printff(2,tstr);
          strcpy(tstr," SINGLE MDDE          ");
          printff(4,tstr);
          strcpy(tstr," DOUBLE COOPERATION       ");
          printff(5,tstr);
          strcpy(tstr," PLAYER AGAINST         ");
          printff(6,tstr);
```

```
        strcpy(tstr," ROBOTS AGAINST         ");
        printff(7,tstr);
        strcpy(tstr," PLAYER VS ROBOT        ");
        printff(8,tstr);
        strcpy(tstr," DOUBLE CHALLANGE       ");
        printff(9,tstr);
        strcpy(tstr," PUSH USER STOP       ");
        printff(12,tstr);

        display_ZF();
        HAL_Delay(100);
    }

    while(ms == 1)                                               //1 单人模式
    {
        while(stop == 1)
        HAL_Delay(100);
        display_TCS();                                           //TFT 显示
        rand_food();
        if (HAL_GPIO_ReadPin(GPIOD,GPIO_PIN_4) == 0&&f[0]^0)
                                                                 //左右上下
            f[0] = 3;
        else if (HAL_GPIO_ReadPin(GPIOD,GPIO_PIN_5) == 0&&f[0]^3)
            f[0] = 0;
        else if (HAL_GPIO_ReadPin(GPIOD,GPIO_PIN_6) == 0&&f[0]^1)
            f[0] = 2;
        else if (HAL_GPIO_ReadPin(GPIOD,GPIO_PIN_8) == 0&&f[0]^2)
            f[0] = 1;
        else ;
        change(0);
    }

    while(ms == 2)                                               //2 双人合作
    {
        while(stop == 1)
        HAL_Delay(100);
        display_TCS();                                           //TFT 显示
        rand_food();
        if (HAL_GPIO_ReadPin(GPIOD,GPIO_PIN_0) == 0&&f[0]^0)     //上
            f[0] = 3;
        else if (HAL_GPIO_ReadPin(GPIOD,GPIO_PIN_1) == 0&&f[0]^3) //下
            f[0] = 0;
        else if (HAL_GPIO_ReadPin(GPIOD,GPIO_PIN_2) == 0&&f[0]^1) //左
            f[0] = 2;
        else if (HAL_GPIO_ReadPin(GPIOD,GPIO_PIN_3) == 0&&f[0]^2) //右
            f[0] = 1;
        else ;
        if (HAL_GPIO_ReadPin(GPIOD,GPIO_PIN_4) == 0&&f[1]^0)     //上
            f[1] = 3;
        else if (HAL_GPIO_ReadPin(GPIOD,GPIO_PIN_5) == 0&&f[1]^3) //下
            f[1] = 0;
        else if (HAL_GPIO_ReadPin(GPIOD,GPIO_PIN_6) == 0&&f[1]^1) //左
            f[1] = 2;
        else if (HAL_GPIO_ReadPin(GPIOD,GPIO_PIN_8) == 0&&f[1]^2) //右
```

```
            f[1] = 1;
        else ;
        change(0),change(1);
}

while(ms == 3)                                              //双人对抗
{
        while(stop == 1)
        HAL_Delay(100);
        display_TCS();                                       //TFT 显示
        rand_food();
        if (HAL_GPIO_ReadPin(GPIOD,GPIO_PIN_0) == 0&&f[0]^0)    //上
            f[0] = 3;
        else if (HAL_GPIO_ReadPin(GPIOD,GPIO_PIN_1) == 0&&f[0]^3)  //下
            f[0] = 0;
        else if (HAL_GPIO_ReadPin(GPIOD,GPIO_PIN_2) == 0&&f[0]^1)  //左
            f[0] = 2;
        else if (HAL_GPIO_ReadPin(GPIOD,GPIO_PIN_3) == 0&&f[0]^2)  //右
            f[0] = 1;
        else ;
        if (HAL_GPIO_ReadPin(GPIOD,GPIO_PIN_4) == 0&&f[1]^0)    //上
            f[1] = 3;
        else if (HAL_GPIO_ReadPin(GPIOD,GPIO_PIN_5) == 0&&f[1]^3)  //下
            f[1] = 0;
        else if (HAL_GPIO_ReadPin(GPIOD,GPIO_PIN_6) == 0&&f[1]^1)  //左
            f[1] = 2;
        else if (HAL_GPIO_ReadPin(GPIOD,GPIO_PIN_8) == 0&&f[1]^2)  //右
            f[1] = 1;
        else ;
        change(0);
        change(1);
}

while(ms == 4)                                              //机机对抗抢分
{
        while(stop == 1)
        HAL_Delay(100);
        display_TCS();                                       //TFT 显示
        rand_food();
        change(2);
        change(3);
}

while(ms == 5)                                              //人机对抗抢分
{
        while(stop == 1)
        HAL_Delay(100);
        display_TCS();                                       //TFT 显示
        rand_food();
        if (HAL_GPIO_ReadPin(GPIOD,GPIO_PIN_4) == 0&&f[0]^0)    //上
            f[0] = 3;
        else if (HAL_GPIO_ReadPin(GPIOD,GPIO_PIN_5) == 0&&f[0]^3)  //下
            f[0] = 0;
        else if (HAL_GPIO_ReadPin(GPIOD,GPIO_PIN_6) == 0&&f[0]^1)  //左
```

```
                f[0] = 2;
            else if (HAL_GPIO_ReadPin(GPIOD,GPIO_PIN_8) == 0&&f[0]^2)       //右
                f[0] = 1;
            else ;
            change(0);
            change(2);
        }

        while(ms == 6)                                                      //双人对抗抢分
        {
            while(stop == 1)
            HAL_Delay(100);
            display_TCS();                                                  //TFT 显示
            rand_food();
            if (HAL_GPIO_ReadPin(GPIOD,GPIO_PIN_0) == 0&&f[0]^0)            //上
                f[0] = 3;
            else if (HAL_GPIO_ReadPin(GPIOD,GPIO_PIN_1) == 0&&f[0]^3)       //下
                f[0] = 0;
            else if (HAL_GPIO_ReadPin(GPIOD,GPIO_PIN_2) == 0&&f[0]^1)       //左
                f[0] = 2;
            else if (HAL_GPIO_ReadPin(GPIOD,GPIO_PIN_3) == 0&&f[0]^2)       //右
                f[0] = 1;
            else ;
            if (HAL_GPIO_ReadPin(GPIOD,GPIO_PIN_4) == 0&&f[1]^0)            //上
                f[1] = 3;
            else if (HAL_GPIO_ReadPin(GPIOD,GPIO_PIN_5) == 0&&f[1]^3)       //下
                f[1] = 0;
            else if (HAL_GPIO_ReadPin(GPIOD,GPIO_PIN_6) == 0&&f[1]^1)       //左
                f[1] = 2;
            else if (HAL_GPIO_ReadPin(GPIOD,GPIO_PIN_8) == 0&&f[1]^2)       //右
                f[1] = 1;
            else ;
            change(0);
            change(1);
        }
    }
}
```

13.4.7　寻径算法分析

寻径本质就是寻找合适的方向：计算贪吃蛇蛇头与两个食物之间的距离，即首先计算坐标之差的绝对值，然后再求和 $|x1-x2|+|y1-y2|$。规则如下：

（1）如果 0 号食物比 1 号食物近或者 1 号食物消失，则将目标设定为 0 号食物，否则设定为 1 号食物。

（2）for 循环遍历 4 个方向。首先用 if 语句确保该方向不是朝向身后（剩下 3 个方向），其次用 if 语句确保贪吃蛇蛇头按照此方向前进一格之后不是障碍物，如果这些条件都满足，则计算蛇头按照此方向前进一格之后和目标食物的距离；如果此距离小于之前计算出的最小距离，则将此方向更改为新的前进方向，并更新最小距离。

（3）该循环结束后，将会选择出距离目标食物距离最小的方向，并确保不向后，且不主动撞障碍物。当贪吃蛇蛇头其他 3 个方向都是障碍物，即进入"死胡同"之后，遍历完 4 个方向则不会改变原来的前进方向，被迫无奈撞墙死亡，这样不会造成死循环。

寻径算法如代码清单 13-13 所示。

代码清单 13-13　寻径算法的 C 语言实现

```
void machine(int t,int x,int y)                          //机器人寻路
{
    int foodid,minn = 1e9,newf = f[t];                   //最小距离初始值很大
    if((get_food(x,y,foodd[0].x,foodd[0].y)<= get_food(x,y,foodd[1].x,foodd[1].y)&&
vis[foodd[0].x][foodd[0].y]) || !vis[foodd[1].x][foodd[1].y])
        foodid = 0;
    else
        foodid = 1;
    for(int i = 0;i < 4;i++)
        if(f[t]^other(i))                                //确保不是身后
        {
            if(check(x + flg[i][0],y + flg[i][1]))
                                                         //确保前方不是障碍
            {
            //计算新的距离——下一方向下一时刻距离
             int now = get_food(x + flg[i][0],y + flg[i][1],foodd[foodid].x,foodd[foodid].y);
                if(now < minn)
                    newf = i,minn = now;
            }
        }
    f[t] = newf;
}
```

13.4.8　设计优化

设计优化首先应考虑时序问题。这是因为外设带给STM32G071 MCU 的延时很大,即使在设计中没有单独加入延时,但每一次调用显示输出函数都会消耗大量的时间,最终导致程序整体运行具有很大的延时。所以,需要尽可能减少对输出函数的调用,因此不是每次更改显存都输出显示,而是仅在以下时刻输出:

（1）复位后显示提示性字符后调用字符模式输出。

（2）中断来临对应模式初始化后暂不调用输出,因为初始化之后将立即进入 while 循环,开启游戏模式调用图像模式输出。

（3）投喂、无按键按下的自动运行过程中不调用输出,因为游戏模式循环一次说明一个操作周期过去了,之前已经实现一个操作周期刷新一次,因此不需要在投喂、无按键按下的自动运行过程调用输出。

（4）游戏结束之后,调用字符模式输出显示游戏结果。

注：读者可以进入本书配套资源的\STM32G0_example\example_13_1\MDK-ARM 下,打开 TFT_TCS.uvprojx 工程,查看贪吃蛇游戏的详细设计代码。